"十二五"国家重点图书出版规划项目

水产养殖新技术推广指导用书

中国水产学会
全国水产技术推广总站 组织编写

水产品质量安全

SHUICHANPIN ZHILIANG ANQUAN

XIN JISHU

关 欣 姚国成 编著

海洋出版社

2016年·北京

图书在版编目（CIP）数据

水产品质量安全新技术／关歆，姚国成编著．—北京：海洋出版社，2016.1

（水产养殖新技术推广指导用书）

ISBN 978-7-5027-9215-2

Ⅰ．①水… Ⅱ．①关… ②姚… Ⅲ．①水产品-质量管理-安全管理 Ⅳ．①TS254.7

中国版本图书馆 CIP 数据核字（2016）第 002269 号

责任编辑：杨　明
责任印制：安　森

海洋出版社　出版发行

http://www.oceanpress.com.cn

北京市海淀区大慧寺路 8 号　邮编：100081
鸿博昊天科技有限公司印刷　新华书店北京发行所经销
2016 年 1 月第 1 版　　2022 年 4 月第 2 次印刷
开本：880mm×1230mm　1/32　印张：15　彩插：28 页
字数：445 千字　　定价：38.00 元
发行部 010-62100090　邮购部：010-62100072　总编室 010-62100034
海洋版图书印、装错误可随时退换

1-1 中国开渔节，万艘渔船齐发（2013年9月，浙江省象山）

1-2 印度国家渔业发展委员会（NFDB）大楼外形设计成鱼的形状，在海德拉巴落成开放（2012年4月）

1-3 印度尼西亚的近岸渔船（2012年12月，巴厘岛）

1-4 越南"海上桂林"下龙湾，既是旅游圣地，也是渔业基地（2011年11月）
1-5 美国的斑点叉尾鮰养殖场，机械化程度高（2002年7月）
1-6 秘鲁渔民正在捕鱼（中国网20130716）
1-7 智利销售丰富的水产品（2006年7月）

1-8 俄罗斯海参崴海港，舰艇航过，海鸥尾随，水中鱼虾丰富（2011 年 8 月）

1-9 菲律宾的食品市场，鲜活水产琳琅满目，鱼虾蟹贝齐全（2012 年 12 月，马尼拉）

1-10 位于非洲的埃及，水产品是如此丰富（2008 年 10 月）

1-11 日本对渔业生产要求严格，提供的产品多数能做刺身（2012 年 4 月，下关）

1-12 韩国水产品消费较多，2012年丽水世界博览会提供以水产品为主的饭餐（2012年7月，丽水）

1-13 挪威海水网箱养殖三文鱼，世界第一（2005年10月）

1-14 广西京族是中国唯一以海洋渔业经济为主的少数民族（2011年7月）

1-15 大面积标准化的池塘养殖基地（2007年3月，武汉）

1-16 中国远洋渔业渔船捕捞的金枪鱼，主要在国际市场销售（2012 年 10 月）

1-17 以出口为主的水产品加工厂（2009年 8 月，青岛）

1-18 西藏也利用冷水养鱼，销往各地（2015 年 8 月）

1-19 2015 年 8 月，第 23 届广州博览会把"2015中国广州国际渔业博览会"作为组成部分，可见渔业的地位重要

1-20 广东水产养殖示范基地，带动周边水产养殖超过 12 万亩 (2010 年 9 月，阳江)

1-21 广州市黄沙水产交易市场，是全国最大的鲜活水产品批发市场 (2013 年 10 月)

1-22 广东省罗非鱼养殖万亩标准化示范区 (2010 年 10 月，珠海)

1-23 罗非鱼加工出口，成为广东大宗的出口水产品 (2006 年 5 月，肇庆)

1-24 水产品市场购销两旺 (2013 年 4 月，东莞)

2-1 菲律宾的一顿午餐，其中鱼虾很多（2012 年 12 月）

2-2 中国东南沿海的餐桌上，一般都有鱼虾蟹贝，多以水产品为主（2013 年 9 月）

2-3 鳗鱼是中国重要的出口水产品，以广东、福建养殖较多（2003 年 3 月）

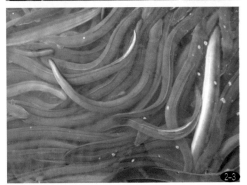

2-4 福寿螺，又名大瓶螺，原产于南美洲亚马孙河流域，1981 年作为食用螺引入中国
　　大陆（2005 年 4 月）

2-5 大菱鲆，原产于欧洲大西洋海域，俗称欧洲比目鱼，是世界公认的优质比目鱼之一。
　　1992 年引进中国，称"多宝鱼"，在山东沿海水温较低的地区开始养殖（2002 年 7 月）

2-6 在美国的超市里，可看到产自中国广东的冰冻鲮鱼（2006 年 12 月，纽约）

2-7 小龙虾，学名克氏原螯虾，烹饪简单，色味诱人（2009 年 11 月，安徽合肥）

2-8 2010 年 5 月 2 日，美国帕墨西哥湾司克里斯全海滩上一只死去的海龟

2-9 1967 年 9 月动工建设的日本福岛第一核电站，到 1979 年 10 月共有 6 号机组投入商业运行。这是 2010 年 9 月 18 日航拍照片，景色宜人，半年后因海啸引发事故，在 6 天时间，向大海排放 1.15 万吨的放射性核废水对大海造成的影响难以估量

2-10 褒贬不一的河豚鱼，一般人怕有毒不敢食用，但却是美食家的至爱（2012 年 5 月）

2-11 这就是有毒的织纹螺，一般消费者难以与一些海产螺类区分（2013 年 4 月）

3-1农业部无公害农产品生产基地,由广东省高要市水产公司承办,以养殖罗氏沼虾、南美白对虾为主(2006年5月)

3-2农业部渔业环境及水产品质量监督检验测试中心(广州),2003年2月26日农业部发文正式批准成立。中心依托中国水产科学研究院南海水产研究所,行政上受研究所领导,业务上受农业部领导,独立对外开展业务活动(2013年11月)

3-3广东省高要市水产技术推广中心牵头,组织广东省绿色产品认证检测中心等单位进行全市水产品质量安全专项监督抽查,以保障2011年春节期间水产食品的质量安全水平和有效供应(2011年1月)

3-4

3-5

3-6

3-4 作者参加全国水产品质量安
全监管工作会议现场（2015
年5月）

3-5 广东省海洋与渔业局在佛山
市环球水产品批发市场举办
"《广东省水产品标识管理
实施细则》宣传日"活动，
把环球水产品批发市场打造
为水产品标识示范街（2011
年11月）

3-6 水产品标识牌（2011年11月）

3-7 渔业主管部门会同水产品质量检测机构到农贸市场进行水产品质量安全监督监测（2012年6月）

3-8 广东省认真办理加强水产品质量安全监管建议系列提案，举办专题研讨会（2012年8月）

3-9 出入境检验检疫人员深入水产品出口企业养殖场监管（2012年1月）

4-1 大面积连片水产健康养殖基地，广东各地都有 (2006 年 5 月，广东珠海)

4-2 典型的池塘，在放养鱼种前按常规方法彻底清塘消毒 (2008 年 2 月)

4-3 池塘养鱼要及时开机增氧，并加注新水，以保证良好的水质，最好能保持微流水状态

4-4 园林式的国家级罗非鱼良种场 (2001 年 7 月，广州)
4-5 典型的水产苗种繁殖场 (2013 年 11 月，广东省阳春)

4-6 生石灰带水清塘消毒 (2008 年 2 月)
4-7 罗非鱼种在小网箱中消毒 (2006 年 6 月)
4-8 投喂罗非鱼的颗粒饲料 (2002 年 4 月)
4-9 技术人员试投饲料 (2004 年 11 月)

4-11

4-10

4-10 投喂饲料时罗非鱼浮上水面抢食
（2007 年 6 月）
4-11 养殖罗非鱼合理设置饲料台（2007
年 8 月）
4-12 设置自动化投饲机（2013 年 8 月）
4-13 罗非鱼颗粒饲料按要求堆放（2013
年 7 月）

4-12

4-13

5-1 鳜鱼养殖池塘采用并联布局（2003年3月）

5-2 干塘清整（2008年2月，珠海）

5-3 池底接受风吹日晒霜冻（2004年1月，珠海）

5-4 池塘四周用混凝土护坡，改造漏水池塘（2011年11月）

6-1 设立罗非鱼 HACCP 体系建设
　　项目办公室（2006 年 6 月）
6-2 设在养鱼基地的备案饲料和健
　　康渔药仓库（2007 年 6 月）
6-3 环境整洁的规范化养殖场

6-4 对基地池塘实行分区
　管理（2005 年 7 月）
6-5 投喂饲料时检查鱼的
　活动和吃食情况（2006
　年 1 月）
6-6 经常开动增氧机防止
　鳜鱼泛池（2006 年 1 月）

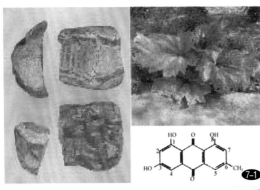

7-1

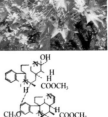

7-2

7-1 中草药：大黄——大黄素
7-2 中草药：黄柏——黄连素

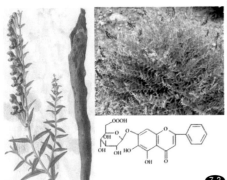

7-3

7-3 中草药：黄芩——黄芩苷
7-4 中草药：苦参——苦参碱

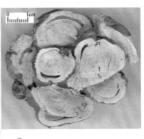

苦参——苦参碱

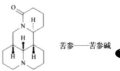

7-4

8-1 力冉农业科技有限公司建设的工厂化循环水养殖示范基地（2010年10月）

8-2 广州市番禺区海鸥岛水产健康养殖示范基地（2010年10月）

8-3 广东省饶平县柘林湾深水网箱养殖示范基地（2006年6月）

8-4 通过整治改造的低产鱼塘，建成特种水产养殖基地池塘（2011年11月）

9-1 精养罗非鱼的池塘
　　（2007年6月）

9-2 放养罗非鱼种（2005
　　年5月）

9-3 养殖罗非鱼投喂饲料
　　（2007年6月）

9-4 捕鱼收网时将网中的活
　　鱼慢慢赶入用于装鱼的
　　网箱（2005年10月）

9-5 顺德鳗鱼养殖场的标准
　　化池塘（2010年10月）

9-6 珠江口附近连片大面积咸淡水鱼类养殖基地

9-7 深圳市龙岗区南澳镇鹅公湾，现在看到的是为大型抗风浪深水网箱服务的后勤设施，大型抗风浪深水网箱设置在外海 (2010 年 4 月)

9-8 大型抗风浪深水网箱饲养军曹鱼摄食情形 (2006 年 3 月)

9-9 大面积规格化养殖对虾基地 (2011 年 11 月)

9-10 珠江三角洲搭建越冬棚进行过冬养殖凡纳滨对虾 (2004 年 1 月)

10-1 采样人员现场采集水产品样品带回实验室进行兽药残留检验

10-2 实验人员加入试剂进行样品水解和衍生化

10-3 实验人员通过高速离心使待测成分与不需要成分分离

10-4 使用液质联用仪对提取净化后待测成分进行分析测定

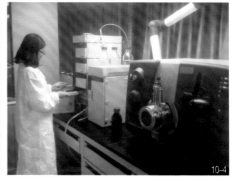

11-1 欧盟各国大都利用渔港开展旅游，繁荣渔区经济增加渔民收入 (2005 年 10 月，挪威奥斯陆)

11-2 芬兰首都赫尔辛基的海边码头，不少人开小船销售水产品 (2005 年 10 月)

11-3 龙虾是加拿大创值最多的海产品 (2007 年 1 月)

11-4 加拿大养殖鲑鱼居世界第四，这是准备加工出口的养殖鲑鱼 (2007 年)

11–5 加拿大向中国出口的象鼻蚌（2007年1月）

11–6 首届世界养殖水产品贸易大会开幕式（2007年5月）

11–7 美国的水产品市场，不少是来自中国的水产品（2006年12月）

11–8 天还未亮，日本渔船便靠岸，将刚捕捞的鱼虾送往批发市场（2012年）

11-9日本水产品批发一般在凌晨进行，这是长崎鱼市场的拍卖场面（摄于2012年4月）

11-10日本设置海湾的大型网箱养鱼（2012年4月，熊本）

11-11日本最大的河豚鱼集散地唐户鱼市场，挂满彩旗，欢庆一年一度的"河豚鱼祭"（2012年4月，下关）

11-12这家销售的都是河豚鱼产品，摆设得很有文化韵味（2012年4月，日本下关）

11-13 一年一度"河豚供养祭"的场面
（2014 年 4 月，日本下关）

11-14 严格按照生产操作规程进行养殖
生产（2003 年 1 月）

11-15 烤鳗厂在加工各个环节都充分重视
质量安全（2003 年 1 月）

11-16 烤鳗产品符合出口要求（2009 年 7
月）

《水产养殖新技术推广指导用书》
编委会

《水产品质量安全新技术》
编委会

丛 书 序

我国的水产养殖自改革开放至今，高速发展成为世界第一养殖大国和大农业经济中的重要增长点，产业成效享誉世界。进入 21 世纪以来，我国的水产养殖继续保持着强劲的发展态势，为繁荣农村经济、扩大就业岗位、提高生活质量和国民健康水平作出了突出贡献，也为海、淡水渔业种质资源的可持续利用和保障"粮食安全"发挥了重要作用。

近 30 年来，随着我国水产养殖理论与技术的飞速发展，为养殖产业的进步提供了有力的支撑，尤其表现在应用技术处于国际先进水平，部分池塘、内湾和浅海养殖已达国际领先地位。但是，对照水产养殖业迅速发展的另一面，由于养殖面积无序扩大，养殖密度任意增高，带来了种质退化、病害流行、水域污染和养殖效益下降、产品质量安全等一系列令人堪忧的新问题，加之近年来不断从国际水产品贸易市场上传来技术壁垒的冲击，而使我国水产养殖业的持续发展面临空前挑战。

新世纪是将我国传统渔业推向一个全新发展的时期。当前，无论从保障食品与生态安全、节能减排、转变经济增长方式考虑，还是从构建现代渔业、建设社会主义新农村的长远目标出发，都对渔业科技进步和产业的可持续发展提出了更新、更高的要求。

渔业科技图书的出版，承载着新世纪的使命和时代责任，客观上要求科技读物成为面向全社会、普及新知识、努力提高渔民文化素养、推动产业高速持续发展的一支有生力量，也将成为渔业科技成果入户和展现渔业科技为社会不断输送新理念、新技术的重要工具，对基层水产技术推广体系建设、科技型渔民培训和产业的转型提升都将产生重要影响。

中国水产学会和海洋出版社长期致力于渔业科技成果的普及推广。目前在农业部渔业局和全国水产技术推广总站的大力支持下，近期出版了一批《水产养殖系列丛书》，受到广大养殖业者和社会各界的普遍欢迎，连续收到许多渔民朋友热情洋溢的来信和建议，为今后渔业科普读物的扩大出版发行积累了丰富经验。为了落实国家"科技兴渔"的战略方针、促进及时转化科技成果、普及养殖致富实用技术，全国水产技术推广总站、中国水产学会与海洋出版社紧密合作，共同邀请全国水产领域的院士、知名水产专家和生产一线具有丰富实践经验的技术人员，首先对行业发展方向和读者需求进行广泛调研，然后在相关科研院所和各省（市）水产技术推广部门的密切配合下，组织各专题的产学研精英共同策划、合作撰写、精心出版了这套《水产养殖新技术推广指导用书》。

本丛书具有以下特点：

（1）注重新技术，突出实用性。本丛书均由产学研有关专家组成的"三结合"编写小组集体撰写完成，在保证成书的科学性、专业性和趣味性的基础上，重点推介一线养殖业者最为关心的陆基工厂化养殖和海基生态养殖新技术。

（2）革新成书形式和内容，图说和实例设计新颖。本丛书精心设计了图说的形式，并辅以大量生产操作实例，方便渔民朋友阅读和理解，加快对新技术、新成果的消化与吸收。

（3）既重视时效性，又具有前瞻性。本丛书立足解决当前实际问题的同时，还着力推介资源节约、环境友好、质量安全、优质高效型渔业的理念和创建方法，以促进产业增长方式的根本转变，确保我国优质高效水产养殖业的可持续发展。

书中精选的养殖品种，绝大多数属于我国当前的主养品种，也有部分深受养殖业者和市场青睐的特色品种。推介的养殖技术与模式均为国家渔业部门主推的新技术和新模式。全书内容新颖、重点突出，较为全面地展示了养殖品种的特点、市场开发潜力、生物学与生态学知识、主体养殖模式，以及集约化与生态养殖理念指导下的苗种繁育技术、商品鱼养成技术、水质调控技术、营养和投饲技术、病害防控技术等，还介绍了养殖品种的捕捞、运输、上市以及在健康养殖、无公害养殖、理性消费思路指导下的有关科技知识。

本丛书的出版，可供水产技术推广、渔民技能培训、职业技能鉴定、渔业科技入户使用，也可以作为大、中专院校师生养殖实习的参考用书。

衷心祝贺丛书的隆重出版，盼望它能够成长为广大渔民掌握科技知识、增收致富的好帮手，成为广大热爱水产养殖人士的良师益友。

中国工程院院士

前　言

2015 年 5 月 20 日，农业部在广州召开全国水产品质量安全监管工作会议，本书几位编委与全国各地渔业主管部门、渔政执法机构、水产品质检中心以及科研、推广、社团等单位的代表参加了会议，聆听农业部副部长、广东省副省长的讲话和广东、山东、江苏、福建、湖北等省的经验介绍，以及中国水产科学研究院、全国水产技术推广总站等有关负责人的报告。深深感到，水产品质量安全事关消费者健康和食品安全、渔业产业安全、生态环境安全，涉及投入品生产、养殖、流通等环节，受残留、疫病、水环境等因素影响较大，个别水产养殖品种违规用药问题不同程度存在，部分渔用投入品潜在风险较大，流通暂养环节存在隐患，水产品质量安全监管工作面临的形势更加复杂。因此，各级渔业部门要切实增强责任感和紧迫感，坚持"养出来"与"管出来"相结合，采取更加有效的措施，全面加强监管，不断提高水产品质量安全水平，保障水产品安全有效供给。

水产品蛋白质含量丰富，是人类摄取动物性蛋白的重要食品来源之一，水产品更是无机盐和维生素的良好来源，一直被世界各国公认为营养、美味的放心食品。进入 21 世纪，人们对于水产品的营养品质和安全性越来越重视，水产品质量安全已成为消费者关注的焦点。特别是中国加入 WTO 后，全球经济逐渐一体化步伐加快，水产品市场更加开放，水产品质量安全成为国际贸易的"绿色壁垒"和国内市场的"通行证"。

20 世纪 80 年代以后，中国确立"以养为主"的渔业发展方针，渔业生产快速发展，1988 年突破 1 000 万吨，6 年时间翻了一番，成为世界上第四个水产品总产量突破 1 000 万吨的渔业大国（前面是日本、秘鲁、苏联）。1989 年中国水产品总产量达 1 151.66 万吨，跃居世界第一位。之后，于 1994 年突破 2 000 万吨，1997 年突破 3 000万吨，1999 年突破 4 000 万吨，2009 年突破 5 000 万吨，2013 年突破6 000万吨。2014年，全国水产品总产量达6 461.52万吨，比上年增长4.69%；连续35年增产。特别是水产养殖大幅增长，2014年水产养殖产量4 748.41万吨，同比增长4.55%，是1982年170.19万吨的27.9倍，占全国水产品总产量的比例从1982年的33.0%提高到2014年的73.5%。中国是世界渔业大国，2012年水产品总产量占全球的37.39%；更是世界水产养殖强国，水产养殖产量占全球的64.38%；中国还是世界第一的水产品出口大国。

中国自2001年底加入WTO以来，在贸易环境日益自由化的背景下，随着关税的降低、市场的开放，水产品进出口贸易进入高速增长阶段，渔业国际化程度明显提高。中国水产品出口量和出口额2002年首次超过泰国，位居世界第一，到2014年连续13年位居世界水产品出口首位。然而，在渔业取得巨大发展的同时，也带来了渔业生态的破坏和资源的衰退，渔业病害的频繁发生，不断出现水产品质量安全事件。特别是中国加入WTO以来，由于国内外对水产品药物残留量标准的差异，中国水产品因药物残留引发的质量安全风波时有发生，成为困扰水产品安全的主要问题之一。欧盟因氯霉素残留问题自2002年2月1日起全面暂停从中国进口动物制品，导致当年上半年中国水产品出口下降70%。2007年6月28日美国食品药品管理局（FDA）称，美国将暂停从中国进口鲖鱼、鲮鱼、虾和鳗鲡4种水产品，直到这些产品能证明符合美国的安全标准。FDA声称，做出这一决定主要是为了保护美国消费者的健康，因为近年来从部分中国进口的水产品上发现含有微量抗生素、孔雀石绿、龙胆紫等禁止使用的渔药。

上述事件的出现，产生了极大的负面影响，引起中国政府的高度重视。2003年7月24日，以中华人民共和国农业部第31号令发布《水产养殖质量安全管理规定》，共5章25条，对与水产养殖质量安全相关的养殖用水，养殖生产，苗种、饲料、药物使用，产品净化等做出了明确要求，于9月1日起实施。2006年4月29日第十届全国人民代表大会常务委员会第二十一次会议通过《中华人民共和国农产品质量安全法》，共分8章56条，确立了农产品质量安监督管理体制、农产品质量安全标准强制实施、农产品产地管理、农业投入品的安全使用、农产品包装和标识、农产品质量安全市场准入、农产品质量安全监测、农产品质量安全监督检查、农产品质量安全风险评估和信息发布、农产品质量安全责任追究 10 项基本制度，于 11 月 1 日起施行。这是开展水产品质量安全管理工作的重要法规。2006 年 11 月发布的《全国渔业发展第十一个五年规划》，把水产品质量安全监控作为一项重点工程实施。2009 年 2 月 28 日第十一届全国人民代表大会常务委员会第七次会议通过《中华人民共和国食品安全法》，于 6 月 1 日起施行，从法律上定义了食品安全。2015 年 4 月 24 日，十二届全国人大常委会第十四次会议通过了新修订的《食品安全法》，自于 10 月 1 日起正式施行。修订后的《食品安全法》对生产、销售、餐饮服务等各环节实施严格的全过程管理，强化生产经营者主体责任，完善追溯制度，可谓中国史上最严格的《食品安全法》，也要求加强水产品质量安全管理。

从水产品质量安全问题发展的过程看，随着水产养殖规模扩大，集约化程度提高，养殖业者、养殖环境、养殖方式、良种选育、病害防治、养殖用药、饲料生产等方面存在的诸多问题逐步暴露，成为影响水产品质量安全的源头性、基础性因素。水产品质量安全涉及水产养殖全过程，包括苗种生产、池塘改造、清塘消毒、放养模式、水质管理、饲料投喂、渔药使用和产品上市等环节。从池塘到餐桌的各个环节，由不同层次、不同方面的部门管理，需要互相呼应、相互补充，整合起来发挥作用，积极推进水产养殖业从主要追求数量向数量与质量、效益与生态并重的增长方式转变，向健康、无公害养殖方向发展。

水产品质量安全涉及千家万户，关系百姓身体健康和生活质量。为社会提供优质、安全、营养的水产品，才能适应人民群众对水产品品质要求越来越高的消费观念。只有优质安全的水产品，才能受消费者欢迎，才能顺畅地走向市场，走出国门。质量决定效益，依靠科技创新，强化水产品生产各环节的管理，全面提高水产品质量安全管理水平，意义十分重大。

农业部召开的全国水产品质量安全监管工作会议提出，水产品质量安全状况持续稳定向好，产地抽检合格率逐年提升，2014年达到99.2%，没有发生重大水产品质量安全事件，切实维护广大水产品消费者舌尖上的安全。要求进一步加强水产品质量安全监管工作，重点抓好建立健全监管体系，深入推进标准化健康养殖，加大质量监测工作力度，强化质量安全监督执法，深入开展专项整治，完善质量标准体系，加强法规制度建设，提高应急处置能力，努力确保不发生重大水产品质量安全事件。

本书从世界瞩目的渔业发展入手，引出严峻的水产品质量安全问题，全面介绍水产品质量安全管理，重点是水产养殖质量安全新技术，包括健康养殖技术要求、水产良种生产要求、养殖环境条件要求，实行养殖全程分析、实施可追溯管理、综合措施预防鱼病，全面推进水产健康养殖、强化健康养殖技术措施、实施质量安全绿色行动。同时，介绍健康养殖典型技术，包括罗非鱼、鳜鱼、鳗鲡、广盐性鱼类和凡纳滨对虾的健康养殖技术，以及深海抗风浪网箱养殖技术等；介绍水产品药物残留分析技术及药残控制对策；介绍水产品质量安全管理实例，包括欧盟和美国、加拿大、日本等国的水产品质量安全管理，以及广东的鳗业质量安全管理。目的是帮助水产养殖广大从业者掌握和运用水产健康养殖新技术，提高水产品质量安全水平，保护渔业生态环境，促进水产养殖业的健康发展。

本书是在多年实践基础上总结而成的一部技术推广读物，编著时力求做到内容深入浅出，针对性强，实用具体，容易掌握；希望达到可供水产养殖广大从业者和水产技术推广人员参考使用，也可供水产养殖专业的师生、有关科技人员及管理人员参阅，还可作为水产技术推广单位、科研机构、专业学校、管理部门和技术培训班的参考用书。

限于编著者的学识水平，书中难免有错漏和不妥之处，敬请读者批评指正。

编著者

目　录

第一章　渔业发展全球瞩目 ……………………………………（1）
　　第一节　世界渔业产量增加 …………………………………（2）
　　第二节　中国渔产量冠全球 …………………………………（12）
　　第三节　广东渔业独树一帜 …………………………………（23）

第二章　水产品质量安全状况 …………………………………（28）
　　第一节　水产品消费逐年增加 ………………………………（28）
　　第二节　水产品质量安全问题 ………………………………（34）
　　第三节　环境影响水产品质量 ………………………………（49）
　　第四节　水产品质量原因分析 ………………………………（57）

第三章　水产品质量安全管理 …………………………………（66）
　　第一节　质量安全法律规章 …………………………………（66）
　　第二节　质量安全监管体系 …………………………………（86）
　　第三节　质量安全管理措施 …………………………………（93）
　　第四节　水产品质量安全监管 ………………………………（99）

第四章　水产健康养殖技术 ……………………………………（110）
　　第一节　健康养殖技术要求 …………………………………（110）
　　第二节　水产良种生产要求 …………………………………（116）
　　第三节　养殖生产技术要求 …………………………………（125）
　　第四节　渔用配合饲料生产 …………………………………（130）

第五节　渔用饲料投喂技术 …………………………（135）

第五章　养殖环境和水质管理 ………………………（141）
　　第一节　养殖环境要求 …………………………（141）
　　第二节　养殖池塘条件 …………………………（146）
　　第三节　养殖水质管理 …………………………（150）
　　第四节　水环境生物修复 ………………………（157）
　　第五节　池塘整治改造 …………………………（166）

第六章　养殖生产可追溯管理 ………………………（170）
　　第一节　养殖生产全程分析 ……………………（170）
　　第二节　养殖生产质量管理 ……………………（179）
　　第三节　养殖生产日常管理 ……………………（185）

第七章　水产养殖病害防控 …………………………（192）
　　第一节　鱼类发病的综合因素 …………………（192）
　　第二节　预防鱼病的综合措施 …………………（196）
　　第三节　防治鱼病要安全用药 …………………（199）
　　第四节　使用中草药防治鱼病 …………………（204）
　　第五节　加强水生动物防疫检疫 ………………（209）

第八章　全面推进健康养殖 …………………………（215）
　　第一节　推行水产健康养殖方式 ………………（215）
　　第二节　强化健康养殖技术措施 ………………（223）
　　第三节　全面推广水产健康养殖 ………………（229）
　　第四节　推进水产健康养殖行动 ………………（234）
　　第五节　实施质量安全绿色行动 ………………（241）

第九章　健康养殖典型技术 …………………………（247）
　　第一节　罗非鱼健康养殖技术 …………………（247）

第二节　鳜鱼健康养殖技术 ……………………（253）

第三节　鳗鲡健康养殖技术 ……………………（262）

第四节　广盐性鱼类健康养殖技术 ……………（268）

第五节　深海抗风浪网箱养殖技术 ……………（273）

第六节　凡纳滨对虾健康养殖技术 ……………（280）

第十章　水产品药物残留分析 ……………………（288）

第一节　硝基呋喃类药物 ………………………（289）

第二节　药物残留检测技术 ……………………（295）

第三节　药物残留检测结果 ……………………（300）

第四节　药物残留调查分析 ……………………（305）

第五节　药残原因及控制对策 …………………（312）

第十一章　质量安全监管实例 ……………………（320）

第一节　欧盟渔业产销情况 ……………………（320）

第二节　欧盟水产品质量管理 …………………（329）

第三节　欧洲贝类安全监控 ……………………（335）

第四节　加拿大水产品质量管理 ………………（341）

第五节　养殖水产品国际贸易 …………………（345）

第六节　日本河豚鱼产业考察 …………………（350）

第七节　广东鳗业质量管理 ……………………（355）

附　录 ……………………………………………（363）

一、水产养殖质量安全管理规定 ………………（363）

二、渔业水质标准 ………………………………（367）

三、无公害食品　淡水养殖用水水质 …………（372）

四、无公害食品　海水养殖用水水质 …………（376）

五、无公害食品　淡水养殖产地环境条件 ……（381）

六、无公害食品　海水养殖产地环境条件 ……（386）

七、饲料卫生标准 ………………………………（391）

目录

八、无公害食品　渔用配合饲料安全限量 ………… （400）

九、水产养殖用药品名录 …………………………… （405）

十、无公害食品　渔用药物使用准则 …………… （411）

十一、绿色食品　渔药使用准则 ………………… （419）

十二、无公害食品　水产品中渔药残留限量 ……… （433）

十三、食品动物禁用的兽药及其化合物清单 ……… （438）

十四、动物性食品中兽药最高残留限量 …………… （440）

十五、兽药停药期规定 …………………………… （450）

参考文献 ……………………………………………… （457）

第一章 渔业发展全球瞩目

内容提要：世界渔业产量增加；中国渔产量冠全球；广东渔业独树一帜。

2014 年 5 月 19 日，联合国粮农组织在罗马报告：2012 年世界渔业和水产养殖产量总计为 1.58 亿吨（不包括水生植物，下同），比 2010 年的 1.48 亿吨提高约 1 000 万吨。依靠渔业和水产养殖获取食物和收入的人比以往任何时候都多。据粮农组织估计，渔业和水产养殖为世界 10%~12% 的人口提供生计支持，在 2012 年为大约 6 000 万人提供在捕捞渔业和水产养殖领域工作的机会，其中 84% 在亚洲，约 10% 在非洲。自 1990 年以来，该产业的就业增长速度超过世界人口的增速。世界渔业总产量特别是水产养殖产量的增加，中国作出巨大贡献。中国渔业总产量 1950 年约 100 万吨（不包括台湾省，下同），占世界的 1/20 左右；1988 年突破 1 000 万吨，成为世界上第四个渔业总产量突破 1 000 万吨的渔业大国（另 3 国是日本、秘鲁、苏联）。1989 年中国渔业总产量达 1 151 万吨，跃居世界第一位。之后一直稳居世界第一位，1994 年突破 2 000 万吨，1997 年突破 3 000 万吨，1999 年突破 4 000 万吨，2009 年突破 5 000 万吨。2012 年，中国渔业总产量 5 908 万吨，占世界渔业产量的 37.4%；其中水产养殖 4 288 万吨，占世界水产养殖产量的 64.4%。对比 1950 年，中国渔业总产量增加 5 800 多万吨，占世界渔业产量增加 1.37 亿吨的 42.3%。中国成为世界第一水产养殖大国和水产品出口大国。

第一节　世界渔业产量增加

纵观世界渔业 60 多年的发展，渔业总产量从 1950 年开始有统计的 2 075 万吨逐年上升，到 2012 年达到 1.58 亿吨，是 1950 年的 7.6 倍。特别是水产养殖发展更快，2012 年世界水产养殖产量 6 660万吨，对比 1984 年，28 年增加 8.6 倍。自 1990 年以来，渔业的就业增长速度超过世界人口的增速。本节根据联合国粮农组织每两年出版一次的《世界渔业和水产养殖状况》和《渔业统计年鉴》提供的数据，分析世界渔业发展趋势，研究水产养殖发展特点。

一、渔业总产量稳步增长

根据联合国粮农组织 1998—2014 年出版的 9 本《世界渔业和水产养殖状况》所提供的 1994 年以来世界渔业产量数据进行整理，编制世界渔业产量分类情况（表 1-1）。从联合国粮农组织出版的《世界渔业和水产养殖状况（1994）》（英文版）中编译的有关数据，编制出 1950—1993 年世界渔业产量情况（表 1-2），正好补齐了 1950—2012 年的相关数据。

1. 渔业发展趋于稳定

从表 1-1 和表 1-2 显示的数据可见，纵观这 60 多年世界渔业的发展历程，经历了 4 次大发展，中间出现 3 次徘徊，到 2012 年世界渔业总产量达到 1.58 亿吨，是 1950 年的 7.6 倍。

特别是从表 1-1 可以看出，近 20 多年来，世界渔业总体上呈稳定增长态势。全球水产品总产量从 1994 年突破 1.1 亿吨，1996 年上升到 1.2 亿吨，2000 年突破 1.3 亿吨，2007 年上升到 1.4 亿吨。2011 年，世界渔业总产量突破 1.5 亿吨大关，达到 1.557 亿吨，增长 5.1%。2012 年，世界渔业总产量为 1.58 亿吨，又增长 1.5%。世界渔业总产量实现了从 2004 以来连续 9 年增产，并且年年刷新历史纪录。

表1-1　世界渔业产量分类情况（1994—2012）　百万吨

年份	总产量			内陆渔业			海洋渔业		
	小计	捕捞	养殖	小计	捕捞	养殖	小计	捕捞	养殖
1994	113.5	92.7	20.8	19.0	6.9	12.1	94.4	85.8	8.6
1995	117.3	93.0	24.3	21.2	7.3	13.9	96.0	85.6	10.4
1996	120.2	93.5	26.7	23.3	7.4	15.9	96.9	86.1	10.8
1997	122.5	93.9	26.8	25.0	7.5	17.5	97.5	86.4	11.1
1998	118.2	87.7	30.6	26.6	8.1	18.5	91.6	79.6	12.0
1999	127.2	93.8	33.4	28.7	8.5	20.2	98.5	85.2	13.3
2000	131.1	95.6	35.5	30.0	8.8	21.2	101.1	86.8	14.3
2001	131.0	93.1	37.9	31.4	8.9	22.5	99.6	84.2	15.4
2002	133.6	93.2	40.4	32.7	8.7	24.0	100.9	84.5	16.4
2003	133.2	90.5	42.7	34.4	8.9	25.5	98.7	81.5	17.2
2004	134.3	92.4	41.9	33.8	8.6	25.2	100.5	83.8	16.7
2005	136.4	92.1	44.3	36.2	9.4	26.8	100.1	82.7	17.5
2006	137.3	90.0	47.3	41.1	9.8	31.3	96.2	80.2	16.0
2007	140.7	90.8	49.9	40.0	10.1	29.9	100.7	80.7	20.0
2008	143.1	90.1	52.9	42.7	10.3	32.4	100.4	79.9	20.5
2009	145.8	90.1	55.7	44.8	10.5	34.3	101.0	79.6	21.4
2010	148.1	89.1	59.0	48.1	11.3	36.8	100.1	77.8	22.3
2011	155.7	93.7	62.0	49.8	11.1	38.7	105.9	82.6	23.3
2012	158.0	91.3	66.6	55.5	11.6	41.9	104.4	79.7	24.7

注：不含水生植物。2007年后的数据是2014年的最新报告，与2012年的报告有些不一样。

表 1-2　1950—1993 年世界渔业产量

千吨

年份	渔业产量			年份	渔业产量		
	小计	海洋	内陆		小计	海洋	内陆
1950	20 750	18 557	2 193	1972	61 581	55 211	6 370
1951	22 882	20 637	2 245	1973	62 207	55 587	6 620
1952	24 416	22 118	2 298	1974	65 562	58 883	6 679
1953	24 825	22 473	2 352	1975	65 469	58 641	6 828
1954	26 495	24 088	2 407	1976	68 988	62 187	6 801
1955	27 599	25 135	2 464	1977	67 905	60 860	7 045
1956	28 958	26 436	2 522	1978	69 998	63 031	6 967
1957	29 752	27 171	2 581	1979	70 831	63 704	7 127
1958	31 013	28 371	2 642	1980	72 028	64 492	7 536
1959	33 950	31 246	2 704	1981	74 592	66 514	8 078
1960	36 869	34 101	2 768	1982	76 768	68 310	8 458
1961	40 458	37 340	3 118	1983	77 497	68 286	9 211
1962	43 515	40 577	2 938	1984	83 932	73 914	10 018
1963	44 985	41 787	3 198	1985	86 378	75 714	10 664
1964	48 411	45 013	3 398	1986	92 845	81 100	11 745
1965	50 767	46 060	4 707	1987	94 454	81 698	12 756
1966	54 716	49 378	5 338	1988	99 132	85 671	13 461
1967	57 780	52 667	5 113	1989	100 353	86 427	13 926
1968	61 311	55 886	5 425	1990	97 593	82 850	14 743
1969	60 300	54 380	5 920	1991	97 376	82 549	14 828
1970	65 211	59 156	6 055	1992	98 729	83 039	15 690
1971	65 604	59 376	6 228	1993	101 270	84 261	17 009

2. 水产养殖蓬勃兴起

近 20 多年来，水产养殖业的蓬勃兴起，改变了世界渔业的传统格局。世界水产养殖产量占渔业总产量比重，从 1984 年占 8.26%，到 2012 年已经达到 42.15%。世界水产养殖 28 年增加的产量，占同期世界渔业总产量增加量的 80.6%。由于水产养殖业主要在发展中国家兴起，而这些发展中国家经过数年大力发展水产养殖，进入了世界渔业重要国家行列。

二、渔业重要国家亚洲居多

根据联合国粮农组织的报告数据，2010 年渔业总产量在 100 万吨以上的重要国家和地区有 24 个（表 1-3）。

表 1-3　世界渔业发展重要国家和地区产量统计（2010）单位：吨

国家（地区）	水生动物			捕捞产量对比		
	小计	养殖	捕捞	2005	2001	1992
中国	52 153 182	36 734 215	15 418 967	14 588 940	14 176 195	15 007 450
印度	9 343 819	4 648 851	4 694 968	3 691 362	3 777 092	4 175 112
印度尼西亚	7 685 094	2 304 828	5 380 266	4 695 977	4 259 343	3 441 570
越南	5 092 600	2 671 800	2 420 800	1 987 900	1 724 758	1 080 279
美国	4 865 039	495 499	4 369 540	4 892 967	4 944 336	5 588 491
日本	4 762 469	718 284	4 044 185	4 312 430	4 713 773	8 460 324
秘鲁	4 350 112	89 021	4 261 091	9 388 488	7 986 207	6 871 200
俄罗斯联邦	4 190 008	120 384	4 069 624	3 197 686	3 628 683	5 611 164
缅甸	3 913 907	850 697	3 063 210	1 732 250	1 187 880	836 878
挪威	3 683 302	1 008 010	2 675 292	2 392 594	2 686 942	2 549 655
智利	3 380 798	701 062	2 679 736	4 328 321	3 797 546	6 501 767
菲律宾	3 356 415	744 695	2 611 720	2 269 738	1 948 830	2 271 917
泰国	3 113 321	1 286 122	1 827 199	2 814 295	2 833 974	3 240 160
孟加拉国	3 035 101	1 308 515	1 726 586	1 333 866	1 068 417	966 727
韩国	2 208 489	475 561	1 732 928	1 646 158	1 993 946	2 695 630
马来西亚	1 806 578	373 151	1 433 427	1 214 183	1 234 733	640 000
墨西哥	1 650 129	126 240	1 523 889	1 319 936	1 398 576	1 247 622
西班牙	1 221 013	252 351	968 662	853 156	1 093 896	1 330 000
摩洛哥	1 137 762	1 522	1 136 240	1 026 395	1 096 083	548 098
埃及	1 304 794	919 585	385 209	349 553	428 633	287 108
巴西	1 264 768	479 399	785 369	750 261	730 378	790 000
中国台湾	1 161 722	310 338	851 384	1 017 243	1 005 199	1 314 233
加拿大	1 088 546	160 924	927 622	1 103 853	1 041 682	1 275 851
冰岛	1 065 690	5 050	1 060 640	1 664 657	1 983 574	1 577 206
合计	148 476 426	59 872 600	88 603 826	92 329 279	90 780 967	83 039 000

1. 重要国家产量

表1-3列出渔业年产量在100万吨以上的世界渔业重要国家和地区有24个，其中年产量在100万~199万吨的有9个，年产量在200万~399万吨的有7个，年产量在400万吨以上的有8个。特别是中国（见彩图1-1）、印度（见彩图1-2）、印度尼西亚（见彩图1-3）和越南（见彩图1-4）等4个国家，渔业年产量超过500万吨。他们均为发展中国家，而且都处于亚太地区，地理位置相邻近。这4个国家2010年渔业产量为7 427.5万吨，占世界渔业总产量的一半。其中水产养殖产量为4 405.5万吨，占世界水产养殖产量的79.1%，在4个国家的渔业产量中占59.3%，由此可见水产养殖的重要地位。

2. 重要国家位置分布

在全球24个重要的渔业国家和地区中，亚洲有12个；而渔业年产量200万吨以上的15个国家中，亚洲国家有10个，占2/3；而且涵盖了前四名，就是渔业年产量在500万吨以上的4个国家。其他国家是北美洲的美国（见彩图1-5），南美洲的秘鲁（见彩图1-6）、智利（见彩图1-7），欧洲的俄罗斯（见彩图1-8）、挪威。中国是遥遥领先的最大生产国，2010年中国的渔业产量为5 215.3万吨，占世界渔业产量的35.1%；其中水产养殖3 673.4万吨，占世界水产养殖产量的61.3%。

三、发展中国家增长快

对表1-3所列的2010年、2005年、2001年、1992年这4个年度的捕捞产量对照分析，在18年间产量增加和减产各有11个国家和地区，稳产的两个国家（挪威、巴西）。增产的11个国家，8国在亚洲。

1. 增产幅度排名

对比2010年与1992年的数据，世界渔业重要国家和地区这18年间捕捞产量增长幅度最大的是缅甸，2010年捕捞产量达

306.3 万吨，为 1992 年 83.7 万吨的 3.66 倍，在世界渔业捕捞产量的国家和地区中排名，从 1992 年的第 21 位，上升到 2001 年的第 18 位，2010 年排第 9 位；其次是越南，2010 年捕捞产量为 242.1 万吨，为 1992 年 108 万吨的 2.24 倍，在世界渔业捕捞产量的国家和地区中排名，从 1992 年的第 19 位，上升到 2001 年的第 14 位，2010 年排第 12 位；如果加上水产养殖产量，则居世界第 4 位。第三位是马来西亚，2010 年捕捞产量为 143.3 万吨，为 1992 年 64 万吨的 2.23 倍，在世界渔业捕捞产量的国家和地区中排名，从 1992 年的第 28 位，上升到 2001 年的第 17 位，2010 年继续排第 17 位；但加上水产养殖产量则居世界第 16 位。2010 年捕捞产量比 1992 年增加 1 倍左右的渔业重要国家还有孟加拉国、摩洛哥。这 5 个国家都是发展中国家，其中 4 个在亚洲。2010 年捕捞产量比 1992 年增长的渔业重要国家中还有中国、印度、印度尼西亚、菲律宾（见彩图 1-9）、墨西哥和埃及。

2. 增产数量排名

这 18 年间捕捞产量增加最多的国家也是缅甸，2010 年捕捞产量比 1992 年增加 222.6 万吨；其次是印度尼西亚，2010 年捕捞产量为 538 万吨，比 1992 年 344 万吨增加 194 万吨，增长 56.4%；在世界渔业捕捞产量的国家和地区中排名，从 1992 年的第 8 位，上升到 2001 年的第 5 位，2010 年排第 2 位（而渔业产量居世界第 3 位）；第 3 位是越南，2010 年捕捞产量比 1992 年增加 134 万吨。2010 年捕捞产量比 1992 年增加 50 万吨以上的渔业重要国家还有印度、孟加拉国、马来西亚和摩洛哥。

四、水产养殖发展更快

从《世界渔业和水产养殖状况（1994）》（英文版）看到，联合国粮农组织公布从 1984 年开始统计的全球水产养殖总产量；依据这里提供的数据和后来出版的《世界渔业和水产养殖状况》收集的相关数据，编制出 1984—2012 年世界水产养殖产量与渔业总产量对照情况表（表 1-4）。

表 1-4 世界水产养殖产量与渔业总产量对照（1984—2012）

单位：百万吨

年份	总产量	其中：水产养殖产量			年份	总产量	其中：水产养殖产量		
		产量	占/%	增长/%			产量	占/%	增长/%
1984	83.932	6.933	8.26		1999	127.2	33.4	26.26	9.15
1985	86.378	7.729	8.95	11.48	2000	131.1	35.5	27.08	6.29
1986	92.845	8.807	9.49	13.95	2001	131.0	37.9	28.93	6.76
1987	94.454	10.151	10.75	15.26	2002	133.6	40.4	30.23	6.60
1988	99.132	11.210	11.31	10.43	2003	133.2	42.7	32.05	5.69
1989	100.353	11.497	11.46	2.56	2004	134.3	41.9	31.20	-1.91
1990	97.593	12.121	12.42	5.43	2005	136.4	44.3	32.48	5.06
1991	97.376	12.781	13.13	5.45	2006	137.3	47.3	34.45	6.77
1992	98.729	13.921	14.10	8.92	2007	140.7	49.9	35.59	5.50
1993	101.270	15.921	15.72	14.37	2008	143.1	52.9	37.10	6.01
1994	113.460	20.770	18.31	30.46	2009	145.8	55.7	38.33	5.29
1995	117.280	24.300	20.72	17.00	2010	148.1	59.0	39.84	5.92
1996	120.200	26.700	22.21	9.88	2011	155.7	62.0	39.82	5.08
1997	122.500	26.800	21.88	0.37	2012	158.0	66.6	42.15	7.42
1998	118.200	30.600	25.89	14.18					

1. 养殖产量增长速度

从世界水产养殖产量与渔业总产量对照表研究分析，纵观世界水产养殖业 28 年的发展，可以看到自 1984 年以来，世界水产养殖产量逐年上升，每一两年都上一个新台阶。除了 2004 年减产 80 万吨（-1.91%）、1997 年仅增产 10 万吨（0.37%）、1989 年仅增产 2.56%（28.7 万吨）以外，有 25 年每年产量都增长 5% 以上，其中有 11 年增长幅度在 8% 以上。

1987 年，世界水产养殖产量突破 1 000 万吨，达 1 015.1 万吨；比 1984 年的 693.3 万吨增加 321.8 万吨，3 年增长 46.42%，每年递增 13.55%。

1994 年，世界水产养殖产量突破 2 000 万吨，达 2 077 万吨，一年增产 30.46%；7 年翻了一番（104.61%），每年递增 10.77%。

之后，全球水产养殖产量相继于 1998 年突破 3 000 万吨，2002 年又突破 4 000 万吨，2008 年上升到 5 295 万吨，2010 年达 5 987 万吨。2012 年全球水产养殖产量创下 6 660 多万吨的历史新高，另外还有近 2 340 万吨水生植物。

2. 养殖产量倍增周期

根据世界水产养殖产量的数据，从 1984 年的 693.3 万吨，到 1992 年的 1 392 万吨，8 年时间翻了一番。而 1994 年突破 2 000 万吨，翻了一番的时间（倍增周期）缩短到 7 年；1995 年全球水产养殖产量增产 17.0%，达 2 430 万吨，5 年翻了一番（104.79%），每年递增 14.92%；是世界水产养殖发展的最快时期。1998 年突破 3 000 万吨时翻一番的时间为 6 年。

随着水产养殖产量不断增加，基数加大，翻一番的时间就逐步延长。2002 年突破 4 000 万吨时产量翻一番的时间用了 8 年，2008 年突破 5 000 万吨时产量翻一番的时间延长到 12 年，2011 年突破 6 000 万吨产量翻一番的时间则是 13 年。

3. 养殖增量占总增量比例

2012 年，世界水产养殖产量 6 660 万吨，对比 1984 年的 693.3 万吨，增产 5 966.7 万吨，28 年增加 8.6 倍，占同期世界渔业总产量（增加 7 406.8 万吨）的 80.56%。

特别是进入 21 世纪以来，世界海洋捕捞业因资源衰退，产量减少，更是依赖水产养殖业增加产量。2012 年世界水产养殖产量比 2000 年的 3 550 万吨增加 3 110 万吨，比同期世界渔业总产量增加 2 690 万吨还多 420 万吨，可见即使捕捞产量减少，水产养殖也可将其弥补。因为捕捞产量减幅远远小于养殖产量增幅。而 2005 年以来的 8 年时间，世界水产养殖年产量增加 2 470 万吨，平均每年增加 309 万吨，是增产绝对数最多的时期。

4. 养殖产量占总产比重

世界水产养殖产量占渔业总产量的比重，从 1984 年的占 8.26%，1987 年提高到 10.77%，1995 年提高到 20.72%，2002 年提高到 30.23%，2010 年提高到 40.34%；每提高 10 个百分点，时间是 7~8 年。2012 年水产养殖产量占世界渔业总产量比重为 42.15%，是 1984 年（占 8.26%）的 5.1 倍。

五、重要国家养殖产量多

世界水产养殖产量在重要国家中占的比例也很大，2010 年，最大的 10 个生产国在世界供食用的养殖水产品总产量中占 87.6%，在总产值中占 81.9%。其中，中国水产养殖产量在 2010 年占世界水产养殖总产量 60% 以上。世界水产养殖重要国家（年产量 40 万吨以上）近 10 年产量情况见表 1-5。

1. 发展中国家发展快

从表 1-5 中可以看出，排在前 6 位的都是亚洲的发展中国家，而且排在第二、三、四位的印度、印度尼西亚、越南 3 国，水产养殖年产量达 200 万吨以上，9 年时间产量都翻一番以上。其中越南水产养殖年产量从 588 098 吨增加到 2 671 800 吨，9 年时间产量翻了两番多（增加 3.54 倍），排名从 2001 年的第 7 位提高到第 3 位。水产养殖年产量在 100 万吨以上的还有孟加拉国、泰国、挪威。埃及水产养殖发展也很快，年产量从 342 864 吨增加到 919 585 吨，9 年时间产量增加 1.68 倍，排名从 2001 年的 12 位提高到第 8 位，是非洲唯一进入世界水产养殖重点行列的国家（见彩图 1-10）。缅甸水产养殖发展更快，年产量从 121 266 吨增加到 850 697 吨，9 年时间产量增加 6 倍多，排名从 2001 年的 20 位以后提高到第 9 位。

2. 发达国家逐步下降

水产养殖业原来十分发达的日本，2002 年产量达到 827 115 吨后逐步下降，2010 年减少到 718 284 吨，8 年时间产量减少近 9 万吨，排名从第 5 位降到第 11 位（见彩图 1-11）。还有美国的水产养殖业原来也十分发达，2004 年产量达到 607 570 吨，以后逐步下降，2010 年减少到 495 499 吨，6 年时间产量减少 11 万吨，排名从第 10 位降到第 13 位。韩国水产养殖业在进入新世纪后发展很快，年产量从 2001 年的 294 484 吨逐年增产到 2007 年的 606 122 吨，第二年减少到 473 794 吨，一年时间减产 13 万吨，后两年保产，排名从 2007 年的第 12 位降到第 15 位（见彩图 1-12）。以上 3

表 1-5 世界水产养殖重要国家产量（2001—2010）

单位：吨

国家	2001 年	2002 年	2003 年	2004 年	2005 年	2006 年	2007 年	2008 年	2009 年	2010 年
中国	22 702 069	24 141 658	25 083 253	26 567 201	28 120 690	29 856 841	31 415 131	32 731 371	34 779 870	36 734 215
印度	2 120 466	2 188 789	2 315 771	2 798 686	2 967 378	3 180 863	3 112 240	3 851 057	3 791 920	4 648 851
越南	588 098	703 041	937 502	1 198 617	1 437 300	1 657 727	2 085 400	2 462 450	2 556 080	2 671 800
印度尼西亚	864 276	914 071	996 659	1 045 051	1 197 109	1 292 899	1 392 901	1 690 221	1 733 434	2 304 828
孟加拉	712 640	786 604	856 956	914 752	882 091	892 049	945 812	1 005 542	1 064 285	1 308 515
泰国	814 121	954 608	1 064 407	1 259 981	1 304 231	1 354 297	1 370 456	1 330 861	1 416 668	1 286 122
挪威	510 748	551 297	584 423	636 802	661 877	712 373	841 560	848 359	961 840	1 008 010
埃及	342 864	376 296	445 181	471 535	539 748	595 030	635 516	693 815	705 490	919 585
缅甸	121 266	190 120	252 010	400 360	485 220	574 990	604 660	674 776	778 096	850 697
菲律宾	434 661	443 537	459 615	512 220	557 251	623 369	709 715	741 142	737 397	744 695
日本	800 346	827 115	824 057	776 585	746 372	734 100	770 434	730 361	786 910	718 284
智利	566 096	545 655	567 259	675 884	723 875	794 110	779 779	843 142	792 891	701 062
美国	480 362	498 899	545 971	607 570	513 794	519 413	525 215	500 053	480 273	495 499
巴西	205 568	247 678	273 268	269 699	257 784	271 697	289 048	365 357	415 686	479 399
韩国	294 484	296 783	387 791	405 748	436 571	513 568	606 122	473 794	473 060	475 561

个发达国家，水产养殖产量已出现萎缩或停滞。而同样是发达国家的挪威，由于采用网箱养殖大西洋鲑鱼，该国的水产养殖产量已从 1990 年的 15.1 万吨增长到 2000 年的 49.1 万吨，2010 年超过 100 万吨，排名从 2001 年的第 9 位提高到第 7 位（见彩图 1-13）。

水产养殖生产很容易受到疾病和环境条件的负面影响。疾病的暴发对智利的大西洋鲑鱼养殖、欧洲的牡蛎养殖和亚洲、南美及非洲一些国家的海虾养殖都产生严重影响，导致产品出现部分或全部损失。2010 年，中国的水产养殖由于自然灾害、疾病和污染遭受 170 万吨的损失。2011 年，莫桑比克的海虾养殖由于疾病暴发几乎全军覆没。

第二节　中国渔产量冠全球

中国拥有广阔的水域，渔业资源品种多，奠定中国渔业生产的物质基础。中国是世界上渔业历史最悠久的国家之一。中华人民共和国成立 60 多年来，中国渔业的巨变有目共睹。尤其是 1979 年后，在改革开放政策的推动下，中国渔业步入快速发展的轨道和高速增长阶段。1985 年 3 月，中共中央、国务院联合发出《关于放宽政策、加速发展水产业的指示》（中发〔1985〕5 号文件）。文件明确提出：实行"以养殖为主，养殖、捕捞、加工并举，因地制宜，各有侧重"的渔业发展方针；规定水产品价格全部放开，实行市场调节等。这一系列方针、政策的调整，使中国渔业发展迎来了一个新高潮，水产品产量大幅度提高，自 1989 年起跃居世界第一位，2010 年中国水产品总产量达到 5 215 万吨，占世界水产品总产量 14 810 万吨的 35.2%，比第 2 位的印度水产品总产量 934 万吨多 4 281 万吨，是其产量的 5.58 倍。中国还是世界第一水产养殖大国和第一水产品出口大国。中国农业排名世界第一的项目，许多是由水产业创造的。中国渔业的发展不仅满足了人们对水产品的需求，扩大了水产品出口，而且为调整和优化农业产业结构，增加渔民收入做出了重要的贡献（见彩图 1-14）。

一、渔业产量世界第一

根据历史资料反映，1949 年中华人民共和国成立，当年全国水产捕捞产量仅为 44.79 万吨，1950 年为 91.16 万吨，1953 年为 189.97 万吨。1954 年开始全面统计水产养殖产量，当年全国水产养殖产量为 26.58 万吨，加上捕捞产量 192.77 万吨，全国水产品总产量为 229.35 万吨；到 1957 年，全国水产品总产量增加到 311.65 万吨，当时认为是创造历史最高水平，定为恢复阶段。此后，全国水产品总产量在 228 万～309 万吨徘徊十几年。1970 年创新高后不断增产，1982年后持续大幅度增产，1989 年跃居世界第一位。

1. 渔业产量持续增加

1970 年，全国水产品总产量增加到 318.45 万吨，创 1957 年之后历史新高。之后连年增产，到 1977 年增加到 469.47 万吨。此后又徘徊了几年，到 1982 年增加到 515.51 万吨，又上了一个新台阶，之后持续大幅度增产；1988 年突破 1 000 万吨，6 年时间翻了一番，成为世界上第四个水产品总产量突破 1 000 万吨的渔业大国。1989 年中国水产品总产量达 1 151.66 万吨，跃居世界第一位。1994 年，中国水产品总产量突破 2 000 万吨，1997 年突破 3 000 万吨，1999 年突破 4 000 万吨，2009 年突破 5 000 万吨，2013 年突破 6 000 万吨。2010 年，全国水产品总产量 5 373 万吨，比 2005 年的 4 420 万吨增长 21.6%，年均增长 4.1%；2014 年全国水产品总产量 6 461.52 万吨，比上年增长 4.69%；连续 35 年增产（图 1-1）。

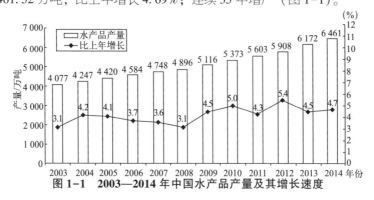

图 1-1　2003—2014 年中国水产品产量及其增长速度

2. 渔业经济地位突出

进入新世纪，中国渔业继续保持平稳较快发展，成为农业农村经济中重要的支柱产业和富民产业。2010 年，全国渔业经济总产值 1.29 万亿元，其中水产品总产值 6 751.8 亿元，在"十一五"期间（2006—2010 年）分别年均增长 11.0% 和 10.6%。

2011 年，中国渔业经济克服了自然灾害严重等不利影响，实现了"十二五"良好开局，据对全国 1 万户渔民家庭当年收支情况抽样调查，全国渔民人均纯收入达 10 012 元，首次突破万元大关。2012 年，中国渔业经济持续增长，全国渔民人均纯收入 11 256 元，比上年增加 1 244 元、增长 12.43%。2013 年中国渔业经济增长更快，渔民人均纯收入 13 038.77 元，比上年增加 1 782.69 元，增长 15.84%。2014 年，中国渔业克服自然灾害偏重、水产品市场波动等重大困难，全国渔业经济继续保持较快发展，全国渔民人均纯收入 14 426.26 元，比上年增加 1 387.48 元、增长 10.64%；全社会渔业经济总产值按当年价格计算，突破 2 万亿元，达 20 858.95 亿元，实现增加值 9 718.45 亿元；其中渔业产值 10 861.39 亿元，实现增加值 6 116.69 亿元；渔业工业和建筑业产值 4 875.30 亿元，实现增加值 1 779.39 亿元；渔业流通和服务业产值 5 122.26 亿元，实现增加值 1 822.38 亿元。三个产业产值的比例为 52 :23 :25，增加值的比例为 63 :18 :19。

3. 渔业生产结构优化

近年来，中国水产养殖大幅增长。2014 年，中国水产品总产量中，水产品养殖产量 4 748.41 万吨，同比增长 4.55%；全国水产养殖面积 838.64 万公顷，比上年增长 0.78%。捕捞产量 1 713.11 万吨，同比增长 5.08%。养、捕比例由 2000 年的 60 :40 提高到 2012 年的 73 :27。中国水产养殖产量占世界总产量的 60% 以上（见彩图 1-15）。

经过 20 多年的发展，中国已成为世界主要远洋渔业国家之一，2014 年全国远洋渔业总产量 202.73 万吨，同比增长 49.95%；占水产品总产量的 3.14%（见彩图 1-16）。中国远洋渔业虽然规模较大，但在装备水平、生产效率、科技支撑、综合开发能力等方面，与发达的远洋渔业国家和地区相比仍存在较大差距。

二、水产养殖一直领先

改革开放30多年来，中国渔业发展成就辉煌，特别是水产养殖业的快速发展，不仅成功地解决了中国城乡居民"吃鱼难"的问题，而且在保障国家粮食安全、扩大就业、增加农民收入、改善水域生态环境等方面都做出了重要贡献。通过大力发展海淡水养殖业，中国水产品供给能力迅速提高。2011年，全国水产品总产量为5 603万吨，比2002年增长41.7%，年均增长3.9%。其中，内陆水产品2 695万吨，增长62.7%，年均增长5.6%；海水产品2 908万吨，增长26.5%，年均增长2.6%。人工养殖扩张迅速。2011年，人工养殖水产品4 023万吨，比2002年增长59.5%，年均增幅为5.3%。其中，人工养殖内陆水产品2 472万吨，增长69.1%，年均增长6%；人工养殖海水产品1 551万吨，增长46.3%，年均增长4.3%。海水捕捞增长较慢，2011年，捕捞水产品产量为1 580万吨，比2002年增长10.3%，年均增长1.1%，分别比人工养殖低49.2个百分点和4.2个百分点。

1. 确立以养为主发展方针

中国传统渔业的生产结构以捕捞为主，直至1978年，捕捞产量仍占水产品总产量的71%，养殖产量只占29%。这种以开发天然渔业资源（主要是海洋渔业资源）作为增产主要途径的不合理的资源开发利用方式，给渔业资源带来巨大的压力，严重制约了渔业经济的发展。

1985年的"中央5号"文件和1986年颁布的新中国第一部《中华人民共和国渔业法》确立了"以养为主，养殖、捕捞、加工并举，因地制宜，各有侧重"的渔业发展方针，为中国渔业开辟了巨大的发展空间，中国丰富的内陆水域、浅海滩涂和低洼宜渔荒地等资源得到了有效的开发利用，养殖区域从沿海地区和长江、珠江流域传统养殖区不断扩展到内陆、三北地区（华北、东北、西北），水产品增加的绝对量中有60%以上来自养殖业，养殖产品占水产品总量的比重从 1978 年的 28.9% 上升至 2010 年的 71.3%，捕捞产量与养殖产量之比在 32 年间正好倒转（1978 年 71.1：28.9，2010 年 28.7：71.3），2012 年中国水产养殖产量比重又提高到 72.6%，是世界主要渔业国家中唯一养殖产量超过捕捞产量的国家。

同时，养殖品种也向多样化、优质化发展，养殖品种从过去传统的四大家鱼和贝、藻类等少数品种增加到鱼、虾、蟹、贝、藻等近百种，名特优水产品占了较大比例。

2. 提升水产养殖产业素质

中国水产养殖 30 多年的发展，使渔业产业素质得到了迅速提升，主要表现在：渔业基础设施和生产条件明显改善，产业化进程加快。水产育种能力明显增强，一大批从事水产养殖生产、加工、运销相配套的综合性水产龙头企业在发展壮大；渔业科技含量大幅度提高，新品种的引进、推广，如对虾、扇贝以及海水鱼人工育苗和养殖技术的突破，使海水养殖品种构成和质量有了根本性的变化；池塘养殖单产大幅提高，每公顷产量由 1978 年的 688.7 千克提高到 2011 年的 7 116.6 千克，比 1978 年增长 9.3 倍；围网、围栏、网箱养鱼技术的试验成功和推广，使江河湖泊、水库、浅海等大中型水域的水产养殖迅猛发展；轮养、混养、间养等技术的推广应用，均大大提高了中国水产养殖业的生产水平。

3. 依靠科技推动养殖升级

随着中国渔业科技体系不断发展和完善，在渔业资源开发利用、水产养殖和渔业装备现代化等诸多领域取得了一系列重大成果，有专家统计，在 1980—2009 年这 30 年间，共获得国家自然科学奖 5 项、国家发明奖 8 项、国家科技进步奖 52 项。渔业科技进步对渔业增产的贡献率不断提高。

在渔业不同的发展阶段，一些水产养殖关键性技术的突破，使渔业生产发生了巨大的变化。20 世纪 50 年代，海带人工育苗技术的突破，带动了中国海藻养殖业的大发展；60 年代"四大家鱼"人工繁殖技术的突破，带动了中国鱼类养殖业的大发展；70 年代扇贝人工育苗技术的突破，带动了中国贝类养殖业的大发展；80

年代"中国对虾"人工育苗技术的突破，带动了甲壳类（虾蟹类）养殖业的大发展；90 年代以开发和引进"大菱鲆"为代表的国外水产良种为特点，推动中国水产养殖新品种的推广应用，形成全面发展的新格局；20 世纪末 21 世纪初，则是以海水深水抗风浪网箱养殖设备与技术的突破为主，还有"海参"的大面积养殖与推广等，带动海水鱼类养殖业向外海发展，极大地开拓了海水养殖新领域。

进入新世纪，中国渔业从产量型向质量和效益型转变，渔业发展对水产养殖科技提出了更高的要求，产业发展速度的提高和效益的增加，将更多地依赖于水产养殖科技的创新和进步。

4. 发展养殖促进农民增收

从全国的情况看，各地近年在调整农业和农村经济结构、增加农民收入的过程中，普遍重视开发渔业资源，把发展水产养殖业作为结构调整，增加农民收入的一条重要途径。无论是东部沿海地区，还是中部和西部地区，水产养殖（包括稻田养鱼）以其见效快，增收明显而受到广大农民的重视，形成了新一轮水产养殖业发展的热潮，这将为中国渔业结构和布局优化调整创造新的机遇。实践证明，东部沿海种植业调减下来的空间很大部分被渔业占领了，发展渔业已成为农业结构战略性调整的重要带动力量。

三、进出口居全球首位

中国自 2001 年底加入 WTO 以来，在贸易环境日益自由化的背景下，随着关税的降低、市场的开放，水产品进出口贸易进入了高速增长阶段，形成了以国内自产水产品出口为主、来进料加工相结合的水产品国际贸易格局，水产品进口也快速上升，渔业国际化程度明显提高。2001 年中国进入水产品进口大国的行列，进口额挤进世界前十位；从 2002 年起，中国水产品出口量和出口额首次超过泰国，位居全球第一。中国水产品进出口在世界渔业国际贸易中的地位不断攀升，成为世界水产品贸易的"领头羊"（见彩图 1-17）。2012 年，中国水产品进出口总量 792.50 万吨，进出口总额 269.81 亿美元，同比分别下降 2.9% 和增长 4.54%。2014

年中国水产品进出口总量 844.43 万吨、进出口总额 308.84 亿美元，同比分别增长 3.87% 和 6.86%。

1. 水产品出口

2012 年，中国水产品出口量 380.12 万吨，同比下降 2.84%；出口额 189.83 亿美元，同比增长 6.69%。水产品一般贸易出口量 251.54 万吨，同比下降 0.77%；出口额 134.17 亿美元，同比增长 9.54%，产品出口价格普遍高于上年。水产品出口额提前三年完成了《全国渔业发展第十二个五年规划（2011—2015 年）》确定的到 2015 年达到年出口额 180 亿美元的目标任务，之后又有较大幅度增长，2014 年中国水产品出口量 416.33 万吨、出口额 216.98 亿美元，同比分别增长 5.16% 和 7.08%；2006—2014 年中国水产品出口额增长见图 1-2。中国水产品出口连续 15 年位居中国大宗农产品出口首位，出口额占农产品出口总额的比重达到 30%。中国水产品出口连续 13 年位居全球水产品出口首位。对虾、贝类、鳗鱼、罗非鱼、大黄鱼、小龙虾、鲷鱼等名优养殖水产品作为一般贸易主要出口品种，出口额占中国一般贸易出口总额的 45.5%。对虾、贝类、大黄鱼和鳗鱼出口量减额增，罗非鱼出口形势有所好转，出口量和出口额均有一定幅度的上涨。淡水小龙虾由于 2011 年大旱，出口锐减，2012 年呈现恢复性增长，出口量和出口额分别上涨 80.2% 和 63.1%。

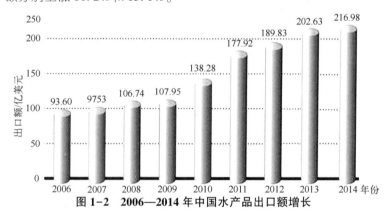

图 1-2　2006—2014 年中国水产品出口额增长

进入新世纪，中国水产品出口一直保持旺销的局面，出口总体稳定，出口多元化的格局基本形成，除了传统的日本、东盟等市场外，还开拓了中东、南美等新兴市场。2012年，日本和美国依然位列中国出口市场前两位。

2. 水产品进口

2012年中国水产品进口量412.38万吨，同比下降2.94%，进口额79.98亿美元，同比下降0.23%。2014年中国水产品进口量428.1万吨、进口额91.86亿美元，同比分别增长2.65%和6.34%。近年来，来进料加工原料进口呈现下降趋势，2012年继续下降，2012年来进料加工原料进口量140.37万吨、进口额28.97亿美元，同比分别下降7.74%和11.76%。鱼粉进口量增额减，进口量124.57万吨，同比增长2.94%，进口额16.9亿美元，同比下降3.43%。供国内食用水产品进口量减额增，进口量147.44万吨，同比下降2.82%，进口额34.11亿美元，同比增长14.33%。

3. 水产品贸易顺差

虽然中国2012年水产品出口量下降2.84%，但出口额增长6.69%；进口量下降2.94%，进口额下降0.23%。而贸易顺差109.85亿美元，比上年增加12.09亿美元，同比增长12.36%。水产品对外贸易顺差首次突破百亿元，水产品继续位居农产品出口首位。以上成绩的取得，主要得益于近年来采取的一系列重要举措：一是利用国内外两种资源，推动出口增长；二是转变增长方式，提高产品竞争力；三是强化源头管理，保障产品安全；四是加快产业带建设，提升出口企业的实力；五是发挥协会作用，加强行业自律；六是加强政策研究，注重服务引导。

据专家分析，2012年中国水产品出口增长速度放缓，主要有以下几方面因素：一是国际市场消费能力下降，受欧洲主权债务危机和美国公共债务规模扩大的影响，一些大型进口商、批发商和零售商持谨慎态度；二是水产品原料和劳动力等生产成本不断上涨，部分加工企业开始向次发展中国家转移，而部分国家也开始实施扩大出口战略，与中国形成同构竞争态势；三是日本2011

年受大地震、海啸和核泄漏影响，自身水产品供应难以满足国内需求，增加了水产品进口，随着日本国内水产品生产的恢复，对中国水产品进口逐步恢复到正常水平。

四、水产品质量稳步提升

水产养殖业快速发展，面临水域环境恶化、养殖设施老化、养殖病害频发、质量安全隐患增多、质量安全事件时有发生等突出矛盾和问题。但近年来，中国政府出台多项政策和多种措施，加强水产品质量安全监管，始终致力于为消费者提供放心的水产品，努力确保水产品的消费安全和食用安全。

1. 推广健康养殖技术

为全面推进水产健康养殖，进一步强化监督管理，切实提高水产品质量安全水平，确保水产品有效供给，实现水产养殖业持续健康发展，2005 年以来，农业部启动了水产健康养殖行动，以培育有能力、负责任的生产主体为核心，加大对渔民的教育宣传和培训力度。农业部于 2009 年 3 月提出全面推进水产健康养殖加强水产品质量安全监管的意见，要求把确保水产品安全有效供给作为渔业发展的首要任务，全面推进水产健康养殖，改善养殖设施条件，加强技术创新和推广应用，加快良种繁育和水生动物防疫体系建设，健全质量安全监管制度，促进现代水产养殖业持续健康协调发展。特别提出要加强水产健康养殖示范场创建工作，提高创建质量，增强示范带动作用，推广生态健康养殖方式。全国各级渔业主管部门和科研技术推广机构，深入开展渔业科技入户，推广健康养殖方式，加大无公害农产品标准的宣贯力度，巩固和发展水产标准化示范县、标准化养殖小区和健康养殖示范区建设。

2. 加强用药监督管理

指导养殖户建立健全生产日志，实施水质监测、科学用药、销售记录等三项记录制度，严禁使用氯霉素、孔雀石绿和硝基呋喃等禁用药物，严格遵守渔用药物残留限量及休药期规定。2007 年，农业部启动了水产养殖业综合执法并开展水产品药残专项整治，严厉查处违法用药行为，全面加强水产养殖用药监督管理，采取各项综合监管措施，确保水产品的质量安全。

3. 推进"三品一标"

大力推行标准化生产示范创建，加快发展"三品一标"（无公害农产品、绿色食品、有机农产品和地理标志农产品，包括水产品），通过标准化生产规模的扩大、生产过程模式的形成和制度化，推动提高农业生产经营规模化、专业化、集约化水平。"三品一标"是政府主导的安全优质农产品公共品牌，也是农业系统主推的四个官方品牌。"三品一标"农产品以标准化生产为载体，在推进农产品生产规模化、基地化和保障农产品质量安全方面发挥了非常重要的引领、示范作用。近年来，无公害水产品、地理标志水产品发展迅速，有效促进了水产品质量安全水平的提升。

4. 试点质量安全追溯

自 2009 年起，全国水产技术推广总站在全国部分渔业主产区创造性地开展了"水产养殖全程质量监控技术示范试点"工作。几年来，该项工作得到了各有关省级渔业行政主管部门和水产技术推广部门（水产养殖病害防治机构）的高度重视，并取得显著成效，试点示范县（场）的养殖水产品质量安全水平显著提升，有效带动了示范地区养殖水产品质量安全监控方式的转变和水产品质量的提高。

五、渔业发展成效显著

中国水产养殖业的快速发展，不仅成功解决了城乡居民"吃鱼难"问题，而且在保障国家粮食安全、扩大就业、增加农民收入、改善水域生态环境等方面都做出了重要贡献。

1. 生产贡献

通过大力发展海淡水养殖业，中国水产品供给能力迅速提高。1990 年中国水产养殖产量首次超过捕捞产量，实现历史性转变。中国水产品人均占有量从 1995 年起超过了世界平均水平，2010 年达到 40 千克，比世界平均水平 21.5 千克高 18.5 千克；2012 年达到 43.6 千克，比世界平均水平 22.3 千克高 21.3 千克（2014 年达到 47.24 千克）。2005 年，中国养殖水产品产量达 3 393 万吨，占全球水产养殖总产量 4 850 万吨的 70%；此后水产养殖产量年年增加，但占全世界比例略为减少，如 2010 年中国养殖水产品产量 3 828 万吨，占全球水产养殖总产量 5 900 万吨的 64.9%；2012 年中国产量 4 288 万吨，占全球总产量 6 660 万吨的 64.4%（2014 年中国养殖水产品产量 4 748 万吨）。同时，水产养殖业的发展，提供了更多的加工原料，促进了中国水产品对外贸易的发展。2006 年中国水产品出口额 93.6 亿美元，占中国农产品出口总额的 30.2%；2010 年中国水产品出口额上升到 138.3 亿美元，2012 年达 189.8 亿美元，2014 年为 217 亿美元。而养殖产品特别是对虾等六大品种是主要的出口产品。

2. 营养贡献

水产品是人类食物中主要蛋白质来源之一，在国民的食物构成中占有重要地位。水产养殖业发展对提高人民生活水平，改善人民食物构成，提高国民身体素质等方面发挥了积极的作用。水产品是一种高蛋白、低脂肪、营养丰富的健康食品，发展水产养殖业可为国民提供更多优质、价廉、充足的蛋白质，对增强国民身体素质有重要的贡献。有的城市居民对水产品的消费量甚至超过肉类的消费量。水产品满足了国民摄取动物蛋白的需要，提高了国民的营养水平（见彩图 1-18）。

3. 产业贡献

中国人多地少、资源匮乏，农业发展、农民增收的空间受到了很大制约。而水产养殖业既有不与粮争地，不与人争粮的特点，又有在农业各产业中，比较效益相对较高的优势。因此，水产养殖业的发展，一是不挤占耕地农田，而是利用低洼盐碱荒地、浅海滩涂和各种天然水域发展养殖；二是 30 多年来，渔业共吸纳了 1 000 多万人就业，其中约 70% 从事水产养殖，2006 年渔民人均纯收入达 6 176 元，高于农民人均纯收入；2010 年达 8 963 元，2011 年 10 012 元，2012 年更提高到 11 256 元，2013 年 13 038 元，比 2006 年增加 1 倍多；2014 年达 14 426 元；三是水产养殖的发展还带动了水产苗种繁育、水产饲料、渔药、养殖设施和水产品加工、储运物流等相关产业的发展，形成完整的产业链，创造了大量就业机会（见彩图 1-19）。

4. 生态贡献

首先，养殖业的发展彻底改变了长期以来主要依靠捕捞天然水产品的历史，缓解了水生生物资源特别是近海渔业资源的压力，有利于渔业资源和生态环境的养护。其次，中国淡水养殖大都采用多品种混养的综合生态养殖模式，通过搭配鲢、鳙、草鱼等滤食性、草食性鱼类，一方面可节约大量人工饲料；另一方面可消耗利用水体中其他的浮游生物，从而降低水体的氮、磷总含量，达到修复水体水质的目的。据研究，只要水体中鲢、鳙鱼的量达到 46~50 克/米³，就能有效地遏制蓝藻。在海水养殖中，占养殖产量近 90%、约 1 300 万吨的藻类和贝类，在吸收二氧化碳、释放氧气、对改善大气环境方面也发挥了相当重要的作用。

第三节　广东渔业独树一帜

中国渔业，北有山东，南有广东；2012 年，山东水产品最多，达 841.9 万吨，占全国 5 907.7 万吨的 14.25%；广东排第二，达 789.5 万吨，占全国的 13.36%。但广东水产养殖产量最大，达 619.8 万吨，占全国（4 288.4 万吨）的 14.45%；山东排第二，达 578.1 万吨，占全国的 13.48%。同年广东省渔业经济总产值 1 983.6 亿元，占广东省农业总产值的 22%；其中水产品总产值达 941.3 亿元。2013 年广东省渔业经济总产值突破 2 000 亿元，水产品产值突破 1 000 亿元，分别达 2 124.8 亿元和 1 004.9 亿元；2014 年广东省渔业经济总产值 2 350.2 亿元，水产品产值 1 110.6 亿元。渔业在广东省经济发展和促进渔民增收中越来越发挥重要作用（见彩图 1-20）。

一、资源丰富环境优越

广东省位于中国内地的最南端，陆地面积 17.85 万平方千米，属南亚热带气候地区，雨量丰满，河流众多，河网纵横交错，西江、北江、东江贯穿广东省，池塘、水库星罗棋布。

1. 水域环境

广东濒临南海，海岸线长，海域辽阔，滩涂广布，岛屿众多，港湾优越。广东大陆海岸线长 4 114 千米，居全国首位，约占全国的 1/5；海域面积 41.93 万平方千米，是陆域面积的 2.3 倍；滩涂、浅海可养殖面积 8 360 平方千米，约占全国的 39.7%，居全国首位；沿海岛屿 1 431 个，其中面积大于 500 平方米的岛屿 759 个，岛岸线 2 414 千米；拥有大小港湾 510 个，适宜建港口的超过 200 个。

2. 水产资源

广东大部分地区位于北回归线以南，属热带季风气候，常夏无冬，水产资源丰富。分布于广东省大陆架海域的鱼类 1 004 种，虾类 135 种，头足类 73 种；分布于大陆坡海域的鱼类 200 余种，虾类 96 种，头足类 21 种。还有蟹类、贝类、藻类等。在江河生活的鱼类有 280 余种，其中纯淡水鱼类有 180 种。

广东省渔业生产自 1980 年以来，连续 35 年增产。广东省水产品总产量，1985 年突破 100 万吨，1990 年突破 200 万吨，1994 年突破 300 万吨，1995 年突破 400 万吨，1997 突破 500 万吨，2001 年突破 600 万吨，2009 年突破 700 万吨，2013 年突破 800 万吨，达 816.1 万吨。2014 年广东省水产品总产量达 836.5 万吨，是 1979 年（64 万吨）的 13 倍多（见彩图 1-21）。

二、水产养殖发展迅猛

水产养殖业已成为广东省渔业生产的主体。2005 年广东省水产养殖面积 604 644 公顷，产量 5 101 608 吨，占广东省水产品总产量 6 952 347 吨的 73.4%，这一比例高于全国 66.5% 的平均水平。2010 年广东省水产养殖面积 563 411 公顷，产量 5 637 357 吨，占广东省水产品总产量 7 290 299 吨的 77.3%。2014 年广东省水产养殖面积 564 989 公顷，产量 6 675 555 吨，占广东省水产品总产量 8 364 958 吨的 79.8%，比全国 73.5%的平均水平高 6.3 个百分点。

1. 水产养殖产量快速增长

广东省水产养殖业在近 20 多年来一直发展很快，在 20 世纪 80 年代年增长率约有 15%，90 年代年增长率约为 10%，进入 21 世纪年增长率约为 5%。

水产养殖在产量、技术、品种、种苗生产及产业化经营等方面均居全国前列。海、淡水养殖品种超过 100 种，其中较大宗的养殖品种有 30 余种。同时，积极引进国内外新品种，驯养和培育名特优新品种，不断丰富养殖品种和方式。

2. 推进优势水产品产业带建设

围绕发展特色养殖，大力推进优势水产品产业带建设。编制完成了《广东省优势水产品养殖区域布局规划》（2006—2020），进一步调整了养殖区域布局，优化了品种结构，扩大了主导品种养殖规模。

对虾、罗非鱼、优质海水鱼、鲍鱼、罗氏沼虾、鳜鱼等一批主导养殖产品已形成规模化、产业化生产，从种苗、饲料、鱼病防治等方面形成了较为完善配套的产业链。

形成了对虾、鳗鱼、罗非鱼、珍珠、海水优质鱼等十多个优势特色品种。

形成了以粤西、珠三角等地为主的对虾养殖区；以粤东、珠三角为主的鳗鱼养殖区；以粤西、珠三角为主的罗非鱼养殖区；以湛江为主的海水珍珠养殖区；以粤东、粤西为主的优质海水鱼类养殖区等一批特色突出、优势明显的养殖区。

优势水产品产业带初具规模。对虾、鳗鱼、罗非鱼、优质海水鱼等十多个养殖品种产量连续多年位居全国前列（见彩图 1-22）。

3. 创建生态养殖示范区

制订了健康水产养殖行动方案，开展生态养殖示范区创建活动，积极推动水产养殖业增长方式的转变。

湛江东海岛对虾养殖等 4 个养殖区被农业部确定为创建水产生态养殖示范区，汕头市南澳县为水域滩涂规划示范县。

积极转变传统网箱养殖方式，召开了广东省加快发展抗风浪深水网箱养殖工作座谈会，重点推进了潮州市饶平县柘林湾等抗风浪大型深水网箱养殖基地建设。

三、水产加工能力增强

2012 年，广东省有水产品加工企业 1 130 家，年加工能力达 259 万吨；广东省水产品加工量达 206.4 万吨，加工产值达 217.8 亿元。据 2010 年统计，年产值 5 000 万元以上的水产品加工出口企业 60 余家，其中年产值 1 亿元以上的 38 家，有 8 家国家级重点龙头企业，19 家省级重点龙头企业。湛江国联充分利用国际贸易规则，采取有效的应对措施，成为中国唯一获得了输美水产品反倾销零关税的水产品出口企业。

1. 积极发展精深加工

适应现代渔业发展的需要，积极发展水产品精深加工业，在湛江、茂名、阳江、江门、汕头、潮州等地建设一批具有国际领先水平的水产品精深加工园区和创汇渔业基地。鼓励水产品加工企业以自主创新和品牌建设为重点，不断提高产品研发能力，培育一批具有较高市场占有率的知名产品。加大渔业龙头企业科技技术成果应用扶持力度，建设一批水产品加工示范基地。按照国际标准，加强出口水产品原料基地建设，为水产品出口提供质量优良、货源充足的加工原料（见彩图 1-23）。

2. 提升加工产品质量

广东省有 128 家企业获得输美 HACCP 质量保证体系认证，有 30 家企业获得出口欧盟注册，30 家企业通过 ISO9000 认证，有 71 个涉渔产品获得广东省或国家名牌产品称号。涌现出各级渔业龙头企业约 200 家，其中生产加工带动型 120 余家，中介组织和市场带动型 80 余家。年产值 5 000 万元以上的渔业龙头企业达 60 家，拥有广东恒兴等 7 家国家级重点龙头企业，广东广远等 24 家省级重点龙头企业。中山水出、汕头侨丰等 8 家水产品加工企业被确定为全国农产品加工示范企业。

四、水产市场成交活跃

广东是著名的"鱼米之乡"，饮食习惯是"饭稻羹鱼"，招待宾客更是"无鱼不成宴"，生活追求实现了"朝鱼晚肉"，还希望做到"一日三餐有鱼虾"。渔民养鱼捕鱼，除了自食外，其余拿到市场销售。

1. 水产品市场建成体系

广东省加强水产品批发市场体系建设，健全完善水产品物流体系。推动落实"绿色通道"、"农超对接"等政策，促进水产品高效流通。2012 年，广东省水产品批发市场发展到 73 个，水产品交易量 287 万吨，交易额 437 亿元。主要市场有：湛江市霞山水产品交易市场、广州黄沙水产品交易市场、佛山市南海环球水产品交易市场、深圳市布吉海鲜交易市场、东莞市虎门新洲水产品交易市场、广州鱼市场、汕头大洋水产品交易市场等（见彩图1-24）。

2. 水产品国际贸易增加

广东省水产品进出口贸易不断增加。2012 年，广东省水产品进出口贸易总量达 98.4 吨，贸易金额 38.23 亿美元，分别比上年增长 9.65% 和 4.65%。其中，出口水产品 43.9 万吨，创汇 27.36 亿美元；进口水产品 54.5 万吨，金额 10.87 亿美元；水产品进出口贸易顺差 17.36 亿美元。

广东水产品出口贸易的主要国家和地区是香港、美国、日本、东盟，约占 80%；进口贸易的主要国家和地区是东盟、欧盟、美国、加拿大，约占 70%。

第二章 水产品质量安全状况

内容提要：水产品消费逐年增加；水产品质量安全问题；环境影响水产品质量；水产品质量原因分析。

进入 21 世纪，食品安全问题已成为除人口、资源、环境之外的全球性第四大危机，受到全世界的广泛关注。随着生活水平的不断提高，人们不仅仅满足于水产品数量的增加，而且对食用水产品的质量要求也越来越高：水产品的鲜活度、体色、口感、有无药物残留等都成为消费者的衡量指标。因此，渔业生产者不仅要向市场提供充足的食品，而且要提供质量安全的健康食品。

第一节 水产品消费逐年增加

联合国粮农组织和世界卫生组织于 2014 年 11 月 19—21 日在罗马联合举办第二届国际营养大会，超过 170 个国家的代表和数百名政府官员出席。与会各国一致通过《营养问题罗马宣言》及其提出具体实施建议的《行动框架》。鉴于全球人口不断增长导致对食物的需求日益增加，鱼类养殖在满足这一需要上具有广阔的前景。水产品的作用是一项主要议题。近 20 年来，世界渔业总的发展趋势稳步增长。特别是水产养殖业的蓬勃兴起，改变了世界渔业的传统格局。因为水产养殖产品几乎全部供人类食用，在渔业产量中，人类消费的比例从 20 世纪 80 年代的 70% 提高到 2012 年85% 以上（13 620 万吨）的创纪录水平，这也重新唤起人们对所谓"蓝色世界"的关注。水产品是全球交易量最大的食品类商品，每年不断增加，2012年的贸易值接近1 300亿美元。

一、水产品是蛋白质的重要来源

在全球范围，人们要保证均衡营养和良好的健康状况，水产品是人类所需蛋白质和必需微量元素的极宝贵来源。2010年，全球供食用的水产养殖产量为5 900万吨，占供食用的渔业总产量（12 820万吨）的46.02%，比2000年3 550万吨（占36.64%）增加近10个百分点。2012年更上升到6 660万吨，占供食用的渔业总产量（13 620万吨）的48.90%。

1. 水产蛋白所占比重

2009年，世界人口从食用水产品获得的蛋白质，占所有蛋白质摄入量的6.5%，占动物蛋白摄入量的16.6%，2012年近17%。其中，约30亿人口的动物蛋白摄入量中近20%来自水产品，而约43亿人口的动物蛋白摄入量中约15%来自水产品。尽管发展中国家水产品消费量相对较低，但从食用水产品获得的蛋白质的比重仍高达19.2%，在低收入缺粮国为24.0%。在一些沿海和岛屿国家，这一比例可高达70%（见彩图2-1）。

2. 水产蛋白消耗存在差异

发达国家和发展中国家之间在水产品占动物蛋白摄入量比重上，存在明显差异。虽然发展中国家的水产品人均消费量已出现稳步上升，从1961年的5.2千克上升为2009年的17千克，低收入缺粮国同期从4.9千克上升为10.1千克，尽管差距正在缩小，但仍大大低于发达地区。然而，无论在发展中国家还是发达国家，随着其他动物蛋白消费量的快速增长，水产品近年所占比重均略有下降。

二、水产品食用量逐年增加

随着水产品产量持续增加和销售渠道不断改善，全球食用水产品供应在过去50年中出现了大幅增加，1961—2012年间的年均增长率为 3.2%，高于同期世界人口年均 1.7% 的增长率。1990—
2012 年世界渔业利用情况见表 2-1。

表 2-1 世界渔业产量及利用（1990—2012）

年份	渔业总产量（万吨）	利用量			
		人类食用（万吨）	非食用（万吨）	人口（亿）	人均（千克）
1990	9 901	7 082	2 819	52	13.6
1992	10 173	7 243	2 929	53	13.7
1994	11 346	7 999	3 347	55	14.3
1995	11 728	8 649	3 078	56	15.3
1996	12 020	8 800	3 220	57	15.3
1997	12 250	9 080	3 170	58	15.6
1998	11 820	9 360	2 460	59	15.8
1999	12 720	9 540	3 180	60	15.9
2000	13 110	9 690	3 420	61	16.0
2001	13 100	9 970	3 130	62	16.2
2002	13 360	10 070	3 290	63	16.0
2003	13 320	10 340	2 980	64	16.3
2004	13 430	10 440	2 980	64	16.2
2005	13 640	10 730	2 910	65	16.5
2006	13 730	11 430	2 300	66	17.4
2007	14 070	11 730	2 300	67	17.6
2008	14 310	12 090	2 290	68	17.9
2009	14 580	12 370	2 110	68	18.1
2010	14 810	12 820	1 990	69	18.5
2011	15 570	13 120	2 450	70	18.7
2012	15 800	13 620	2 170	71	19.2

注：不含水生植物，2008 年后的数据是 2014 年的报告，与 2012 年的报告有些不
同，人均是人均食用鱼供应量。

1. 人均供应水产品连年创新高

自 2006 年来，世界渔业总产量中被用于人类直接消费的水产

品不断增加，使全世界近 70 亿人口平均水产品供应量逐年上升，在 1995 年人均供应水产品突破 15 千克、2000 年突破 16 千克的基础上，2006 年上升到 17.4 千克，2009 年达到 18.1 千克，2010 年人均供应水产品 18.5 千克，连年刷新历史最高水平。2012 年，用于人类直接消费的水产品更多，人均供应水产品 19.2 千克。

2. 人类直接消费水产品比例增加

2010 年，世界渔业产量中估计约有 86.6%（12 820 万吨）被用于人类直接消费，人均供应水产品 18.5 千克；其余的 13.4%（1 990 万吨）作为非食用产品，主要是生产鱼粉和鱼油。2012 年，世界渔业总产量增产，用于人类直接消费的水产品更多了一些，有 13 620 万吨（占 86.2%）的产量用于人类直接消费，人均供应水产品 19.2 千克；2 180 万吨（13.8%）作为非食用产品，用于加工鱼粉和鱼油。

三、全球水产品消费不平衡

2012 年，世界渔业总产量中有 13 620 万吨用于人类直接消费，比上年增加 800 万吨，人均供应水产品 19.2 千克。但在洲际之间、国家之间存在较大差异。

1. 洲际间差异

以 2009 年供人类食用的水产品为 12 360 万吨、人均供应水产品 18.1 千克为例，其中，亚洲的消费量约占全球总消费量的 2/3，为 8 540 万吨，人均食用水产品为 20.7 千克。大洋洲、北美洲、欧洲、拉丁美洲及加勒比地区的人均消费量分别为 24.6 千克、24.1 千克、22.0 千克和 9.9 千克。非洲的食用水产品消费量最低，为 910 万吨，人均食用水产品为 9.1 千克。根据联合国粮农组织渔业及水产养殖部出版的《世界渔业和水产养殖状况》，列出世界各大洲 2009 年的渔业产量和水产品消费量（表 2-2）。

2. 国家之间差异

发达国家对水产品的消费需求持续增加，但发达国家的渔业产量却持续下降，在 2000—2010 年的十年间下降了 10%，发达国家消费的水产品中很大一部分为进口，对进口的依赖性预计会在未来几年进一步加大，特别是对发展中国家水产品的依赖性。

表2-2　世界五大洲渔业产量和水产品消费量情况（2009）

项目 地域	渔业产量（吨）			人均/千克	占全球比例（%）			
	合计	捕捞	养殖		渔业产量			人均
					合计	捕捞	养殖	
全　球	145 344 567	89 630 210	55 714 357	18.1	100	100	100	100
非　洲	8 344 649	7 353 466	991 183	9.1	5.7	8.2	1.8	50.3
美　洲	23 165 966	20 653 137	2 512 829	24.1	15.9	23.0	4.5	133.1
亚　洲	96 437 751	46 899 732	49 538 019	20.7	66.4	52.3	88.9	114.4
欧　洲	15 838 680	13 339 638	2 499 042	22.0	10.9	14.9	4.5	121.5
大洋洲	1 388 746	1 215 463	173 283	24.6	1.0	1.4	0.3	135.9
中　国	52 153 182	15 418 967	36 734 215	31.9	35.9	17.2	65.9	176.2
减去亚洲中国	44 284 569	31 480 765	12 803 804	15.4	30.5	35.1	23.0	85.1
减去中国全球	93 191 385	74 211 243	18 980 138	14.5	64.1	82.8	34.1	76.2

注：人均是人均食用鱼供应量，其中美洲的为北美洲数据，而南美洲则为9.4千克。

四、中国水产品消费量大

水产品作为21世纪优质、健康、营养的食品，消费量呈现逐年递增的趋势。近20年来，中国渔业经济呈现良好态势，水产品总量持续增长，水产品市场供应充足，品种丰富，购销两旺，水产品综合价格稳中有升。中国已经成为世界上渔业生产规模最大、水产品消费市场容量最大的国家。

1. 渔业生产规模世界最大

从表2-2中可以看出，世界渔业近2/3的产量出自亚洲（水产养殖产量则占近九成），而超过1/3的产量来自于中国（水产养殖产量占近2/3）。不包括中国的世界渔业利用量（1996—2009年）见表2-3。

表 2-3　不包括中国的世界渔业产量及利用量（1996—2009）

年份	渔业总产量 （百万吨）	利用量		人口 （亿）	人均 （千克）
		人类食用（百万吨）	非食用（百万吨）		
1996	88.3	60.4	27.7	45	13.3
1997	87.5	61.5	26.0	46	13.4
1998	80.2	62.3	17.9	47	13.3
1999	87.2	62.9	24.3	47	13.2
2000	89.5	63.9	25.7	48	13.3
2001	88.4	65.7	22.7	49	13.4
2002	89.3	66.2	23.2	50	13.2
2003	87.5	68.1	19.4	51	13.4
2004	93.3	68.8	24.5	52	13.4
2005	93.7	70.4	23.2	52	13.5
2006	92.6	72.4	20.2	53	13.7
2007	93.7	73.5	20.2	54	13.7
2008	94.8	74.3	20.5	54	13.7
2009	96.1	79.8	16.3	55	14.5

注：不包括水生植物，人均是人均食用鱼供应量（千克）。

近 30 年来，中国大力发展水产养殖业，水产品产量在大幅增加。中国的水产品产量占世界总量的比重已从 1961 年的 7% 上升为 2009 年的 35.9%，2012 年进一步上升达到 37.4%；其中水产养殖 4 288 万吨，占世界水产养殖产量的 64.4%。

2. 人均消费水产品大幅增长

随着中国国民收入的增长，市场上水产品种日趋多样化，中国人均水产品消费量也出现了大幅增长，2009 年已达到 31.9 千克，1990—2009 年间年均增长 6.0%。将中国的人均食用水产品 31.9 千克与各大洲对比，是最高的，为全球人均（18.1 千克）的 1.76 倍。如果不包括中国，则 2009 年世界其余地区的人均水产品供应量约为 14.5 千克，高于 20 世纪 60 年代、70 年代、80 年代和 90 年代的平均值（分别为 11.5 千克、13.5 千克、14.1 千克和 13.5

千克），为中国人均水平的45%（见彩图2-2）。

第二节　水产品质量安全问题

近年来，由于环境污染、水产苗种退化和水产养殖病害频发等原因，水产品质量安全问题已成为世界各国关注的焦点。今天，水产品质量安全问题已远远越出传统的食品卫生或食品污染的范围。为了保证人工养殖的水产品食用安全，提高养殖生态环境质量，保护消费者的利益和健康，促进水产品国际贸易，加强水产品质量安全管理势在必行。

一、严峻的水产品质量问题

改革开放以来，中国渔业生产和经济状况发生了根本性的变化，水产品总产量占世界水产品总量的1/4，一跃成为世界渔业大国。特别是水产养殖发展很快，中国养殖水产品已占水产品总量的2/3，养殖生产方式基本完成了从粗放式向高密度、集约化的转变。然而，在渔业经济迅速发展的同时，却严重忽略了对养殖水域的生态平衡和资源保护，致使水产养殖业在发展过程中不断受到资源匮乏、环境污染、病害因素的困扰和制约，渔业可持续发展的基础遭到了严重的破坏。

1. 药物残留问题突出

在水产品生产过程中，有些养殖户由于养殖水域环境受到污染，为了在较差的环境下实现饲养的高效率，控制疫病，促进动物生长，在生产中大量、盲目施用药物，有些饲料中也被滥添各种药物及激素，甚至是违禁药物，导致水产品中有毒有害物质和药物残留超标事件时有发生，并由此而引发出一些水产品贸易争端，不仅使老百姓对某些养殖水产品失去了信任感，消费量下降，影响了水产养殖的可持续发展，同时由于质量安全问题，水产品的国际贸易也遭受了巨大损失。

2. 有害重金属残留不能忽视

由于环境压力日益加重，重金属污染问题呈增加趋势。当由于面源污染、降雨、水体迁移等原因将有害重金属带到水产动物生长水域造成污染，将直接影响在水中赖以生存的水生动物的质量安全水平。水产品与环境密切相关，特别是部分养殖品种水产品具有富集重金属的特性，重金属对产品安全的影响一直是令人关注的问题，某些品种，如双壳贝类、大型肉食性鱼类、部分甲壳类中有害重金属，一直是影响安全卫生的重要隐患。

3. 海洋生物毒素带来威胁

生物毒素可由水产动物自身产生或通过食物链摄食有害藻类毒素而在鱼类、贝类等生物体内蓄积生成，给消费者的生命安全带来严重威胁。其中危害性较大的几种毒素分别是麻痹性贝毒、腹泻性贝毒、神经性贝毒、西加鱼毒素、遗忘症贝毒以及常见诸媒体的河豚毒素等。近年来，由于海洋生物毒素而引发的食品安全问题时有发生，贝类中的麻痹性毒素和腹泻毒素广为关注，致人死亡事件时有报道，织纹螺、河豚鱼造成的致人死亡的事例，已经多次披露，是影响水产品安全的重要隐患。

4. 有害微生物和病毒是长期隐患

微生物在国外是衡量水产品安全性的重要指标之一，欧美等国主要依据微生物指标对贝类养殖海区分类，在我国由于消费习惯等原因该问题表现得不十分突出，但绝不能忽视。水产品中较常见的微生物主要有副溶血弧菌、单核细胞增生李斯特菌、沙门氏菌、大肠菌群、金黄葡萄球菌等等。而水产品中（特别是贝类中）病毒的危害人们也很熟悉，20世纪80年代发生在上海的食用毛蚶而引起的甲肝病大爆发、近几年诺瓦克样病毒大爆发应引起人们的警惕。目前水产品中比较著名的是甲肝病毒和诺瓦克样病毒，而在SARS期间对水产品中冠状病毒进行调查，发现水产品中也有存在。病毒致病多由生吃贝类引起，据统计，诺瓦克样病毒主要在双壳贝类中存在，牡蛎、蛤类是主要的载体，生吃后会造成腹泻等疾病，重者危及生命；诺瓦克病毒属嵌杯状病毒科，对各种理化因子有较强的抵抗力，冷冻数年或在 60℃ 高温下 30 分钟后仍不能灭活，要用含氯的消毒剂 30 分钟才能灭活。

5. 环境污染影响水产品安全

社会的工业化给生态环境带来沉重的负担，污染问题已成为影响社会稳定和水产业健康可持续发展的大问题，而安全事故的发生和工业污染物的违规排放已经严重影响到水产品的安全卫生。2005 年的松花江污染事件，甚至提出了水产品能不能吃、何时能吃的问题，稍后的珠江重金属镉的污染问题也造成了社会的恐慌。环境污染物主要种类包括重金属、持久性有机污染物等，持久性有机污染物（POPs）虽较少发现急性中毒的情况，但对人体健康的长期影响不容忽视，这主要源于化合物较为稳定、难分解，能够长期存留在环境里，并可以通过食物链逐级放大，且具有激素样作用，对免疫、内分泌系统危害以及"三致"作用等。

二、典型的水产品安全事件

水产品药物残留问题已引起了社会的普遍关注。中国是渔业大国，水产品产量、水产养殖产量、水产品出口量均居世界第一。但是，中国水产品因药物残留引发的质量安全风波时有发生，成为困扰水产品安全的主要问题之一。特别是自 2001 年底中国加入 WTO 以来，由于国内外对水产品药物残留量标准的差异，使药物残留问题愈发引起各国的重视。与逐年增长的水产品产量相比，药残状况并不像部分媒体所炒作的那么严重，但其中存在的问题仍不容忽视。

1. 2001 年输欧对虾检出氯霉素事件

1996 年起，欧盟禁止中国双壳贝类等水产品进入欧盟市场，其原因就是他们认为中国水产品质量安全控制体系不完善，在养殖过程中用药较滥，政府对药物残留监控不力。直到 1999 年，欧盟官员在对中国进行第 3 次考察后，对中国对渔药残留监控方面所作的努力给予认可，才决定对中国水产品开放市场。但到 2001 年初，奥地利"绿色和平"组织对本国商场内所有的水产品进行

"毒物"检测。结果发现德国雷斯蒂克（RISTIC）公司生产的部分虾仁产品含有违禁物质——氯霉素。德国雷斯蒂克（RISTIC）公司接到奥地利"绿色和平"组织的通报，立即撤下公司在市场上出售的所有冻虾仁产品，连夜查验所有来自中国、印度和越南的进口库存原料。RISTIC公司的查验专家证实：他们在德国的检测结果与到舟山检查结果基本一致，中国出口的冻虾仁中含有（0.2~5）×10⁻⁹的氯霉素。8月23日，德新社披露："德国和其他部分西欧国家市场发现产自中国舟山地区的大虾含有氯霉素成分。"

"氯霉素事件"引起了中共中央、国务院的高度重视，国家领导人在第一时间就此事件多次做出重要批示，责成外交部、外经贸部、国家质检总局、农业部及各级地方政府立即开展调查，查明原因，提出改进措施。2001年7月，浙江省委、省政府以省政府名义对水产品出口企业立即实施强制性管理：实施标识管理，检验一批，封存一批；省欧盟注册企业的出口产品凡是被检验出有氯霉素（或金属异物），企业被无限期吊销卫生许可证、出口证、注册号以及暂停报检，企业限期整改、产品合格后才予以放行；对加工出口企业实行派驻厂监管员；对加工出口产品实施全过程HACCP（Hazard Analysis Critical Control Point 的英文缩写，表示危害分析的临界控制点，本书第六章详细介绍）管理，同时要求企业按要求注明产地、原料所产海域等；全面推行渔业行业标准化；组建浙江省水产品质量检验监测中心，为全面提高水产品质量和安全性提供保障。

10月，中国国家质检总局向欧盟委员会健康与消费者保护总司通报："已查出污染源。浙江出口的虾是海捕虾，本身不含有氯霉素，出口欧盟冻虾中含有氯霉素是由于个别剥虾工人为消除手掌发痒搽氯霉素后未能彻底洗手所致。"并承诺将采取有效措施杜绝此类事件再次发生。为此，国家质检总局专门就氯霉素问题下发了两个紧急通知（国质检食函〔2001〕510号、国质检食函〔2001〕578号），禁止在出口水产品的饲料、养殖（包括环境、器械等的消毒）、加工、保鲜、包装和运输等生产环节使用氯霉素，并要求各地检验检疫机构加强对出口水产品的氯霉素残留检验。一经发现残留阳性的货物，禁止其出口，并暂停相关企业的出口，限期整改，对如期验收不合格的企业将取消其出口注册资格，禁止其产品出口。

11月，欧盟考察团到中国实地考察，同时向中方提交评估报告。报告结论："目前中国无法向欧盟充分保证向欧盟出口的动物源性食品不含有害兽药残留和其他有害物质。"嗣后，陆续发现55批水产品存在药物残留超标问题。2002年1月25日，欧盟通过2001/699/EC决议，对从中国进口的虾采取自动扣留并进行批检的保护性措施。2002年1月31日，欧盟官方公报发布第2002/69/EC号欧盟委员会决议：自1月31日起禁止从中国进口供人类消费或用作动物饲料的动物源性产品，但肠衣及在海上捕捞、冷冻、最终包装并直接运抵共同体境内的渔业产品（甲壳类除外）不在禁止进口之列。氯霉素事件由此引发，中国与欧盟水产品贸易再次受阻。

欧盟是中国第四大水产品出口市场，据不完全统计，2001年中国向欧盟出口的水产企业总数为95家，2002年每个企业因欧盟禁令所遭受的损失平均在300万~500万美元，95家企业对欧盟水产品出口贸易金额合计6.23亿美元。我国对欧盟水产品出口贸易涉及近5万人，涉及养殖渔（农）户10万人以上。这次欧盟禁令对于中国重点渔业地区的冲击尤为剧烈。更令人担忧的是，由于欧盟的禁令，美国、日本等国已高度关注中国出口水产品的质量，2002年1月，美国食品及药物管理局也做出反应，对中国虾产品发出预警通报，并再次发文强调禁止在动物源性食品中使用氯霉素、磺胺类等11种药物。之后，美国路易斯安那州和佛罗里达州也相继通过紧急法案，对中国进口的所有小龙虾和虾类产品进行氯霉素检测。

中国农业部已将氯霉素从2000年版《中国兽药典》中删除，列为禁药。而欧盟的进口食品卫生标准规定"氯霉素含量标准为不得检出"。其"不得检出"的含义是氯霉素含量在 1×10^{-9} 以下，即含量在十亿分之一以下；德国部分州的特殊检测标准为 0.2×10^{-9}。

2. 2003 年输日鳗鱼中检出恩诺沙星

1995 年以来，日本市场已多次退回并销毁抗生素超标的中国鳗鱼及鳗鱼制品，造成巨大的经济损失，极大地损害了中国水产品在世界贸易中的形象。2002 年 2 月 1 日起，日本对中国活鳗及冷冻白烧鳗监控检验包括氯霉素在内的 11 项药物残留，到 3 月日本厚生省宣布对中国动物产品实施严格检查，并公布了 11 种药物的残留限量；4 月 24 日开始对中国活鳗实行监管吊水 48 小时以上，逐批检查磺胺类药物残留；6 月 12 日，日本各食品检疫所开始对鳗鱼实施汞含量的监控检查；从 7 月 18 日起，日方对中国蒲烧鳗实施更为严格的抗生素物质和合成抗菌剂的检测，导致出口下降，当年中国活鳗出口下降了 54%（彩图 2-3）。

2003 年 1 月，日本厚生省宣布对中国出口到日本的所有食品实施环己烷氨基磺酸的监视检查；3 月，日本厚生省在从中国进口的两批烤鳗中查出恩诺沙星残留，产品予以销毁；4 月，厚生省将该药物作为进口白烧鳗鱼的命令检查项目；7 月 3 日，日本宣布对全部中国鳗鱼加工品实施恩诺沙星残留命令检查，最低检测限为：白烧、活鳗为 0.025 毫克/千克，蒲烧鳗为 0.05 毫克/千克。这使中国鳗鱼养殖业及加工出口业遭受巨大打击。10 月，日本厚生省宣布增加对中国对虾实行金霉素命令检查时的检体数量，延长中国产品的通关时间，导致当年中国烤鳗对日出口同比下降了 23%。

2005 年 7—8 月，日本、韩国等国先后在中国出口鳗鱼产品中检出孔雀石绿残留，11 月日本又查出中国鳗鱼产品呋喃唑酮代谢物超标，12 月日本新增硝基呋喃代谢物（AOZ）检验项目，受孔雀石绿、硝基呋喃问题影响，2005 年中国鳗鱼出口大幅下滑；同期稳定增长的对美国、新加坡等国鳗鱼出口也明显下降。2005 年全年中国成鳗较上年下降了 13%。

2006 年 5 月 29 日，日本有关部门对所有进口农产品实施《食品残留农业化学品肯定列表制度》（简称《肯定列表制度》），该制度涉及 302 种食品，799 种农业化学品，54 782 个限量标准，涉及全部农产品、全部农兽药和饲料添加剂，涵盖了肉类、水产品、蔬菜、水果等几乎所有日本从中国直接进口的农产品，全面提高中国出口日本农产品技术门槛。7月，日本从中国输日的鳗鱼中检测出硫丹残留量为0.007毫克/千克，超出日本"肯定列表"中规定的最大残留量（日本"肯定列表"中规定水产品种硫丹最大残留量为0.004毫克/千克），从而对中国输入的相关产品全面实施检查。这种情况后来还不断出现，根据国家质量监督检验检疫总局食品安全网2008年1月1日至2010年12月20日公布的资料，这期间中国水产品出口日本受阻案件共发生169起，涉及的水产品包括有活鳗鱼、活甲鱼、活螃蟹、活魁蚶、天然活魁蚶、墨鱼、冷冻章鱼、冷冻河豚、冷冻鲑鱼、冷冻罗非鱼、冷冻鱼块、冷冻青花鱼块、冷冻鱼糜制品、冷冻虾仁、冻面包虾、醋酶青花鱼块、炸鱼、炸螃蟹、炸牡蛎、未加工干鱼翅、调味料等。

3.2005年输港水产品引起的孔雀石绿事件

2005年6月5日，英国食品标准局在英国一家知名的超市连锁店出售的鲑鱼体内发现一种名为"孔雀石绿"的成分，有关方面将此事迅速通报给欧洲国家所有的食品安全机构，发出了继"苏丹红1号"之后的又一食品安全警报。英国食品标准局发布消息说，孔雀石绿是一种对人体有极大副作用的化学制剂，任何鱼类都不允许含有此类物质，并且这种化学物质不应该出现在任何食品中。

7月7日，中国农业部下发《关于组织查处孔雀石绿等禁用兽药的紧急通知》，要求各地兽医和渔业行政主管部门开展专项整治行动。事实上，中国已于2002年将孔雀石绿列入《食品动物禁用的兽药及其化合物清单》中。但是，仍有渔民在防治水霉病等病害中使用"孔雀石绿"，个别运输商用"孔雀石绿"对运输水体消毒。8月，香港有关部门一连两天在市面抽验29个淡水鱼样本进行测试，其中25个进口淡水鱼样本中，10个证实含有可能致癌的"孔雀石绿"。9月5日，国家质检总局、国家标准委发布实施《水产品中孔雀石绿和结晶紫残留量的测定》，孔雀石绿检测方法出台，其中规定：孔雀石绿在水产品的检出率不得超过1克/1 000吨。

2005年11月，继三款"珠江桥牌豆豉鲮鱼罐头"被查出含致癌物孔雀石绿后，香港食物环境卫生署于 16 日公布的食物最新测试结果：生产批号为 4724 的"甘竹牌豆豉鲮鱼"含孔雀石绿 2.6 微克/千克；生产批号为 R12005/08/30/4720 的"鹰金钱"牌金奖豆豉鲮鱼含孔雀石绿 4.5 微克/千克，长洲街市蓝海游水海鲜档的活老虎斑身上含孔雀石绿 250 微克/千克。按此换算，香港食环署公布的鹰金钱金奖豆豉鲮鱼和甘竹牌豆豉鲮鱼孔雀石绿含量均超出国家标准，甘竹牌豆豉鲮鱼孔雀石绿含量超出四倍多。据了解，中国香港特区政府要求是"不得检出"、欧盟要求其含量须低于十亿分之二。

2006 年 11 月底，香港地区食环署食物安全中心对 15 个鳜鱼样本进行化验，结果发现 11 个样本含有孔雀石绿。尽管如此有问题的样本含孔雀石绿分量并不多，多数属"低"或"相当低"水平，但香港食环署仍呼吁市民暂时停食鳜鱼。

2005 年由输港水产品引起的水产品孔雀石绿事件，更使已经低迷的水产品贸易雪上加霜。中国水产品因药物残留超标被终止出口交易的现象时有发生，也引起了国内外广大消费者的极大关注和担心。如何引导渔民生产安全的水产食品是生产者和消费者都非常关心的问题。

孔雀石绿和硝基呋喃类化合物一直被广泛应用于水生动物、牛、猪以及家禽，但后来发现有致癌风险，被禁止用于所有食品动物。这些违禁药物虽然被明文禁止用于所有食品动物，但由于水生动物病害日趋严重，防治难度越来越高，在缺乏有效替代药物的情况下，不排除有少部分渔农仍然会违规使用。

4. 2006 年的福寿螺事件

2006 年，北京城最具爆炸性的新闻莫过于"福寿螺事件"。当年 6 月 24 日至 9 月 24 日，北京市共接到临床诊断报告广州管圆线虫病 160 例。全部病例中，住院者 100 人，重症病例 25 人，中症病例 53 人。这是北京多年来较为严重的公共食品安全事件。产生此次事件的原因是：北京的某些酒楼为降低成本，将制作的凉拌螺肉的海螺更换成成本仅为十分之一的淡水福寿螺。他们把福寿螺放在开水里煮 3~4 分钟，然后切片做成凉拌菜。而实际上，只有将福寿螺的中心温度加热到 90℃，并持续 5 分钟以上，才可以杀死寄生在福寿螺当中的广州管圆线虫幼虫。

福寿螺，又名大瓶螺、苹果螺，原产于南美洲亚马孙河流域。早先引入我国台湾，1981 年作为食用螺引入大陆，因其适应性强，繁殖迅速，成为危害巨大的外来入侵物种。福寿螺最容易辨认的特征是雌螺可以在水线以上的固体物表面产下"粉红色的卵块"（彩图 2-4）。

广州管圆线虫病是一种经常发生在热带、亚热带地区的寄生虫病，幼虫常常寄生在淡水螺、鱼、虾、蟹，以及青蛙、蛇等动物体内，其中福寿螺的带虫率非常高，有些福寿螺体内寄生的广州管圆线幼虫多达 3 000~6 000 条。在我国南方地区人体感染并不罕见，近几年，随着人们饮食习惯的不断变化，在北方也开始出现散发病例。如果人生食或者半生食带有管圆线幼虫的螺肉，就可能导致这种病的发生，它主要侵害人的中枢神经系统，可引发脑膜炎，造成头痛、发热、颈部强硬等症状，严重者可致痴呆，甚至死亡。

5. 2006 年输日条斑紫菜扑草净风波

江苏是全国条斑紫菜生产出口大省，生产出口量占全国的 95%以上，而南通条斑紫菜的生产量占全省产量的 70%。2006 年，南通市紫菜出口加工企业达 127 家，全市出口紫菜 3 146 吨，创汇 4 632 万美元。2004 年 2 月 25 日，以南通紫菜企业为主体的江苏紫菜协会，就日本长期设置的高门槛，向商务部提交了中国贸易壁垒调查第一案——"江苏紫菜案"，并最终获胜，为中国紫菜输日打开了大门。然而事隔不过两年，2006 年 5 月 26 日，日本驻华使馆向商务部照会，出口到日本的干紫菜中含有的 DDT、扑草净高于即将在 2006 年 5 月 29 日实施的《有关食品中残留农药等标准》的肯定列表制度，从而拉开了中日反贸易壁垒第一案后的技术壁垒（即绿色壁垒）争议。这一新的技术壁垒再次给江苏省紫菜对日出口蒙上了阴影。如果按此日本"肯定列表"的检测标准长期施行，将使之前"江苏紫菜案"多年争取的胜果化为乌有，并威胁到南通乃至整个江苏紫菜行业的生存。

对日本"肯定列表制度"中紫菜扑草净残留最高限量为 0.01毫克/千克的苛刻要求，江苏省紫菜协会一方面联合有关部门立即深入到全省紫菜主产区了解紫菜中扑草净的来源。经对同一海区紫菜样品、养殖海区水样和养殖海区底泥样抽样检测，结果显示紫菜中扑草净污染普遍存在；同时，研究后认为：日本"肯定列表制度"中输日紫菜扑草净残留最高限量 0.01 毫克/千克的标准背离实际情况，是不合理的要求。在查阅日本有关农产品中扑草净限量指标的资料后发现，其玉米中扑草净的限量指标为 0.2 毫克/千克，而日本消费者每天玉米的摄入量远远大于紫菜的摄入量，这一实例再次说明肯定列表中紫菜扑草净的限量指标极不合理。经交涉，日本政府确认，根据"肯定列表制度"和日本厚生省的解释，"肯定列表制度"规定的一律标准适用于紫菜原藻，紫菜制成品中的残留量按原藻的含水率折算后确定。日本紫菜协会经讨论后也确认了上述检测标准，并承诺只要产品经检测符合上述标准，即可进入 2008 年中日紫菜贸易招投标会。

2007 年 1 月 16 日，日本驻华使馆将干紫菜具体标准回复商务部，根据原藻水分不同及干制品水分含量不同，依据原藻为 0.01毫克/千克，则干制品为 0.13 毫克/千克（原藻水分 90%，干制品水分 10%）至 0.28 毫克/千克（原藻水分 95%，干制品水分 5%），日本政府宣布撤销对中国出口紫菜的自主检验，为今后中国紫菜顺利出口日本打下良好基础。"江苏新紫菜案"再次成为我国破除国际贸易中技术壁垒的成功范例。

6.2006 年藻类无机砷风波

紫菜和海带等海藻是餐桌上的常见食品，深受消费者喜爱。海藻中含有许多营养成分和生理活性物质，包括海藻多糖、多酚、活性碘、多种维生素、氨基酸、膳食纤维等，素有"天然微量元素宝库"之称。但是海藻具有富集海水中砷元素的特性，也是海洋生态系统中的"砷库"，海藻中总砷含量在 12～108 毫克/千克（以干重计），不同种属的藻类富集砷的能力不同。随着海藻摄入量日益增多，海藻中重金属含量的问题成为人们广泛关注的焦点。2006 年 6 月，广西壮族自治区工商局在二季度商品质量监测监督抽查中，按照 GB 19643—2005《藻类制品卫生标准》和 GB 2762—2005《食品中污染物限量》中无机砷限量≤1.5 毫克/千克（干重计）的规定，发现大部分生产厂家的紫菜产品中无机砷"严重超标"，不合格率为 94.9%，并将此结果上报国家工商总局。9 月 6 日中央某媒体对此结果进行了报道后，特别是经某些不良媒体的肆意炒作，居然声称海藻中含有的无机砷就是含有"砒霜"，在社会上造成恐惧心理，在国内引发了海藻能否安全食用的讨论，一时间，商场退货、罚款，生产企业面临倒闭，全国海藻食品行业遭受到前所未有的生存危机，严重影响到海藻产业的健康可持续发展。福建省水产加工流通协会积极应对，联合全国水产标准化委员会水产品加工分技术委员会立即召开"紫菜食品安全和人体健康研讨会"，邀请我国藻类、质量安全等方面专家、相关行政管理部门负责人、企业代表和新闻媒体参加，经资料分析和讨论，一致认为：一是紫菜产品是安全的；二是紫菜产品无机砷超标和 GB/T 5009.11—2003《食品中总砷及无机砷的测定》中的银盐法和原子荧光光度法的前处理有较大差异；三是建议暂缓执行 GB 19643—2005《藻类制品卫生标准》对无机砷的检验要求。福建省水产加工流通协会将以上会议结论致函原卫生部、国家质量监督检验检疫总局、农业部、国家工商管理总局、国家标准化管理委员会，请求协调解决。同时，晋江市阿一波食品工贸公司致信国务院诉求，得到国务院领导的重要批示，要求质检、卫生、农业、工商和标准委研究解决相关问题。在随后的科学实验验证和多方的沟通协调，该风波得以平息并促成了国家质检、标委等部门启动对 GB 19643—2005《藻类制品卫生标准》的修订工作。在 2012 年实施的 GB 2762—2012《食品安全国家标准　食品中污染物限量》标准中取消了藻类及其制品中无机砷指标。

7. 2006 年输台"大闸蟹"事件

2005 年在 29 件大陆销到台湾的大闸蟹中，验出过六件含有禁药，当时曾引起台湾"卫生署"的重视，所以 2006 年蟹类刚进入成熟季节，台湾"卫生署"便从 9 月开始对其进行"强化检验"，抽检比例从正常的 2% 上升到 5%。

2006年9月1日至10月12日，大陆销到台湾的大闸蟹共514批，台湾"卫生署"调其中59批送到"标准检验局"抽检，10月16日公布的结果显示，至少有一批629千克验出含致癌物质硝基喃代谢物。17日晚，台湾"卫生署"已紧急要求台北市"卫生局"请业者回收相关大闸蟹。到10月18日，又有6批问题大闸蟹被发现，至此在大陆销到台湾的大闸蟹中，共发现7批产品含有禁用致癌物质硝基喃代谢物，达3 000多千克。

台湾"卫生署"要求大陆销到台湾的蟹类产品出具大陆方面有国际认证认可的实验室的检验证书，即使有合格的检验报告，台湾"卫生署"仍然保留抽检的权力，如果发现有伪造报告或抽检结果与报告不一致等情况，将取消相关商家的经营权。经过多年的努力，大陆螃蟹于2012年再次打通台湾市场。

8. 2006年的多宝鱼事件

2006年10月，上海市食品药品监督管理局从批发市场、连锁超市、宾馆饭店采集了30件冰鲜或鲜活多宝鱼（大菱鲆 *Scophthatmus maximu*），对禁用渔药、限量渔药残留、重金属等指标进行了检测。11月17日公布的检测结果显示，30件样品全部检出硝基呋喃类代谢物，且呋喃唑酮代谢物最高检出值为1毫克/千克左右。同时，部分样品还检出恩诺沙星、环丙沙星、氯霉素、孔雀石绿、红霉素等禁用渔药残留，部分样品检出的土霉素残留量超过国家标准限量要求。该局为此发布消费预警："因本市市售多宝鱼检出药物残留超标严重，食品监督部门提醒市民谨慎购买、食用药物残留超标的多宝鱼。"多宝鱼事件由此引发。此后，北京、杭州、广州、南京等地相继"封杀"多宝鱼，一时间，各地水产市场对多宝鱼避之唯恐不及，造成了全国多宝鱼滞销的局面。在这种情况下，山东省海洋渔业厅也发出通知，暂停全省"多宝鱼"的出货和销售。前所未有的禁售令一经发出，原本在各大城市宾馆、酒店堪称名菜的多宝鱼每千克市场售价瞬间由200元左右降到了20多元，甚至处于"有鱼无市"的状态。山东价值20亿元的多宝鱼因此滞销，给养殖生产者造成巨大经济损失。

多宝鱼，是商家起的好名字，生物学名为大菱鲆，原产欧洲，属冷水性鱼类。多宝鱼味道鲜美，胶质蛋白含量高，营养丰富。1992 年，我国科学家从国外引进，1999 年，多宝鱼人工繁育获得成功，迅速进入推广阶段，当时，"两条鱼能顶一头大肥猪，一年就能收回成本"成为胶东渔民最热门的养殖品种。到事件发生前，多宝鱼已发展成为拥有数十万养殖户、产量达 5 万多吨、产值达 40 多亿元的庞大产业。中国科研人员还首创"温室大棚和深井海水"的大菱鲆养殖模式（彩图 2-5）。

造成多宝鱼药残超标的原因，一方面是多宝鱼本身对养殖水质要求较高，我国养殖的多宝鱼引进多年，品质退化，容易发病；另一方面受利益的驱动，养殖规模过度膨胀，养殖密度过大，养殖方式陈旧，养殖户为控制发病，大量使用药物造成。事件发生后，相关部门组织了工作组对事件进行了调查，对违规企业予以停止销售、监督销毁和罚款等处理。通过检测，发现市场上大多数多宝鱼都是安全的。

9. 2007 年输美产品斑点叉尾鮰事件

2007 年 4 月 25 日美国阿拉巴马州从中国进口的斑点叉尾鮰（*Ietalurus punetsaus*）产品中检验出 Fluoroquinolones（氟喹诺酮）药物残留，而在阿拉巴马州停售所有从中国进口的斑点叉尾鮰鱼片。紧接着，美国路易斯安那、密西西比州等美国南部 4 个州先后停止销售中国叉尾鮰鱼片，同时，对从中国进口的所有水产品进行自动扣柜严格检查药物残留。美国南部 4 州全面停止销售所有从中国进口水产品。6 月 5 日，美国国会议员专门致信给美国食品与药物管理局（FDA），指出："委员会特别关注从中国进口的海产品和鱼类的安全性，例如最近发现从中国进口的叉尾鮰中发现 FDA 禁止的两种抗生素，而且有无数的例子使委员会对进口的鱼和海产品中包含的药残的重视，例如沙门氏菌、抗生素、细菌和硝基呋喃（致癌物质）。……如果 FDA 不能确保中国进口产品的安全性，官方应考虑完全禁止从中国进口食品，直到 FDA 能确保美国消费者食用这些产品的安全性。"至此，事态开始升级。6 月 28 日，美国食品与药品管理局发布的"进口 IA16131 号警报"中指出，从 2006 年 10 月到 2007 年 5 月共检测从中国进口的斑点叉尾鮰、鲮鱼（*Cirrhinus molitorella*）、鳗鱼（*Anguilla japonica*）、凡纳滨对虾（*Litopenaeus yannamei*）等水产品 89 个货样，其中 22 个货样（占 25%）检出药物残留，残留药物种类包括孔雀石绿、氟喹诺酮、龙胆紫、恩诺沙星、硝基呋喃、氯霉素。美国 FDA 称，这些残留物含量不高，不会立即对健康造成威胁，但若长期食用、进入人体，可能导致慢性疾病。因此，美国 FDA 正式对外宣布：加大对来自中国的养殖斑点叉尾鲴、虾、鲮鱼、鳗鱼的进口控制，FDA 将开始在边境扣留此类产品，并在证明中国出口的养殖水生动物中不含美国禁用的残留药物之后，方可放行这些进口货物（彩图 2-6）。

10. 2010 年小龙虾事件

2010 年 8 月 20 日，有关媒体报道：在南京，有人因食用小龙虾发生横纹肌溶解症，至 9 月 2 日，各医院共收治的病例为 19 例。此外，8 月 27 日和 31 日，武汉和宁波各报告 1 例。截止到 9 月 7 日，南京地区共发生 23 例，经治疗出院 22 例，1 例仍在治疗中。

据报道，患者为食用小龙虾后恶心、呕吐、腰酸背痛、浑身无力，伴有血尿等症状。于是引发了重多猜测：有小龙虾为野生，含有毒素说；有小龙虾使用洗虾粉（有人怀疑使用草酸或工业酸清洗虾，洗虾粉在 5 年前出现，为醋酸）引发说；也有人怀疑加工烹饪过程中添加不明物质；还有人怀疑与食用者体质有关（食用小龙虾者正在服用治病药物或处于减肥治疗过程中）；更有人怀疑是食用小龙虾过敏等。但无一有确凿证据，只是猜测而已。据江苏省省海洋渔业局的产地和养殖环节全年监测结果，检测合格率为 100%，即养殖环节没有问题。卫生部等相关部门介入调查，并取回样品进行检测分析；9 月 7 日，经卫生部疾病控制中心检测后发布，此病为哈夫病（HAFF）。1924 年哈夫病在波罗的海地区发生，原因至今不明。1997 年和 2000 年，美国也发生过此病，但也未查明原因。据报道，此病与食用水产品有关，综合各国的发病史，均有在发病前（3~13 小时）食用水产品的历史，主要是淡水鳕鱼、鳗鱼、银鲳、水牛鱼（大口胭脂鱼）、小龙虾等，可能的原因是水产品中含有"海葵毒素"，但尚不确定，有待进一步查明。

小龙虾,学名克氏原螯虾,原产于美国南部路易斯安那州,20世纪初随国外货轮压仓水等生物入侵途径进入中国境内。因其杂食性、生长速度快、适应能力强而在当地生态环境中形成绝对的竞争优势。其摄食范围包括水草、藻类、水生昆虫、动物尸体等,食物匮乏时亦自相残杀,近年来在中国已经成为重要经济养殖品种,也是世界性传统消费品种。几十年的小龙虾养殖生产和消费均未发生过此问题。1920年前,欧洲曾发生过肌肉溶解症,但并非因食用小龙虾引起,病原和病因至今未明(彩图2-7)。

三、水产品药物残留的危害

水产品药物残留与人体健康息息相关。一般来说,水产品的药物残留通常很低,大部分不会导致对人体的急性毒性作用,但对人体健康的潜在危害甚为严重,而且影响深远。具体表现在以下几方面。

1. 中毒反应

水产品中药物残留水平通常都很低,除极少数能发生急性中毒外,绝大多数药物残留,在人类长期摄入这种水产品后,药物会不断在体内蓄积,当浓度达到一定量时,通常就会对人体产生慢性、蓄积毒性作用。如磺胺类可引起肾脏损害,特别是乙酰化磺胺在酸性尿中溶解度降低,析出结晶后损害肾脏;链霉素等氨基甙类抗生素易损伤听神经及肾功能;四环素类抗生素抑制幼儿牙齿发育和骨骼的生长;氯霉素可以引起再生障碍性贫血,导致白血病的发生;美曲膦酯在一定条件下会形成具有强毒性的敌敌畏。

2. 变态反应

水产养殖中经常使用的磺胺类、四环素类及某些氨基糖甙类抗生素等药物极易引起变态反应。变态反应的症状多种多样,轻者表现为红症,严重者甚至发生危及生命的综合征,如磺胺类药物能引起人类的皮炎、白细胞减少、溶血性贫血和药热等疾病。

3. "三致"作用

"三致"作用,即致癌、致畸、致突变作用。孔雀石绿是水产养殖历史上的常用化学药品，但却是一种强致癌物；近来的研究认为，在水产品上常用的硝基呋喃类药物（如呋喃唑酮、呋喃西林）长期使用除了会对肝、肾造成损伤外，同时具有致癌作用和致畸、致突变效应。

4. 激素作用

在渔用饲料中常含有一些激素类药物促进鱼类生长（如己烯雌酚、甲基睾丸酮、盐酸克伦特罗），这些药物在人体内蓄积后会使人的正常生理功能发生紊乱，更严重的是某些激素类药物会影响儿童的正常生长发育。己烯雌酚属人工合成激素类药物，许多科学实验表明，己烯雌酚能引发动物和人的癌症，而且妊娠期间使用还会影响胎儿发育。

5. 其他危害

人体肠胃内存在的大量菌群，在正常情况下是相互适应的平衡体系。水产品药物残留可能会抑制或杀死某些敏感菌群，影响、破坏平衡，导致内源性感染，引发疾病，损害人体健康。水产品反复接触某些药物尤其是抗生素，体内将可能诱导一些耐药性菌株产生，食用后可传播给人体产生耐药性；通过有药残的水产品在人体内同样能诱导某些耐药性菌株的产生而有耐药性，由此给临床上治疗感染性疾病会带来一定的困难。有些药物降解后的产物含有威胁人体健康的有害物质，如水产消毒剂二氯异氰尿酸及三氯异氰尿酸的降解产物中含有氰化合物，其在水生动物体内产生残留，经人类食用后危害极大。

第三节　环境影响水产品质量

水产品质量安全与水生生物生长的环境密切相关，瓣鳃纲的双壳贝类通过大量过滤海水，摄食水中的浮游生物，在这个过程中极易将水中的致病微生物聚集在体内，造成水产品质量安全问题。一些海洋藻类，如海带、紫菜等具有富集水中微量元素的特性，如平常食用碘盐中的碘，主要是通过富含碘的海带中提取的。另一方面，这些藻类也可能富集水中的一些有害元素。而大量的吃食性鱼类、虾蟹类和两栖爬行类水生动物的质量安全则主要与养殖的水域环境和人们在养殖过程中投喂的饲料、药品等生产行为密不可分。

一、药物残留

水产品药物残留，是指积蓄或储存在水产品体内的药物原形或代谢产物，主要有消毒剂类、抗生素类、磺胺类、四环素类、氨基糖苷类等。产生药物残留的原因有以下几方面。

1. 非法使用违禁或淘汰药物

2002 年，农业部发布了第 193 号公告《食用动物禁用的兽药及其他化合物》，规定了硝基呋喃类、己烯雌酚、氯霉素、孔雀石绿等 21 类禁用的兽药及其化合物；出台 NY 5071—2002《无公害食品 渔用药物使用准则》规定了各类渔用药物（23 种）的使用方法，列出 31 种禁用渔药；NY 5070—2002《无公害食品 水产品中渔药残留限量》规定了 13 种渔药的残留限量标准。2004 年 11 月 9 日，农业部就清理兽药地方标准和换发原兽药地方产品批准文号有关事项发布第 426 号公告；2005 年 10 月 28 日，农业部发布第 560 号公告，根据《兽药管理条例》和农业部第 426 号公告规定，公布首批《兽药地方标准废止目录》；2006 年 6 月 8 日，农业部发布第 665 号公告，公布第二批《兽药地方标准升国家标准目录（2）》和《试行兽药质量标准》、《国家标准品种目录》等。但是，有些养殖生产者为给水生生物防病治病违规使用药物。

2. 使用药物不遵守休药期规定

休药期的长短与药物在动物体内的消除率和残留量有关，而且与动物种类、用药剂量和给药途径有关。国家对有些渔药和饲料添加剂都规定了休药期，但是，部分养殖生产者在使用渔药和含药物添加剂的饲料时不遵守休药期规定。

3. 养殖过程中不规范用药

一些生产者在养殖过程中，存在长期使用药物添加剂防治病害；或是不按养殖病害类型、药物剂量、用药途径、用药部位和用药对象等要求盲目用药，或是重复使用几种商品名不同、成分相同的药物。这些因素都会造成药物在水产养殖动物体内过量积累，造成药物残留。

4. 饲料受到药物的污染

饲料在加工、运输或使用过程中，如果使用受到药物污染的容器，或与药物堆放在一起等情况，均可能使饲料受到药物的污染，而这种污染又往往不被重视。

5. 养殖水质受到污染

养殖水域因周边工农业生产排放的污水造成水质污染，另外，在养殖过程中使用上游水产养殖排放施放过药物的水体等情况，也可能造成养殖水产品药物残留。

二、重金属或有害物质超标

重金属，指相对密度大于 4 或 5 的金属，约有 45 种，如铜、铅、锌、铁、钴、镍、钒、铌、钽、钛、锰、镉、汞、钨、钼、金、银等。这些重金属会引起人的头痛、头晕、失眠、健忘、神经错乱、关节疼痛、结石、癌症（如肝癌、胃癌、肠癌、膀胱癌、乳腺癌、前列腺癌）及乌脚病和畸形儿等；尤其对消化系统、泌尿系统的细胞、脏器、皮肤、骨骼、神经破坏极为严重。壬基酚和辛基酚是洗涤剂、纺织产品以及皮革涂饰中极为常见的化学原料，属于环境激素，即可以干扰内分泌并影响性发育水平的内分泌干扰素。

1. 重金属污染

人们通常说的重金属污染是指因人类活动等因素使环境中的重金属含量增加，超出正常范围，导致生活在这种环境中的水生生物体内重金属含量超标。假如人们经常食用重金属含量超标的水产品，因进入人体的重金属不能被排出，就会在人体的一些器官中积蓄起来造成慢性中毒，危害人体健康。

由于受一些特定生态环境因素的影响，一些在自然水域的水生生物也会出现某些有害元素异常超标的情况。如在太平洋一些水域的金枪鱼因受海底火山的影响，鱼体内的甲基汞、砷等元素异常超标。南极磷虾的氟元素指标也很高。

2. 环境激素污染

2010 年 8 月 25 日，国际环保组织绿色和平发布最新水污染调查报告《"毒"隐于江——长江鱼体内有毒有害物质调查》：在取自长江上、中、下游不同城市的鲤鱼和鲇体内，均被检测出了被称为"环境激素"的壬基酚（NP）和辛基酚（OP），这两种物质可导致雌性性早熟以及雄性精子质量下降、数量减少等性发育和生殖系统问题。此外，在来自重庆、武汉、马鞍山和南京的野生鲤鱼与鲇体内，绿色和平还检测出了广受国际关注的持久性有机污染物——全氟辛烷磺酸（PFOS），部分鱼体内还检测出了汞、铅和镉等重金属。

据了解，这些化学品被大量地用于工业生产之中。而全氟辛烷磺酸则被广泛应用于纺织品、地毯、造纸、防水涂料、消防泡沫等产品中，属于持久性有机污染物。这些物质在天然水域的野生鱼体中被检测出来，说明一些水域的环境状况实在令人担忧。

三、环境污染

对海洋与渔业水域环境污染影响较大的主要是石油、农药、放射性污染。

1. 石油污染

石油污染对海洋环境会造成巨大的危害，石油进入海洋后会迅速扩散成一层薄薄的油膜，一般情况下，1 吨石油所形成的油膜可以覆盖 12 平方千米范围的海面；而 1 升石油完全氧化，需要消耗40 万升海水中的溶解氧。因此大量石油进入海洋就意味着海水缺氧和海洋生物的死亡。其次，石油污染大大降低了海洋生物摄食、繁殖、生长等方面的能力，破坏了细胞的正常生理行为，使许多海洋生物的胚胎和幼体发育异常。因石油开采和船舶倾覆等造成的水域环境的油类污染，每年都有一些地方发生。近 40 年来，全世界每年因人为因素而流入海洋的石油及石油产品至少有1 000万吨，造成了极为严重甚至灾难性的后果。2010年4月20日位于美国墨西哥湾的"深水地平线"钻井平台发生爆炸，引发海底油井石油泄漏，漏油量从开始的每天5 000桶，上升到3万桶，演变成人类历史上最严重的石油污染灾难。原油漂浮带长200千米，宽100千米，对美国南部的路易斯安那州、亚拉巴马州、佛罗里达州及密西西比州的一些地区造成重大生态灾难（见彩图2-8）。直到7月15日，漏油事件发生近3个月后，英国石油公司（BP）才采用新的控油装置成功罩住水下漏油点。此次事件，经美国政府谈判，由英国石油公司设立一笔200亿美元的基金，专门用于赔偿漏油事件的受害者。

2. 农药污染

一般在农田施用农药后，一部分农药附着于植物体上，或渗入株体内残留下来，使农作物受到污染；另一部分散落在土壤上（有时则是直接施于土壤中）或蒸发、散佚到空气中，或随雨水及农田排水流入河湖，污染水体和水生生物。据世界卫生组织报道，全世界生产了约1 500万吨DDT，其中约100万吨仍残留在海水中。水域中的农药通过浮游植物—浮游动物—小鱼-大鱼的食物链传递，最终到达人类，在人体中累积。中国一些地方曾在养殖的紫菜中检出扑草净，在海螺体内检出六六六等农药成分。

3. 放射性污染

对水产品质量安全造成影响的放射性污染主要指因人类活动产生的放射性物质进入海洋而造成的海洋放射性污染。1944年，美国汉福特原子能工厂通过哥伦比亚河把大量人工核素排入太平洋，从而开始了海洋的放射性污染时代。美国、英国、日本、荷兰以及西欧一些国家从1946年起先后向太平洋和大西洋海底投放不锈钢桶包装的固化放射性废物，到1980年底为止，共投放约100万居里。据调查，少数容器已出现渗漏现象，成为海洋的潜在放射性污染源。2011年3月11日，日本福岛第一核电站因海啸引发事故，并在4月10日及以后的6天时间，向大海排放1.15万吨的放射性核废水（见彩图2-9）。这些放射性废水对大海造成的影响尚难以估量。放射性物质会污染水生生物的整个食物链，比如1尾沙丁鱼被污染，当它被金枪鱼吃掉后，金枪鱼也受到了污染，以此类推，整个食物链上的动物都将受到污染。一旦放射性物质被食物吸收，人们无法通过清洗或者高温烹饪除掉它们。摄入受放射性物质污染的水产品，产生的危害与放射性物质的量有关，轻者产生头痛、头晕、食欲下降、睡眠障碍及白细胞降低等不良反应，重者会出现放射病，例如白血病、肿瘤、代谢病或遗传变异。个体对放射性物质的敏感程度差异较大，并与年龄、营养、性别等条件有关，婴幼儿、儿童、孕妇、老年人为敏感人群。被放射性污染的水产品对人体的危害，还取决于放射性核素的种类，摄入铯137（Cs）则可以引起人体绝大多数组织癌变。

四、寄生虫与致病菌

鱼类在水中易作为吸虫、绦虫、棘头虫、线虫和甲壳动物寄生虫的寄住对象或中间宿主，人们食用这些没有经过高温煮熟处理的鱼类，就有可能受到感染。

1. 裂头蚴

裂头蚴是对人体危害较大的寄生虫，感染人体的病例绝大多数分布在中国、韩国、日本及东南亚地区。病人多以年轻人居多，男女比例为3∶1，多有食蛙或蛇的经历。裂头蚴成虫寄生在猫、狗肠道中，虫卵随粪便排出，并在水中孵出幼虫，幼虫被剑水藻吃后，便继续发育成原尾蚴，原尾蚴寄生在青蛙、蛇等野生动物体内。当人进食了未煮开含虫卵的水或含有原尾蚴的食物后，虫卵先是在人的肠壁上吸附，然后孵化成幼虫，幼虫再通过血液循环进入人脑，并在人脑中游走，吸取脑细胞营养发育长大。预防此类病的有效措施应加强宣传教育，改变不良习惯：不用蛙肉、蛇肉、蛇皮贴敷皮肤、伤口；不生食或半生食蛙、蛇、禽、猪等动物的肉类；不生吞蛇胆；不饮用生水等。

2. 肝吸虫

较为常见的还有肝吸虫病（又称华支睾吸虫病），这是肝吸虫成虫寄生肝内胆管所引起。虫卵随胆汁入肠，由粪便排出体外，落入池塘；被淡水螺吞食，在螺体内发育形成尾蚴而出螺体，再侵入淡水鱼或小虾肌肉内，即成囊蚴，当吞食带囊蚴的鱼虾，即被感染。成虫寿命达 15～25 年，华东、华南、西南、东北等共有 23 个省、市、自治区有此病分布。轻中度感染时肝内胆小管病变不明显，虫数多时肝内胆小管因机械性堵塞、胆汁淤积而扩张，胆管增厚。急性重度感染时可有细胞浸润及胆小管周围充血等炎症变化。2010 年，卫生部公布了全国人体寄生虫流行调查结果：食源性寄生虫的感染率在部分省市、自治区明显上升，全国有肝吸虫感染者 1 200 万人，比 15 年前增长了 75%，其中广东、广西、吉林 3 省（自治区）分别上升了 182%、164% 和 630%。肝吸虫病的感染主要是通过生食或半生食鱼、虾等各类水产品所致。特别是淡水产品中，肝吸虫的囊蚴感染率很高，据深圳的一项调查显示，淡水鱼中囊蚴感染率达到 17.6%，其中草鱼高达 40.74%。

3. 致病微生物

致病微生物是指能够引起人类、动物和植物的病害，具有致病性的微生物。它们结构简单，个体体积直径一般小于 1 毫米的生物群体，大多是单细胞，有些甚至连细胞结构也没有。人们通常需借助显微镜才能看清它们的形态和结构。微生物以病毒、原核生物、原生生物、真菌等不同形态广泛存在于自然界。它们具有体形微小、结构简单、繁殖迅速、容易变异及适应环境能力强等特点。

一些致病微生物广泛存在于天然水域中或一些水生动物体内。如大肠杆菌、霍乱弧菌、甲肝病毒等在自然界的大海、河流、池塘、水井等都可以成为生存场所，是自然环境水体中的菌群成分，它们主要依附于水生生物而生存。人们一旦食用这些没有经过卫生处理的水产品，都有可能被大肠杆菌、霍乱弧菌、甲肝病毒等感染。

五、生物毒素

生物毒素是由生物产生的天然毒素。它的种类繁多，几乎包括所有类型的化合物，其生物活性也很复杂，对人体生理功能可产生影响；不仅具有毒理作用，而且也具有药理作用，常用作生理科学研究的工具药，也被用作药物。生物毒素按来源可分为植物毒素、动物毒素、海洋毒素和微生物毒素。人们常见的有毒水生生物主要有河豚、水母等。

1. 河豚毒素

在长江下游和珠江口的一些地方，自古就有吃河豚的习俗，长江鲥鱼、刀鱼、河豚并称为"长江三鲜"。宋朝诗人苏轼在"惠崇春江晚景"中写到"竹外桃花二两枝，春江水暖鸭先知。蒌蒿满地芦芽短，正是河豚欲上时"。虽然河豚的味道非常鲜美，但是它的毒性却是致命的。因此，就有"拼死吃河豚"的说法。过去，江苏省江阴一带在烹制河豚的时候，会在灶台上恭恭敬敬地点上一炷香，祈求灶君保佑平安。河豚做好后，厨师会夹块河豚肉自己先吃，等过了10分钟没问题，再端上餐桌。动筷子前，客人通常会先摸出一角钱放在桌上，表示这鱼算自己买的，万一吃出事情，和主人无关。河豚的毒性非常强，约为氰化物的1 250倍，1克河豚毒素就能使500人丧命。并且河豚毒素的稳定性非常强，在100℃的水里煮8小时也不会被破坏，盐腌、日晒也不能破坏毒素。河豚毒素从大到小依次排列的顺序为卵巢、肝脏、脾脏、血筋、鳃、皮、精巢。冬春季节是河豚的产卵季节，此时，河豚的肉味最鲜美，但此时的毒性也最强（见彩图2-10）。

2. 贝类毒素

滤食性贝类如牡蛎、文蛤、杂色蛤、缢蛏、竹蛏等双壳贝类主要通过滤食微型藻类摄取食物，某些微型藻类具有毒性.贝类滤食后，毒素不会排出体外，而是在体内富集，形成贝类毒素。贝类毒素的种类较多，包括麻痹性贝毒（PSP），腹泻性贝毒（DSP）、神经性贝毒（NSP）、记忆缺失性贝毒（ASP）、西加贝毒（CFP）等。人们食用了有毒贝类产生的中毒症状取决于毒素的种类、毒素的浓度和食用有毒贝类的量。在麻痹性贝毒的中毒病例中，临床表现多为神经性的，包括麻刺感、烧灼感、麻木、嗜睡、语无伦次和呼吸麻痹。而腹泻性贝毒、神经性贝毒、记忆缺失性贝毒的症状较为不典型。腹泻性贝毒一般表现为较轻微的胃肠道紊乱，如恶心、呕吐、腹泻和腹痛并伴有寒战、头痛和发热。神经性贝毒既有胃肠道症状又有神经症状，包括麻刺感和口唇、舌头、喉部麻木、肌肉痛、眩晕、冷热感觉颠倒、腹泻和呕吐。记忆缺失性贝毒表现为胃肠道紊乱（呕吐、腹泻、腹痛）和神经系统症状（辨物不清，记忆丧失，方向知觉的丧失，癫痫发作，昏迷）。20世纪90年代因贝毒问题，中国贝类产品被禁止进入欧盟市场。进入21世纪，福建、广东、浙江等地还多次发生食用织纹螺中毒事件，在4—8月织纹螺中毒高发季节，福建、广东、浙江的一些地方就会发布预警，并限制织纹螺在市场上的销售（见彩图2-11）。

3. 水母毒素

一些水母色彩艳丽，游泳姿态优雅，看似温顺，却是真正的"美丽杀手"。在它的伞状体下面，那些细长的触手既是它的消化器官，也是它的武器，触手的上面布满了刺细胞，像毒丝一样，能够射出毒液，猎物被刺蜇以后，会迅速麻痹而死。

第四节 水产品质量原因分析

从进入21世纪不断出现的水产品质量安全事件可见，中国渔业将面临来自国际市场的激烈竞争，水产品质量安全也面临着前所未有的挑战。因此，必须更新观念，学习发达国家的食品质量管理先进方法，强化水产品质量安全管理，树立无公害标准化生产意识，从源头抓起，采取"预防"措施，选择合适养殖场所，杜绝不合格投入品、药物的滥用，全面提升水产品质量安全。

一、影响水产品质量的因素

由于人口持续增长，人们对水产品消费需求大量增加，尤其是沿海地区的常住和流动人口快速增长，各种生产企业、水产捕捞业、养殖业、水产品加工业和流通运输业等数量剧增、规模扩大，在水产品质量安全问题及其监管长效机制等方面，出现了一些值得认真关注和亟待解决的新情况和新问题。影响水产品安全性的因素主要有以下几个方面。

1. 水域环境质量下降

由于工业排污、城镇生活排污、农业排污和事故性排污等方面的影响，水产养殖区域水质日趋恶化，主要污染物为无机氮、磷酸盐、石油类和重金属。此外，具有致癌、致畸、致突变的环境激素类化合物的检出率和含量也日趋升高，养殖环境污染加剧对水产品质量的影响日趋严重。

由于现代工业的飞速发展，"三废"大量排入江、河、湖、海等水域和大气中，过量农药的使用，在雨水的冲刷下，也汇集到江河湖海中，不但污染了环境，同时也污染了水生生物。环境污染产生了各种有害物质，主要有：无机有毒物质，如各类重金属，氰化物和氟化物等；有机有毒物质，如二噁英和多氯联苯等；生物有毒物质，如赤潮。

水生生物极易富集危害因子，水产品内的不安全因子往往通过食物链由低等生物向高等生物转移，加之生物富集作用，直接危害位于食物链最高级的人类机体。特别是海洋生物更易富集水体中重金属、石油、农药、有机污染物、细菌、病毒和生物毒素等污染物，人类食用了含有这些有害物质的鱼、贝类等水产品，会出现诸如水俣病、骨痛病和白细胞减少等疾病，严重危及人类健康和生命安全。

2. 生产行为不规范

水产养殖是第一产业，加之从业者法律意识薄弱，出现许多不规范的行为，包括对环境的影响，对水环境的污染以及化学产品的滥用和违规使用。随着水产养殖业的迅猛发展，许多养殖场通过增大放养量以获得高产和高效益。由于放养密度和投饲量大，养殖水体中排泄物和残饵的累积使水质极易恶化。养殖环境恶化为病原体和致病微生物提供了基础条件，致使水产养殖生物的病毒病、细菌病、寄生虫病和营养病频繁发生。

3. 养殖投入品质量安全

养殖投入品是影响养殖水产品质量安全的主要因素之一，主要是饲料与饲料添加剂、种质与种苗质量、渔药（禁用药物、可用药物、限用药物、非药品等）、养殖水质与底质污染等。而苗种、饲料和渔药三大投入品与养殖水产品的质量安全关系最为密切。

饲料质量是影响养殖生态系统、养殖对象抗病力、产品质量安全和养殖效益的关键因素，如果饲料中含有有毒有害物质或违禁药物，养殖对象摄食后，有毒有害物质积聚或残留体内，使养殖水产品出现质量安全问题。

4. 渔用药物管理不严

渔药是用来预防、控制和治疗水产动植物病虫害，改善养殖水体环境和促进养殖品种健康生长的。正确合理地使用无公害渔药不会对养殖水产品造成危害，但使用违禁药物或不科学使用渔药将会产生严重危害后果。近年出现的养殖水产品质量安全问题大多由使用渔药不当引起的。大规模暴发性病害不但造成水产养殖生物的大量死亡，也促使养殖户不恰当地使用、甚至滥用渔用肥料、渔用环境调节剂、渔用添加剂和渔用药物，不但造成了养殖环境中人工化合物和药物的高残留，破坏了养殖生态环境，而且直接危及水产品质量。

目前中国在渔用药物管理方面还存在着一些问题，主要体现在对市场的监管方面。销售渠道管理不严，致使禁用的渔用药物违规流入市场，切断流通渠道才是解决问题的根本。渔用药物流通渠道的畅通给违规者提供了便利，也容易造成误用。以养殖中使用的药物为例，养殖户可以很方便的购到违规药物，并且还可以送货到门。而在国外，使用药物要注册兽医开具药方才能得到药物。另外一个问题是药物生产商生产的复合药物含有违禁药，造成误用。

5. 水产苗种质量下降

优良健壮的苗种是增产增效的基础和物质保证，由苗种引起的水产品质量安全问题，主要是放养不健康或不强壮的"问题苗种"，包括近亲繁殖的苗种、繁殖季节后期孵化培育的"尾苗"、携带疫病病毒或致病菌的"病苗"、或在苗种培育过程中使用禁用药物终生残留，直接危害水产品质量安全的"毒苗"。不合格水产苗种直接导致病害的发生，严重危害水产品质量安全。

苗种质量下降不可避免的造成病害的增加，用药就成为必然。如典型的大菱鲆前期养殖过程中从来不用药，生长得还特别快，而现在同样差不多环境条件下，疾病发生更为频繁，苗种质量下降应是一个重要因素。向前追溯，20世纪90年代初的中国对虾病害大面积暴发、90年代末期的海湾扇贝大面积死亡，均为品种退化、苗种质量下降的一个缩影。海水养殖、集约化养殖鱼类均为高值鱼类，市场价格高昂，当发生病害养殖业户为减少损失使用药物就成为必然。

6. 养殖容量普遍较大

目前，中国水产养殖业普遍存在着发展无序、布局不合理、超环境负荷的养殖模式，从业者为追求效益，养殖密度普遍较高，加之经过较长的一段养殖时间后，养殖水质环境恶化，不可避免的带来病害的增多。为减少损失，养殖业者多崇尚药物预防病害，病害发生也就有病乱投医，频繁的使用药物，甚至个别违规使用禁用药物，造成质量安全问题。另一个原因，养殖过程使用人工饲料较少，为节省成本大量使用鲜活饵料，污染水质，导致病害更为频繁，继而用药，恶性循环。

7. 加工运销过程污染

在加工、贮存、运输、销售各个环节，均有影响水产品安全的因素存在。例如产品的外观和卖相，或是使用染料给鱼上色，发色和上色技术处理不当，易造成有害物质残留；为了水产品的存活率、保鲜率，加上某些非法牟利，以致投放了大量有毒和超标的药物、添加剂，给人们身体健康带来不良影响。

二、水产品质量监控的问题

随着环境污染的加重、渔药的大量使用和滥用，养殖过程和加工过程没有建立完善的操作规范，水产品质量安全问题越来越多，导致水产品中毒和水产品贸易争议事件时有发生。

1. 水产品质量安全标准和管理规范不完善

过去，渔业政策重数量、轻管理，在水产品质量安全方面的研究投入和监管都比较少，水产品质量安全方面的研究不到位，特别是渔用药物代谢、安全限量及检测的基础性研究工作几乎空白，不能提供针对某种水产养殖品种的药物及使用方法，养殖和加工过程安全控制技术不健全，缺乏必要的质量管理规范、技术操作规程和监测手段，不能有效地对涉及水产品质量安全的渔业水域环境、苗种生产、渔药使用、饲料投喂、保鲜加工、贮运、流通等环节进行管理和监测。

另一方面，现行标准也多有存在不尽合理的问题，很多指标参照国外，照搬国外指标和限量，盲目跟从进口国的要求，忽视了国内外消费习惯的差别，忽视了消费群体的差异，不符合国内实际，没有自己的特色。这也主要源于相关研究基础积累不足、家底不清，缺乏基础数据的支持，造成目前标准制定缺乏依据和针对性，标准的制定也缺乏风险评估的基础，同时，针对国际标准制定的参与度和能力水平较低。

2. 渔业投入品缺乏必要的操作规范

以往渔业生产只注重养殖产量，造成了养殖者为了追求利润和效益而在生产过程滥用药物、饲料添加剂。对于渔用药物和食品添加剂的安全限量研究、渔用药物休药期的研究、养殖和加工过程质量控制技术的基础研究等较少，不能提出药物的使用方法。进入 21 世纪，渔药残留问题一直得到各级政府的重视，对渔药在水产生物体内的代谢规律、渔药毒性、渔药安全限量等方面的研究进行了大量的工作，但这仅仅是开始；在渔药代谢规律等方面作了一些研究，但有关安全限量的研究还较肤浅。目前，在鱼病防治过程中还存在严重的问题，如不按动物的营养需要盲目添加抗菌药物、促生长剂，大剂量添加或乱配伍，不遵守药物的休药期等；在养殖过程违法使用硝基呋喃类、磺胺类药物、抗生素和激素等现象，从而对人类健康产生威胁。

3. 危害因子风险评估较少

由于我国经济基础方面与国际上发达国家存在差距，加之长期以来只关注产量，造成在食品质量安全研究方面投入较少、欠账较多，基础研究薄弱。以目前热点的药物残留为例，在标准的制定方面，我国多依据国外的数据和资料，限量指标也多采用国外的指标，缺少自己的研究成果和技术依据，在风险评估所需的基础研究方面更为缺乏，如特异性蓄积规律、消除代谢规律、有害物的共存毒性和拮抗作用以及产品中基体效应等等。

水产品加工过程中，病原微生物、食品添加剂、消毒剂、非食品加工用化学添加物等危害因子的安全性基础研究较少，如危害物质残留量研究、危害性研究、安全限量研究、食品添加剂和非食品加工用化学添加物的残留量和毒性研究不够，危害性风险评估缺乏。

4. 水产品质量安全保障体系不健全

目前，对安全限量更多采用国际和国外的标准，而对安全限量的研究必须建立在动物毒理、人群发病等风险评估和政府的风险管理基础上。因此，可以说对危害因子安全限量的基础研究还没有真正展开。

国外许多国家不仅实行 HACCP 生产水产品，而且也要求进口产品必须由 HACCP 认证企业生产，泰国全国 200 多家水产加工企业中，有 80% 通过了 HACCP 质量体系认证。中国许多水产品加工企业就是在出口商的要求下建立起 HACCP 的质量控制体系，也扩展到一些没有出口业务的大型企业中，而中小型加工企业多数还没有建立 HACCP 质量控制体系。中国水产品加工企业小型加工厂多，企业质量控制管理意识有待加强，安全保障体系薄弱、有待健全。因此，要加强对产品 HACCP 的应用研究，特别是要建立健全水产养殖过程质量控制体系，完善质量管理规范、技术操作规程和监测手段。

5. 水产品有毒有害物质快速检测技术与装备研发滞后

近年来，随着渔业生产和对外经济贸易的发展，需要对水产品的有毒有害物质进行快速检测，以检验水产品的安全性，保证水产品的顺利出口和人民群众的身体健康。在水产品有毒有害物质快速检测技术方面进行了一些相关的研究，但还远远满足不了目前渔业生产的要求，特别在水产品的鲜度、药残、食品添加剂、消毒剂、预处理用化学物质、生物毒素以及微生物等快速检测技术的研究，对中国沿海主要水产品的重金属、甲醛等有毒有害物质和病原性微生物的分析与研究，水产品中掺假掺杂检测鉴定技术的研究。

水产品的收获、贮运、加工和销售过程卫生质量和安全质量操作不规范，对"从鱼塘到餐桌"全过程可能产生的危害、危害特征和危害程度认识模糊，关键控制点控制不严，致使水产品卫生质量和安全质量存在隐患甚至引发严重问题。

由于水产品比肉类更适合微生物的生长繁殖，水产品中肠道、皮肤、肌肉上带有各种细菌、致病菌病毒和寄生虫，对人体健康有潜在的风险。因食用带有病原微生物的水产品而发生疾病的事件时有发生，海产品中副溶血弧菌和致泻大肠埃希氏菌也是引发人体疾病的主要病原菌。

6. 监测体系和检测重点有待完善

虽然经过"十一五"、"十二五"期间的建设，我国水产品质量检测体系有了快速的发展，但还需完善和加强。地域广大、产品众多、企业分散、规模较小的现状，现有检测机构地域覆盖面还不广，部分检验装备与质量检测要求不匹配。在检测和监控方面还有不足，监控覆盖面还需扩大，监测指标和产品品种需增加，监测频次和数量需加大，监控针对性需改进，监测指标、危害因子的连续性和长期性监测需要加强。受舆论影响，目前重点关注在药物残留方面的问题，而对长期性、累积性、环境因素导致的危害因子关注不够，对重金属、持久性有机污染物、贝类毒素、有害致病性微生物等关注不够的现状还需要尽快改变。

7. 溯源体系不完善

全程质量追踪与溯源是进行监管的重要基础工作，长期以来受消费习惯和产品特点的制约，我国一直很难有很好的突破，这也是目前国际上研究的热点。溯源要求市场终端的消费者对产品生产过程的相关情况进行了解，包括从产地环境、苗种、投入品、生产过程、运输、流通等全部各环节的质量控制和操作情况，企业是溯源工作实施的主体，企业的配合和自律是成功与否的关键。

水产养殖业，目前在监管过程中最重要和最缺乏的工作，就是产品质量的可追溯，以药物残留为例，便于发现问题的最主要途径是市场销售产品，但发现了问题又能怎么样？如何追溯才是关键。但建立可追溯体系，有产品自身的困难、也有经济方面的原因。养殖水产品有其自身的特点，对于众多养殖业户来说，由于规模较小，大多无直接销售到市场的能力，而这些小的养殖场往往问题比较多；而鲜活鱼类销售商收购养殖户的鱼类产品，由于数量无法达到批量的要求，往往需要拼货，更难以区别养殖单位，因此，养殖鱼类产品的身份确认是非常重要的问题。

三、质量安全问题原因分析

长期以来，水产品质量安全管理缺乏系统规划和组织，限量指标缺乏研究，被动地研究相关对策。从而造成过多地消耗资源、牺牲环境，使水产品质量安全受到影响，同时也威胁着人类的生存健康。

1. 水产品标准体系不健全，标准指标设置不科学

虽然目前已在水产品产品、养殖、饲料等方面逐渐建立起一套质量标准体系，但这些标准相互间联结不够，没有从整个产业链对水产品进行系列标准化工作。水产品的标准不统一、不完善，水产品的监测、评估不科学、不全面。

中国的食品质量标准指标中，特别是农药残留限量标准指标不仅少于国际标准和国外先进国家标准指标，而且指标设置不科学，不能与国际接轨，一些先进技术和方法在中国基本是空白。

2. 管理体制不健全，职责不明确

国内水产品的安全管理是多个部门同时进行，有的方面执法主体多头，各自为政。从水资源到餐桌的整个水产品活动流程，多个部门在分段监管，各个监管环节的衔接不够，一些信息、一些

事故的处理不及时。水产品苗种、养殖、加工、流通、检疫检验的监管不能有效统一。管理制度不健全、不完善，并且执行不严。"无法可依"和"有法不依"两种现象同时并存。

同时，一些执法部门既存在缺乏计划性，工作随意性大，没有长远打算，运作秩序混乱问题；也存在目标不明，责任不清，考核不力，奖惩不兑现的状况。食品事故一旦发生，尽管有这么多部门，事故仍可能扩大和蔓延。这些情况和问题值得研究和改善。

3. 渔药监管体制不顺，质量安全责任不落实

管理部门职能存在交叉的现象，给水产品质量安全监管工作责任的落实带来了难度，比如：水产养殖过程中使用渔药、鱼饲料等投入品的生产和销售执行的是 2004 年国务院颁布的《兽药管理条例》（《兽药管理条例》第四十四条　县级以上人民政府兽医行政管理部门行使兽药监督管理权）。渔药属于兽药的范畴。因此，畜牧部门负责渔药等的生产、销售审批与监管；而渔业部门不能对投入品生产、销售环节进行监管，所以渔业部门不能完全承担水产品质量安全的责任。管理体制的不顺，造成质量安全责任的不落实，渔业部门无法对渔药进行全面有效的监控，造成部门间相互推诿，政府形象受损。

4. 资金投入不足，缺乏基础研究作支撑

中国科技水平的发展与发达国家还有一定的差距，国家投入的资金有限，而且标准制定人员的水平参差不齐，导致相关标准的制定受到限制。在快速准确检测技术、安全防病药物开发、人员培训等方面更有待于国家的投入和支持。

5. 宣传教育不到位，部分企业缺乏主体责任意识

部分养殖生产者文化素质不高，对水产品质量安全缺乏认识；个别从业者法律意识淡薄，一些企业更是存在有法不依，缺乏社会责任感，甚至道德缺失。

第三章　水产品质量安全管理

内容提要：质量安全法律规章；质量安全监管体系；质量安全管理措施；水产品质量安全监管。

　　水产品质量安全，是指水产品中不应含有可能损害或威胁人体健康的有毒有害物质或因素，从而导致消费者急性或慢性毒害及感染疾病，或产生危及消费者及其后代健康的隐患。由于各种原因，与发达国家相比，中国水产品质量安全现状还存在一些问题，不仅影响到渔业生产的持续稳定发展和水产品市场的供求平衡，也束缚了水产品的对外出口。

第一节　质量安全法律规章

　　中国涉及水产品质量安全的法律规章包括有法律条例、部门规章、渔业水质标准、渔药使用标准、渔药残留管理规定等。

一、法律条例

　　法律由全国人民代表大会常务委员会通过，条例由国务院颁布。与水产品质量安全相关的法律主要有如《渔业法》、《海洋环境保护法》、《农产品质量安全法》、《食品安全法》、《动物防疫法》等，条例主要有《兽药管理条例》、《饲料和饲料添加剂管理条例》等。

1. 《中华人民共和国渔业法》

《中华人民共和国渔业法》于 1986 年 1 月 20 日第六届全国人民代表大会常务委员会第十四次会议通过，并于 2000 年 10 月 31 日第九届全国人民代表大会常务委员会第十八次会议、2004 年 8 月 28 日第十届全国人民代表大会常务委员会第十一次会议两次修正，2009 年 8 月 27 日第十一届全国人民代表大会常务委员会第十次会议修改第十四条，2013 年 12 月 28 日第十二届全国人民代表大会常务委员会第六次会议修改第二十三条第二款。

《中华人民共和国渔业法》有关质量安全管理规定有：

第十五条　县级以上地方人民政府应当采取措施，加强对商品鱼生产基地和城市郊区重要养殖水域的保护。

第十六条　国家鼓励和支持水产优良品种的选育、培育和推广。水产新品种必须经全国水产原种和良种审定委员会审定，由国务院渔业行政主管部门批准后方可推广。

水产苗种的进口、出口由国务院渔业行政主管部门或者省、自治区、直辖市人民政府渔业行政主管部门审批。

水产苗种的生产由县级以上地方人民政府渔业行政主管部门审批。但是，渔业生产者自育、自用水产苗种的除外。

第十七条　水产苗种的进口、出口必须实施检疫，防止病害传入境内和传出境外，具体检疫工作按照有关动植物进出境检疫法律、行政法规的规定执行。

引进转基因水产苗种必须进行安全性评价，具体管理工作按照国务院有关规定执行。

第十八条　县级以上人民政府渔业行政主管部门应当加强对养殖生产的技术指导和病害防治工作。

第十九条　从事养殖生产不得使用含有毒有害物质的饵料、饲料。

第二十条　从事养殖生产应当保护水域生态环境，科学确定养殖密度，合理投饵、施肥、使用药物，不得造成水域的环境污染。

2. 《中华人民共和国海洋环境保护法》

《中华人民共和国海洋环境保护法》于 1999 年 12 月 25 日第九

届全国人民代表大会常务委员会第十三次会议修订通过，自2000年4月1日起施行。2013年12月28日第十二届全国人民代表大会常务委员会第六次会议修改。

《中华人民共和国海洋环境保护法》有关质量安全管理规定有：

第二十四条　开发利用海洋资源，应当根据海洋功能区划合理布局，不得造成海洋生态环境破坏。

第二十五条　引进海洋动植物物种，应当进行科学论证，避免对海洋生态系统造成危害。

第二十六条　开发海岛及周围海域的资源，应当采取严格的生态保护措施，不得造成海岛地形、岸滩、植被以及海岛周围海域生态环境的破坏。

第二十八条　国家鼓励发展生态渔业建设，推广多种生态渔业生产方式，改善海洋生态状况。

新建、改建、扩建海水养殖场，应当进行环境影响评价。

海水养殖应当科学确定养殖密度，并应当合理投饵、施肥，正确使用药物，防止造成海洋环境的污染。

3.《中华人民共和国农产品质量安全法》

《中华人民共和国农产品质量安全法》于2006年4月29日由第十届全国人民代表大会常务委员会第二十一次会议通过，自2006年11月1日起施行。这是开展水产品质量安全管理工作的重要法规。《农产品质量安全法》共分8章56条，内容相当丰富，确立了10项基本制度：

（1）**农产品质量安全监督管理体制**　包括总则的第3条至第5条：明确县级以上地方人民政府统一领导、协调本行政区域内的农产品质量安全工作，农业行政主管部门负责农产品质量安全的监督管理工作，有关部门按照职责分工，负责农产品质量安全的有关工作；并采取措施，建立健全农产品质量安全服务体系，提高农产品质量安全水平。

（2）**农产品质量安全标准强制实施制度**　包括总则的第8条和第二章农产品质量安全标准的全部条款（第11条至第14条）：

国家引导、推广农产品标准化生产，鼓励和支持生产优质农产品，禁止生产、销售不符合国家规定的农产品质量安全标准的农产品。农产品质量安全标准是强制性的技术规范，由农业行政主管部门商有关部门组织实施。

（3）**农产品产地管理制度**　包括第三章农产品产地的全部条款（第15条至第19条）：明确县级以上地方人民政府农业行政主管部门按照保障农产品质量安全的要求，根据农产品品种特性和生产区域大气、土壤、水体中有毒有害物质状况等因素，认为不适宜特定农产品生产的，提出禁止生产的区域，报本级人民政府批准后公布；县级以上人民政府应当采取措施，加强农产品基地建设，改善农产品的生产条件；禁止在有毒有害物质超过规定标准的区域生产、捕捞、采集食用农产品和建立农产品生产基地；农业生产用水和用作肥料的固体废物，应当符合国家规定的标准；农产品生产者应当合理使用化肥、农药、兽药、农用薄膜等化工产品，防止对农产品产地造成污染。

（4）**农业投入品的安全使用制度**　包括第四章农产品生产的第20条至第25条：明确对可能影响农产品质量安全的农药、兽药、饲料和饲料添加剂、肥料、兽医器械，依照有关法律、行政法规的规定实行许可制度。农产品生产企业和农民专业合作经济组织应当建立农产品生产记录。合理使用农业投入品，严格执行农业投入品使用安全间隔期或者休药期的规定，防止危及农产品质量安全。

（5）**农产品包装和标识制度**　包括第五章农产品包装和标识的全部条款（第28条至第32条）：明确农产品生产企业、农民专业合作经济组织以及从事农产品收购的单位或者个人销售的农产品，按照规定应当包装或者附加标识的，须经包装或者附加标识后方可销售。包装物或者标识上应当按照规定标明产品的品名、产地、生产者、生产日期、保质期、产品质量等级等内容；使用添加剂的，还应当按照规定标明添加剂的名称。销售的农产品必须符合农产品质量安全标准，生产者可以申请使用无公害农产品标志。农产品质量符合国家规定的有关优质农产品标准的，生产者可以申请使用相应的农产品质量标志。

（6）**农产品质量安全市场准入制度**　包括第六章监督检查的第33条和第37条：明确不符合农产品质量安全标准的农产品，不得销售。农产品批发市场应当设立或者委托农产品质量安全检测机构，对进场销售的农产品质量安全状况进行抽查检测；发现不符合农产品质量安全标准的，应当要求销售者立即停止销售，并向农业行政主管部门报告。农产品销售企业对其销售的农产品，应当建立健全进货检查验收制度；经查验不符合农产品质量安全标准的，不得销售。

（7）**农产品质量安全监测制度**　包括第四章农产品生产的第26条和第六章监督检查的第34条至第36条：明确县级以上人民政府农业行政主管部门应当按照保障农产品质量安全的要求，制定并组织实施农产品质量安全监测计划，对生产中或者市场上销售的农产品进行监督抽查。农产品生产企业和农民专业合作经济组织，应当自行或者委托检测机构对农产品质量安全状况进行检测；经检测不符合农产品质量安全标准的农产品，不得销售。

（8）**农产品质量安全监督检查制度**　包括第六章监督检查的第38条和第39条：明确国家鼓励单位和个人对农产品质量安全进行社会监督。任何单位和个人都有权对违反本法的行为进行检举、揭发和控告。县级以上人民政府农业行政主管部门在农产品质量安全监督检查中，可以对生产、销售的农产品进行现场检查，调查了解农产品质量安全的有关情况，查阅、复制与农产品质量安全有关的记录和其他资料；对经检测不符合农产品质量安全标准的农产品，有权查封、扣押。

（9）**农产品质量安全风险评估和信息发布制度**　包括总则的第6条和第7条：明确国务院农业行政主管部门设立农产品质量安全风险评估专家委员会，对可能影响农产品质量安全的潜在危害进行风险分析和评估，根据农产品质量安全风险评估结果采取相应的管理措施，并将农产品质量安全风险评估结果及时通报国务院有关部门。国务院农业行政主管部门和省、自治区、直辖市人民政府农业行政主管部门应当按照职责权限，发布有关农产品质量安全状况信息。

（10）**农产品质量安全责任追究制度** 包括第六章监督检查的第 40 条和第 41 条以及第七章法律责任的全部条款（第 43 条至第 54 条）：明确发生农产品质量安全事故时，有关单位和个人应当采取控制措施，及时报告。发生重大农产品质量安全事故时，农业行政主管部门应当及时通报同级食品药品监督管理部门。县级以上人民政府农业行政主管部门在农产品质量安全监督管理中，发现有本法第 33 条所列情形之一的农产品，应当按照农产品质量安全责任追究制度的要求，查明责任人，依法予以处理或者提出处理建议。在第七章中列出了 9 种行为的法律责任。

4.《中华人民共和国食品安全法》

2015 年 4 月 24 日，十二届全国人大常委会第十四次会议以 160 票赞成、1 票反对、3 票弃权，表决通过了新修订的《食品安全法》（以下简称"新食品质量安全法"），自 2015 年 10 月 1 日起正式施行。修订后的食品安全法较 2009 年实施的食品安全法增加了 50 条，分为十章 154 条。

《食品安全法》自 2009 年颁布实施以来，食品安全形势总体向好，但食品安全状况依然严峻，从"三聚氰胺"奶粉、瘦肉精、苏丹红、地沟油再到"掺假羊肉""毒生姜"等事件的接连发生，"舌尖上的安全"一再失守，加重了民众对食品安全的担忧和消费恐慌。党的十八大以来，党中央、国务院进一步改革完善我国食品安全监管体制，着力建立最严格的食品安全监管制度，积极推进食品安全社会共治格局，并根据现实需要修订了现行的《食品安全法》。国务院法制办于 2013 年 10 月 29 日将国家食品药品监管总局向国务院报送了《食品安全法（修订草案送审稿）》全文公布，公开征求社会各界意见。2014 年 5 月 14 日，国务院常务会议讨论通过《食品安全法（修订草案）》。同年 6 月 23 日，《食品安全法（修订草案）》被提交至全国人大常委会第九次会议一审。2014 年 12 月 22 日，十二届全国人大常委会第十二次会议对《食品安全法（修订草案）》进行二审。2015 年 4 月，十二届全国人大常委会第十四次会议对《食品安全法（修订草案）》审议后表决通过。从 2013 年 10 月至 2015 年 4 月历时 1 年半的时间，这部食品安全法律修正案历经全国人大常委会第九次会议、第十二次会议两次审议，三易其稿后终获通过。

修改后的《食品安全法》对生产、销售、餐饮服务等各环节实施最严格的全过程管理，强化生产经营者主体责任，完善追溯制度，可谓中国史上最严格的食品安全法。同时，建立最严格的监管处罚制度，对违法行为加大处罚力度，构成犯罪的依法严肃追究刑事责任。加重对地方政府负责人和监管人员的问责。

（1）制度设计确保最严监管　一是完善统一权威的食品安全监管机构，从法律上明确由食品药品监管部门统一监管，终结了"九龙治水"的食品安全分段监管模式；二是建立最严格的全过程的监管制度，对食品生产、流通、餐饮服务和食用农产品销售等环节，食品添加剂、食品相关产品的监管以及网络食品交易等新兴业态等进行了细化和完善；三是更加突出预防为主、风险防范，进一步完善了食品安全风险监测、风险评估制度，增设了责任约谈、风险分级管理等重点制度；四是建立最严格的标准，明确了食品药品监管部门参与食品安全标准制定工作，加强了标准制定与标准执行的衔接；五是对特殊食品实行严格监管，明确特殊医学用途配方食品、婴幼儿配方乳粉的产品配方实行注册制度；六是加强对农药的管理，鼓励使用高效低毒低残留的农药，特别强调剧毒、高毒农药不得用于瓜果、蔬菜、茶叶、中草药材等国家规定的农作物；七是加强风险评估管理，通过食品安全风险监测或者接到举报发现食品、食品添加剂、食品相关产品可能存在安全隐患等情形，必须进行食品安全风险评估；八是建立最严格的法律责任制度，从民事和刑事等方面强化了对食品安全违法行为的惩处力度。

（2）确保食品安全社会共治　一是行业协会要当好引导者，食品行业协会应当加强行业自律，按照章程建立健全行业规范和奖惩机制，提供食品安全信息、技术等服务，引导和督促食品生产经营者依法生产经营；二是消费者协会要当好监督者，消费者协会和其他消费者组织对违反食品安全法规定，损害消费者合法权益的行为，依法进行社会监督；三是举报者有奖还受保护，对查证属实的举报应当给予举报人奖励，对举报人的相关信息，政府和监管部门要予以保密；四是新闻媒体要当好公益宣传员，应当开展食品安全法律、法规以及食品安全标准和知识的公益宣传，并对食品安全违法行为进行舆论监督。同时，规定对在食品安全工作中做出突出贡献的单位和个人给予表彰、奖励。

（3）**建立食品生产全过程监管制度**　一是明确食品生产经营者对食品安全承担主体责任，对其生产经营食品的安全负责。这一原则性规定确立了食品生产经营者是其产品质量第一责任人的理念，对提高整个食品行业质量安全意识具有积极意义。二是规定食品生产经营者应当依法建立食品安全追溯体系，保证食品可追溯。国家鼓励食品生产经营企业采用信息化手段采集、留存生产经营信息，建立食品安全追溯体系。三是明确要求对农药的使用实行严格的监管，加快淘汰剧毒、高毒、高残留农药，推动替代产品的研发应用，鼓励使用高效低毒低残留的农药，特别强调剧毒、高毒农药不得用于瓜果、蔬菜、茶叶、中草药材等国家规定的农作物，并对违法使用剧毒、高毒农药的，增加规定由公安机关予以拘留处罚这样一个严厉的处罚手段。

（4）**大幅提高行政罚款额度**　新的《食品安全法》，不但在处罚的内容上更加广泛，而且大幅度提高了行政罚款的额度。比如对生产经营添加药品的食品，生产经营营养成分不符合国家标准的婴幼儿配方乳粉等违法行为，2009 年实施的《食品安全法》规定最高可以处罚货值金额 10 倍的罚款，但新《食品安全法》就规定最高可以处罚货值 30 倍，处罚的幅度有大幅度的提高。此外，新《食品安全法》还强化了民事法律责任的追究：为保护消费者权益，要求食品生产和经营者接到消费者的赔偿请求以后，应该实行首负责任制，先行赔付，不得推诿；为完善惩罚性赔偿制度，在现行的食品安全法实行 10 倍价款惩罚性的赔偿基础上，又增设了消费者可以要求支付损失 3 倍赔偿金的惩罚性赔偿。

5.《中华人民共和国动物防疫法》

《中华人民共和国动物防疫法》于 1997 年 7 月 3 日第八届全国

人民代表大会常务委员会第二十六次会议通过，2007 年 8 月 30 日第十届全国人民代表大会常务委员会第二十九次会议修订，2013 年 6 月 29 日第十二届全国人民代表大会常务委员会第三次会议修正。《中华人民共和国动物防疫法》包括总则，动物疫病的预防，动物疫情的报告、通报和公布，动物疫病的控制和扑灭，动物和动物产品的检疫，动物诊疗，监督管理，保障措施，法律责任，附则共 10 章。

6.《兽药管理条例》

1987 年 5 月 21 日国务院颁布了《兽药管理条例》，2001 年 11 月 29 日进行了修正，2004 年再次进行全面修订，经 3 月 24 日国务院第 45 次常务会议通过，以中华人民共和国国务院令第 404 号公布，自 2004 年 11 月 1 日起施行。《兽药管理条例》附则第七十四条明确：水产养殖中的兽药使用、兽药残留检测和监督管理以及水产养殖过程中违法用药的行政处罚，由县级以上人民政府渔业主管部门及其所属的渔政监督管理机构负责。

经过全面修订的《兽药管理条例》，分为总则、兽药研制、兽药生产、兽药经营、进出口、兽药使用、监督管理、法律责任、附则 9 部分共 75 条。在总结实践经验的基础上，借鉴国际通用做法，规定了一系列兽药管理新制度。

（1）**确立了实行兽用处方药和非处方药分类管理制度**　总则第四条规定：国家实行兽用处方药和非处方药分类管理制度。兽用处方药和非处方药分类管理的办法和具体实施步骤，由农业部规定。兽用处方药，是指凭兽医处方方可购买和使用的兽药；兽用非处方药，是指由国务院兽医行政管理部门公布的、不需要凭兽医处方就可以自行购买并按照说明书使用的兽药。兽药经营企业销售兽用处方药的，应当遵守兽用处方药管理办法。禁止未经兽医开具处方销售、购买、使用国务院兽医行政管理部门规定实行处方药管理的兽药。

（2）**建立了新兽药研制管理和安全监测制度**　规定新兽药研制者应当具有与研制相适应的条件。研制新兽药，应当进行安全性评价。并在临床试验前经省级人民政府兽医行政管理部门批准。

临床试验完成后，新兽药研制者向农业部提交该新兽药的样品和相关资料，经评审和复核检验合格的，发给新兽药注册证书。农业部根据保证动物产品质量安全和人体健康的需要，可以对新兽药设立不超过 5 年的监测期；在监测期内，不得批准其他企业生产或者进口该新兽药。

（3）**规范了兽药生产、经营质量管理制度** 兽药生产企业应当按照国务院兽医行政管理部门制定的兽药生产质量管理规范组织生产，生产兽药所需的原料、辅料，应当符合国家标准或者所生产兽药的质量要求；兽药出厂前应当经过质量检验，应当附有产品质量合格证。兽药经营企业，应当遵守国务院兽医行政管理部门制定的兽药经营质量管理规范，购销兽药建立购销记录：购进兽药，应当将兽药产品与产品标签或者说明书、产品质量合格证核对无误；销售兽药时，应当向购买者说明兽药的功能主治、用法、用量和注意事项。

（4）**规定了兽药安全使用管理制度** 要求兽药使用单位遵守兽药安全使用规定并建立用药记录，禁止使用假、劣兽药以及农业部规定禁止使用的药品和其他化合物，禁止在饲料和动物饮用水中添加激素类药品和其他禁用药品；有休药期规定的兽药用于食用动物时，饲养者应当向购买者或者屠宰者提供准确、真实的用药记录；购买者或者屠宰者应当确保动物及其产品在用药期、休药期内不被用于食品消费。禁止销售含有违禁药物或者兽药残留量超过标准的食用动物产品。兽药生产企业、经营企业、兽药使用单位和开具处方的兽医人员发现可能与兽药使用有关的严重不良反应，应当立即向所在地人民政府兽医行政管理部门报告。

7. 《饲料和饲料添加剂管理条例》

1999 年 5 月 29 日中华人民共和国国务院令第 266 号发布《饲料和饲料添加剂管理条例》，2001 年 11 月 29 日国务院关于修改《饲料和饲料添加剂管理条例》的决定，2011 年 10 月 26 日国务院第 177 次常务会议修订通过新的《饲料和饲料添加剂管理条例》，11 月 3 日以中华人民共和国国务院令第 609 号将修订后的《饲料和饲料添加剂管理条例》公布，自 2012 年 5 月 1 日起施行。

（1）**重新修订原则** 《饲料和饲料添加剂管理条例》的修改体现了 3 个原则：一是与世贸组织（WTO）规则接轨，增设了知识产权保护制度；二是以保证饲料安全为重点，实行饲料生产、经营和使用全程管理，增加了饲料和饲料添加剂使用管理制度、饲料添加剂安全使用规范制度；三是行政处罚和刑事处罚相衔接，进一步制定和完善了法律责任制度。

（2）**着重解决问题** 对现行条例进行修改，着重解决好以下问题：一是明确地方人民政府、饲料管理部门以及生产经营者的质量安全责任，建立各负其责的责任机制；二是进一步完善生产经营环节的质量安全控制制度，解决生产经营者在生产经营过程中不遵守质量安全规范的问题；三是进一步规范饲料的使用，解决养殖者不按规定使用饲料、在养殖过程中擅自添加禁用物质的问题；四是完善监督管理措施，加大对违法行为的处罚力度，提高违法成本。

（3）**加强监管职责** 进一步明确政府及饲料管理部门的监管职责，完善责任机制，对于保证饲料质量安全具有重要意义。为此，在现行条例规定的饲料管理部门监管职责的基础上，条例作了以下完善：一是增加了地方人民政府的监管职责，规定县级以上地方人民政府统一领导本行政区域饲料、饲料添加剂的监督管理工作，建立健全监督管理机制，保障监督管理工作的开展；二是完善了饲料管理部门的职责，规定农业部和省级饲料管理部门应当对饲料、饲料添加剂质量安全状况进行监测，根据监测情况发布饲料、饲料添加剂质量安全预警信息，县级以上地方人民政府饲料管理部门应当加强宣传，指导养殖者安全、合理使用饲料和饲料添加剂；三是增加了饲料管理部门不依法履行职责的法律责任，规定县级以上地方人民政府饲料管理部门或者其他行使监督管理权的部门及其工作人员，不履行本条例规定的职责或者滥用职权、玩忽职守、徇私舞弊的，对直接负责的主管人员和其他直接责任人员，依法给予处分；直接负责的主管人员和其他直接责任人员构成犯罪的，依法追究刑事责任。

（4）**规范安全使用** 进一步规范饲料、饲料添加剂的安全使用，防止非法添加，保障动物产品质量安全，是条例重点解决的问题之一。对此，条例作了以下规定：一是明确禁止使用物质的种类，规定禁止使用农业部公布禁用的物质以及对人体具有直接或者潜在危害的其他物质养殖动物，禁止在反刍动物饲料中添加乳和乳制品以外的动物源性成分，禁止使用无产品标签、无产品质量标准、无产品质量检验合格证的饲料和饲料添加剂；二是规范养殖者的使用行为，规定养殖者应当按照产品使用说明和注意事项使用饲料，使用饲料添加剂的，应当遵守饲料添加剂安全使用规范；三是特别加强了对自配饲料的管理，规定养殖者使用自行配制饲料的，应当遵守自行配制饲料使用规范，并不得对外提供。

（5）**规范饲料经营**　为了进一步规范饲料经营行为，加强监督管理，解决违禁物质引起的饲料质量安全事故，条例作了以下规定：一是完善了进货查验制度，规定经营者进货时应当查验产品标签、产品质量检验合格证和相应的许可证明文件；禁止经营用国务院农业行政主管部门公布的饲料原料目录、饲料添加剂品种目录和药物饲料添加剂品种目录以外的任何物质生产的饲料。二是规定经营者不得对饲料和饲料添加剂进行拆包、分装，不得进行再加工或者添加任何物质。三是增加了产品追溯制度。规定：经营者应当建立产品购销台账，如实记录购销产品的名称、许可证明文件编号、规格、数量、保质期、购销时间等，购销台账保存期限不得少于两年。

二、部门规章

部门规章由国家部委通过颁布，与水产品质量安全相关的有农业部颁布的《水产养殖质量安全管理规定》、《水产苗种管理办法》、《动物检疫管理办法》，还有农业部与国家质量监督检验检疫管理总局联合发布的《无公害农产品管理办法》。

1. 《水产养殖质量安全管理规定》

2003 年 7 月 24 日，农业部部长杜青林签发中华人民共和国农业部第 31 号令，发布了《水产养殖质量安全管理规定》。该规定于 2003 年 9 月 1 日起实施。《规定》共 5 章 25 条，第一章总则对制定本规定的目的、应用范围、主管部门等做了说明；对与水产养殖质量安全相关的养殖用水，养殖生产、苗种、饲料、药物使用，产品净化等作出了明确要求。第二章对养殖用水水质标准、监测、处理及排放都提出了具体要求；第三章关于养殖生产的大部分条款都有新的要求。各级渔业行政主管部门应合理规划安排养殖生产布局，科学确定养殖规模和养殖方式。从事水产养殖的单位和个人应申领养殖证，应当填写（水产养殖生产记录）并保存至该批水产品销售后 2 年以上。水产养殖专业技术人员必须经过职业技能培训并获得职业资格证书方能上岗。销售的养殖水产品应符合有关标准，并附具（产品标签）提出的要求；第四章对渔用饲料和水产养殖用药提出了具体规定，对水生生物病害防治员提出了准入要求。水产养殖单位和个人应填写（水产养殖用药记录）并保存至该批水产品全部售后 2 年以上，并应接受药物残留抽样检测。

（1）**养殖用水管理要求** 该规定第二章有 3 条规定（第 5 条至第 7 条）对养殖用水水质标准、监测、处理及排放都提出了具体要求：水产养殖用水应当符合农业部《无公害食品海水养殖用水水质》或《无公害食品淡水养殖用水水质》标准，禁止将不符合水质标准的水源用于水产养殖。水产养殖单位和个人应当定期监测养殖用水水质。养殖用水水源受到污染时，应当立即停止使用；确需使用的，应当经过净化处理达到养殖用水水质标准。养殖水体水质不符合养殖用水水质标准时，应当立即采取措施进行处理。经处理后仍达不到要求的，应当停止养殖活动，并向当地渔业行政主管部门报告，其养殖水产品按本规定第 13 条处理。养殖场或池塘的进排水系统应当分开。水产养殖废水排放应当达到国家规定的排放标准。

（2）**养殖生产条件要求** 该规定第三章对养殖生产条件的要求是：地方各级人民政府渔业行政主管部门应当根据水产养殖规划要求，合理确定用于水产养殖的水域和滩涂，同时根据水域滩涂环境状况划分养殖功能区，合理安排养殖生产布局，科学确定养殖规模和养殖方式。使用水域、滩涂从事水产养殖的单位和个人应当按有关规定申领养殖证，并按核准的区域、规模从事养殖生产。

（3）**养殖生产技术要求** 规定有：水产养殖生产应当符合国家有关养殖技术规范操作要求。水产养殖单位和个人应当配置与养殖水体和生产能力相适应的水处理设施和相应的水质、水生生物检测等基础性仪器设备。水产养殖专业技术人员应当逐步按国家有关就业准入要求，经过职业技能培训并获得职业资格证书后，方能上岗。水生生物病害防治员应当按照有关就业准入的要求，经过职业技能培训并获得职业资格证书后，方能上岗。水产养殖单位和个人应当按照水产养殖用药使用说明书的要求或在水生生物病害防治员的指导下科学用药。

（4）**养殖生产投入品要求** 规定有：水产养殖使用的苗种应当符合国家或地方质量标准。使用渔用饲料应当符合《饲料和饲料添加剂管理条例》和农业部《无公害食品　渔用饲料安全限量》（NY 5072—2002）。鼓励使用配合饲料。限制直接投喂冰鲜（冻）饵料，防止残饵污染水质。使用水产养殖用药应当符合《兽药管理条例》和农业部《无公害食品　渔药使用准则》（NY 5071—2002）。使用药物的养殖水产品在休药期内不得用于人类食品消费。禁止使用无产品质量标准、无质量检验合格证、无生产许可证和产品批准文号的饲料和饲料添加剂。禁止使用变质和过期饲料。禁止使用假、劣兽药及农业部规定禁止使用的药品、其他化合物和生物制剂。原料药不得直接用于水产养殖。

（5）**养殖生产记录制度** 规定有：（第十二条）水产养殖单位和个人应当填写《水产养殖生产记录》，记载养殖种类、苗种来源及生长情况、饲料来源及投喂情况、水质变化等内容。《水产养殖生产记录》应当保存至该批水产品全部销售后 2 年以上。（第十八条）水产养殖单位和个人应当填写《水产养殖用药记录》，记载病害发生情况，主要症状，用药名称、时间、用量等内容。《水产养殖用药记录》应当保存至该批水产品全部销售后 2 年以上。

（6）**养殖产品标签制度** 规定有：（第十三条）销售的养殖水

产品应当符合国家或地方的有关标准。不符合标准的产品应当进行净化处理，净化处理后仍不符合标准的产品禁止销售。（第十四条）水产养殖单位销售自养水产品应当附具《产品标签》（格式见附件2），注明单位名称、地址，产品种类、规格，出池日期等。

2. 《水产种苗管理办法》

2001年12月8日，农业部常务会议审议通过《水产苗种管理办法》，以中华人民共和国农业部令第4号于当月10日发布，自发布之日起施行。并于2004年12月21日农业部第37次常务会议修订通过，2005年1月5日以中华人民共和国农业部令第46号将修订后的《水产苗种管理办法》公布，自2005年4月1日起施行。《水产苗种管理办法》包括总则、种质资源保护和品种选育、生产经营管理、进出口管理、附则共五章35条。总则明确：水产苗种包括用于繁育、增养殖（栽培）生产和科研试验、观赏的水产动植物的亲本、稚体、幼体、受精卵、孢子及其遗传育种材料；在中国境内从事水产种质资源开发利用，品种选育、培育，水产苗种生产、经营、管理、进口、出口活动的单位和个人，应当遵守本办法。

《水产苗种管理办法》规定：单位和个人从事水产苗种生产，应当经县级以上地方人民政府渔业行政主管部门批准，取得水产苗种生产许可证。从事水产苗种生产的单位和个人应当具备下列条件：①有固定的生产场地，水源充足，水质符合渔业用水标准；②用于繁殖的亲本来源于原、良种场，质量符合种质标准；③生产条件和设施符合水产苗种生产技术操作规程的要求；④有与水产苗种生产和质量检验相适应的专业技术人员。水产苗种生产单位和个人应当按照许可证规定的范围、种类等进行生产。水产苗种的生产应当遵守农业部制定的生产技术操作规程，保证苗种质量。

《水产苗种管理办法》还规定：县级以上人民政府渔业行政主管部门应当组织有关质量检验机构对辖区内苗种场的亲本和稚、幼体质量进行检验，检验不合格的，给予警告，限期整改；到期仍不合格的，由发证机关收回并注销水产苗种生产许可证。

3. 《无公害农产品管理办法》

经国家认证认可监督管理委员会 2002 年 1 月 30 日第 7 次主任办公会议审议通过的《无公害农产品管理办法》，业经 2002 年 4 月 3 日农业部第 5 次常务会议、2002 年 4 月 11 日国家质量监督检验检疫总局第 27 次局长办公会议审议通过，于同月 29 日以中华人民共和国农业部、国家质量监督检验检疫总局令发布，自发布之日起施行。

《无公害农产品管理办法》包括总则、产地条件与生产管理、产地认定、无公害农产品认证、标志管理、监督管理、罚则、附则共八章 42 条。总则明确：本办法所称无公害农产品，是指产地环境、生产过程和产品质量符合国家有关标准和规范的要求，经认证合格获得认证证书并允许使用无公害农产品标志的未经加工或者初加工的食用农产品。国家适时推行强制性无公害农产品认证制度。

《无公害农产品管理办法》明确无公害农产品产地条件、无公害农产品的生产管理条件，规定从事无公害农产品生产的单位或者个人，应当严格按规定使用农业投入品。禁止使用国家禁用、淘汰的农业投入品。获得无公害农产品认证证书的单位或者个人，可以在证书规定的产品、包装、标签、广告、说明书上使用无公害农产品标志。农业部、国家质量监督检验检疫总局、国家认证认可监督管理委员会和国务院有关部门根据职责分工依法组织对无公害农产品的生产、销售和无公害农产品标志使用等活动进行监督管理。

4. 《动物检疫管理办法》

《动物检疫管理办法》经 2010 年 1 月 4 日农业部第一次常务会议审议通过，于当月 21 日以农业部令第 6 号发布，自 2010 年 3 月 1 日起施行。2002 年 5 月 24 日农业部发布的《动物检疫管理办法》（农业部令第 14 号）同时废止。

《动物检疫管理办法》包括总则、检疫申报、产地检疫、屠宰检疫、水产苗种产地检疫、无规定动物疫病区动物检疫、乳用种用动物检疫审批、检疫监督、罚则、附则共十章53条。总则明确：为加强动物检疫活动管理，预防、控制和扑灭动物疫病，保障动物及动物产品安全，保护人体健康，维护公共卫生安全，根据《中华人民共和国动物防疫法》（以下简称《动物防疫法》），制定本办法。县级以上地方人民政府兽医主管部门主管本行政区域内的动物检疫工作。县级以上地方人民政府设立的动物卫生监督机构负责本行政区域内动物、动物产品的检疫及其监督管理工作。附则第52条规定：水产苗种产地检疫，由地方动物卫生监督机构委托同级渔业主管部门实施。水产苗种以外的其他水生动物及其产品不实施检疫。

《动物检疫管理办法》第五章为水产苗种产地检疫，有4条（第28条至第31条），规定：出售或者运输水生动物的亲本、稚体、幼体、受精卵、发眼卵及其他遗传育种材料等水产苗种的，货主应当提前20天向所在地县级动物卫生监督机构申报检疫；经检疫合格，并取得《动物检疫合格证明》后，方可离开产地。养殖、出售或者运输合法捕获的野生水产苗种的，货主应当在捕获野生水产苗种后2天内向所在地县级动物卫生监督机构申报检疫；经检疫合格，并取得《动物检疫合格证明》后，方可投放养殖场所、出售或者运输。水产苗种经检疫符合条件的，由官方兽医出具《动物检疫合格证明》；检疫不合格的，动物卫生监督机构应当监督货主按照农业部规定的技术规范处理。跨省、自治区、直辖市引进水产苗种到达目的地后，货主或承运人应当在24小时内按照有关规定报告，并接受当地动物卫生监督机构的监督检查。

三、渔业水质标准

渔业水质标准是中华人民共和国国家标准，国家环境保护局1989年8月12日批准，1990年3月1日实施。渔业水质标准明确：为贯彻执行《中华人民共和国环境保护法》、《中华人民共和国水污染防治法》和《中华人民共和国海洋环境保护法》、《中华人民共和国渔业法》，防止和控制渔业水域水质污染，保证鱼、贝、藻类正常生长、繁殖和水产品的质量，特制订本标准。本标准适用鱼虾类的产卵场、索饵、越冬场、洄游通道和水产增养殖区等海、淡水的渔业水域。

渔业水质标准内容包括：引用标准，渔业水质要求，渔业水质保护，标准实施，水质监测。

1. 渔业水质保护

任何企、事业单位和个体经营者排放的工业废水、生活污水和有害废弃物，必须采取有效措施，保证最近渔业水域的水质符合本标准。

未经处理的工业废水、生活污水和有害废弃物严禁直接排入鱼、虾类的产卵场、索饵场、越冬场和鱼、虾、贝、藻类的养殖场及珍贵水生动物保护区。

禁向渔业水域排放含病源体的污水；如需排放此类污水，必须经过处理和严格消毒。

2. 渔业标准实施

渔业水质标准由各级渔政监督管理部门负责监督与实施，监督实施情况，定期报告同级人民政府环境保护部门。

在执行国家有关污染物排放标准中，如不能满足地方渔业水质要求时，省、自治区、直辖市人民政府可制定严于国家有关污染排放标准的地方污染物排放标准，以保证渔业水质的要求，并报国务院环境保护部门和渔业行政主管部门备案。

本标准以外的项目，若对渔业构成明显危害时，省级渔政监督管理部门应组织有关单位制订地方补充渔业水质标准，报省级人民政府批准，并报国务院环境保护部门和渔业行政主管部门备案。

排污口所在水域形成的混合区不得影响鱼类洄游通道。

3. 渔业水质监测

渔业水质标准各项目的监测要求，按本标准表 2 规定的分析方法进行监测。

渔业水域的水质监测工作，由各级渔政监督管理部门组织渔业环境监测站负责执行。

四、渔用药物使用准则

中华人民共和国农业行业标准 NY 5071—2002《无公害食品渔用药物使用准则》，农业部 2002 年 7 月 25 日发布，2002 年 9 月 1 日实施。标准规定了渔用药物使用的基本原则、渔用药物的使用方法以及禁用渔药，适用于水产增养殖中的健康管理及病害控制过程中的渔药使用。

1. 术语和定义

本标准对渔用药物、生物源渔药、渔用生物制品、休药期等术语给出严格定义，以便在实践中执行。

渔用药物（fishery drugs）用以预防、控制和治疗水产动植物的病、虫、害，促进养殖品种健康生长，增强机体抗病能力以及改善养殖水体质量的一切物质，简称"渔药"。

生物源渔药（biogenic fishery medicines）直接利用生物活体或生物代谢过程中产生的具有生物活性的物质或从生物体提取的物质作为防治水产动物病害的渔药。

渔用生物制品（fishery biopreparate）应用天然或人工改造的微生物、寄生虫、生物毒素或生物组织及其代谢产物为原材料，采用生物学、分子生物学或生物化学等相关技术制成的、用于预防、诊断和治疗水产动物传染病和其他有关疾病的生物制剂。它的效价或安全性应采用生物学方法检定并有严格的可靠性。

休药期（withdrawal time）最后停止给药日至水产品作为食品上市出售的最短时间。

2. 渔用药物使用基本原则

渔用药物的使用应以不危害人类健康和不破坏水域生态环境为基本原则。

水生动植物增养殖过程中对病虫害的防治，坚持"以防为主，防治结合"。

渔药的使用应严格遵循国家和有关部门的有关规定，严禁生产、销售和使用未经取得生产许可证、批准文号与没有生产执行标准的渔药。

积极鼓励研制、生产和使用"三效"（高效、速效、长效）、"三小"（毒性小、副作用小、用量小）的渔药，提倡使用水产专用渔药、生物源渔药和渔用生物制品。

病害发生时应对症用药，防止滥用渔药与盲目增大用药量或增加用药次数、延长用药时间。

食用鱼上市前，应有相应的休药期。休药期的长短，应确保上市水产品的药物残留限量符合 NY 5070 要求。

水产饲料中药物的添加应符合 NY 5072 要求，不得选用国家规定禁止使用的药物或添加剂，也不得在饲料中长期添加抗菌药物。

3. 渔用药物使用方法

用表列出各类渔用药物的使用方法，包括渔药名称、用途、用法与用量、休药期、注意事项。

4. 禁用渔药

严禁使用高毒、高残留或具有三致毒性（致癌、致畸、致突变）的渔药。严禁使用对水域环境有严重破坏而又难以修复的渔药，严禁直接向养殖水域泼洒抗菌素，严禁将新近开发的人用新药作为渔药的主要或次要成分。用表列出禁用渔药，内容包括药物名称、化学名称（组成）、别名，以资识别。

五、渔药残留管理规定

在药物残留管理方面，农业部根据《兽药管理条例》的规定，于 2002—2003 年间制定了《食品动物禁用的兽药及其他化合物清单》，修订了《动物性食品中兽药最高残留限量》，制订了兽药的停药期规定，以农业部公告发布，这是重要的渔药残留管理规章，简介如下：

1. 农业部 193 号公告

为保证动物源性食品安全，维护人民身体健康，农业部制定了《食品动物禁用的兽药及其他化合物清单》（以下简称《禁用清单》），于 2002 年 4 月 9 日以农业部第 193 号公告发布，对《禁用清单》序号 1~18 所列品种的原料药及其单方、复方制剂产品停止生产，废止其质量标准，撤销其产品批准文号，注销其《进口兽药登记许可证》，截止 2002 年 5 月 15 日停止经营和使用。《禁用清单》序号 19~21 所列品种的原料药及其单方、复方制剂产品不准以抗应激、提高饲料报酬、促进动物生长为目的在食品动物饲养过程中使用。

2. 农业部 235 号公告

为加强兽药残留监控工作，保证动物性食品卫生安全，农业部组织修订了《动物性食品中兽药最高残留限量》，于 2002 年 12 月 24 日以农业部 235 号公告发布，请各地遵照执行。自发布之日起，原发布的《动物性食品中兽药最高残留限量》（农牧发〔1999〕17 号）同时废止。

动物性食品中兽药最高残留限量由附录 1、附录 2、附录 3、附录 4 组成。凡农业部批准使用的兽药，按质量标准、产品使用说明书规定用于食品动物，不需要制定最高残留限量的见附录 1，需要制定最高残留限量的见附录 2；可以用于食品动物，但不得检出兽药残留的，见附录 3；农业部明文规定禁止用于所有食品动物的兽药，见附录 4。

3. 农业部 278 号公告

为加强兽药使用管理，保证动物性产品质量安全，农业部组织制订了兽药国家标准和专业标准中部分品种的停药期规定（附件 1，202 种兽药），并确定了部分不需制订停药期规定的品种（附件 2，92 种兽药），2003 年 5 月 22 日以农业部 278 号公告发布，要求自发布之日起执行。以前发布过的与本公告同品种兽药停药期不一致的，以本公告为准。

第二节　质量安全监管体系

食品安全关系到公众的身体健康和生命安全，《食品安全法》

与《农产品质量安全法》对接，进一步确立了"地方政府负总责，生产经营者负第一责任，相关监管部门各负其责"的责任体系，明确了监管职责分工。水产品质量安全监管体系包括有行政管理、检验检测、质量认证、监测预警、执法等。2010年，农业部印发《关于全面推进水产养殖与水产品质量安全执法工作的意见》，要求各级渔业行政主管部门及其所属渔政管理机构要依照《渔业法》、《农产品质量安全法》、《兽药管理条例》、《水产养殖质量安全管理规定》等相关法律法规，认真履行法定职能；切实按照渔业行政主管部门为执法监督主体，渔政执法机构为执法实施主体，质量检测、技术推广等部门为执法技术支撑主体的要求，明确各主体的职责分工。加快建立完善水产养殖与水产品质量安全执法长效机制，建立和完善以渔业行政主管部门统一领导，以渔政管理机构为主，生产管理、质量检测、水生动物卫生监督、科研推广等机构协作配合的水产养殖与水产品质量安全执法机制。渔政机构要积极主动对涉及水产养殖的各环节与法律法规规定的水产品质量安全的相关环节实行跟踪检查，及时查处违法、违规行为；检测、技术推广等机构要积极配合做好技术支撑工作，产品检测结果和发现的问题应及时通报有关部门做出处理。

一、水产品质量行政管理体系

各级政府成立食品安全委员会，协调、统筹各监管部门依法开展食品质量安全监管工作。水产品质量安全监管工作，以保障水产品质量安全水平为工作中心，以质量安全监控和质量安全执法为工作重点，以加强监管体系和长效机制建设为工作基础，落实"地方政府负总责、生产经营者负第一责任、有关监管部门各负其责"的工作责任制。

1. 有关部门主要职责

涉及水产品质量安全管理的法规包括：《渔业法》、《农产品质量安全法》、《产品质量法》、《食品安全法》、《动物防疫法》、《进出境动植物检疫法》、《环境保护法》、《水污染防治法》、《海洋环境保护法》、《标准化法》、《计量法》、《商标法》、《产品质量认证管理条例》、《海洋石油勘探开展环境保护管理条例》、《海洋倾废管理条例》、《陆原污染物污染损害海洋环境管理条例》、《防止船舶污染海域管理条例》、《防止拆船污染环境管理条例》等；涉及的部门也包括质检、工商、卫生、食品药品监管、商务、海洋等，各部门依据相关法规，开展涉及水产品质量安全的管理工作。

各部门关于水产品质量安全的主要职责范围如下：

渔业部门：负责食用水产品从养殖环节到进入批发、零售市场和生产加工企业前（含进入批发、零售市场或生产加工企业前的收购、贮存、运输）的质量安全监督管理。

食品药品监督部门：负责食用水产品进入批发、零售市场和市场加工企业后（含进入批发、零售市场或生产企业后的收购、贮存、运输；不包括本市铁路口岸、航运口岸、具有国际通航业务的机场和海关特殊监管区域范围内，以及铁路站车和铁路营运站段范围内——铁路卫生监督部门与出入境检验检疫部门的事情）的质量安全监督管理。

质检部门：加工和出口产品的质量监督、检疫，产品质量国家标准管理，质量安全认证、认可及计量认证。

工商部门：生产、经营者主体资格及市场管理。

卫生部门：餐饮业、食堂等消费环节卫生管理。

商务部门：产品国内、国外市场流通管理。

海洋部门：海洋环境监测、生态保护。

2. 渔业部门监管职能

以广东省为例，广东省海洋与渔业局成立水产品质量安全监管处，地方各级主管部门也成立相应的科、股或明确承担相似职能的部门和单位。建立统分结合、纵横交错、从省到地方较为畅顺的水产品质量安全行政管理机制。确立以坚持治理整顿与振兴产业相结合、集中整治与长效机制建设相结合、企业自律与政府监管相结合；统筹兼顾，各方联动；标本兼治，突出重点；抓大管小，循序渐进；确保水产品质量安全水平，确保不出重大质量安全事故的指导思想。不断优化水产品质量安全监控计划，在有利于监管工作的基础上使之逐步与国际接轨，并与水产品主要出口国、地区的质量安全要求形成联动。积极协调、争取各方面支持，建立起贯通省、市、县和乡镇的水产品质量安全监管网络。

3. 规范监管工作责任

广东省先后出台水产品质量安全监管的有关规章制度，基本做到有法可依，有章可循。在监控方面，出台《广东省水产品质量安全监控工作规范》。在执法方面，出台《关于加强水产品质量安全执法意见》，建立起以渔政部门为主体，其他相关部门密切配合的水产品质量安全执法模式。在工作责任落实方面，出台《广东省水产品质量安全监管工作责任制度》。在市场准入方面，会同广东省农业厅等出台《广东省食用农产品标识管理规定》。

4. 完善监管体制机制

将水产品质量安全问题作为重大民生问题给予高度重视，进一步理清职责，逐步建立职责清晰、运转高效的监管体制，避免监管缺位。积极探索、创新和完善水产品质量安全监管体制，部门联动、齐抓共管，逐步建立监管长效机制；加强行政执法监督，强化基层执法队伍的法律法规培训，提高队伍整体素质和依法行政的能力。妥善处理和解决发展中出现的新问题，提高监管能力和水平。

二、水产品质量检验检测体系

检验检测是加强水产品质量安全监管的重要手段，也是增强预警能力的有效途径。广东省 2004 年启动全省海洋与渔业"三合一"检验检测体系建设计划，经过五年的建设，省监测中心和广州、湛江、茂名、佛山、珠海、东莞、惠州、汕头、潮州等市的检验检测中心已通过国家计量认证并可承担各级政府职能部门和社会委托的水产品质量安全检测任务；2011—2014 年，共投入约 1 700 万元进行实验室检测能力建设。初步形成以部、省检测中心为龙头，地市级检测机构为骨干，沿海地区为重点，基本覆盖广东省的水产品质量安全检验检测网络，为水产品质量安全管理工作提供坚实的技术支撑。

1. 建设检验检测网络

在完善各市检测中心检测能力的基础上，以快速检测和常见药残项目检测为主，建立县区级及重点乡镇检测站，努力实现"省级完善、地市级健全、县级建立"的目标，形成高效灵敏、反应迅速、覆盖广东省的水产品质量安全检验检测网络，逐步达到省、市、县、镇检验检测机构"上下贯通、运行高效、参数齐全、支撑有力"的网络格局。

2. 提高检验检测能力

实施基层检验检测体系建设工程。制订并启动基层检验检测站的建设计划，重点是县、区的基层检测站，建设内容以快速检测能力为主。提升已建检验检测机构的检测能力和快速反应能力。为已建检测机构配置监督采样车和检验检测仪器等，提高检测能力。加强水产品质量安全检验检测机构管理，加强人员培训，加强检测队伍人员建设。构建"业务过硬、道德优良、保障高效"的检验检测队伍。

3. 建立常年监控制度

广东省建立水产品质量安全常年监控制度，形成覆盖种苗、增养殖等生产环节监督抽查及重点水产品批发市场例行监测的日常监控体系。抽检品种涵盖海、淡水养殖大宗优势品种和出口主导品种及天然海区贝类、鱼类和渔业投入品等，抽检地区覆盖全省各市。并按照不同时期监管工作的要求，不断加大抽检力度，水产品抽检合格率稳步提升，2008 年、2009 年和 2010 年省级抽检总合格率分别为 92.4%、94.8% 和 95.9%。2011—2014 年，广东省共投入约 5 100 万元抽检经费，抽检水产品 29 740 个，覆盖对虾、罗非鱼、鳜鱼、鳗鱼、草鱼、鳙鱼、鲢鱼、鲫鱼、鲤鱼、鲮鱼、鲈鱼、翘嘴鲌、鲷科鱼类、美国红鱼等 40 多个品种，4 年抽检合格率分别为 96.8%、97.0%、97.2%、97.5%。抽检合格率逐年提升。

三、水产品质量安全执法体系

充分发挥渔政机构水产品质量安全执法主体作用，建立规范、透明、统一、高效、权威的监管执法体系，提高水产品质量安全执法能力。

1. 完善各项执法制度

建立和完善执法查处公开公示、上下联动执法、多部门协同执法、重大案件专家会审和集体会商决定、督查督办、专项执法、案件追溯等制度。保障执法经费，充实执法人员，加大执法力度。

加强对养殖生产者、经营者的宣传教育，普及法律知识，增强质量意识，引导其依法规范生产和经营。

2. 加强产地执法监管

全面加强水产品产地执法监管，以苗种生产、水产养殖过程和水产品初级加工环节（包括捕捞船、渔运船的加工环节）为重点，着重对是否依法取得水产苗种生产许可证、养殖证，是否按规定建立水产养殖生产记录、用药记录、销售记录，是否购买、储存和使用禁用的渔用兽药、添加剂及其他化合物，抽检产品是否被检出药残超标等内容进行执法检查；组织开展对水产苗种生产、水产养殖、渔用兽药等渔业投入品使用环节的全面管理，建立健全执法管理信息和数据库；加强对重点地区、重点单位和个人的水产养殖与水产品质量安全的执法检查，尤其要加强对水产苗种生产场、无公害示范场、水产品生产基地、渔业经济合作组织等水产养殖场的执法检查。

依法开展水产品市场执法监管。严格按照《农产品质量安全法》等法律法规的规定，依法开展水产品批发市场的执法监管。要加强执法队伍建设，提高执法装备水平，开展执法理论研究。

3. 建立检打联动机制

积极会同公安、工商、畜牧等政府职能部门，建立水产品质量安全执法联动机制，形成协调配合、齐抓共管的工作格局，建立起上下联动、纵横交错的监管体系。广东省在全国率先建立抽检和执法联动机制，从 2007 年起连续 4 年在广东省范围内开展声势浩大的质量安全专项整治行动。排查各项安全隐患，开展执法大检查，对违法、违规行为进行严厉打击，对存在问题及时督导整改，确保成效。先后组织实施"助奥行动"、水产养殖专项整治、"农产品质量安全整治暨农产品质量安全执法行动年"、"世博"专项行动、"保平安，助亚运"等重大活动，从源头上保障水产品质量安全。仅2010年，广东省渔业系统共出动监管人员15 000余人次，对5 398个种苗场、养殖场进行地毯式检查，查处案件439宗，罚款15万元。

四、水产品质量认证体系

有机产品、绿色产品、无公害产品和地理标志水产品（简称"三品一标"）是推进水产品质量安全监管工作的重要抓手。集中政策扶持，将标准化示范区、健康养殖示范场、出口备案养殖场与"三品一标"相结合，提升壮大品牌效应，以品牌化带动标准化，推进产业化。

1. 严格认证管理

以各级水产技术推广机构为依托，逐步将认证工作机构向地市、县两级延伸，尽快把认证机构队伍培养练就成为一支"体系健全、职能充实、业务精通、运转高效"的水产品质量安全工作主力军。

2. 加快发展速度

在保障质量的前提下，以无公害水产品生产基地建设为重点，不断扩大总量规模，满足市场对安全品牌水产品的强劲需求。

3. 强化证后监管

切实将"三品一标"及名牌产品纳入质量安全监管范围，加大监管力度，杜绝非法添加违禁药物事件的发生，全面提升品牌知名度和公信力。

五、监测预警应急处置体系

开展水产品监测预警和风险评估是防范有毒有害物质进入食物链的有效途径；高效灵敏的应急处置能力是政府执行能力的重要体现。

1. 建设水产品质量安全追溯体系

实施养殖企业动态数据库和水产品质量安全追溯体系建设工程。按照"突出重点，试点先行"的原则，将出口水产品备案养殖场、无公害生产基地、健康养殖示范场及面积 50 亩以上的养殖场和种苗场纳入数据库管理范围。进一步完善水产品质量追溯体系，完善管理网络。

2. 建立风险评估工作机制

针对常见渔药残留、贝类毒素、鱼类毒素、重金属污染、致病微生物等水产品有毒有害物质，构建适合渔业实际的质量安全风险评估与信息发布体系，增强水产品质量安全风险预警防范能力，提高公众知晓程度，切实增强风险预警防范能力。

3. 构建应急处置系统

建设水产品有毒有害物质监测预警网络；完善水产品质量安全应急管理体系，制订应急预案或操作手册，建立事故报告系统和信息发布系统，健全应急处置与督察制度，与《食品安全重大事故应急预案》相对接，完善各类应急预案，落实相关职责，规范应急机制。以水产品质量安全专家委员会和检验检测机构为依托，强化应急条件保障，健全应急响应程序，建立信息畅通、联防联控、全局"一盘棋"的应急处置系统。

第三节　质量安全管理措施

随着经济的发展和物质的丰富，消费者越来越重视身体健康，更加关注食品的食用安全。水产品质量安全关系到人民群众身体的健康，关系到构建社会主义和谐社会和全面建设小康社会的全局。要以质量安全的理念贯穿渔业产前、产中、产后全过程，以绿色生态的理念促进渔业经济增长方式的转变，加强水产品质量安全管理，推进渔业生产源头的洁净化、渔业生产的标准化、水产品质量安全监管的制度化和水产品营销的品牌化，实现渔业发展与环境保护的协调统一、渔民增收与资源利用的协调统一，促进渔业的可持续发展。

一、从源头上抓质量安全

加强投入品质量监管，从源头上抓质量安全。水产养殖生产投入品包括有种苗、饲料、渔药等。实施放心水产种苗、饲料、渔药下乡进池工程，在水产种苗、饲料、渔药购销高峰季节，统一组织对重点地区的水产种苗、饲料、渔药进行质量监督抽检，提高抽查密度，扩大抽查范围，公布抽检结果。深入开展水产种苗、饲料、渔药打假工作，大力实施渔业标准化生产，加强从生产到市场的全程监管，严格市场准入。重点选择辐射带动作用强、交易规模大、辅助配套设施完善、管理制度健全的水产种苗、饲料、渔药市场，创建定点市场，推动水产种苗、饲料、渔药市场规范管理和自我约束。

1. 水产种苗方面

严格执行水产苗种生产许可制度，规范水产苗种生产许可证申请、审核、审批行为，提高准入门槛。全面开展水产苗种场普查，建立水产苗种质量安全监督抽查数据库，发布《水产苗种禁用药物抽检技术规范》，公开随机抽取被抽检单位名单，以苗种繁育过程中可能使用的硝基呋喃类、孔雀石绿等禁用药物为主要对象，对一些重点水产苗种生产企业开展水产苗种质量安全监督抽查。

指导和督促苗种场建立健全苗种生产和质量安全管理制度，规范水产苗种生产记录、用药记录和销售记录，加强水产苗种药残抽检，提高水产苗种质量安全水平。

对于条件不具备、所生产苗种不合格、相关质量安全制度未建立、拒绝质量抽检或不接受监管的水产苗种场，要依法坚决整顿直至吊销水产苗种生产许可证。

在苗种繁育期，重点组织对违法生产假冒伪劣苗种和使用违禁药物的打击行动，促进管理制度的建立，提高水产苗种质量。

2. 水产饲料方面

通过示范，积极引导养殖生产者使用全价配合饲料，推广科学的投饲技术，扩大人工配合饲料使用范围，逐步改变依赖冰冻小杂鱼投喂的养殖方式。

开展人工配合饲料质量抽检，公布抽检结果，大力宣传合格产品，引导水产饲料安全使用。

3. 渔用药物方面

要大力推广安全用药技术和方法，普及科学用药知识，逐步实施处方药制度和用药记录制度，查处违法用药行为。

制定大宗、名特优水产养殖重大疾病防治《推荐使用渔用兽药名录》，组织出口水产品养殖基地用药记录检查。

大力宣传生态、免疫预防方法的重要作用，开展生态、免疫预防技术试点，减少用药，提高水产品质量安全水平。

二、实施生产全过程监管

切实把渔业标准化作为渔业发展的一个主攻方向，坚持渔业标准的实施与监督相结合、产前、产中、产后相呼应以及示范与带动相配套的渔业标准化全程控制。

1. 大力推进水产健康养殖

把水产健康作为建设现代渔业和提高水产品质量安全的重要措施。为全面推进水产健康养殖，进一步强化监督管理，切实提高水产品质量安全水平，确保水产品有效供给，实现水产养殖业持续健康发展，农业部于 2009 年印发了《关于全面推进水产健康养殖，加强水产品质量安全监管的意见》，从改造中低产养殖池塘、创建水产健康养殖示范场、推进执法监管、建立可追溯制度、增强突发事件预警处置能力，以及加大资金支持力度、健全法律法规等方面，提出了今后一段时期推进水产健康养殖，强化水产品质量安全监管的政策措施。

2. 制定和完善质量标准体系

制定完善产地环境、投放品、产品质量标准化，重点完善无公害产品的养殖、加工贮运和保鲜标准，加强产品质量认证工作，逐步建立健全与国际接轨的水产品生产和产品质量标准体系，质量检验检测和监管体系。

3. 建立产品质量安全追溯制度

开展科学用药培训和指导，逐步实施处方药制度。建立养殖场生产档案、养殖用药记录和产品标识制度，重点对跨地域流通的主要养殖品种深入分析及及产品可溯源标识。实现水产品生产企业产品"生产有记录、信息可查询、流向可跟踪、处罚有对象、质量有保障"的目标，不断强化水产品质量安全生产者的主体责任。

加强水产品药残、污染物检测及渔业环境监控工作。

4. 确保产品安全出池

开展对养殖水域环境质量评价工作，对赤潮发生水域和其他渔业污染水域及时发布公告，建立预警和应急反应机制。对主要养殖品种进行孔雀石绿、氯霉素等禁用药残检测，公布检测结果。实施渔用药物休药制度，推行产品追溯制度和产地准出、市场准入制度，建立水产养殖产品质量监督机制。

三、建立标准化生产示范区

从水产品质量安全和管理现状来看，以实施无公害水产品标准为重点，开展标准化综合示范工作，是加强水产品质量安全管理和推动标准化工作的一项十分有效的措施（见彩图3-1）。

1. 建立全过程质量控制标准体系

无公害水产品标准体系应涵盖从生产到经营的各个环节，包括产地环境质量标准、生产投入品标准、生产技术标准和规范、产品质量标准、包装标准及其他相关标准，是一个"从池塘到餐桌"的全过程质量控制标准体系，它的制定要以现代渔业科技成果和成熟的生产实践为基础，综合考虑渔业生产水平、渔业生态环境保护、人民身体健康以及国际贸易需要，科学合理地设置技术指标。

2. 建立全过程标准化管理示范区

标准的实施可以通过建立标准化示范区的方式逐步推进，依照标准对水产品养殖水域的环境、渔药施用、饲料投喂、加工、保障、包装、标志等实施全过程标准化管理，以此为示范，充分发挥区域优势和规模效益，大力发展无公害标准化水产品，在示范区取得成功后，再向其他地区推行，扩大标准的应用范围，以达到提高全行业标准意识和质量安全意识，确保水产品质量安全的目的。

3. 加强龙头企业标准化带动作用

加强渔业龙头企业和水产品加工企业带动标准化生产，促进水产品质量安全水平提高的作用。根据优势企业、优势产业以及水产品出口需要，建设一大批高标准水产品生产和加工基地，带动渔户提高标准化生产水平和质量安全水平。建成一批渔业标准化示范区、标准化水产品原料基地、出口基地，建立全程质量控制体系，认证一批无公害水产品、绿色食品和有机水产品，使渔业标准化生产水平显著增强。

四、强化水产品质量监测

水产品质量安全涉及诸多法律法规，要完善各项配套法规和政策，健全水产品质量安全行政执法和技术保障体系，依法开展监管工作，保障水产品质量安全管理依法进行。

1. 建设水产品质量检验检测体系

建成一批技术水平高、检验检测能力强的水产品质量安全检验检测机构，全面提高水产品质量安全检验检测技术能力和水平（见彩图3-2）。加强水产品"氯霉素、孔雀石绿和硝基呋喃类代谢物"等质量安全例行监测工作，扩大监测范围。实施无公害水产品、绿色食品和有机水产品专项监测、检查工作。

2. 培养水产品质量安全人才

依托现有水产技术推广队伍、检测力量和质量认证机构的人力资源，培养能参与国际标准化组织活动并熟练掌握高精尖检测技术和监督管理的外向型高级人才；培养从事水产品质量安全的管理和技术骨干；培训水产品质量安全技术推广人员；培养大批按标准化生产的新渔民。

3. 加强产地质量安全监测

为加强产地水产品质量安全监督管理，规范水产品质量安全监督抽查工作，确保监督抽查工作的科学性、有效性和公正性，2009 年农业部出台了《产地水产品质量安全监督抽查工作暂行规定》。规定中明确农业部负责监督抽查工作计划的制定、下达、组织管理和监督检查。地方渔业行政主管部门及其所属的渔政监督管理机构负责抽样及执法工作的组织实施。农业部指定的质检机构负责样品检测工作，并对抽样工作提供技术支持。农业部渔业局建立产地水产品监督抽查生产单位数据库。根据监督抽查实施方案，被抽检单位名单由农业部渔业局从数据库中随机抽取。对检出的不合格水产品，当地渔业行政主管部门及其所属的渔政监督管理机构应责令生产单位进行无害化处理（见彩图 3-3）。同时，地方各级渔业行政主管部门要实施水产品监督抽查制度，加大水产品质量安全抽检力度。

五、培育优质水产品品牌

通过打造水产品名牌，加强营销促销工作，培育、扶持一批有较强市场拓展能力的龙头企业，培育优质、高效、生态名牌水产品。

1. 打造名牌水产品

以打造名牌水产品为中心，培育一大批优质、高效、安全、生态名牌产品，积极推动注册商标、名牌产品认定工作。鼓励地方特色水产品申请原产地保护，形成一批地方品牌，提高区域认同度。完善无公害水产品标志管理，提升安全优质水产品的品牌价值。整合水产品品牌资源，加强对水产品品牌的监管和保护。

2. 加强水产品营销

加强水产品营销促销工作，扩大中国水产品在国际市场上的占有率。推进国内外一体的水产品营销促销体系建设，确保上市水产品质量安全。开展优势水产品产销对接活动，努力搞活水产品流通。组织水产品生产、加工企业参加国际上有较大影响的水产品博览会、交易会，扩大水产品出口规模。利用广告、电视、网站、报刊等媒体宣传名牌水产品，提升水产品品牌的知名度和市场占有率。

3. 培育水产龙头企业

培育、扶持或引进一批有较强开发加工能力及市场拓展能力的骨干龙头企业，积极发挥龙头企业、渔民专业合作组织和渔业行业协会在水产品品牌经营中的重要作用。帮助渔民专业合作组织及渔业行业协会与龙头企业建立紧密的利益联系，共同打造水产品名牌。

第四节　水产品质量安全监管

2015年5月20日，农业部在广州召开全国水产品质量安全监管工作会议，针对水产品质量安全涉及投入品生产、养殖、流通等环节，受残留、疫病、水环境等因素影响较大，个别水产养殖品种违规用药问题不同程度存在，流通暂养环节存在隐患等复杂形势，要求各级渔业部门要切实增强责任感和紧迫感，采取更加有效的措施，全面加强水产品质量安全监管，保障水产品安全有效供给（见彩图3-4）。在具体措施上，要全面开展水产品质量安全专项整治，着力加强监管制度建设，实施检打联动，摸排风险隐患，强化预警和应急机制建设，妥善处置突发事件，进一步增强监管能力，稳步提高水产品质量安全水平。

一、水产品质量监管重点

积极应对国际贸易壁垒，满足国内外消费者对水产品质量的要求，全面加强水产品质量安全监管体系建设，组织专项整治行动，推动了水产品质量安全水平大幅度提高。2010年，广东省确保了广州亚运会（亚残运会）水产品安全有效供给和质量安全零事故。农业部肯定广东亚运水产品质量安全保障工作，并指定省海洋与渔业局作为全国唯一的渔业主管部门在全国农产品质量监管工作会议上介绍经验。

1. 建立质量安全监管体系

2005年，广东省编办批准成立广东省海洋与渔业局渔业产品质量安全监督处，负责水产品质量安全管理和综合协调工作。广东省逐步完善了水产品质量安全管理、协调机构。在检验检测体系建设方面，重点建设了湛江、汕头、珠海、肇庆4个区域性检验检测中心及7个沿海水产品质量安全检验检测站。密切配合检验检疫等部门，多次顺利完成了欧盟和美国FDA水产品药残考察迎检任务，为扩大广东省水产品出口赢得了主动。

经广东省政府批准，省财政从2006年开始设立水产品质量安全专项资金，每年补助1 000万元，2009年增加到每年2 000万元；2012年在省政协主席亲自督办"关于加强我省鲜活水产品安全监管的建议"提案倡导下，专项资金进一步增加至4 000万元。在专项资金的扶持下，基本建立了覆盖全省的水产品质量安全监测网络，扎实开展了大量卓有成效的水产品质量安全基础研究工作，重点落实了水产品质量安全监管体系建设，奠定了良好的监管基础。强化水产品质量安全执法，将水产品质量安全执法日常化、制度化。完善渔业标准体系，引导、扶持渔业龙头企业加强质量标准管理工作。加快建设水产品质量安全溯源管理体系，构建广东省水产品质量安全监管和信息咨询网络平台。试行水产品质量安全抽检公告制度，实行水产品市场准入制度。

2. 实施水产品标识管理

为完善水产品可追溯制度，提高水产品质量安全水平，维护生产者、经营者和消费者的合法权益，根据《广东省食用农产品标识管理规定》，结合广东省水产品生产、加工、销售的特点和实际，制订《广东省水产品标识管理实施细则》（以下简称《细则》），经广东省人民政府同意，2011年9月13日由广东省海洋与渔业局发布，自2011年10月1日起施行。作为全国首部专门针对水产品标识管理的规章，《细则》规定，销售的水产品，除个人自产自销外都必须附加标识，标识的内容主要包括：产品名称、产地、规格、生产日期和生产者（销售者）及其地址、联系电话、质量等级、使用食品添加剂的名称等，县级以上渔业行政主管部门负责本行政区域水产品标识的监督管理工作，对违反本细则的由当地渔政部门负责查处。《细则》的实施对水产品市场准入管理，实现水产品质量的源头可追溯，保障水产品质量安全水平。消费者购买水产品时，发现没有标识或者违反《细则》规定的可向当地渔业等行政部门举报。11 月 25 日，广东省海洋与渔业局在佛山市环球水产品批发市场举办"《广东省水产品标识管理实施细则》宣传日"活动，农业部渔业局、省法制办、省农业厅、省卫生厅、省食品药品监督管理局、省工商局、省质监局有关领导，各地级以上市渔业主管部门分管领导及广东省主要水产品批发市场、鲜活水产品运销企业代表和群众近 200 人参加了活动。活动现场还组织观摩了水产品质量快速检测示范（见彩图 3 - 5 和彩图 3-6）。

3. 强化水产品质量监管

《广东省水产品质量安全监控工作规范》出台后，加强对苗种、饲料、渔药等渔业投入品的监管，从制度上和源头上控制水产品的质量安全。渔业标准化进程不断深化，初步建立了与国际接轨的渔业标准体系，至 2014 年底已制、修订省级渔业地方标准 282 项，基本涵盖了生产、流通、加工、质量、检验检测等环节，2001—2014 年建成省级以上渔业标准化示范区 124 个，并在全国率先建立起"广东省水产标准化数据库网站"。广东省获出口注册加工企业 155 家，获输美 HACCP 质量保证体系认证企业 103 家，获欧盟注册企业 31 家。水产品质量安全应急能力不断增强，先后妥善处理了"广州管圆线虫"、"香港桂花鱼"等水产品质量安全事件，维护了社会的稳定。

第 26 届世界大学生夏季运动会（以下称大运会）于 2011 年 8 月 12 日至 23 日在深圳举行。为确保大运会举办期间水产品质量安全有效供给，保障运动员、嘉宾和游客身体健康，为大运会保驾护航，广东省海洋与渔业局全力以赴，加强水产品质量安全监管力度，组织开展保障大运会水产品质量安全百日专项执法行动，实现水产品质量安全零事件、零投诉、零断供，有效保障大运会期间水产品安全、有效供给，得到农业部充分肯定。

深圳市以保障大运会供应水产品质量安全为契机，全面加强水产品质量安全监督管理，做好供大运会水产品生产基地保障工作，供大运会水产品生产基地实现"五定"：定责任人、定监管人、定投入品来源、定生产措施、定管理规范，确保每个生产基地"五有"：有监管人员、有技术指导、有安全生产和保障措施、有规范的生产记录档案、有严格的追溯办法。开展水产品生产基地验收，成立验收工作领导小组和工作小组，按照规定的验收程序，对 108 个水产品生产基地的完成情况、生产基地运行和管理情况、生产基地资金管理使用情况进行检查验收。建设 10 个无公害水产品示范基地，鼓励企业挖掘养殖潜力，扩大池塘水深，改善精养设施，扩大高位池和工厂化养殖水体规模，提高单位面积的产出能力。提高生产基地的产量和产品质量。

4. 加强水产品基地监管

强化水产品生产基地监管，加大水产品抽检力度。2014 年完成水产品抽检监控任务 9 934 个，省级抽检合格率达 97.5%，其中优势品种罗非鱼、对虾、鳙鱼、鳗鲡等合格率都在 99% 以上；建立全省 294 家水产品出口基地备案制度；全省渔业部门整合质量安全、执法、检测、技术推广等部门单位资源，深入摸查本地区质量安全隐患，实施养殖场生产记录、生产用药及标识管理等检查行动，重点打击非法使用硝基呋喃类代谢物、孔雀石绿等违法行为和使用假冒伪劣渔资的行为。全省共出动执法人员 10 417 人次，检查养殖生产、经营单位 5 666 个，发现并纠正各类水产养殖违法行为 65 起。

东莞市将水产品质量安全监管列为政府"十件实事"之一，深入推进标准化生产，大力推广健康和生态生产模式，强化生产者质量自控、投入品监管和产品质量检测能力，建立水产品市场准入和可追溯制度，保障初级水产品质量安全。采取例行监测、监督抽查和机动抽样相结合的方式，对全市 122 个养殖生产基地、

6 个苗种繁育场、55 个中心农贸市场、4 个水产品批发市场和 1 个供莞基地进行水产品抽检，全年抽检水产品样本 638 批次，总体合格率为 96.2%。对重点养殖场、鱼苗场、渔需品经营店、渔药经营商、水产品批发市场等进行专项整治，立案查处违法案件 5 宗。有效提升了水产品质量安全水平（见彩图 3-7）。

二、鲜活水产品质量监管

2012 年 9 月 20 日，广东省政协主席率队赴佛山市调研，督办"关于加强省水产品质量安全监管的建议"系列重点提案。调研座谈会由广东省海洋与渔业局领导汇报重点提案办理工作情况，提案会办单位广东省编办、法制办、财政厅、卫生厅、农业厅、工商局和协办市佛山、湛江、茂名、汕尾、清远市政府等有关负责人及提案人代表分别汇报发言。

1. 加强鲜活水产品监管

近年来，广东省水产品供应未发生重大事故，2011 年广东省水产品质量抽检合格率为 96.8%，连续三年稳中有升。但是在广东省水产品质量安全监管也存在管理体制不顺、财政投入和监管机构及人员严重不足，法律法规和检验检测体系不完善，水产品市场准入机制不成熟等问题。在 2012 的广东省"两会"上，9 位政协委员提出了"关于加强广东省鲜活水产品质量安全监管的建议"系列提案。广东省政协常委会决定由主席亲自督办。

2012 年 7 月初，广东省政协提案委和广东省海洋与渔业局带领省直有关单位人员，到汕尾、清远市开展"关于加强广东省水产品质量安全监管建议"系列提案调研，先实地考察了两市养殖企业的水产品生产管理情况，及农贸市场和超市有关水产品销售情况。听取了两市水产品质量安全管理工作情况汇报，并与相关部门负责人、市政协委员及相关养殖户代表座谈交流。

在 2012 年 8 月中旬召开加强水产品质量安全监管建议系列提案专题研讨会上，广东省海洋与渔业局通报了上月的一次调研结果。与会专家还提出了建立水产批发市场"准入"制度的设想，即水产品进入批发市场必须同时具有产品标识和合格证明。但也有与会者担忧，消费者和养殖户或不愿承担由此带来的高昂成本（见彩图3-8）。

2. 着力推进食品安全监管

在9月20日的座谈会上，广东省政协主席提出，省海洋与渔业局在牵头办理"关于加强广东省水产品质量安全监管的建议"系列重点提案过程中，做到了用心、用力、出力，下了工夫，体现了政府机关在执政过程中认真履行民主行政、依法行政、科学行政的理念。

政协主席指出，水产品生产要加快转型升级，不转型升级，监管依然不可靠，消费者自然选择安全的鱼。标识体系的建设对现代农业发展非常重要，否则就是"地摊货"，卖不上价钱。不仅要有产地标识也要有品牌标识。政协主席提出，要加快检验检疫体系、信息化标识体系和质量监管体系的建设，没钱要钱，没人要人，是传统思维模式下的办事方式，政府要改革创新，主动找市场，创造盈利模式，形成倒逼机制。

政协主席强调，要进一步提高对包括水产品在内的食品质量安全重要性的认识，对管理体制不顺、财政投入和监管机构及人员严重不足，基础研究不足、法律法规和检验检测体系不完善，水产品市场准入机制不成熟等问题，要认真研究，切实解决。要进一步加强水产品检验检疫体系、信息化标识体系和监管体系建设，做到治标与治本相结合、产、学、研相结合、政府与市场相结合。各承办单位要通过提案办理，促进工作落实，促进水产品质量安全监管工作上新台阶。

3. 将监管力量延伸到基层

广东省水产品质量安全监管工作起步晚、基础差、任务重、难度大，目前存在不少突出问题。广东省水产养殖以个体为主，核发养殖使用证就有9万多户，水产品从塘头到餐桌环节较多，增加了监管难度。渔药、渔用饲料等养殖投入品是影响水产品质量安全的重要因素，其生产、经营管理职能不在渔业管理部门，难以从源头上制止乱用违禁药物行为。而在监管制度方面，水产品质量安全监管的主要依据是《农产品质量安全法》，其内容对水产品的流通规定不多，对运输环节的监管规定几乎空白。广东省仅6个地级市和8个县、区主管部门有水产品质量安全监管科（股），总在编人员仅15人，广东省乡镇一级的监管机构则基本上是空白。

针对这一问题，广东省海洋与渔业局表示，将健全水产品质量安全监管体系，推动渔业重点市、县（区）、乡镇设立水产品安全监管机构，配备监管人员。非渔业主产区适当增加水产品质量安全监管力量，确保水产品质量有人管、有人抓。探索在广东省重点乡镇水产技术推广站加挂水产品质量安全监管站牌子，推进设立水产品质量安全信息员制度，将监管力量延伸到基层。同时，完善水产品质量安全监管政策法规体系，明确水产品质量安全监管职责。推进实施水产品质量安全"黑名单"制度，严查严处使用违禁药品的企业和个人。推动各级财政将水产品质量安全监管工作经费列入本级财政预算，适当增加省级水产品质量安全专项资金规模，重点扶持检验检测体系、信息化管理体系、监管体系建设以及开展基础研究、日常抽检和监督执法等。

4. 市场机制驱动作用大

座谈会后，广东省督办组在佛山市副市长陪同下，实地考察南海区百容水产良种有限公司、何氏水产和九江现代水产产业发展基地。

近年来，水产品添加孔雀石绿等违禁药的事件，令市民买鱼吃鱼心惊胆战。南海区和丹灶镇依托广东海大集团旗下的百容水产良种有限公司，建立最初由养殖户自主发起的"丹灶有为水产养殖专业合作社"。在百容水产品良种有限公司，督办组一行重点了解了渔业专业合作社的运作情况，合作社负责人介绍，"养殖户入社的时候，我们要签订《不使用违禁鱼药承诺书》，承诺按照法律法规使用饲料、添加剂，在塘鱼孵化、养殖、暂养和运输环节绝不使用孔雀石绿、氯霉素等违禁药物"。通过"农业龙头企业+基地+合作社+养殖户"的经营模式，从制度上达到不需要使用违禁鱼药而获得优质、健康水产品的效果。合作社负责人称，"通过这个协议的农户，我们会积极为他提供技术，并联系收购和物流企业，目前，我们合作社已经和龙头企业何氏水产签订了收购协议，每斤鱼要比市场价高 6 毛钱。农民从偷偷下药变成主动不下药，经济利益的驱动是关键"。

在九江现代水产产业发展基地调研时，督办组重点了解农户自发成立的水产种苗专业合作社运作及质量安全管理情况。该基地规划定位集种苗繁育、养殖示范、交易展销、物流配送、检验检疫、信息培训、科普教育和休闲观光等多功能于一体。在专业合作社的带动下，严格按照生产规范产出的"九江鱼"销往广州 100 多家大型酒楼，"每千克要比其他地方同类的鱼贵 3~4 元"。据悉，目前该基地养殖户的收入是合作社成立前的 5 倍，农民的收入是此前的 3 倍。

三、出口水产品质量监管

2000 年以来，由于相继发生了一些出境水产品的质量问题，为确保出境水产品的可追溯性，保证不合格产品的及时召回，国家质量监督检验检疫总局制定相关办法，加强水产品出口的质量安全监管。

1. 进出境水产品检验检疫

国家质量监督检验检疫总局局务会议于 2002 年 10 月 18 日审议通过《进出境水产品检验检疫管理办法》，当月 6 日以国家质量监督检验检疫总局令第 31 号公布，自 2002 年 12 月 10 日起施行。后来修改完善，经 2010 年 3 月 10 日国家质量监督检验检疫总局局务会议审议通过，2011 年 1 月 4 日以国家质量监督检验检疫总局令第 135 号公布，自 2011 年 6 月 1 日起施行。

《进出口水产品检验检疫监督管理办法》是根据《中华人民共和国进出口商品检验法》及其实施条例、《中华人民共和国进出境动植物检疫法》及其实施条例、《中华人民共和国国境卫生检疫法》及其实施细则、《中华人民共和国食品安全法》及其实施条例、《国务院关于加强食品等产品安全监督管理的特别规定》等有关法律法规规定而制定的，旨在加强进出口水产品检验检疫及监督管理，保障进出口水产品的质量安全，防止动物疫情传入传出国境，保护渔业生产安全和人类健康。

《进出口水产品检验检疫监督管理办法》在总则中明确：国家质量监督检验检疫总局（以下简称国家质检总局）主管全国进出口水产品检验检疫及监督管理工作。国家质检总局设在各地的出入境检验检疫机构（以下简称检验检疫机构）负责所辖区域进出口水产品检验检疫及监督管理工作。检验检疫机构依法对进出口水产品进行检验检疫、监督抽查，对进出口水产品生产加工企业（以下简称生产企业）根据监管需要和国家质检总局相关规定实施信用管理及分类管理制度。国家质检总局对检验检疫机构签发进出口水产品检验检疫证明的人员实行备案管理制度，未经备案的人员不得签发证书。《进出口水产品检验检疫监督管理办法》规定：进出口水产品生产企业应当依照法律、行政法规和有关标准从事生产经营活动，对社会和公众负责，保证水产品质量安全，接受社会监督，承担社会责任。并分章对水产品进口检验检疫、出口检验检疫、监督管理作出详细规定。

《进出口水产品检验检疫监督管理办法》规定，进口水产品应当符合中国法律、行政法规、食品安全国家标准要求，以及中国与输出国家或者地区签订的相关协议、议定书、备忘录等规定的检验检疫要求和贸易合同注明的检疫要求。进口尚无食品安全国家标准的水产品，收货人应当向检验检疫机构提交国务院卫生行政部门出具的许可证明文件。进口口岸检验检疫机构依照规定对进口水产品实施现场检验检疫。进口水产品经检验检疫合格的，由进口口岸检验检疫机构签发《入境货物检验检疫证明》，准予生产、加工、销售和使用。进口水产品经检验检疫不合格的，由检验检疫机构出具《检验检疫处理通知书》。涉及人身安全、健康和环境保护以外项目不合格的，可以在检验检疫机构的监督下进行技术处理，经重新检验检疫合格的，方可销售或者使用。

《进出口水产品检验检疫监督管理办法》规定，出口水产品由检验检疫机构进行监督、抽检，海关凭检验检疫机构签发的通关证明放行。检验检疫机构按照相关要求对出口水产品及其包装实施检验检疫。检验检疫机构对出口水产品养殖场实施备案管理。

出口水产品生产企业所用的原料应当来自于备案的养殖场、经渔业行政主管部门批准的捕捞水域或者捕捞渔船，并符合拟输入国家或者地区的检验检疫要求。检验检疫机构按照出口食品生产企业备案管理规定对出口水产品生产企业实施备案管理。出口水产品生产企业应当保证货证相符，并做好装运记录。检验检疫机构应当随机抽查。经产地检验检疫合格的出口水产品，口岸检验检疫机构在口岸查验时发现单证不符的，不予放行。

2. 出境水产品追溯规程

国家质检总局根据《进出境水产品检验检疫管理办法》，于2004年5月制定、发布了《出境水产品质量追溯规程（试行）》。该规程适用于出口水产品卫生注册企业加工出境水产品（活的水生动物除外）的追溯。

根据规程要求，出口水产品加工企业，首先需将加工产品根据生产原料的来源（海洋捕捞、养殖、淡水捕捞、来料加工等）、生产时间、报检批次等确定批次，并确定各批次的识别代码，通过对识别代码的管理，实现对出境水产品的追溯。

当产品出现不合格时，可通过产品识别代码从成品到原料每一环节逐一进行追溯。追溯途径：出口卫生证书——报检单——报检批清单——生产加工记录——原料验收记录——原料收购来源。如为海捕原料可追溯到船，养殖原料可追溯到养殖场或塘，淡水捕捞原料可追溯到捕捞区域，进口原料可追溯到进口批次的有关信息。

3. 出口食品生产企业备案制度

《出口食品生产企业备案管理规定》已经2011年6月21日国家质量监督检验检疫总局局务会议审议通过，于当年7月26日以国家质量监督检验检疫总局令（第142号）公布，自2011年10月1日起施行。

《出口食品生产企业备案管理规定》是为了加强出口食品生产企业食品安全卫生管理，规范出口食品生产企业备案管理工作，依据《中华人民共和国食品安全法》、《中华人民共和国进出口商品检验法》及其实施条例等有关法律、行政法规的规定，而制定的。《出口食品生产企业备案管理规定》明确，国家实行出口食品生产企业备案管理制度。国家质量监督检验检疫总局（以下简称国家质检总局）统一管理全国出口食品生产企业备案工作。国家认证认可监督管理委员会（以下简称国家认监委）组织实施全国出口食品生产企业备案管理工作。国家质检总局设在各地的出入境检验检疫机构具体实施所辖区域内出口食品生产企业备案和监督检查工作。出口食品生产企业应当建立和实施以危害分析和预防控制措施为核心的食品安全卫生控制体系，并保证体系有效运行，确保出口食品生产、加工、储存过程持续符合中国有关法定要求和相关进口国（地区）的法律法规要求以及出口食品生产企业安全卫生要求（见彩图3-9）。

第四章　水产健康养殖技术

内容提要：健康养殖技术要求；水产良种生产要求；养殖生产技术要求；渔用配合饲料生产；渔用饲料投喂技术。

　　健康养殖，是指根据不同养殖生物间的共生互补原理，利用自然界物质循环系统，在一定的养殖空间和区域内通过相应的技术和管理措施，使不同生物在同一环境中共同生长，实现保持生态平衡、提高养殖效益的一种养殖方式。健康养殖包括养殖设施、苗种培育、放养密度、水质处理、饲料质量、药物使用、养殖管理等诸多方面，采用合理的、科学的、先进的养殖手段，从而获得质量好、产量高、产品及环境均无污染，使经济、社会、生态产生综合效益，并能保持稳定、可持续发展。水产健康养殖是指根据水产养殖品种正常活动、生长、繁殖所需的生理、生态要求，选择科学的养殖模式，通过系统的规范管理技术，使其在人为控制的生态环境中健康快速生长。主要通过保持高质量的水域环境，选用健壮无疫病的苗种，合理控制养殖容量，投喂营养物质平衡的饲料，安全使用渔药等措施使水产养殖整个过程达到科学化和标准化。

第一节　健康养殖技术要求

　　以鳜鱼养殖为例，介绍健康养殖技术要求。鳜鱼成鱼饲养是把体长约 3 厘米，体重约 0.5 克的鳜鱼种饲养成体重 500 克左右的商品鱼。这一过程所需时间约 160～180 天，快者 140～150 天。饲养时间的长短，取决于饲料鱼是否充足适口，水质是否良好，管理是否得当。目前养殖的主要方式有池塘主养、家鱼成鱼池套养、网箱养殖3种。由于主养能够按照鳜鱼的生物学特性和生长要求进行养殖设计和饲养管理，成活率高，产量高，经济效益高，产品集中，对供应市场和提供出口有利，是广东省珠江三角洲的主要养殖方式。

一、选择适宜场所

鳜鱼养殖场所的选择，包括养殖场地环境要求，放养池塘条件准备。

1. 养殖场地要求

要求生态环境良好，水源充足，水质、底质达标，交通便利，通水通电。养殖区域内没有工业"三废"及农业、城镇生活、医疗废弃物等污染源，符合 NY 5361—2010《无公害食品 淡水养殖产地环境条件》（见彩图 4-1）。

2. 放养池塘条件

主养鳜鱼的池塘要求水质清爽，靠近水源，排灌方便，能够经常冲、排水，无污水流入，每口池塘面积不宜过大，以 4~10 亩为宜，以便于管理。池塘水深 2~3 米，池底平坦，淤泥少，沙质底更好。放养鱼种前，池塘要按常规方法彻底清塘消毒，杀灭各类敌害生物及病原体，以减少养殖期间病害发生（见彩图4-2）。

二、合理放养鱼种

放养鳜鱼种，要求选用良种，体质健壮，合理放养，密度适宜。

1. 严把鱼种质量

要选用良种，确保种质纯正，品质优良，规格整齐，活动正常，体质健壮，无病无伤，生命力强。

发展鳜鱼养殖生产，要实现苗种优化，从源头抓起，经常不断更新亲鳜，最好从自然界大水域中采集、挑选，或者从国家指定的原种基地引进亲本、购买苗种，以确保养殖对象具备优良的性状，并使其优良性状稳定不变，或达到更加优秀的水平，从根本上实施健康养殖。

中国水产科学研究院珠江水产研究所对鳜鱼病毒研究发现，珠江三角洲的亲鱼和苗种大部分都带鳜鱼病毒，而长江野生鳜鱼及当年产的子代不带病毒，且其子代生长快，抗病力强。因此，发挥长江鳜鱼种质优势，采集长江野生翘嘴鳜鱼，采用封闭式养殖和繁殖技术，并对水源和养殖水体进行严格的水处理，可以克服目前鳜鱼种质退化、抗病力弱等缺点，缓解当前鳜鱼苗种供需矛盾，促进鳜鱼养殖的健康发展。

2. 控制放养密度

由于鳜鱼生长速度快，6 月前繁殖的鱼苗当年就可养成商品鱼，因此，鱼种一般在 6 月中上旬以前投放。养殖品种应选择生长速度快的翘嘴鳜，放养规格一般为 4~6 厘米，但要求规格大小尽可能整齐一致，无病无伤。鱼种放养时，用 3%~5%食盐水溶液中浸浴 10~15 分钟。

鱼种的放养密度，根据池塘最大负荷量计算池塘最多放养饲料鱼数，再根据饲料鱼数算出可供养的鳜鱼数，一般 800~2 000 尾/亩。为了调节鳜鱼池的水质，每亩应放养 100 克以上的白鲢、鳙鱼等鱼种20~50 尾。鱼种放养后应在鳜鱼池塘投放适量水花生或水葫芦供鳜鱼栖息。

三、科学投喂饲料

鳜鱼性凶猛，终生以其他鱼虾为饵，饲料鱼种类及亲本较多，食性各有不同，对营养的需要也不相同。但无论何种鱼类，在其生命的全过程都需要营养物质。这些营养物质来源于饲料，饲料是水产养殖业的重要物质基础。饲料的多寡和质量的好坏，直接影响鳜鱼养殖的效果和商品的质量。饲料的投喂技术决定了饲料鱼的养殖效果。

1. 使用无公害饲料鱼

在鳜鱼健康养殖生产中，要求使用的无公害饲料，主要包括无公害饲料鱼，以及饲料鱼及其亲鱼的无公害饲料。

2. 及时投喂饲料鱼

在鳜鱼放养前 15~20 天，在池塘中培育前期饲料鱼，以便鱼种下塘时有适口的饲料。放养后应及时向池中投放饲料鱼。鳜鱼吞食的饲料适口长度为自身长度的 1/4~1/3，体高应小于鳜鱼的口径。鳜鱼一般以偷袭方式捕食活动猎物，以清晨和黄昏摄食最为凶猛。

养殖前期及后期每 3 天投饲 1 次，中期（7—9 月高温阶段）每 1~2 天投饲 1 次，一般每次投饲量为鳜鱼数量的 4~5 倍，也可适当增加并延长投喂间隔，但投喂量以够鳜鱼 4~5 天食量为宜，不可或多或少，否则鱼体易患病引起大批死亡。7—9 月是鳜鱼生长旺季，食量大，应适时适量增加投喂量；冬季鳜鱼摄食强度和生长速度减缓，可适当减少投喂量。最好逐月定期检测鳜鱼生长速度，若发现饲料鱼不足或不适口影响鳜鱼的生长，应及时调整。鳜鱼与饲料鱼尾数之比为 1:(5~10)。为保证未吃完的饲料鱼能正常生长，应同时投喂适量的菜籽饼等人工饲料。

3. 安排饲料鱼生产

饲料鱼一般选择长条型或纺锤型低值鱼类，如鲮、鲢、鳙、草、鲴、鲤、鲫等。在鳜鱼放养前 15 天，应将消过毒且毒性消失的饲料鱼池用 40 目筛绢过滤灌水 60~80 厘米，并每亩施基肥 200 千克，7 天后每亩放养鲢、鳙等饲料鱼水花 80 万~100 万尾，以后每天豆浆或饲料培育。经 7~10 天的饲养，当饲料鱼达到 1.2~2.0 厘米时，刚好为 4 厘米以上的鳜鱼适口饲料，此时，则应向鳜鱼池开始投放鳜鱼。饲料鱼的日投喂量为鳜鱼体重的 15% 左右，一般每 2~3 天投喂一次，投喂前应用 3%~5% 的食盐水对饲料鱼浸洗 10~15 分钟。

四、加强饲养管理

鳜鱼在池塘中的生活、生长情况是通过水环境的变化来反映的，各种养殖措施也都是通过水环境作用于鱼体的。因此，水环境成了养殖者和鱼类之间的"桥梁"。良好的水环境只是养殖场所的硬件，也还需通过管理，即通过人为地控制和维护，使它符合鱼类生长的需要，才能让环境发挥更好的效能。

1. 控制养殖水质

由于鳜鱼耐低氧能力差，对水体溶氧要求较高，一旦缺氧浮头，鳜鱼会首先死亡。据测定，在同等条件下，鳜鱼苗窒息点是鲢鱼的 3.1 倍，鲤鱼的 5.1 倍，鲫鱼的 12.5 倍。因此，鳜鱼的养殖用水以清新，无污染，溶氧量高，含病原生物少的江河、湖泊、水库水为佳，若为其他水源，则要经过沉淀、过滤，以免敌害生物对池塘造成危害。

养殖用水必须符合国家颁布的 GB 11607—89《渔业水质标准》和 NY 5051—2001《无公害食品 淡水养殖用水水质》，养殖用水如需循环使用应采取过滤、沉淀、消毒等办法进行处理，确保水质良好。在养殖过程中搞好水质调控，确保水深、溶氧、pH 值，透明度以及氨氮、重金属等主要因子保持在标准范围内，保持良好的水域生态环境。

2. 经常冲水增氧

在养殖过程中，可通过控制放养密度、冲水、开增氧机、定期泼洒生石灰等措施，以保证良好的水质，最好能保持微流水状态。如溶解氧在 6 毫克/升以上，透明度 30～40 厘米，pH 值中性或微碱性等，对鳜鱼的生长及疾病预防均能起到积极的作用。

养殖初期，应每 10～15 天加注新水 1 次，7—9 月，随着水温升高，每 5～7 天加水一次。在整个养殖期间，一般每隔 10～15 天左右泼洒 1 次生石灰，浓度为 15～20 克/米³，以调节水中 pH 值。同时，应根据天气变化和水质情况灵活掌握增氧机开机时间和次数，闷热或有雷阵雨时及时开机增氧，发现鳜鱼有吐出饲料鱼现象，也应立即开机增氧并加注新水（见彩图 4-3）。

3. 做好卫生管理

鳜鱼养殖卫生管理主要应做好以下工作：①定期对水源、水质、空气等环境指标进行监控检测；②做好池塘清洁卫生工作，经常消除池埂周边杂草，保持良好的池塘环境，随时捞去池内污物、死鱼等，如发现病鱼，应查明原因，采取相应防范措施，以免病原扩散；③掌握好池水的注排，保持适当的水位，经常巡视环境，合理使用渔业机械，及时做好水质处理和调控；④做好卫生管理记录和统计分析，包括水质管理、病害防治以及所有投入品等情况，及时调整养殖措施，确保生产全过程管理规范。

五、注意病害防治

鳜鱼的疾病防治与其他水产品一样，必须贯彻"以防为主，防重于治，有病早治，无病先防"的方针。要求：

1. 严格清塘消毒

放养鱼种前按常规方法严格清塘，放养的鱼种（包括饲料鱼）要求健康无病，并用2%的食盐水浸泡10分钟后方可进塘；搬鱼种时尽量避免鱼体受伤。要控制好水质，经常加水、换水、增氧和定期泼洒生石灰；巡塘发现鳜鱼摄食和行动不正常时应立即检查，采取相应措施。

2. 定期洒药预防

在鱼病流行季节（5－10月）采取定期泼洒生石灰等措施均可较好预防鱼病发生，以每亩10千克以下为宜。对细菌、寄生虫病可分别对症选用，0.2~0.4毫克/升B型灭虫灵，1毫克/升漂白粉或10毫克/升福尔马林等。

3. 严控渔药使用

在渔药的使用与监控上做到：①国家明令禁用的渔药坚决不用；②严格按照 NY 5071—2002《无公害食品　渔用药物使用准则》使用渔药；③使用"三效"（高效、速效、长效）、"三小"（毒性小、副作用小、用量小）的渔药，确保食用鳜鱼达到 NY 5070—2002《无公害食品　水产品中渔药残留限量》的要求。

4. 严格执行休药期

鳜鱼捕捞前要停止用药，实行休药期，确保药物残留控制在标准范围内。捕捞时严防受伤，捕捞、运输、加工全过程要保证卫生、安全。

第二节　水产良种生产要求

水产种苗是水产养殖的重要物质基础，其品种、数量和质量直接决定着水产养殖经济效益和发展速度。因此，水产种苗工程是实现渔业可持续发展的先导工程和重点工程。

一、建设水产种苗工程

水产种苗工程由繁育生产、行政管理、质量监督、科研开发等4个体系组成。

1. 繁育生产体系

水产种苗繁育生产体系包括以下4个层次。

（1）**水产遗传育种中心**　水产遗传育种中心的目标任务是：收集、鉴定和保存建设品种种质资源；开展新品种的引进、隔离检疫与试验示范养殖；采用选择育种和现代育种技术，不断地选育出适合市场需求的优良品种；培育、保存良种亲本并为原良种场和苗种场提供良种亲本。建设内容包括遗传育种实验室、生物技术实验室和生态实验室建设，检疫隔离区、室外培育池和室内实验池建设，备份基地以及配备必要的仪器设备。

（2）**水产引种育种中心**　水产引种育种中心的主要任务是承担水产新品种的引种、隔离、检疫、中试及良种养殖关键性技术的引进、试验和示范任务。主要建设内容为隔离、选育、中试等各类培育池、生产管理用房、孵化设施、实验室，配备必要的仪器设备。是集水产引种、育种、实验性试验、水产质检、病防、科技推广、保种等于一体的综合性基地。

（3）**原种场**　原种场的基本任务是收集和保存未经人工遗传改良的重要水产养殖种类、新开发利用种类的基础群体，并根据养殖生产和增殖放流的需要，培育生产符合原种种质标准的亲本、后备亲本和苗种。承担水产养殖（含潜在的）重要对象的原种的保种和供种；原种场原则上建立在该种类的原产地，防汛抗旱能力符合水工建筑 50 年一遇标准。水源充足，水源水质符合渔业水质标准，生态环境适宜经营种类的生长、繁殖和种质资源的保存。并具备繁殖孵化、种苗培育以及原、良种保种等设施及路、渠、电等辅助配套和废水处理等设施，要求排列整齐，布局合理。

（4）**良种场** 良种场的基本任务是利用具有优良经济性状并经过审定的选育种、引进种和杂交组合等良种资源，按照良种选育和亲本、苗种生产技术操作规程，选育保存一定数量的良种基础群体，培育、繁育符合相关良种标准的亲本和苗种，供应苗种繁育场和养殖场，并承担新品种的中间试验、示范、推广和技术培训任务。良种场建在该种类的主产区，防汛抗旱能力、生态环境条件和配套设施，与原种场一样（见彩图 4-4）。

（5）**苗种繁殖场** 从原、良种场引进亲本，大量生产苗种。要有相应的繁殖设施，包括产卵、孵化、饵料培育等设施与装置，能满足苗种年生产能力的要求与条件；还要有种苗培育与保种设施。需具备亲本池、后备亲本池、种苗池、暂养池、饵料池等基础设施，比例合理、标识清晰；室内培育池应达到设施化水平，池子可采用水泥、玻璃钢等材质建造；室外培育池的面积、池深及塘埂护坡应符合养殖种类的生物学和生态学特点（见彩图 4-5）。

以罗非鱼为例，全国已通过验收的国家级罗非鱼良种场有 5 家，在建的两家。罗非鱼种苗场约 200 家，年育苗量超过 50 亿尾。其中较著名的品牌有十多个，年产量 20 亿尾，占全国产量的 40%。以吉富鱼与奥尼鱼占主导地位，但是目前良种的覆盖率还比较低。

广东省有罗非鱼种苗场 100 多家，其中国家级良种场已验收 1 家，在建 1 家；省级良种场已验收 4 家，在建 1 家。年育苗量约 30 亿尾，其中超亿尾的种苗场有 5 家；海南省有罗非鱼种苗场 40 多家，其中规模较大的 12 家。年育苗量 16 亿~19 亿尾；广西壮族自治区有罗非鱼种苗场 10 多家，规模较大的两家。年育苗量 3

亿尾。

2.行政管理体系

农业部负责全国水产种质资源和水产苗种管理工作。县级以上地方人民政府渔业行政主管部门负责本行政区域内的水产种质资源和水产苗种管理工作。

国家有计划地搜集、整理、鉴定、保护、保存和合理利用水产种质资源。国家保护水产种质资源及其生存环境，并在具有较高经济价值和遗传育种价值的水产种质资源的主要生长繁殖区域建立水产种质资源保护区。国家鼓励和支持水产优良品种的选育、培育和推广。

省级以上人民政府渔业行政主管部门根据水产增养殖生产发展的需要和自然条件及种质资源特点，合理布局和建设水产原、良种场。省级人民政府渔业行政主管部门负责水产原、良种场的水产苗种生产许可证的核发工作；其他水产苗种生产许可证发放权限由省级人民政府渔业行政主管部门规定。水产苗种生产许可证由省级人民政府渔业行政主管部门统一印制。

国家级或省级原、良种场负责保存或选育种用遗传材料和亲本，向水产苗种繁育单位提供亲本。

县级以上人民政府渔业行政主管部门应当有计划地组织科研、教学和生产单位选育、培育水产优良新品种。

农业部设立全国水产原种和良种审定委员会，对水产新品种进行审定。对审定合格的水产新品种，经农业部公告后方可推广。

3.质量监督体系

县级以上人民政府渔业行政主管部门应当组织有关质量检验机构对辖区内苗种场的亲本和稚、幼体质量进行检验，检验不合格的，给予警告，限期整改；到期仍不合格的，由发证机关收回并注销水产苗种生产许可证。县级以上地方人民政府渔业行政主管部门应当加强对水产苗种的产地检疫。国内异地引进水产苗种的，应当先到当地渔业行政主管部门办理检疫手续，经检疫合格后方可运输和销售。

国家水产种苗检测中心，根据种质标准，对原种、良种、引进种、杂交种进行质量检测。

4. 科研开发体系

有水产研究开发机构的科研单位，主要从事水产种质资源的调查研究、鉴定与保护；新养殖对象的开发利用；良种选育等。

二、执行育苗技术标准

为了保证水产养殖苗种质量，要求水产养殖种苗生产单位严格执行有关标准，按标准生产提供鱼虾贝藻优质种苗。现以罗非鱼为例，介绍水产养殖育苗标准。

1. 国家有关标准

就罗非鱼种苗繁殖来说，我国已制定了一系列标准，包括有：SC 1027—1998《尼罗罗非鱼》，SC 1042—2000《奥利亚罗非鱼》，SC/T 1045—2001《奥利亚罗非鱼　亲鱼》，GB/T 19528—2004《奥尼罗非鱼亲本保存技术规范》，SC/T 1046—2001《奥尼罗非鱼制种技术要求》，SC/T 1008—2012《淡水鱼苗种池塘常规培育技术规范》，DB46/T 52—2006《无公害食品　奥尼罗非鱼养殖技术规范》，NY/T 5054—2002《无公害食品　尼罗罗非鱼养殖技术规范》，等等。

2. 制定技术规程

依据国家有关标准，根据本单位的实际情况，制定企业水产养殖种苗繁殖技术操作规程，请有关专家审定，报备当地质量技术监督部门，在本企业执行，作为本单位生产提供水产养殖种苗质量的依据。

3. 认真选育亲本

从鱼苗到亲鱼，对雌性和雄性分别从鱼群中选取生长速度快、个体大、体形好的个体。每代的总选择率为 7.5%；要求亲本纯正，雌性尼罗罗非鱼性染色体型是 XX 型，雄性奥利亚的性染色体型为 ZZ 型，其杂种 F_1 的性染色体型为 XZ 型，表现为雄性，用于生产。罗非鱼亲鱼选育技术路线见图 4-1。

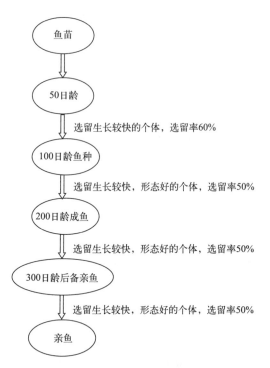

图 4-1　罗非鱼亲鱼选育技术路线

三、完善亲本选育技术

亲本选育技术包括多次个体选择、进行品种提纯、实行子代复壮，防止品种退化。

1. 选育方法

第一次筛选是在苗种培育结束时进行生长优势的个体选择，选留群体数量小于等于总数的 2/3。

第二次筛选是鱼种培育到 100 克/尾左右的鱼种时，选出符合 SC 1042 和 SC 1027 的规定，表型优良、生长快的个体。

第三次筛选是在后备亲鱼入池越冬时，选留符合 SC 1042 和 SC 1027 的规定及生长快的个体。

第四次筛选是在翌年春出越冬池时，严格按照 SC 1042，SC

1027 和 SC/T 1046 的规定进行，并放入产卵池繁殖。

2. 品种提纯

采用混合选择和家系选择相结合的方法。混合选择是从原品种繁殖的后代中，选出符合 SC1 042，SC 1027 和 SC/T 1046 的规定、表型优良的个体，建立 5~6 个家系，分池饲养，培育成亲鱼。对所建的每个家系留 1 000 尾（雌 800 尾，雄 200 尾）以上的优良个体，进行同代同血缘的同质选配，对后代进行精心培育，然后在苗种、100 克/尾鱼种时、入池越冬前、春季出池时 4 个阶段按选育目标进行去劣留优。如此经 4 个世代筛选，最后选出 2~3 个优良的家系。

奥利亚罗非鱼选育技术路线见图 4-2。尼罗罗非鱼的选育技术路线同奥利亚罗非鱼。

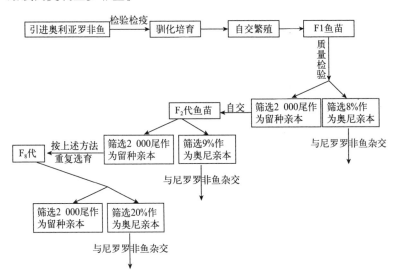

图 4-2　奥利亚罗非鱼选育技术路线

3. 子代复壮

选择性状良好，生长快，繁殖力强的不同家系，进行配对繁殖。罗非鱼子代按 GB/T 19528 中的 5.2.3 隔离饲养。保留 1 000 尾（雌 800 尾，雄 200 尾）以上的不同品种、不同家系、不同世代的亲本，以便保持各自后代群体的杂合性，降低近交系数，防止品种退化。进行严格而持续的选择。

四、加强苗种生产监管

水产苗种是水产养殖业发展的物质基础，是养殖业生产的关键环节。搞好水产苗种生产的监督管理，使之适应水产养殖业快速发展的需要，对于调整和优化渔业的产业结构，提升渔业行业整体效益，保障渔业持续、稳定、高速发展有着十分重要的意义。

1. 认识水产苗种的特殊性

在开展水产苗种监督管理的工作中，要充分认识水产苗种自身的特性，掌握其必然规律。只有这样，水产苗种监督管理工作才能做到监督有效，管理有序。水产苗种是一种特殊的商品，与其他商品相比有其自身的特性。

（1）**生命性** 水产苗种肩负着繁衍后代和水产养殖放养苗种双重任务，这是其他商品所不能取代的。水产苗种是活的物质，生命力越强、种苗质量越好。

（2）**时效性** 水产苗种繁育有着强烈的时效性：首先，水生动物都有各自的繁殖期，通过人为仅能在一定范围内改变其繁殖时间；其次，水产养殖生产受季节限制，而水产苗种出苗、运输都有最佳时期，错过了最佳时期，水产苗种不仅养殖成活率降低，也失去了养殖的苗用价值，达不到养殖生产的目的。因此，水产苗种繁育有着强烈的时效性。

（3）**技术性** 水产苗种的繁育、种质的保持、生产、经营是一个复杂的生物工程，技术要求高，而水产苗种每个品种生产技术又千差万别，每种水生动物又有其各自的繁殖特性。因此，对水产苗种生产、经营的监督管理工作，必须要由懂得苗种生产的技术人员来担任，这样水产苗种监督管理工作才能避免盲目性。

2. 加强水产苗种监督管理

全面开展水产苗种的监督管理，就是要对水产苗种的生产、经营、流通、苗种繁育技术、质量、种质、水产资源、原良种等方面进行全方位的管理，其目的是提高水产苗种质量，提高养殖业良种覆盖率，优化水产苗种产业结构，保障水产苗种产业健康发展。

3. 制定水产苗种管理法规

农业部根据《中华人民共和国渔业法》早在 1992 年就制定和颁布了《水产苗种管理办法》，并且经过两次修订完善。一些省、市、自治区也根据各自的实际情况相继制定出台了地方性《水产苗种管理办法》，个别省还制定了《水产苗种管理条例》。《水产苗种管理办法》的贯彻和实施在一定程度上规范了水产苗种生产的行为，但《水产苗种管理办法》毕竟是行业规章，没有像农作物种子、林木种子管理那样形成法规，因此，《水产苗种管理办法》的法律地位不高，法律效率性低，仍不能完全适应日益发展的水产苗种产业的管理需要。同时，由于水产苗种自身特性决定对水产苗种产业实施执法管理难度大，执法手段和措施又远远跟不上，致使执法力度不适应苗种管理新形势。因此，应尽快出台水产种苗管理法，或将水产苗种管理内容一并纳入"种子法"中，以不断完善苗种管理法规体系，提高水产苗种监督管理法规的法律地位，依法对水产苗种生产实施有效的监管。

4. 健全水产苗种管理机构

随着水产苗种产业高速发展，水产苗种生产监督管理工作越来越受到各级渔业行政管理部门的高度重视。但各级政府一般将水产苗种管理职能由某一单位来承担，实行一套人马两块牌子，或将某一单位整体翻牌。这样组建的水产苗种管理机构存在着人员素质参差不齐的现象，因此，要采取各种形式，加强对水产苗种管理人员业务培训，提高素质，达到建设一支高素质的水产苗种管理队伍的目的。

5. 加强水产苗种检验检疫

水产苗种检验检疫是水产苗种监督管理的重要措施和手段，这是通过诊断手段和方法，检查确定水产苗种疾病的过程。开展水产苗种检验检疫不仅能较好地控制和杜绝各种水产苗种病害传染和蔓延，而且能有效防止和杜绝以次充好，以劣充优事件的发生。

因此，创建检测体系是水产苗种检验检疫前提和组织保障，组建检验机构目前面临最大的困难就是经费紧缺。一个完善的检验机构的设备购置及人员培训费少则上百万，多则上千万。此外，由各级政府财政拨款，组建检验机构的检疫任务都不是满负荷的，所以，可采取协作形式，实现资源共享。

6. 规范水产苗种生产行为

水产苗种生产许可制度是中国渔业生产的一项基本制度，是水产苗种管理的核心内容之一。各地在推进水产苗种生产许可证制度的过程中工作扎扎实实，卓有成效，对水产苗种场的建设及其经营行为起到了规范作用，为进一步开展水产苗种管理工作打下了基础。然而，个别地方在落实水产苗种生产许可证制度时仍流于形式，只是发几个许可证了事，水产苗种场的建设及其经营仍处在无度、无序状态。因此，在实施水产苗种生产许可证制度的过程中要严格按照《水产苗种管理办法》要求去做，同时引进专家评审环节，做到对水产苗种场的生产条件、生产设备、专业人员配备等进行严格审核，提高水产苗种生产门槛，提升水产苗种产业档次。

7. 建立信誉等级评定制度

开展水产苗种质量信誉等级评定是水产苗种管理部门强化水产苗种质量管理的重要措施，它实行年度评定制。水产苗种管理部门通过对所管辖区内的苗种场上一年度的苗种生产、销售行为及用户养殖效益的综合考评，评定出苗种质量信誉等级，并通过媒体向社会公布。苗种质量信誉等级是对上一年度苗种场苗种质量、信誉状况的认可，对生产者是一种鼓励，对消费者是一种知情权。质量信誉等级评审办法及标准各地应结合各自实际情况制定，包括等级申报资格、质量信誉等级评定标准、等级申报评定办法。

8. 成立协会协调苗种生产

水产苗种协会是一种行业性的群众组织，是水产苗种产业发展的产物，是政府职能的一种补充。其在水产苗种生产与管理中的作用主要是：①针对种苗市场需求协调生产计划，避免无序竞争；

②苗种生产者与消费者之间信息沟通，传播市场行情与科技信息；
③维护水产苗种生产者的合法权益。随着水产苗种协会组织的逐步发展和完善，其自我管理机制也在发展中形成。

第三节　养殖生产技术要求

以罗非鱼养殖为例，介绍水产养殖生产技术要求。罗非鱼养殖模式已由"四大家鱼"塘混养罗非鱼模式向池塘主养罗非鱼、单养罗非鱼改变；由禽、畜、鱼立体养殖模式向健康养殖模式转变。

一、主要养殖模式

罗非鱼养殖模式主要有 3 种：①主养，即纯粹罗非鱼的养殖，采用全程投喂饲料，分级标苗，每年可以养殖 2～3 造；②混养，即其他鱼、虾同罗非鱼混养在一起，亦采用全程投喂饲料，在年底干塘；③立体养殖，是在上述这两种的基础上，加上塘饲养鸡鸭猪，在养殖前期不投喂鱼饲料，当规格达到 150～300 克后开始投喂鱼饲料，一年可以养殖一造。

1. 立体混养模式

立体混养模式是 20 世纪 80 年代较为盛行的立体养殖模式，也就是塘基养猪或养鸡、养鸭，粪便养鱼的传统养殖模式。这一模式是采用罗非鱼与其他家鱼类混养的肥水养鱼方法，全程不投饲料，鱼类主要靠粪便肥水和水体中浮游动植物为饵料养殖罗非鱼。水质肥瘦由饲养动物的多少决定，养殖周期相对较长，生产成本节约，池塘单产水平也相对较低，此类池塘一般养殖面积不大，放养密度不高，每亩放养罗非鱼 1 000 尾，混养一些家鱼。年亩产约 500 千克，经济效益一般，是养殖户的副业收入。采用这种模式的池塘总体条件是水质相对较肥，管理工作不细致，粗放粗养程度大，养殖水体富营养化。

2. 全程主养模式

罗非鱼全程主养模式，是指从放养罗非鱼苗进池塘起，全程投放罗非鱼颗粒或膨化饲料养殖至商品鱼出池的养殖模式，是一种较为符合出口产品质量要求的无公害养殖新模式。这一养殖模式，水体利用率高，水质易于控制，技术要求高，养殖效果好，渔产品质量安全得到保证，但养殖成本相对也高。采用此养殖模式的池塘面积一般在 10 ~ 20 亩/口，水深在 3.5 ~ 4 米，水源更新容易，水体的各类生化因子条件良好的高产池塘。

3. 鱼虾混养模式

在广东沿海一带，近几年在业内逐步形成认同的鱼虾混养方式：罗非鱼一次投放完，密度在 1 500 ~ 2 000 尾/亩，凡纳滨对虾平均控制在 1 万尾/亩左右，第一批虾苗可多投放些，可达到 2 万尾/亩，全程不投或少投虾料，待第一批虾达上市规格起捕后，接着放进第二批标粗苗，以此类推，一年可投放虾苗 4 次左右。

4. 分级主养模式

分级养殖有二级或三级养殖模式，其主要特点就是将罗非鱼苗先在池塘中运用肥水把罗非鱼苗标粗至 250 ~ 300 克/尾规格，然后再经分拣筛选，选择规格整齐、全雄性的罗非鱼鱼种，投入高标准池塘，改变养殖方式，投放全价颗粒饲料快速养成商品鱼的养殖方式。这是广大养殖户在生产过程中，探索出来的十分切合生产实际的养殖方法。这一养殖模式要求有鱼苗标粗池塘和高标准养殖池塘配套条件，适合于有一定规模的水产养殖场或山塘水库大水面养殖罗非鱼采用。这种模式的养殖效果较传统的立体混养模式好，虽然增加了一点点的成本，但经济效益显著提高。但生产成本又明显较全程全价饲料主养模式低得多。

这种养殖模式，既达到节约生产成本，又能确保罗非鱼产品质量安全，符合无公害水产品生产要求，是目前较为先进的养殖方法。

二、健康养殖技术

中国近几年积极采取措施，提高罗非鱼品质：推广健康养殖技术；推动无公害产地认证和产品认证；建立渔业标准化示范区；建立出口原料示范基地；推广 HACCP 质量管理体系。罗非鱼健康养殖的技术要求如下。

1. 选择标准养殖场

水源充足，排灌方便；水源没有对渔业水质构成威胁的污染源；水源水质应符合 GB 11607《渔业水质标准》的规定；养殖池塘水质应符合 NY 5051—2001《无公害食品　淡水养殖用水水质》的规定；规模养殖场要求基地连片，池塘经整治规范。

清除池边杂草及池底过多的淤泥，修整塘基；冬季可闲置的池塘排干池水，让日光曝晒池底至龟裂。

2. 做好清塘消毒

池塘在放养前应排干塘水，曝晒一周以上，并在晒塘期间修补池塘，加固塘基，安装好进排水过滤网（见彩图 4-6）。放苗前 15 天进水 20~30 厘米，用药物清除野杂鱼、病源及害虫。药物的种类、使用方法见表 4-1。

表 4-1　清塘药物使用方法

药物种类	用量（千克/公顷）		操作方法	毒性消失时间（天）
	水深 0.2 米	水深 1.0 米		
生石灰	900~1 050	1 800~2 250	用水溶化后趁热全池泼洒	7~10
漂白粉	60~120	202.5~225	用水溶化后，随即全池泼洒	3~5

注：漂白粉有效氯含量为 30%。

3. 施肥培育活饵料

水体经消毒 3 天后，每亩用尿素 300 克和磷肥 500 克（或复合肥 3 千克）进行池塘施肥。放养鱼苗前 2 天每亩再施 1 千克利生素调节水质。苗种放养前 7~10 天，分别将鱼种池、标粗池和食用鱼饲养池注水至 0.8 米、1 米和 1.5 米，培育水质，水色以茶褐色或油绿色为佳，透明度控制在 25~40 厘米；注水必须经 60 目网过滤，谨防野杂鱼类和敌害生物进入。

4. 严把鱼种质量关

罗非鱼鱼种有当年繁殖的鱼种和越冬鱼种两种。上述两种鱼种，各地可根据当地的苗种生产条件，因地制宜地采用合适的鱼种进行放养。选择信誉良好的省级罗非鱼良种场购进优质罗非鱼苗种，要求品种纯正、大小均匀、体质健壮、活动力强、无伤病、无药物残留、雄性率97%以上。放养的鱼种规格均要达到3~5厘米以上，而且规格要尽量整齐，体质健壮，无伤无病。

鲢鱼和鳙鱼种从正规的种苗场购进，要求健康无病。

5. 苗种放养要消毒

苗种放养时进行严格的药物消毒（见彩图4-7）。罗非鱼苗种消毒的常用药物有：用2%~4%食盐溶液浸浴5分钟，或20毫克/升（20℃）高锰酸钾溶液浸浴10分钟，或30毫克/升聚维酮碘（有效碘1%）溶液浸浴5分钟。

6. 控制放养密度

根据池塘条件，肥料、饲料来源，放养的鱼种规格大小和时间，要求出池的规格，以及不同养殖方式和管理水平等多方面来考虑放养密度。

罗非鱼各规格苗种的放养密度见表4-2。另外，各级饲养池均配养鲢鱼和鳙鱼，每亩各30~50尾。

表4-2　各规格罗非鱼苗种的放养密度

苗种类别	规格（体重/体长）	密度（尾/米²）
大规格鱼种	0.2~0.4千克	1.5~2.3
鱼种	3~5厘米	4~7
鱼苗	4~6朝	80~120

放养罗非鱼的池塘，适当混养凡纳滨对虾（亩放2.5万尾）、鳙鱼等，以调节水质，增加养殖经济效益。

7. 科学投喂饲料

研发价格低廉、营养全面优质产品饲料。提高鱼肉弹性，减少土腥味，控制投喂量，不投喂变质饲料。

实行"四定"投喂方法：定质——选购质量保证的品牌饲料；定量——随体重的增加而增加；定时——每天分上、下午两次投喂；定位——投料位置要相对固定或使用自动投料机。

三、养殖管理措施

水产养殖管理措施，包括培训管理人员、加强日常管理、科学调控水质、做好生产记录等内容。

1. 培训管理人员

按 HACCP 原理管理生产全过程培训人员，制定管理文件，设立关键控制点，贯彻实施。

2. 加强日常管理

每天早晚巡塘一次，观察水色、水质和鱼的活动情况，观察是否浮头或有浮头预兆。鱼种投放前和投放后每隔 20 天左右测量池水的透明度、pH 值、溶解氧、氨氮、亚硝酸盐、硫化氢、总硬度等水质指标。定期测量鱼的生长指标，了解生长情况。根据观察和测量的情况，合理调整投饵量和管理措施。

3. 科学调控水质

虽然罗非鱼耐低氧、适应性广，但保持水质良好有利于鱼的生长、减少疾病和提高饲料利用率。通过施肥、注排水、施用生石灰和消毒剂及开动增氧机等措施调节水质。鱼种下塘后，每 7～15 天注水 10～20 厘米，池水增加到 2.5 米以后，每 15～20 天（高温季节 10～15 天）换水 10%～20%，养殖中后期每 15～20 天换水 20%～40%。每月泼洒生石灰水一次，每次每亩每米水生石灰用量为 7.5～10 千克。根据池水的肥瘦情况，适当施追肥。每 5～10 亩配备 2～3 千瓦增氧机一台，一般情况，养殖前期每天中午及凌晨开增氧机 2～4 小时，中后期、水质差和天气不佳时增加开机时间，每天开机 4～10 小时。保持池水"肥、活、嫩、爽"，水色为褐绿色或嫩绿色，透明度为 25～40 厘米，溶解氧大于 4 毫克/升。

4. 做好生产记录

在饲养罗非鱼过程中，按照农业部令《水产养殖质量安全管理规定》，填写养殖、药物使用记录表。做好养殖日志、水质检验、种苗检疫、饲料与肥料的购买贮存使用、商品鱼销售等方面的记录并建档保存。

第四节　渔用配合饲料生产

所谓配合饲料，是指在动物的不同生长阶段、不同生理要求、不同生产用途的营养需要，以及以饲料营养价值评定的实验和研究为基础，按科学配方把多种不同来源的饲料，依一定比例均匀混合，并按规定工艺流程生产的饲料。配方科学合理、营养全面，完全满足鱼类生长需要的配合饲料，被称为全价配合饲料。罗非鱼配合饲料较为成熟，以此为例介绍渔用配合饲料生产。

一、配合饲料配制原则

配合饲料的生产是按一定的配方进行的。各种原料按一定的比例组成一种配合饲料，叫做饲料配方。制定饲料配方是生产配合饲料的关键，饲料配方的好坏直接影响到配合饲料的质量和经济效益。只有科学地设计配方，才能达到饲喂效果好、饲料成本低的效果。因此设计饲料配方必须遵循科学、实用、经济和卫生的原则。在设计配合饲料的配方时应掌握以下原则。

1. 营养全面

要充分掌握罗非鱼的生理特点和对饲料营养物质的需求量，不同品种，在不同的生长阶段，对营养的需求量和利用程度不同，因此，必须依据罗非鱼的营养需求和饲料营养价值，要符合罗非鱼的营养标准（表4-3）。

2. 氨基酸平衡

注意配方中各营养物质的比例，能量与蛋白质的比例、钙与磷的比例等一定要平衡，配方更要考虑保持氨基酸的平衡，然后再考虑鱼类对糖、脂肪等的需求。避免使用单一的原料，在生产上尽可能选择多种原料搭配使用，取长补短，以达到罗非鱼营养要求的标准。

表 4-3 中国罗非鱼配合饲料主要营养成分标准

饲料组分	鱼苗饲料	鱼种饲料	食用鱼、亲鱼饲料
粗蛋白（%）	38	28	25
粗脂肪（%）	8	6	5
粗纤维（%）	3	6	8（膨化饲料） 6（颗粒饲料）
粗灰分（%）	16	14	12
赖氨酸（%）	1.1	0.8	0.7
含硫氨基酸（%）	2.3	1.6	1.4
总磷（%）	1.2	1.1	1.0
可消化能量（MJ/千克）	11~13	11~13	10.5~11.5
亚油酸（18：n-26）	1	1	1

注：含硫氨基酸为蛋氨酸和胱氨酸。

3. 适口性和可消化性

要注意饲料的适口性和可消化性，并符合加工工艺要求，有利于在水中稳定和颗粒成形。如血粉含蛋白质高达 83.3%，但可消化蛋白仅 19.3%，而肉骨粉蛋白质仅为 48.6%，但因其消化率为 75%，可消化蛋白质为 36.5%，比血粉高近 1 倍。

4. 安全性高

安全性是第一位的，没有安全性作前提，就谈不上营养。因此，选用的饲料源应符合卫生标准，发霉、变质、有毒的原料不能采用。除主体成分以外，还要科学地配合饲料添加剂，添加剂选择适当，才能配制成高效全价的配合饲料。饲料中使用的促生长剂、维生素、氨基酸、蜕壳素、矿物质、抗氧化剂和防腐剂等添加剂种类及用量，应符合国家有关法规和标准规定。

5. 经济效益好

配合饲料是商品，制作的饲料配方必须具有合理的经济效益。最佳的饲料配方应有最低的饲料成本。因此，要尽量选用营养价值较高而价格较低的饲料原料，以设计出成本较低的饲料配方。

同时，要考虑饲料来源及价格等经济因素，因地制宜，选用价廉物美的原料，以取得最大的经济效益。

二、合理使用添加剂

饲料中的添加剂与能量饲料、蛋白质饲料一起共同组成配合饲料。添加剂在配合饲料中添加量很少，但作为配合饲料的重要微量活性成分，起到完善配合饲料的营养、改善饲料加工性能和适口性、提高饲料利用率、促进生长发育、预防疾病、合理利用饲料资源及改善产品品质等重要作用。

1. 添加剂分类

常用添加剂可分为 3 类：一是营养性添加剂，如氨基酸、矿物质和维生素；二是促进饲料的利用和保健作用的非营养性添加剂，如诱食剂（甜菜碱、氨基酸及其混合物）、促生长剂（快大素、大蒜素、肉碱、醋酸镁等）、促消化剂（酶制剂）和驱虫剂等；三是防止饲料品质降低的添加剂，如抗氧化剂、抗菌剂、着色剂、防霉剂、黏结剂和增味剂等。一般罗非鱼养殖中所投喂的配合饲料中都必须添加有适量的维生素和矿物质。

2. 维生素用量

罗非鱼配合饲料加工中对有关维生素的选择，主要是看其实际含量与罗非鱼维生素需要的差异。表 4-4 列出加工罗非鱼配合饲料中的维生素推荐量。

3. 矿物质使用

矿物质也是罗非鱼饲料中不可缺少的一类营养性添加剂，由于罗非鱼能够从水体中摄取部分矿物元素，使得一些配方人员忽略了矿物元素的重要性。近年来常常出现养殖罗非鱼因矿物质缺乏导致生长缓慢，甚至出现缺乏症等现象。因此，罗非鱼饲料原料中如能采用有机矿物质或部分采用有机矿物质，其养殖效果会更好。表 4-5 列出加工罗非鱼配合饲料中的矿物质推荐量。

表 4-4　罗非鱼饲料中的维生素配方　　单位：毫克/千克

维生素名称	鱼苗饲料	鱼种饲料	食用鱼、亲鱼饲料
维生素 A（IU/千克）	3 000	2 000	1 500
维生素 D（IU/千克）	1 500	1 000	750
维生素 E	120	80	60
维生素 K	10	6	5
维生素 B_1	18	12	9
维生素 B_2	24	16	12
维生素 B_6	18	12	9
维生素 B_{12}	0.015	0.01	0.007
烟　酸	108	72	54
泛　酸	48	32	24
胆　碱	1 200	800	600
叶　酸	3	2	1.5
生物素	0.2	0.1	0.1
肌　醇	150	100	75
维生素 C（包膜或磷酸酯）	300	200	150

表 4-5　罗非鱼饲料中的矿物质配方　　单位：克/千克

矿物质名称	鱼苗饲料	鱼种饲料	食用鱼、亲鱼饲料
钙	25	20	20
镁	0.6	0.5	0.4
铁	0.06	0.04	0.03
锌	0.1	0.067	0.05
铜	6 000	4 000	3 000
锰	0.05	0.033	0.025
钴	1 000	67000	50 000
碘	1 000	60000	50 000
硒	20 000	13000	10 000

4. 非营养性添加剂的使用

人工配合饲料中还可以添加一些有利于罗非鱼生长的非营养性添加剂。肉碱也可提高罗非鱼的增长速度，德国研究人员发现在饲料中添加 600 毫克/千克的醋酸镁可使罗非鱼增重约 30%。大蒜素中的三硫醚对多种病菌具有杀灭和抑制作用，在罗非鱼饲料中添加50毫克/千克的大蒜素，发现罗非鱼的增重率、成活率均高于对照组，饲料系数低于对照组。

三、配合饲料加工生产

配合饲料加工生产内容，包括全价饲料配方、加工工艺、饲料形态、应用期分类等。

1. 全价饲料配方

配合饲料配方的科学性，是否符合水产动物的生长，是保证饲料质量的关键，理想的配方需要在生产过程中吸取养殖户的意见，并通过试验逐步完善。美国大豆协会推荐的罗非鱼全价饲料配方见表4-6，该饲料的营养成分近似值为：粗蛋白质32%，粗脂肪6%，有效磷0.8%。

表4-6 美国大豆协会推荐的罗非鱼全价饲料配方

原料名称	用量	维生素预混料	用量	矿物质预混料	用量
鱼 粉	100千克	维生素A	550万IU	硫酸铜	20克
豆 粕	400千克	维生素D	200万IU	硫酸亚铁	200克
面 粉	225千克	维生素E	5万IU	碳酸镁	50克
米 糠	140千克	维生素K	10克	碳酸锰	50克
棉籽粕	52千克	维生素B_1	20克	碘化钾	10克
菜籽粕	50千克	维生素B_2	20克	硫酸锌	60克
豆 油	20千克	维生素B_6	20克	氯化钠	5克
维生素预混料	1.5千克	维生素B_{12}	1克	碳酸钴	1克
矿物质预混料	1千克	烟 酸	100克	亚硒酸钠	2克
磷酸二氢钙	10千克	泛 酸	50克		
		氯化胆碱（70%）	550克		
		叶 酸	5克		
		生物素	1克		
		肌 醇	100克		
		维生素C（包膜或磷酸酯）	500克		

2. 加工工艺简介

鱼类配合饲料的加工工艺主要包括粉碎、配料、混合、制粒、冷却、计量及包装等工序。由于鱼类生活在水中，因此对饲料的粉碎、制粒等工艺比畜禽饲料要求更高，物料粉碎的粒度要更细，制粒前的熟化时间要更长，使各种原料充分熟化，以利于鱼类消化吸收，减少饲料含粉率，并使颗粒在水中成形时间长。

3. 配合饲料形态

罗非鱼人工配合饲料形态主要有两种：一种是普通颗粒料；另一种是膨化料。在生产普通颗粒料时，饲料调质温度最好控制在80~95℃。饲料经充分调质，糊化度好，水中稳定时间较长，饲料外形光滑美观（见彩图4-8）。生产罗非鱼膨化料时，采用超微粉碎工序，80%以上过80目，生产出的罗非鱼料外形美观，而且对膨化机的磨损小，延长其使用寿命。

无论是普通颗粒料还是膨化料，其粒径大小基本上在1.5~5.0毫米。一般膨化料价格高于普通颗粒料，但膨化料养殖效果优于普通颗粒料，养殖效益突出。因为膨化饲料可以提高饲料中淀粉的糊化度，从而提高罗非鱼对饲料中能量的利用能力。在罗非鱼养殖生产中，使用膨化饲料的饲料系数为1.2~1.5，而普通颗粒饲料的饲料系数为1.8左右。

4. 饲料应用期分类

关于饲料应用期的分类，企业各不相同，有鱼苗、鱼种、成鱼料的叫法，也有鱼花、仔鱼、幼鱼、中成鱼料的称呼，也有按鱼体重的大小进行分类的，导致养殖者使用时有些困惑。因此，国家有必要对罗非鱼饲料的直径规格及其使用对象的大小做一个统一规定，使广大饲料生产厂商有标准可依。

第五节　渔用饲料投喂技术

在养殖生产中，饲料投喂技术的高低直接影响饲料的转化率及养殖效果。因此，科学选用配合饲料进行合理投喂直接关系到水产品的经济效益。饲料投喂技术包括确定最适投饲量、投饲次数、投饲时间和投喂方法等。

一、饲料投喂原则

为了提高饲料的利用率，降低饲料系数，养好各种鱼类，发挥饲料的最大效率，投喂饲料应遵循"四定"（定时、定点、定量、定质）原则，保证让养殖鱼类吃好、吃饱（见彩图4-9）。

1. 定时

投饲必须定时进行，以养成鱼类按时吃食的习惯，同时选择水温较适宜、溶氧量较高的时间投饲，以提高鱼的摄食量，提高饲料利用率。如投喂罗非鱼，正常天气，当水温在20～25℃时，每天投喂两次，一般在上午8—9时和下午4—5时投饲各一次，这时水温和溶氧量升高，鱼类食欲旺盛。当水温在25～35℃时，每天投喂3次，分别在上午8时、下午2时和6时投喂。当初春和秋末冬初水温较低在20℃以下时，每天投喂1次，时间在上午9时或下午4时；夏季如水温过高，当水温在35℃以上时，每天投喂1次，选在上午9时。

2. 定点

投饲必须有固定的位置，使鱼类集中在一定的地点吃食，便于检查鱼类摄食情况，清除残饲和进行食场消毒。投精饲料一般选在饲料台上进行投喂，最好在池塘中间离塘基3～4米处搭设好饲料台，一般每亩池塘搭建1～2个，以便定点投喂。也可以将玉米等不易溶散的粒状饲料，投在池边底质较硬且无淤泥的固定地点（水深1米以内），形成食场，效果也较好。投喂青饲料可用竹竿搭成三角形或方形的框，投于框内。

3. 定量

投喂人工配合饲料，要按饲料使用说明，根据池塘条件及鱼类品种、规格、重量等确定日投喂量，每次投饲以80%～85%的鱼群食后游走为准。如果投饲量只有饱食量的70%，其饲料系数会比较低，但生长比较慢；如果投饲量达到100%的饱食量，生长快，但饲料系数会比较大；如果投饲量超过鱼类100%的饱食量，就会破坏水质，增加水质管理和饲料费用的开支。

4. 定质

选择正规厂家生产的饲料，要求配方科学，配比合理，质量过硬。投喂的饲料必须新鲜，不使用腐败变质的饲料，防止引起鱼病。饲料的适口性要好，适于池塘混养的不同种类和不同大小的鱼类摄食。必要时在投喂前对饲料消毒，特别是在鱼病流行季节更应这样做。

二、科学投喂饲料

当日投饲量确定后，一天之中要分几次来投喂，这就要灵活掌握投喂次数，确定投喂方法。配合饲料投喂一般有人工投喂和机械投喂两种。

1. 投喂次数

投喂次数与鱼类的生长和饲料的利用率有关系。罗非鱼为"无胃"的杂食性鱼类，摄食饲料由食道直接进入肠内消化，一次容纳的食物量较少。因此，对罗非鱼采取每天多次投喂，有助于提高消化吸收和提高饲料效率。一般鱼苗、鱼种阶段分4~5次投喂，成鱼阶段分2~3次投喂。鱼规格越小，投饲次数要越多。每次间隔3~4小时，间隔时间应均匀。但在实际生产中，有时候限于人力、物力和时间等因素，每天实际投饲的次数会比应该投喂的次数要少些。不同规格罗非鱼的日投饲率和投饲次数见表4-7。

2. 人工投喂方法

一般人工投喂需控制投喂速度，投喂时要掌握两头慢中间快，即开始投喂时慢，当鱼绝大多数已集中抢食时快速投喂，当鱼摄食趋于缓和，大部分鱼几乎吃饱后要慢投，投喂时间一般不少于30分钟，对于池塘养鱼和网箱养鱼人工投喂可以灵活掌握投喂量，能够做到精心投喂，有利于提高饲料效率，但费时、费工（见彩图4-10）。

表 4-7　罗非鱼的日投饲率和投饲次数

鱼平均体重/克	投饲率/（体重%）	投饲次数/（次/天）
25	4.5	3
50	3.7	3
75	3.4	3
100	3.2	3
150	3.0	2
200	2.8	2
250	2.5	2
300	2.3	2
400	2.0	2
500	1.7	2
600	1.4	2

3. 设置饲料台

池塘养殖罗非鱼等鱼类，应合理设置饲料台，方便观察鱼类摄食，及时清除残饲，调整投饲量。饲料台可以用竹子、芦苇等材料编织的席子或木板制成，饲料台四周用竹竿或木桩固定，设置在离池边 1～2 米，没入水面以下 0.5～0.8 米处，春秋季水温较高时，就可以直接在池塘底部的一边设置水泥或其他硬质的平台为饲料台（见彩图4-11）。

网箱养殖罗非鱼，则可以直接在网箱底部用密眼网纱做底衬，投喂后，及时检查箱底残饲情况，调整投饲量，定期清洗和更换网箱底衬，以减少饲料流失，提高饲料的利用率，避免箱底污染，诱发鱼病。

4. 机械投喂

大水面养殖最好采用机械投喂，即自动投饲机投喂，这种方式可以定时、定量、定位，同时具有省时、省工等优点，但是，利用机械投饲机不易掌握摄食状态，不能灵活控制投喂量（见彩图4-12和彩图 4-13）。

三、降低饲料成本

投喂饲料养鱼，如何降低饲料成本？除合理投喂外，还要做到：

1. 严格清塘消毒

池内野杂鱼、杂虾较多，会与养殖鱼类争夺饲料，凶猛性鱼类甚至会残食放养鱼种，降低饲料的利用率，因而应注意将其清除。一般可采用干法清塘或带水清塘两种方法：干法清塘时，可按每亩使用生石灰 75 千克左右或漂白粉 4~5 千克；带水清塘时，每亩可用生石灰 150 千克左右全池泼洒，尽量使池底泥土与生石灰拌匀，以彻底杀灭寄生虫、病原体及野杂鱼等，减少争食对象，提高饲料利用率。

2. 注意合理放养

以罗非鱼为例，养殖方式主要是池塘养殖和网箱养殖，适宜与罗非鱼混养的鱼类，主要有鲢鱼、鳙鱼、草鱼、鳊鱼和淡水白鲳等。每年春季当水温回升稳定在 18℃ 以上时，便可放养冬苗。池塘主养，一般每亩放养罗非鱼种 1 500~3 000 尾，同时，混养鲢、鳙鱼种各 50~100 尾，以控制水质；与其他鱼混养时，可放 200~500 尾/亩。罗非鱼在网箱中可以单养、主养或搭配养殖。鱼种应以大规格为好，进箱规格一般为尾重 10~50 克，平均以 30 克为好。放养量应根据水质条件确定，溶氧量在 3 毫克/升以上时，放养密度每立方米水体放养 100~300 尾。另外，随着鱼体不断长大，为调节好养殖密度，提高效益，可分批起捕上市及轮捕轮放，以调节水体中的载鱼量，提高饲料回报率。

3. 调节水质环境

养鱼先养水，水质的好坏影响养殖鱼类的生长速度及饲料系数。放养鱼类一般喜清新的水质，水质好，生长迅速，疾病少，可充分利用饲料，降低饲料系数。因而养殖罗非鱼应注意调节水质，保持水质清新。一般要求水呈黄绿色，透明度 30~40 厘米，溶氧 3 毫克/升以上为好。池塘养殖时，要经常更换池水，保持清新的水质，严防浮头和泛池。一般每15天左右加换新水一次，每次换水10~20厘米，使池塘水位保持在1.5米左右，高温季节时可适当增加换水次数。在养殖期间，还要视天气、水温及鱼类摄食情况，适当开增氧机增氧，在天气变化、气压低，水中溶氧低于3毫克/升鱼类浮头时，要加大开机频率和开机时间。水库网箱养殖时，要经常刷箱，洗掉网箱污物及附着藻类，使水体充分交换，还要定期查箱，发现破损及时修补，以免跑鱼或凶猛鱼类入箱。必要时还要不断调整网箱，随着水库水位涨落，把网箱调节到水深适宜的位置，使放养鱼类拥有一个良好的摄食环境。

第五章 养殖环境和水质管理

内容提要：养殖环境要求；养殖池塘条件；养殖水质管理；水环境生物修复；池塘整治改造。

　　为适应水产健康养殖工程的不断推进，无公害食品生产必须从源头抓起，这是保证食用安全的根本。建设水产健康养殖示范基地是全面推进健康养殖、加快渔业现代化建设的重要举措。各级水产技术推广机构要按照农业部的要求，采取有力措施，积极引导养殖企业、集体经济组织和专业合作社等单位参与创建活动，并确保创建活动达到良好效果。同时，积极争取和整合各类政策、项目和资金，支持创建单位改造养殖生产条件、提升养殖设施装备；组织技术力量帮助创建单位规范生产操作，建立和完善各项管理制度建设，带动水产健康养殖整体发展。鳜鱼是名贵水产养殖品种，对养殖环境条件要求高。本章以鳜鱼健康养殖为例，探讨如何建设健康养殖基地，创造良好的养殖环境条件和加强水质管理。

第一节 养殖环境要求

　　优质的水产品来源于良好的环境，无公害商品鳜产地环境的优化选择技术是无公害鳜鱼生产的前提。产地环境质量要求包括无公害水产品渔业用水质量、大气环境质量及渔业水域土壤环境质量等要求。

无公害鳜鱼养殖场的选址、设计和建设应考虑潜在的水产品安全危害因素。水体环境的生物、化学污染，土壤与水的相互作用及其对水质的影响都有可能对商品鳜的安全造成危害。土壤的性质能够影响池塘的水质，水的酸碱度等因素与土质也有关。如酸性土壤降低水的 pH 值，并有可能使土壤中的部分金属析出，池塘也能通过邻近的农田、水域或其他途径而受杀虫剂以及其他化学品污染，从而导致商品鳜鱼含有过量化学有毒、有害化学物质。因此，养殖场周围一定范围内应无污染源（包括污水、粉尘、有害气体等），池塘开挖前应进行土壤调查，以确定该土壤是否适合于鳜鱼养殖。

一、水质与水深

鳜鱼、饲料鱼等水生经济动物，终生生活在水中，它们离开水，就像人类失去大气一样无法生存，所以说水环境是它们赖以生存的基本条件。池塘水环境的好坏直接影响商品鳜的产量和质量。鳜鱼养殖场应有良好的水质条件和充足的水源供给。

1. 水质要求

水是鱼类赖以生存最基本的条件，水质的好坏直接影响到鱼类的健康，而水体中的各因素又直接影响到水质的好坏。鳜鱼养殖池塘的水质应该满足渔业用水标准，要求水质清新，不能含有过量的对人体有害的重金属及化学物质，池塘的底泥及周围土壤中的重金属含量指标不超标。

养殖用水水质要求 pH 值为 7.0 ~ 8.5，溶解氧量在连续的 24 小时中，16 小时以上应大于 5 毫克/升，其余时间不得低于 4 毫克/升。总硬度（以碳酸钙计）为 89.25 ~ 142.8 毫克/升，有机耗氧量在 30 毫克/升以下，氨氮 0.1 毫克/升以下，硫化氢不允许存在。工矿企业排出的废水或生活污水，往往含有对水生动物有害的物质，没有经过分析和处理，不能作为养殖用水。水中有毒、有害物质含量应符合 NY 5051—2001《无公害食品 淡水养殖用水水质》要求（表 5-1）。

表 5-1 淡水养殖用水水质要求

项目	标准值
色、臭、味	不得使养殖用水带有异色、异臭、异味
总大肠菌群（个/升）	≤5 000
汞（毫克/升）	≤0.000 5
镉（毫克/升）	≤0.005
铅（毫克/升）	≤0.05
铬（毫克/升）	≤0.1
铜（毫克/升）	≤0.0l
锌（毫克/升）	≤0.1
砷（毫克/升）	≤0.05
氟化物（毫克/升）	≤1
石油类（毫克/升）	≤0.05
挥发性酚（毫克/升）	≤0.005
甲基对硫磷（毫克/升）	≤0.000 5
马拉硫钾（毫克/升）	≤0.005
乐果（毫克/升）	≤0.1
六六六（丙体）（毫克/升）	≤0.002
滴滴涕（毫克/升）	≤0.001

　　日常管理中，应每天都对养殖水体的温度、pH 值、溶解氧、氨氮、硫化物等污染指标进行测定。通过水质的分析以及对底质污染指标的监测，从而测出污染物的组成、变化及迁移的情况。以上监控都要建立纠偏和验证程序，并保存记录。

　　2. 水源条件

　　鳜鱼养殖场应有充足的水源、良好的水质供给。鳜鱼主养池放养密度相对较高，又必须有足量的饲料鱼供应，排泄物比常规鱼塘要高得多。池水耗氧量往往较高，溶氧量降低，水质容易恶化，易导致池鱼严重浮头。如无法及时加注溶氧量高的新水，易造成泛塘，引起池鱼大量死亡。增氧机虽可防止泛塘，但不能从根本上改善水质。良好的养殖的水源是健康养殖的关键前提。工业、农田及居住区的废水排放，都可能带来过量的重金属、农药、病毒细菌等，为此，水产养殖场要远离工业、农田及居住区，以避免水源受到污染。

水源以无污染的江河水、湖水或大型水库水为好。这种水含氧量较高，水质良好，适宜于鱼类生长。使用井水时，可先将井水抽至一蓄水池中，让其自然曝气和升温，通过理化处理后也可作为水源。

总之，应确保水源水质的各项指标符合农业部行业标准 NY 5051—2001《无公害食品　淡水养殖用水水质》，淡水养殖水源应符合 GB 11607《渔业水质标准》的规定，最大限度地满足鳜鱼对水质的需求，使鳜鱼在相对优越、安全的条件下快速育肥长成。

二、土质与环境

养殖场所的土质与环境条件对养殖水质等影响很大，因此，养殖场所的土质与环境要符合如下方面的要求：

1. 场地要求

鳜鱼养殖场地应是生态环境良好，无或不直接受工业"三废"及农业、城镇生活、医疗废弃物污染的水（地）域；养殖地区域内及上风向、灌溉水源上游，没有对产地环境构成威胁的（包括工业"三废"、农业废弃物、医疗污水及废弃物、城市垃圾和生活污水等）污染源。

2. 土质要求

池塘的土质以壤土最好，沙质壤土和黏土次之，沙土最差。壤土透气性好，黏土容易板结、通气性差，沙土渗水性大，不易保水且容易崩塌。养殖池的底质应无废弃物和生活垃圾，无大型植物碎屑和动物尸体，底质无异色、异臭，自然结构。底质有毒、有害物质含量应符合 NY 5361—2010《无公害食品　淡水养殖产地环境条件》中的规定。

3. 池塘要求

实施鳜鱼健康养殖的池塘应通风，池塘大小、水体温度、盐度等要符合鳜鱼生活习性的要求，底质要符合鳜鱼的特性，无大型植物碎屑和动物尸体等废弃物、生活垃圾，无异色、异臭。池塘应配备增氧机、水处理、贮存、捕捞等辅助设施，有条件的最好能设立环境和病害检测分析室，配置必需的检测、分析仪器和设备。还应在临近养殖区处建设仓库，须通风、干燥、清洁、卫生，有防潮、防火、防爆、防虫、防鼠和防鸟设施。

鳜鱼养殖主要投喂鲮鱼等活的饲料鱼苗。在高密度的养殖池塘，鳜鱼摄食高蛋白饲料鱼后会排泄大量含氮代谢物，再加上饲料鱼苗的排泄，使得大量排泄物进入水体来不及分解就沉积在水体底部，在水体底部会形成厌氧区，有机物厌氧发酵会产生大量有毒物质，从而影响鳜鱼的生长和生存。同时还会产生氨和硫化氢等有害物质，影响鳜鱼生存和生长。因此，主养池需每年清淤，并保留适量的淤泥（10~15厘米）。这样既可以减少池底过多的有机物所带来的危害，还能有利于稳定水质，是实行无公害养鳜的重要措施。

4. 大气质量

无公害水产品生产对大气环境质量规定了4种污染物的浓度限值，即总悬浮颗粒物、二氧化硫、氮氧化物和氟化物浓度应符合GB 3905—2012《环境空气质量标准》的规定。

三、交通与机电

养殖场所不仅需要环境和水源、水质条件良好，还需要交通方便、电力供应和机电配套。

1. 交通条件

交通方便有利于放养鱼种、饲料鱼苗和商品鱼等运输，以及人员来往和信息交流，都与交通、通信有密切关系，因此，要求交通方便，不仅有利于建场时的材料运输，而且有利于建场后成鱼养殖生产中放养鱼种、饲料鱼苗和其他材料等的运进，以及商品鱼的进出等。

2. 电力供应

随着鳜鱼养殖技术不断完善和成熟，根据高密度集约化饲养鳜鱼的要求进行人工配合饲料养鳜，同时根据生产水平和规模相应配套好增氧设备和饲料加工设备及其他机电设备，既有利于生产水平的提高，又有利于推进鳜鱼养殖向工业化、产业化方向发展。

只有电力供应可靠，才能保证排灌、增氧等养殖生产设备的正常运转，以保障生产顺利进行。

第二节　养殖池塘条件

鳜鱼健康养殖的主要途径是池塘养殖，一些大型渔场通过人工开挖或洼地改造而成。人们可以对池塘加以控制，鳜鱼为淡水名贵鱼类，养殖池塘一般条件比常规鱼饲养池要高。

一、池塘条件要求

鳜鱼养殖池塘主要要求是布局合理、水源水质好，面积和水深适宜；淤泥较少，水源充足，底质以沙壤土为好，要求池塘淤泥少于 20 厘米，并有一定量的底栖生物和适量水生植物，如螺、蚬、水草等。良好的养鳜池塘应具备以下几方面的条件。

1. 池塘布局

鳜鱼养殖池塘可分种苗培育池、商品养成池和饲料鱼配套池，应根据选址环境和生产需要等因地制宜、合理布局。池塘布局应从有利于灌排水、生产、运输，以并联方式为宜。并联指每个池塘直接从引水渠中取水或排出，注水一次性使用，水质清新，溶氧充足，容易控制池塘水质；同时，池塘间彼此独立，对防止病害的交叉感染和药物的施用较为有利；因起捕鱼等原因断水也不影响其他池塘，生产中凡条件许可时均应采用并联布局（见彩图 5-1）。

2. 池塘形状

池塘形状应整齐有规则，最好以东西长、南北宽的长方形为好。其优点是池埂遮阴小，水面接受日照时间长，有利于浮游植物的光合作用产生氧气，并且夏季多东南风，水面容易起波浪，使池水能自然增氧，有利于养殖对象生长。长方形池塘地面利用率高，施工方便，相邻池塘可共用的池堤量大，其清污、起捕等操作也较为方便。长方形池塘的长宽比以 5∶3 为宜，这种长方形鱼池不仅外形美观，而且拉网操作方便，注水时较易形成全池的池水流转。但需结合当地地形的合理利用、常年风向和水体交换充分程度等。

不论何种形状的池塘，都应避免在池塘换水时出现涡流和静水区域。涡流指水流在池中某一区域形成定向的旋转运动，涡流便池中残饵粪便等污物较长时间滞留于池中而难以去除；池塘中静水区域又称死角，此类区域中养殖水体得不到有效交换，残渣污物难以清除，池塘出现死角多是因池塘形状、面积与进、排水口位置及流量不适而产生。

3. 池塘大小

单养鳜鱼池面积不宜过大，小池塘养鳜效果较好，这样有利于提高饲料鱼的密度，增加鳜捕食机会，减少其体能消耗，提高鳜生长速度。根据目前鳜鱼养殖的管理水平，池塘面积一般以 6~10 亩较为适宜；大规格鱼种培育面积可相对小些，以 1~3 亩为宜。如果主养鳜鱼池面积过小，虽有利于提高饲料鱼的密度，增加鳜捕食机会，减少其体能消耗，提高其生长速度，但水体环境不容易稳定；面积过大，所投饲料鱼不容易被鳜鱼吃到，同时产生吃食不均等现象，且池大受风面大，容易形成大浪对池埂造成影响，对其他管理也不方便。

4. 池塘水深

鳜鱼养殖池塘水深以 1.5~2.5 米为好，具体视饲料鱼品种确定，以鲢鱼、鳙鱼、鲮鱼种为饲料鱼时，宜选浅塘，因为鲢鱼、鳙鱼、鲮鱼均为上层鱼类，特别是鲢鱼游动十分迅速，塘浅一点有利于鳜鱼捕食；以底栖鱼类作为饲料鱼时，池塘可深一些。

但鳜鱼养殖池塘不是愈深愈好，如池水过深，深层水中光照度很弱，浮游生物数量不多，光合作用产生的氧也很少，并且受力所形成的对流作用也极小，而有机物残渣的分解需大量耗氧。尽管由饲料鱼的游动能造成部分上下层水的对流，但深层水还是经常缺氧。据测定，主养鱼池水深 3 米以下处的溶氧量均值在 1 毫克/升以下。因此，池水过深对鱼是不利的。

实践证明，主养鳜池长年水深应保持在 1.5~2.0 米为宜，鱼种培育池水深一般为 1.0~1.5 米。

5. 进、排水设施

整个设施分进水控制闸，排水控制闸、导流通道及启闭装置等部分。其结构、位置的确定，应保证池水交换的充分性以及生产的安全性。

池塘坡比为 1:1.5~1:2.5；塘底向排水口处要有一定的倾斜度，便于干塘捉鱼，塘内最好培植少量水草，有利于鳜栖息和捕食。

6. 池塘周围环境

池塘周围不宜种植高大树木和高秆作物，以免阻挡阳光照射和风力吹动，影响浮游植物的光合作用和气流对水面的作用，从而影响池塘溶氧量的提高。

二、改善池塘环境

池塘是鱼的生存活动场所，其环境条件直接影响鱼的生长和成活。需要加以整治改造，改善环境条件。

1. 池塘改造

鳜鱼养殖的池塘一般是根据地形条件和进排水流向，因地制宜，按照本节要求的池塘条件开挖的，以水面日照时间长、有利于水生生物的光合作用为前提。如池塘达不到上述要求，就应加以改造。改造池塘时应按上述标准进行，小改大；不规则改规则；并将池底周围淤泥挖至堤埂边，贴在池埂上，待稍干后拍打夯实，这样既能改善池塘条件，增大蓄水量，又能为种植提供优质肥料。

2. 干塘清淤

除新开池塘外，其他池塘经过一定时期的养鱼后，因死亡的生物体、鱼的粪便等不断积累，加上泥沙混合，池底逐渐会积存一定厚度的淤泥，对鳜鱼养殖弊多利少，养鳜池塘要求淤泥较少、淤泥深度在20厘米以下。因此，每年冬季或鱼种放养前必须干池清除过多的淤泥，并让池底日晒和冰冻，改良底质。最好用生石灰清塘，每亩用生石灰100~150千克，一方面杀灭潜藏和繁生于淤泥中的鱼类寄生虫和致病菌；另一方面中和土质，使池底呈弱碱性，有利于提高池水的碱度和硬度，增加缓冲能力。

3. 池塘修整

在投放鱼苗前的20~30天，将池水排干，用泥耙把池底浮泥随水排出塘外，推平塘底。塘底淤泥经1~2天日晒后，挖起贴在塘壁上。塘底留下5~10厘米深的淤泥，将它翻动晒干，使泥里的有机腐殖质转化为营养盐类，以利于进水后水质变肥。最后修理进出水口，清除池塘杂草等。

三、全面合理清塘

池塘经过一定时期的养鱼后，各种有害的致病菌和寄生虫孢子潜伏于淤泥残渣中，当外界环境改变有利于病原体大量繁殖时，易引起体表受伤或体质瘦弱的鱼发病，这就是常见的鱼类暴发性传染病发病的主要原因。特别是上年发过鱼病的池塘，如不加以清塘整理，发病机会将大大增加。

1. 生石灰清塘

生石灰即氧化钙遇水水解熟化，形成强碱性氢氧化钙，可杀死各种病原体、野杂鱼和敌害生物等，生石灰含大量钙，是池塘绿色生物和动物的必需元素，所以施用生石灰能使水质变肥，并能改良池塘土质，调节水体酸碱平衡，澄清池水，有利于鱼类生长。

（1）**干法清塘**　修整鱼塘后积水6~10厘米深，在塘底四周挖若干水坑，倒入生石灰加水溶解，趁熟化放热时向坑中均匀泼洒石灰水。第二天用铁耙将塘底淤泥与石灰浆搅和，以加强清塘效果。生石灰用量为每亩75~100千克。

（2）**带水清塘**　对没有排水的池塘采用此方法。在塘边挖土坑或将石生灰放在瓦缸内用水溶化，还可用水泥船溶化全池泼洒石灰浆。生石灰用量每亩每米水深 125~150 千克。生石灰清塘后 7~10 天可放鱼苗。

2. 漂白粉清塘

漂白粉清塘用量每亩每米水深 15 千克，加水溶化后全池泼洒，泼完后用船桨划动池水，使药物在水中均匀分布。干池清塘每亩用漂白粉 8~10 千克，放药 5~7 天后药性消失才可放鱼苗。

3. 茶籽饼清塘

茶籽饼含有 10%~15% 的皂角碱，能杀死杂鱼和水生生物，对细菌没有作用，用作肥水则副作用大，茶籽饼每亩每米水深用量为 40~50 千克，用时将茶籽饼敲碎放在水缸加水浸泡一昼夜，浸泡后连渣加入大量水全池泼洒，清塘 10~15 天后放鱼。

4. 氨水清塘

氨水呈强碱性，能杀死鱼类和水生昆虫，兼有肥水作用。清塘时每亩 10 厘米水深用量为 50 千克将氨水稀释 10 倍，并加塘泥搅拌均匀以减少氨水挥发，全池塘泼洒。泼后 1 天进水，7 天后可放养鱼苗。

药物清塘后，在放养鱼苗前 2~3 天，用网箱装 20~30 尾鱼苗试水，证明药力消失后才投放鱼苗。

第三节　养殖水质管理

池塘养鳜是中国商品鳜生产的主要途径，养殖用水大多取自江河、湖泊和水库等水域，可见能够用作鳜鱼养殖场所的水源还是很多。但目前水体状况不容乐观，受人类活动的影响，大量工业有毒污水、生活污水排向江河、湖泊等水域，不仅造成鱼类资源枯竭，而且对养殖用水亦产生严重威胁。随着鳜鱼集约化生产的发展，鳜鱼赖以生存的水环境引起人们的高度重视，水体质量的好坏直接影响鳜鱼养殖的成败，因此，了解和研究鳜鱼水体环境及其影响，就能有目的地调控水体质量，满足鳜鱼生长发育的需要。

一、水质指标调控

鳜鱼与其他鱼类相比，对水质的要求较高。要养好鳜鱼，必先养好水质，减少生态环境改变对养殖鳜鱼产生的不良影响。所以调节并维护水生态环境的平衡与稳定，是鳜鱼养殖中不可忽略的问题。因此，对养殖鳜鱼的池塘水质要进行跟踪监测，定期记录水温、透明度、水色、浮游动物数量，测定塘水的溶氧、亚硝酸盐氮、氨氮、营养级别，对养殖过程中水质突变或微变，采取相应的调控措施，有效地防止水质恶化，控制鳜鱼疾病的发生。

1. 水温

鳜鱼对水温的适应范围较广，0～36℃范围内均能生存，鳜鱼摄食生长适宜温度为 18～30℃，在此范围内随着温度的升高，鳜鱼的摄食量增加，生长速度加快；高于或低于此温度范围都会影响鳜鱼的摄食率和生长速率。因此，鳜鱼的最适生长温度为23～28℃。

养殖鳜鱼的池塘，水体上层与底层水温温差控制在3～5℃，采取调控方法：中午开增氧机 1～2 小时，促进上下水的循环，减少塘水在时间、空间的温差。

2. 水色

鳜鱼养殖池塘水色以绿豆色最好，如塘水忽然呈浑浊，经检测，氨氮、亚硝酸盐氮一般偏高，另一方面很可能是某种疾病发生的先兆。采取调控措施为：换水或施用净水剂，增加开增氧机的次数，连续两天施加"桂花 2 号"（珠江所生产）及二氧化氯制剂，这样第三天氨氮，亚硝酸盐氮会降低，水色逐渐呈浅绿色或绿色。但这些只是管理不善的补救办法，保持较稳定的水色关键在于日常的监测和预测调控。

鳜鱼下塘前，要培好水色，以嫩绿色为宜，养殖中后期应始终保持"肥、活、嫩、爽"的标准。

通过测定塘水的营养级别来判断肥瘦程度，营养级别低时，通常藻类偏少而缺氧，通过全塘泼洒"嫩绿剂"（珠江所生产）等调控物品及大草沤水，能迅速地促进藻类的生产，增加溶氧；营养级别高时，通过全塘泼洒"净水剂"和"毒虫2号"（均为珠江所生产），一般两天后水质开始变好，防止了塘水的恶化。

3. 透明度

透明度以25~30厘米最好，如小于25厘米，通常塘水较肥，可以全塘泼洒"净水剂"；如大于35厘米，往往塘水较瘦，容易出现缺氧，可以全塘泼洒"嫩绿剂"；大草沤水或者根据水质检测结果选择施加的有机肥和无机肥，经过适当的处理，第二、三天水质相应变好，防止了塘水的恶化。

水中悬浮固体是形成水浑浊度的主要因素，悬浮颗粒越大，硬度越大，棱角越多，对鱼类鳃组织损伤的可能性越大。它直接影响鱼类的游泳，降低水体的光照度，减少水体天然饵料生物和溶解氧含量。高浓度的悬浮物，能引起鱼类的直接死亡，提高鱼类的敏感性，降低生长速率。根据鳜鱼的生长特点，水体中悬浮固体宜控制在25毫克/升以下，最多不超过80毫克/升。

4. 溶解氧

溶解氧是鱼类赖以生存的物质基础。鳜鱼对水质要求高，主要是指它对水中溶解氧含量的要求高。鳜鱼不同发育阶段对溶解氧的要求不同。充足的溶解氧（大于5毫克/升），鳜鱼生长良好，饵料利用高；低溶解氧（小于3毫克/升），不仅影响鳜鱼的生长发育，还会因溶氧严重不足（小于1毫克/升）使其窒息死亡。试验表明：鳜鱼池水中溶解氧昼夜变化规律为下午14—15时溶解氧最高，早晨6时最低。陈英鸿等（1995）研究表明：鳜鱼的窒息点与家鱼较接近，变化范围为0.45~0.76毫克/升，但忍耐低氧时间短，鳜鱼的耗氧率与家鱼相反，黄昏至凌晨是高峰期，白天是低谷期。水体中溶解氧昼夜变化与鳜鱼摄食活动密切相关。一般地，良好的水质要求溶解氧在5毫克/升以上，最低不能低于3毫克/升。

保持池水溶氧 4.0~5.3 毫克/升可以维护鳜鱼正常生产，要求精养鳜鱼池配备足够的增氧机，以叶轮式增氧机为宜，以水车式增氧机为辅，并适时开启增氧机，晴天下午 13—15 时开机 2~3 个小时；阴雨连绵，气压低的闷热天气应提前开机，消除氧债，并注意通宵开机，以避免发生浮头死鱼事故。

在养殖场过程中进行相应的水质调控得到了较好的效益，成活率都达 80%以上，发病率也相应减少。根据水质变化的预测选择适当的调节物品，控制水中藻类，微生物的生长，可以防治养殖后期出现的水质恶化，控制疾病发生，从而达到高产，稳产提高经济效益的目的。

5. pH 值

pH 值是池塘水质的一个重要指标，它直接影响着水体生态环境中各种化学或物理变化，影响水中有毒物质的毒性，特别是对分解成离子状态及明显有毒的非离子部分，如氨、重碳酸氢盐及硫化氢等；pH 值的降低或升高，可使这些有毒物质毒性加强，致使鱼类中毒。pH 值过高或过低，对鱼类也有直接的损害，可使鱼的鳃组织遭到破坏，引起鱼血液酸中毒，无力调节渗透压，降低血液载氧能力，使鱼因缺氧窒息死亡。实验表明：鳜鱼对 pH 值的耐受范围为 4.1~9.1，pH 值为 9.1 以上即可使鳜鱼致死。因此，鳜鱼主养池的 pH 值，应控制在 6.5~8.5。

pH 值以 6.5~8.5 较好，偏低时采用生石灰全塘泼洒；偏高时换水 1/2，可降低值，也可以根据水质条件灵活配制调控剂。

6. 亚硝酸盐、氮和氨氮

水体中亚硝酸盐对水生生物具有一定的毒性，这是含氮有机物被分解后的中间产物。亚硝酸盐的存在表明池水中的硝化作用不完全，溶氧不足，更会导致鱼类的食量下降，生长受到抑制甚至死亡；高浓度的亚硝酸盐对鳜鱼苗有明显的致毒作用，但是，只要水体中溶氧充足，亚硝酸盐浓度不会太高，对鳜鱼不会造成危害。

亚硝酸盐氮和氨氮偏高往往造成鳜鱼大量死亡，其降低措施可以采用：①适当换水，②多开增氧机，③施放"鱼虾快速增氧剂"，④施放石膏粉，⑤施放"鱼菌清2号"（珠江所生产）等氧化氯剂。

7. 氨

水中氨的来源，除了人工施肥外，主要是含氮有机物经细菌分解、氨化作用而形成的最终产物，在水中以两种形式存在，即离子态氮（NH_4^+）和非离子态氮（NH_3），并且相互转化。只有非离子部分的氨对鱼类有毒，其毒性与水体酸碱度、水温和盐度等因素有关，且随着 pH 值和温度的上升而增加；尤其在盛夏高温季节，浮游植物光合作用强烈，水中 pH 值较高，鱼类代谢旺盛，排泄物增多；非离子态氨比率不断增大，对鱼类的毒性也明显增强。其毒副性作用的机理表现为：抑制鱼类氨的排泄量，使鱼血液和组织中氨的浓度升高，破坏鳃组织，降低血液载氧能力，使鱼的呼吸机能下降，窒息死亡。实验表明：鳜鱼种对水中非离子态氨较敏感，其安全浓度为 0.052 毫克/升（pH 值为 7.9、温度为 25℃时），长期接触较高浓度的氨，鳜鱼的生长将会受到抑制。

8. 硫化氢

水中硫化氢的来源主要是由于水体底层缺氧，底泥有机物经生物作用和化学作用而产生，对鱼类有很强的毒性。鱼池中硫化氢的浓度宜控制在 0.1 毫克/升以下。

9. 总磷

鳜鱼主养池一般很少施肥，特别是磷肥，池中磷的来源有限，常常表现为氮磷比例失调。研究表明，主养鳜鱼池水体磷严重不足（氮磷比为 26.8∶1），成为浮游植物生长的限制因子，间接地影响水体中溶解氧的含量。Weiss（1979）提出大水面浮游植物适宜的氮磷比为 9~12∶1，大于 13∶1 为磷限制，鳜鱼池水体中适宜的氮磷比则以此为标准。

二、水质控制技术

目前，鳜鱼养殖的主要方式有池塘养殖、网箱养殖、稻田养殖等，但大多是以投喂活饵料鱼或其他生物来促进其生长的，因而必须尽力克服水质污染和富营养化现象，加上鳜鱼本身的分泌物和排泄物，不用污染的水源，不用工农业污水和生活污水排入的水源。尤其在高温或疾病高发季节，加上养殖排泄物，水质极易恶化，有害气体极易产生，对鳜鱼的食欲、健康和生长影响很大，甚至暴发疾病。所以必须重视水质控制技术，创造良好的生态环境。

1. 初级处理引用水

引自江河、湖泊的鳜鱼养殖生产用水，由于每年汛季（也是生产用水高峰季节），江河、湖泊水体中泥沙含量较大而浑浊，程度较轻时可影响养殖对象正常摄食，增加池中泥沙积存，挤占池底空间，造成池底淤平，严重时可导致养殖对象因呼吸障碍或淤塞排水通道。因此，在使用含泥沙过重的江河水从事鳜鱼养殖时，必须进行初级处理，将来水导入处理池中经沉淀或流经湿地处理后再输入养殖池。

2. 经常换水增氧

养殖中为了保持高透明度和水中溶氧量，静水池塘必须常换水。一般情况下，夏季 3 天左右换 1 次水，每次换掉 1/3 ~ 1/2，春、秋季 1 周换水 1 次，每天早晨检测溶氧量，要保持池水的溶氧量在 5 毫克/升以上。

鳜鱼养殖的中、后期，由于大量排泄物的积累，水质会有所污染，必须用二氧化氯类消毒剂进行预防细菌性类疾病，每 7 天使用一次。同时根据水源、水质的受污染情况，每周换水 1 ~ 2 次，每次调换量为池水的 1/3，换水时新旧水之间温度相差不要超过 3 ~ 4℃。

3. 栽种沉水植物

鳜鱼喜生活在水草繁茂的水体中，养殖前最好在池内四周栽种一些沉水性水草，造成仿野生的适于鳜鱼生活的生态环境。水草种类有轮叶黑藻、金鱼草、鸭舌草等，可以净化水质，减少换水量，利于鳜鱼隐蔽和休息，并不会影响捕食。另外，鳜鱼养殖建池有必要选择在阳光充足、环境安静、生态状况良好的地方，使鳜鱼有适宜的捕食条件，对净化水质和利于饵料、亲鱼产卵孵化大有好处。

4. 配备增氧设施

由于鳜鱼对溶氧要求较高，因此，除了掌握合理的放养密度外。还必须配备必要的动力增氧设施，如增氧机、水泵等。闷热天气采用水泵充水增氧或开启增氧机，以防鳜鱼浮头。平时可经常向池塘中施用光合细菌或净水剂。

5. 泼洒微生物制剂

养殖水体既是养殖鳜鱼的生活场所，也是放养鱼类排出粪便等分解容器，又是浮游生物的培育池，"三池合一"的养殖方式，容易发生"消费者、分解者和生产者"之间的生态失衡，造成水中有机物和有毒有害物质大量富积，这不仅严重影响养殖鳜鱼的生存和生长，而且成为天然水域环境的主要污染源之一。在养殖过程中特别是养殖中后期，由于投喂饲料鱼苗的增加，鳜鱼粪便以及小型生物尸体等长久积聚，底质进一步恶化，极易诱发疾病滋生。因此，定期、定量泼洒微生物制剂，可改善溶解氧，稳定藻相，减少 pH 的波动，降低氨氮、硫化氢等有害物质，使水环境保持相对稳定，有效改善水质状况，使水体中有益菌种成为优势种群，抑制有害微生物的生长，从而减少病菌的滋长。

三、水质管理措施

鳜鱼喜欢清新肥嫩的水质，因此在养殖过程当中要注意观察水色或检查浮游生物的数量，两者均不可过多。通过注入新水或混养一些滤食鱼类如白鲢鱼，可以将水质调节至符合养殖鳜鱼的要求，有条件的地方最好适当保持微流水。在鳜鱼养殖过程中为了不出现意外情况，要定期定时进行水质检测，发现问题有针对性地采取有效的措施，保持池塘水质的稳定。

1. 勤巡塘

鳜鱼对溶氧要求较高，一旦池中缺氧往往易浮头，因此在旺食旺长的季节，天气闷热下雷阵雨的傍晚，应加强值班，勤巡塘，一旦发现仔虾向池边集中，必须立切开动增氧机，亦可提前采取措施，以防不测，造成缺氧浮头死亡，这是保证鳜鱼成活率的关键。

2. 勤冲水

鳜鱼喜清水，更喜活水，有微流水养殖效果更好。每周注入新水1~2次，以保持水质清新，有足够溶氧量，透明度40厘米，溶氧4毫克/升以上。池水混浊时，可用明矾或生石灰化水全池泼洒，澄清水质。在饲料鱼苗中兼养有鲢鳙，即可控制池水肥度，满足鳜鱼对水清和溶氧高的需求，又可在年底有附加值收获到鲢鳙等家鱼约100千克，增加收入。

3. 勤观察

平常多观察鳜鱼追食饲料鱼苗的情况，以池中饲料鱼苗的聚集量，来判断投放饲料鱼苗时间、数量和规格，当发现饲料鱼苗生长使池塘水质过分清瘦时，要给饲料鱼苗适当投喂些鱼饲料，以保证饲料鱼苗与鳜鱼同步生长，如饲料鱼苗投放后10天还未食完，则要分析查明原因，是水质不好，还是放养的鳜鱼生病，应及时采取相应的措施。

4. 勤检查

定期检查鳜鱼长势情况，若发现饲料鱼苗不足或不适口，而影响放养鳜鱼的生长时，应适当补充适口饲料鱼苗。鳜鱼在体长10厘米以前易患车轮虫、斜管虫、指环虫、烂鳃等疾病，可采用中草药（例如生姜或者苦楝树提取物）定期泼洒预防，效果较好。

第四节　水环境生物修复

水是构成鱼类身体的主要成分，是鱼类生活的空间，水参与鱼类机体营养物质的输送和吸收，能量的摄取和代谢物的排泄等重要的生命活动。水环境的质量和状态直接影响其生命的各个阶段和生活的各方面。因此，满足无公害鳜鱼养殖需要的水体不但要有丰富的水量，而且要有适合其生理特点的理化性质的水质。鳜鱼因养殖全程摄食活鱼，池塘水体中氨氮、亚硝酸氮时有偏高，影响鳜鱼的生长。传统的养殖方式通过换水、施放益生菌及消毒剂等来维持水质的稳定，同时，亦带来不稳定的因素，如造成鱼应激、药物残留等。开展池塘水体的原位修复，提高池塘微生物种类和数量，维持养殖水质良好，是鳜鱼健康养殖的重点。在生产实施过程中，可根据不同情况，对池塘水体和养殖后的废水采取生物方法等进行修复。

一、生物修复原理

广义的生物修复，指一切以利用生物为主体的环境污染的治理技术。生物修复包括利用植物、动物和微生物吸收、降解、转化土壤和水体中的污染物，使污染物的浓度降低到可接受的水平，或将有毒有害的污染物转化为无害的物质，也包括将污染物稳定化，以减少其向周边环境的扩散。生物修复一般分为植物修复、动物修复和微生物修复3种类型，也可根据生物修复的污染物种类，它可分为有机污染生物修复、重金属污染的生物修复和放射性物质的生物修复等。水体生物修复是利用水生生物吸收氮、磷元素进行代谢活动，以去除水体中氮、磷营养物质的方法。

1. 植物修复

植物修复是利用植物去吸收、转化水体或底泥中的污染物的技术。植物修复技术包括6种类型：植物萃取、植物稳定、根际修复、植物转化、根际过滤、植物挥发等6种类型。

植物修复是近十几年刚兴起的，并逐渐成为生物修复中的一个研究热点。在土壤修复中利用适当的植物种类不仅可去除环境的有机污染物，还可以去除环境中的重金属和放射性核素。植物修复适用于大面积、低浓度的污染位点。在富营养化地表水体的修复中，组建常绿水生植被也是很有前途的水质控制与净化技术。由于植物修复有其一系列优点，近年来有关的研究很多，开发具有超量积累金属倾向的天然作物是研究的热点，有的已进行了野外试验并已达到商业化的水平。植物主要通过3种机理去除环境中的有机污染物，即植物直接吸收有机污染物；植物释放分泌物和酶，刺激根区微生物的活性和生物转化作用以及植物增强根区的矿化作用。

目前在水产养殖中最常用的植物修复是鱼菜共生技术，在这种养殖系统中，植物与细菌能充分获取生长所需的营养源，让水质得到生物净化，同时为鱼类生长创造最佳的水质环境，减免了单独工厂化养殖的物理化学处理与单独无土栽培所需的大量无机矿质化学元素。这是一种融密集型工业化养鱼与无土栽培蔬菜技术为一体的现代化农业生产新形式，具有节地省水、无公害、物质投入转化率高、综合经济效益高等特点。

2. 动物修复

微生物修复是利用微生物将环境中的污染物降解或转化为其他无害物质的过程。动物修复指通过土壤动物群的直接（吸收、转化和分解）或间接作用（改善土壤理化性质，提高土壤肥力，促进植物和微生物的生长）而修复土壤污染的过程。

一般来说，动物修复包括投放滤食性鱼类或者贝类来控制水质的富营养化，贝类是通过滤食水体中的浮游植物和颗粒有机物等来达到净化水质、改善水质条件作用的。按照生态互补原则，采用科学的放养模式，确定合理的放养密度，混养适当比例的滤食性鱼类能提高高产鱼塘池水的自我调控能力，延缓池水老化速度。主要是混养鲢、鳙鱼和一些杂食性鱼类，通过鲢、鳙鱼的滤食作用来调节池水中浮游生物的组成，而杂食性鱼类则可以摄取残渣剩饵，来降低残饵对池水的污染等危害。有些鱼类，特别是鲢、鳙，对于控制池塘中浮游生物过多具有重要的现实意义。

3. 微生物修复

微生物修复是利用微生物将环境中的污染物降解或转化为其他无害物质的过程。狭义的生物修复是指通过微生物的作用清除土壤和水体中的污染物，或是使污染物无害化的过程。水产上常说的微生物制剂是指一种通过改善与动物相关的或其周围的微生物群落结构来增加饲料的利用率或增强其营养价值，增强动物对疾病的应答能力或改善其周围环境的活菌制剂。微生态制剂中的有益微生物通过气化、氨化、硝化、反硝化、解磷固氮等作用，将养殖水体中的有毒有害物质转化为无毒物质被藻类利用，起到净化水质的作用；同时还可降解水体中的有机质，从而降低化学需氧量（Chemical

Oxygen Demand，简写 COD），提高水体中溶解氧含量，消除污染物；再者大量有益微生物本身富含蛋白质、维生素、矿物质等营养物质，为养殖动物补充营养，且在代谢过程中能够产生促生长因子和多种酶类，有助于养殖动物的消化和吸收，促进其生长发育。

4. 生物修复应用

微流水养殖试验表明，利用植物对环境进行修复即植物修复，是一个既经济又适于现场操作的去除环境污染物的技术。植物具有庞大的叶冠和根系，在水体或土壤中，与环境之间进行着复杂的物质交换和能量流动，在维持生态环境的平衡中起着重要作用。高等水生植物净化养殖用水的特点是以大型植物为主体，植物和根区微生物共生，产生协同效应经过植物直接吸收、微生物转化、物理吸附和沉降作用除去氮、磷和悬浮颗粒，同时对重金属元素也有去除效果。研究人员已经建立了由伊乐藻、范草等耐寒型深水、常绿型水生植被等。另外，还可通过筛选突变株或基因工程物种获得更强修复能力的植物品种。

二、水环境生物修复技术

水环境的生物修复技术解决了鳜鱼养殖水质恶化难题，实现了养殖水循环利用。在整个鳜鱼养殖周期内不从外界引入新水，也不对外排放养殖废水，达到鱼塘养殖"内循环、零排放"的结合。

1. 水环境生物修复技术原理

水环境的生物修复技术，是利用人工湿地和生物修复等水质净化技术作为池塘养鱼水质管理手段，通过构建循环流水型池塘养鱼生态系统，建立具有水质稳定、健康无公害的池塘养殖模式，实现水资源的可持续利用。其中，人工湿地修复技术是将养殖废水经人工湿地净化系统过滤、沉淀、吸收及去除营养物质来达到净化养殖废水和使废水循环利用的目的；生物修复技术是利用各种生物的特征，吸收、降解、转化环境中的污染物，使受污染的环境得到改善。植物对营养盐的吸收、氧气的释放和对藻类的克生效应来改善水体环境。

2. 水环境生物修复技术内容

水环境的生物修复技术主要内容包括以下几方面。

（1）构建养殖系统由水质净化系统（生物塘、人工湿地、生态基）、养鱼池（鳜鱼池和饲料鱼苗池）和生态沟渠三个部分组成循环流水型池塘养鱼生态养殖系统。

（2）养殖用水按以下流向循环利用：一级池塘（养殖鳜鱼）→二级池塘（养殖饲料鱼苗）→生物塘（种植莲藕）→人工湿地（种植鲫鱼草）→生态沟渠→一级池塘（养殖鳜鱼）。

（3）鱼塘初始养殖用水来源于外界河流，养殖过程中进行循环利用；雨水和地下水作蒸发水量的补充。

（4）生物塘选择种植莲藕，主要是利用莲藕对水体生态修复作用，同时也是经济作物，能增加养殖经济效益。

（5）种植鲫鱼草构建人工湿地，利用植物、微生物的物理、化学、生物三重协同作用，对养殖废水进行净化处理。

（6）利用生态基上附着的微生物降解氨氮、亚硝酸盐，降低化学耗氧量和生物耗氧量并增氧；再经过植物吸收营养盐，达到净水的目的。

（7）生态沟渠主要功能一是作为进排水渠道形成水循环；二是提高水体的溶解氧。

3. 水环境生物修复技术特点

（1）生物塘种植的莲藕能吸收养殖废水中的营养盐，释放氧气，发挥对藻类的克生效应，改善养殖水体的环境；同时使吸收的营养盐重新进入循环，增加了养殖的经济效益。

（2）养殖废水经过净化和生物修复系统处理后，水质清新，透明度高，实现了人工湿地与池塘的"内循环，零排放"的结合。

（3）整个水质净化和生物修复系统工艺流程简单，运行管理方便，有利于水质的调节和监控，符合生态设计的要求。

（4）该技术避免了因向外界引入新水而受到新的病害病原体的污染的风险，维持稳定的水体环境，增强养殖鱼类的抗病能力，减少病害发生。

三、应用生态基技术

清远市清新县某养殖场于 2012 年引入生态基技术，应用于鳜鱼鱼种培育和成鱼养殖生产中。该技术在鳜鱼养殖过程中，主要是调节池塘水质，稳定水体环境。由于生态基安装便利，在鳜鱼养殖中水质调控效果好，该技术很快被许多养殖户接受和应用。现将生态基技术在水产养殖中的应用分析如下。

1. 生态基技术原理

生态基从外形上看则有些类似于水草，所以也称为人工水草，它是一种由特殊的织物材料制成的新型生物载体，能将大量微生物吸附在其表面，对有机营养物进行吸附、生物氧化，从而将有机营养物分解；同时为微生物提供最适宜的发展空间，使数量巨大、种类丰富的微生物形成营养竞争状态，能够在短时间内降解大量的污染物，修复水生态系统，从而维持水生态良性循环。

在使用生态基时，可以根据水质调控的需要适当添加特定的菌种，使这些细菌在短时间大量繁殖和生长，加快降解污染物的速度。

生态基作为微生物的繁殖和生长的场所，通过竞争性抑制，可以减少水中蓝绿藻、病原性细菌等微生物数量，降低鳜鱼的发病率。

2. 生态基技术应用

生态基是一种由特殊的织物材料制成的新型生物载体，通过独特编织技术和表面处理，使其具有巨大的生物接触表面积，为净化水质的微生物群落繁殖和藻类生长提供一个载体，并通过微生物的代谢作用降解水中的污染物。

年初，养殖户在清塘、消毒池水和安装好增氧机后，在池塘四周安装生态基（图 5-1），一般以每亩池塘以安装 10 个 10 平方米的生态基为标准。生态基安装时先用绳索穿过生态基套筒悬挂，并用浮球使其浮于水面，将绳索两端固定在岸边。同时还添加一些特定的菌种，增加水质净化效果。在使用生物基后，加强检测池塘的溶氧，适当开启增氧机，以防池塘溶氧低，出现浮头现象。

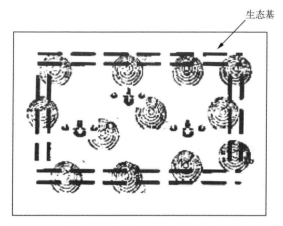

生态基

图 5-1 生态基和增氧机布局

3. 生态基技术分析

（1）生态基与直接投放微生物制剂相比，使用更方便、效果更好。直接投放微生态制剂，那些硝化和反硝化细菌可能会有一个爆发性的增长，但由于缺乏附着物，增长的高峰期一过，微生物数量又会降到原来的水平，需要反复追加投入。生态基为菌类提供巨大的连续的生长空间，可以在短时间内降解大量的氨氮和亚硝酸盐等，从而达到净化水质的目的。

（2）生态基不但是菌类附着生长的场所，同时藻类也可以附着生长，形成藻菌共生的微生物系统，并利用两类生物之间的生理功能协同作用净化养殖水质。藻类吸收水中的氮、磷等营养物质，并通过光合作用合成自身细胞物质并释放出氧气；好氧细菌则利用水中的氧气对有机污染物进行分解、转化，产生二氧化碳，以维持藻类的生长繁殖，两者相辅相成，实现水质的高效净化。

（3）在使用生物基过程中，池塘里自养耗氧型微生物数量较大，在分解水中有机物时会消耗大量氧气，所以养殖户要加强水中溶解氧的检测，适当开启增氧机，防止池塘溶氧低，出现浮头现象。

四、繁育微生物种群

有益微生物在水体具有吸收氨氮、亚硝酸氮及硫化氢，有效分解大分子有机物，同时抑制致病菌的大量繁殖等作用。水产应用的微生物种类较多，具体种类及作用简要介绍如下。

1. 光合细菌

这是一类能进行光合作用的原核生物，目前，在水产养殖上普遍应用的有红假单胞菌，其特点是在菌体内含有具有光合色素，可在厌氧、光照条件下进行光合作用，利用太阳光获得能量，但不产生氧气。其在养殖水体内，可利用硫化氢或小分子有机物作为供氢体，同时也能将小分子有机物作为碳源加以利用，以氨盐、氨基酸等作为氮源利用，因此将其施放在养殖水体后可迅速消除氨氮、硫化氢和有机酸等有害物质，改善水体，稳定水质，平衡其水体酸碱度。但光合细菌对于进入养殖水体的大分子有机物如残饵、排泄物及浮游生物的残体等无法分解利用。

2. 芽孢杆菌

为革兰阳性菌，是一类好气性细菌。该菌无毒性，能分泌蛋白酶等多种酶类和抗生素。在水产上运用的主要是枯草芽孢杆菌，其呈杆状，宽度 0.5~0.8 微米，长度 1.6~4.0 微米，利用芽孢繁殖，芽孢位于菌体中央，由于其芽孢繁殖的特性，芽孢对高温、干燥、化学物质有强大的抵抗性，因此十分便于生产、加工及保存。枯草芽孢杆菌菌群进入养殖水体后，能分泌丰富的胞外酶系，及时降解水体有机物如排泄物、残饵、浮游生物残体及有机碎屑等，使之矿化成单细胞藻类生长所需的营养盐类，避免有机废物在池中的累积。同时有效减少池塘内的有机物耗氧，间接增加水体溶解氧，保证有机物氧化、氨化、硝化、反硝化的正常循环，保持良好的水质，从而起到净化水质的作用。此外枯草芽孢杆菌在代谢过程中可以产生一种具有抑制或杀死其他种微生物的枯草杆菌素，此种抗生素为一种多肽类物质，可将养殖池底沉积物中发光弧菌的比例降低，抑制水体中致病菌的繁殖。

3. 硝化细菌

硝化细菌系指利用氨或亚硝酸盐作为主要生存能源，以及能利用二氧化碳作为主要碳源的一类细菌。硝化细菌可分为亚硝化细菌和硝化细菌两大类群。硝化细菌是一种好氧菌，在水体中是降解氨和亚硝酸盐的主要细菌之一。硝化细菌有两个属，其中一个属是把氨氧化成亚硝酸盐，从而获得能量，另一属则是把亚硝酸盐氧化成硝酸盐而获得能量，在 pH 值，温度较高的情况下，分子氨和亚硝酸盐对水生生物的毒性较强，而硝酸盐对水生生物无毒害，从而达到净化水质的作用。由于自然界中的硝化菌生长极慢（约 20 小时一个繁殖周期）且还没有发现有其他的任何微生物可代替硝化菌的功能，当水体内没有足量的硝化细菌存在就限制了亚硝酸盐的降解，尤其在高密度养殖池塘方面水产动物普遍发生"亚硝酸盐中毒症"，所以养殖过程中产生的亚硝酸盐就成为阻碍养殖发展的关键因素。通过施用硝化菌，人为提高水体中硝化细菌的浓度，促进有益菌群的平衡，及时降解亚硝酸盐，达到保护水质的作用。

4. EM 菌

为一类有益微生物菌群，EM 菌是采用适当的比例和独特的发酵工艺将筛选出来的有益微生物混合培养，形成复合的微生物群落，并形成有益物质及其分泌物质，通过共生增殖关系组成了复杂而又相对稳定的微生态系统。由光合细菌、乳酸菌、酵母菌等 5 科 10 属 80 余种有益菌种复合培养而成。EM 菌中的有益微生物经固氮、光合等一系列分解、合成作用，可使水中的有机物质形成各种营养元素，供自身及饵料生物的生长繁殖，同时增加水中的溶解氧，降低氨、硫化氢等有毒物质的含量，提高水质质量。

5. 酵母菌

为真核生物，它在有氧条件下，酵母菌将溶于水中的糖类（单糖和双糖）、有机酸作为酵母菌所需的碳源，供合成新的原生质及酵母菌生命活动能量之用，对糖类的分解，可完全氧化为二氧化碳和水。在缺氧条件下，酵母菌利用糖类（单糖和双糖）作为碳源，进行发酵和繁殖酵母菌体。因此酵母菌能有效分解溶于池水中的糖类，迅速降低水中生物耗氧量，在池内繁殖出来的酵母菌又可作为鱼虾的饲料蛋白利用。

6. 放线菌

目前，在水产上应用的主要是嗜热性放线菌，对于养殖水体中的氨氮降解及增加溶氧和稳定 pH 值均有较好效果。

7. 蛭弧菌

为寄生在某些细菌上并导致其裂解的一类细菌，又称噬菌蛭弧菌。目前，国内应用比较普遍的是嗜水气单胞菌蛭弧菌，其泼洒养殖水体后，可迅速裂解养殖水体主要的条件致病菌——嗜水气单胞菌，减少水体致病微生物数量，能防止或减少鱼、虾、蟹病害的发展和蔓延，同时对于氨氮等有一定有去除作用。可改善水产动物体内外环境，促进生长，增强免疫力。

第五节　池塘整治改造

要使养鱼获得高产，池塘的环境条件要适合于鱼类的生长和鱼类天然饲料的繁殖。新建鱼塘要按照高产要求尽量做到标准化和规范化。长时期未经修整的鱼塘，必须实行整治改造，改善池塘的环境条件，适合高产的要求。

一、池塘的常规清整

清整鱼塘是改善养鱼环境条件的一项重要工作。池塘经过一段时间养鱼，淤泥越积越厚，存在各种病菌和野杂鱼类，水中有机质也多，经细菌作用氧化分解，消耗大量溶氧。淤泥过多使水质变坏，酸性增加，病菌易于大量繁殖，鱼体抵抗力减弱。此外，崩塌的塘基也需要修整。

清整池塘最好在冬季成鱼大部分起水，池塘水浅鱼少时进行，可干塘清整，也可以不干塘清整。

1. 干塘清整

干塘清整是在排干塘水后，用长柄铁锹将塘边淤泥一锹锹地拍帖于塘边（俗称"拍坎"），修补漏洞，加固塘基，挖去过多的淤泥，平整塘底，一般保留 20 厘米左右的淤泥层较为适宜（见彩图 5-2）。让池底接受充分的风吹日晒和霜冻，以杀灭病原菌和害虫，使底质淤泥变得干燥疏松，促使有机物的分解，提高池塘肥力（见彩图 5-3）。

经过整治的鱼塘在放种前，先灌浅水，然后每亩用茶麸约 40 千克或生石灰 60～75 千克全塘消毒，既杀灭病原菌和害虫，又稳定水的酸碱度。

2. 不干塘清整

不干塘清整主要是在平时经常捞取过多的淤泥上塘基，作为基面种植桑树、甘蔗、香蕉、蔬菜、花卉、象草等作物的肥料，这种方法称"戽泥"，可使用机械清淤。

不排干水清整的池塘，也要在塘鱼全部收获后用茶麸或生石灰清塘消毒，然后再放养新的鱼种。使用时要尽量放浅水，用量可比干塘消毒稍多一些。

二、"浅漏瘦死"塘的改造

改小塘为大塘，改浅水塘为深水塘，改漏水塘为保水塘，改死水塘为活水塘，改瘦水塘为肥水塘，这样通过"五改"，一般的鱼塘都能达到高产的条件。

1. 浅小池塘的改造

不规则的浅、小鱼塘用于放养成鱼的则并小塘为大塘，挖深至约 3 米，以扩大水体容量。将挖起的泥土用来加大加高塘基。

2. 漏水池塘的改造

对漏水的鱼塘，应该加固、夯实塘基，修好涵闸，堵塞漏洞。如属于土质含少量大而引起的轻度漏水，可以在塘底和塘基加铺一层较厚的黏土，以防渗漏。有条件的最好在池塘四周砌砖石，则一劳永逸（见彩图 5-4）。

3. 瘦水池塘的改造

对水质较瘦的村外塘或新开鱼塘，要多施基肥，在塘基种青饲料或绿肥，争取更多的肥饲料下塘，逐渐使水质变肥。

4. "死水"池塘的改造

对"死水"塘要尽一切可能改善排灌条件，如开挖水渠、铺设水管等，做到能排能灌。

三、新开池塘的改造

对新开鱼塘必须根据当地的资源条件积极改造，创造较好的环境条件，以提高养鱼产量和经济效益。

1. 夯实塘基，种好作物

用推土机挖塘，塘基坡度要用挖土机整平，然后用推土机压实。人工砌叠的塘基泥块间孔眼多，要夯压坚实。基面和堆造起来的坡面，要及时种上象草等作物，或人工覆盖草皮保护，避免因雨水冲刷基面，使土壤中的酸性渗入塘内。

2. 晒白塘底，施足基肥

鱼塘挖好后要立即平整塘底，最好耙松或犁翻一次，然后让塘底接受充分的风吹日晒，促进氧化、分解，疏松底土，提高地温地力。在耙松晒白的基础上，每亩用粪肥 150～250 千克、骨粉 15～25 千克，混匀沤制后全塘泼洒作基肥。经日晒 1～2 天，每亩再用生石灰 15～25 千克（矾酸性较重的鱼塘用 50～100 千克）开水泼洒，以中和酸性，改良土质。随后灌水深约 30 厘米，每亩放茶麸 10～15 千克，大草 200～300 千克，浅水浸沤，加速腐烂分解。待水质变肥，再注入新水，使水深达 80～100 厘米，然后放养鱼种。有些养鱼 2～3 年的新开鱼塘，水质仍未变肥，也可以再这样做。

对于矾酸性较重的新开鱼塘，不宜急于养鱼，宜用有机质较多的淤泥把塘底覆盖 10 厘米左右，晒白，再加粪肥、骨粉、石灰混合泼洒，然后插秧或插禾苗。当禾苗生长到一定高度后，灌水 30 厘米左右沤 10～15 天。待禾苗腐烂分解，耗氧高潮过后，即可放鱼种。

3. 加强追肥，多施有机肥

新开鱼塘由于淤泥少，缓冲能力弱，水质易变，应适当多施有机肥（最好略加石灰发酵后再施），实行有机肥与无机肥相结合，氮肥与磷肥相结合。例如，用有机肥与过磷酸钙混合堆肥，碳酸氢铵与过磷酸钙（2∶1）或尿素与过磷酸钙（1∶1）混匀追肥均可。

4. 主攻罗非鱼，多养底层鱼

新开鱼塘水质清爽，天然饲料不多，放养罗非鱼应以投喂饲料为主。同时，混养鲫、鳊等适应性较强的底层鱼类，适当放养鲢、鳙、鲮等，以充分利用水体和饲料，提高新开鱼塘的鱼产量。

四、酸性池塘的改造

放养鱼类的水质不宜太酸，当水体 pH 值在 4 以下时，就会导致养殖鱼类死亡。可用化学中和法与生物法相结合，改造酸性鱼塘。

1. 以碱和酸

用生石灰中和池水。生石灰的施放量依池水的 pH 值高低而定，一般每亩每米水深施放生石灰 50 千克，可使 pH 值提高 1。使用方法是：先测定池水的 pH 值和平均深度，计算出该口池塘所需的生石灰用量，然后将生石灰盛载在疏箩筐中，用担杆平衡搁置在池内的小艇两旁，箩筐浸没在水中，划动小艇，直至生石灰乳化均匀分布于池内为止。

2. 以肥压酸

在施放生石灰的同时，一次施足有机肥（每亩放基肥 500 ~ 750 千克），然后及时放种、投饲，依靠生物自身生命活动过程中代谢产物的调节，达到稳定 pH 值的目的。实践表明，当施放生石灰后，池水的 pH 值在 5.8 以上时，施放的有机肥矿化作用加快，浮游植物生长繁殖旺盛，其光合作用就能使水中溶氧量升高，pH 值也逐渐提高而稳定下来。

强酸性的新开池塘，塘基大部分为酸性土，一遇降雨，基面受冲刷，土壤中的酸性物质即会流入池内，使池水的 pH 值下降0.5 ~ 1。因此，大雨和暴雨后每亩池塘必须追施生石灰25 ~ 50 千克，以降低池水的酸性。

第六章　养殖生产可追溯管理

内容提要：养殖生产全程分析；养殖生产质量管理；养殖生产日常管理。

为适应水产健康养殖工程的不断推进，养殖生产必须从源头抓起，实行养殖全程管理，包括运用 HACCP 体系原理，对水产养殖生产全程分析；建立管理制度和机构，加强质量安全管理；做好日常管理，保障环境卫生，加强监测检验。这是保证水产品质量安全的根本。

第一节　养殖生产全程分析

近十多年来，中国水产品如虾、鳗，由于氯霉素、孔雀石绿引发的食品安全性问题，遭遇国外抵制的事件，常有发生。而此类事件的发生是由于缺乏对渔药使用的控制而导致在养殖生产过程中形成或产生的危害。由此可以判断食品安全危害的发生是可能的。中国养殖罗非鱼大量供应出口，所以罗非鱼养殖场应加强控制。

一、HACCP 体系原理

HACCP（Hazard Analysis and Critical Control Point）的含义：表示危害分析的临界控制点。确保食品在生产、加工、制造、准备和食用等过程中的安全，在危害识别、评价和控制方面是一种科学、合理和系统的方法。识别食品生产过程中可能发生的环节并采取适当的控制措施防止危害的发生。通过对加工过程的每一步进行监视和控制，从而降低危害发生的概率。HACCP 包含 7 个原理。

1. 危害分析与预防措施

水产养殖产品食用安全的风险在生物危害方面主要是携带可以使人致病的病毒、细菌和寄生虫。化学危害主要包括药物残留（农药、鱼药等）、有害激素化合物和重金属残留。预防措施应是防止种苗和养殖环境存在有害微生物和寄生虫，以及防止养殖过程投入品带入有害物质。

2. 确定关键控制点

纵观水产养殖过程对产品质量产生危害或造成影响的有 7 个途径：①大气质量；②水源水质；③土壤底质；④种苗；⑤肥料；⑥饲料；⑦药物。切断 7 条途径产生或带入有害有毒物质即可控制水产养殖产品质量安全。应把 7 个方面确定为 7 个关键控制点(图 6-1)。

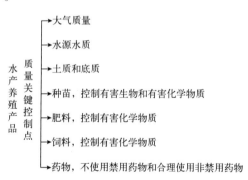

图 6-1　水产养殖全程管理 7 个关键控制点

3. 确定关键限值

确定控制水产养殖产品质量安全 7 个关键点后，确定关键的控制限值应以中国无公害食品的标准作为主要准则。因为无公害标准是市场准入的起码标准，在产业化的大生产中可以广泛应用。

养殖水源应符合 GB 11607《渔业水质标准》的规定，养殖池塘水质应符合 NY 5054—2002《无公害食品 淡水养殖用水水质》，养殖肥料应符合 NY/T 394—2013《绿色食品 肥料使用准则》，养殖饲料应符合 NY 5072—2002《无公害食品 渔用配合饲料安全限量》，养殖用药应符合 NY 5071—2002《无公害食品 渔用药物使用准则》，大气质量符合 GB 3095—2012《环境空气质量标准》，底质应参照 GB 15618—1995《土壤环境质量标准》。种苗有关质量安全的标准尚缺，但必须是产地环境、水质以及亲鱼和种苗养殖过程的投入品符合上述标准。同时对养殖周边的环境卫生加以控制，控制有害微生物和寄生虫的直接传播。

4. 对关键点实施监控

生产种苗、饲料、药物的企业必须经过有关检测部门检测并获得认可质量符合有关的标准。水产养殖单位必须选用经检验和有认可说明的单位生产的种苗、肥料、饲料和药物，同时监控自身养殖环境的大气、水质和土壤质量。渔业行政主管部门应委托渔业环境检测和渔业质量检验部门，抽查养殖环境质量和市场的养殖投入品，如饲料、肥料、药物的质量。对企业监控的有效性进行监督。

5. 纠正措施

对各个关键点制订有效的纠正措施。当发现关键点失控，必须及时找出失控原因，消除偏离恢复监控正常。对产品质量安全造成的影响及时评估并消除影响。如某段时间使用了变质的或不符合标准的饲料，必须及时追查饲料来源，停止使用，改换符合标准的饲料。

6. 记录程序

养殖过程的各个环节，对 7 个关键控制点的监控结果实行详细记录。如投药记录、施肥记录、饲料使用记录、药物使用记录。水质、大气、土质的检测结果及报告等资料登记造册，形成系统、规范的资料，为风险分析做好原始档案。

7. 验证程序

检验最终产品质量，一是验证产品是否合格，是否达到有关标准，能否准入市场；二是通过检验产品验证监控程序是否有效。当产品质量不达标，要根据原始记录进行追溯，找出原因，修正控制体系。由渔业行政主管部门委托渔业质量安全检验部门对产品质量抽检，确定质量能否达标、是否准入市场，验证确定HACCP体系的合理性和有效性。

二、运用 HACCP 体系

HACCP 体系不仅应用于水产加工品的安全管理，在水产养殖领域也广泛应用。在罗非鱼标准化养殖中，运用 HACCP 原理，通过预防与控制措施，是确保罗非鱼产品质量安全达到所要求标准的最有效方法。因此，规模化的罗非鱼养殖场应当设立 HACCP 体系建设项目办公室，在罗非鱼标准化养殖的质量控制中建立产品质量控制的有效方式和制定相应的制度（见彩图 6-1）。

1. 制定地方标准

罗非鱼标准化养殖使用的标准准则除国家标准和行业标准外，某个地方必须根据其养殖环境和投入品的资源实际情况制定地方标准。企业在实施过程中应制定符合自身的实际操作规范。无论是地方标准或企业标准都要符合市场准入标准，起码符合无公害标准。地方标准和企业标准只是国家标准和行业标准的细化。配套使用更利于标准化养殖的实施。

2. 加强技术培训

改变传统养殖方式，实行标准化生产这种现代养殖方式，不但养殖场地要整治，投入品质量管理配套措施要跟上，而且要积极推广标准化养殖技术，加强标准化养殖技术培训，把标准化的各项指标转化为易被农户接受的操作规程。

3. 建立养殖档案

运用 HACCP 体系实施标准化养殖，是控制产品质量安全达到标准化的最有效的方法。根据罗非鱼养殖是千家万户的小规模养殖方式，建立强有力的检测服务体系，加强养殖过程几个关键控制点的监控。先从养殖户建立养殖记录档案，实施记录程序抓起，逐步全面实施 HACCP 七大原理。

三、考察生产流程

首先，通过了解罗非鱼养殖生产过程，绘制出罗非鱼养殖生产流程图（图6-2）。

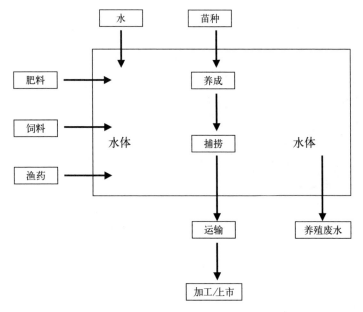

图6-2　罗非鱼养殖生产流程

然后，通过分析罗非鱼生产流程图，结合所掌握的罗非鱼生产技术规范，确定应加以控制的食品安全危害，以生产出符合食品安全的罗非鱼。对于罗非鱼养殖 HACCP 计划的制订和实施，即是养殖场运用 HACCP 的七项原理和养殖场应遵守的养殖生产规范，从"水体到餐桌"全过程质量控制的过程。在罗非鱼养殖生产过程中有关的食品安全潜在危害，多源于由养殖生产中由病原菌引起的生物性危害，养殖过程中的化学残留物引起的化学性危害和外来物质引起的物理性危害。

1. 生物性危害

养殖水体中的病原菌都可引发罗非鱼本身及罗非鱼产品的生物性危害。在罗非鱼的养殖过程中，由于是一个自然链和人工链组成的复杂食物链网，从自然链部分看养殖水源的管理或生产过程水质管理，如忽视卫生管理，尤其是养殖水体被禽畜动物排泄物的污染，可能将多种侵害人类的病原菌、病毒、大肠杆菌、霍乱弧菌、沙门氏菌等致病菌和寄生虫引入养殖场和养殖水体，进而进入罗非鱼养殖场生产链。这种病原菌在养殖水体中和鱼体内存在，尽管对鱼本身无害，但带有这种病原菌的鱼被人类不当处理消费后，会引起食源性疾病。在将罗非鱼加工供人类消费的过程中，交叉污染不可避免。鱼体中细菌的种类和数量很大程度上取决于鱼和水中存在的细菌的种类，罗非鱼捕捞上市时产品存在与水体中同种类的细菌。

养殖罗非鱼的池塘水体相对静止，当大气水流入时，将大气土壤中的微生物带入，由于重力作用，大多数微生物常随颗粒物质黏附而沉淀水底。在水中的细菌群落通过光合作用与浮游植物、浮游动物密切关联而形成生态系统中的初级生产者。微生物通过降解、转化有机物，使水体环境物质循环通畅，消减有机物及有害因子的积累，达到净化养殖水体环境的作用。在罗非鱼的养殖池塘水环境中，微生态系统内各种菌群处于一种十分和谐的状态，使罗非鱼生长也处于健康状态之中。如果微生态系统一旦被破坏，如水质环境恶化，投喂变质的饲料，药物不合理利用，放养密度不合理等原因造成平衡失调，影响罗非鱼的健康生长。如果在养殖生产中过度使用抗菌药物，有可能引发或造成鱼赖以生存的水体微生态系统的混乱或崩溃，不利于鱼类的生长发育。使用微生态制剂调节养殖水质，控制罗非鱼病害的发生，是遵守良好养殖生产规范的有效途径。

基于罗非鱼是鲜活产品的用途，罗非鱼产品中对人类消费带来的生物性危害，最有效的控制方法是经充分加热烹调后食用。罗非鱼经加工厂深加工后可控制这些生物危害，或者在食用前经充分煮熟后即可避免生物性的危害。

2．化学性危害

养殖罗非鱼体内可能会有的超过规定限量的化学制剂残留的化学性危害。这是由于忽视对养殖水源的控制，或水源被污水、有毒物质、放射性沉降酸雨等外源污染后被用于养鱼，使得许多合成的、难于生物代谢的有毒化学成分在食物链中富集，构成人类食物中重要的危害因子。在国家卫生标准中要求评估的重金属包括砷、镉、铅、汞和硒等。

在鱼类养殖生产中忽视兽药使用管理，滥用兽药、抗生素、生长刺激素等化学制剂或生物制品，有害化学成分混入饲料，可能导致了有害化学杂质进入鱼体。鱼体的化学物的微量残留在消费者体内长期超量积累产生不良作用，因生物富集作用，而使得处于食物链顶端的人类受到高浓度毒物之害。

3．物理性危害

人工集约化养殖罗非鱼，使用网捕方式。一般地说，罗非鱼养殖生产过程中能混入鱼体（肉中）的外源性金属物的机会较微，除非是使用鱼钩而造成鱼钩残留鱼体内。物理性危害的情况较少发生。

综上所述，使人们认识到，罗非鱼养殖生产过程中是食物链和加工链的过程，其中不同环节可能引入的危害及可能引发的饮食风险。掌握其发生发展的规律，是有效控制罗非鱼养殖过程中食品安全性问题的基础。

四、分析特定危害

通过对罗非鱼养殖的具体生产操作规程和实际情况进行充分的危害分析，并在分析中考虑到食品安全的危害。根据《食品卫生通则》（CAC），识别罗非鱼养殖生产中的特定危害，确定控制措施，确保养殖罗非鱼的安全性。

1．水源和水处理

罗非鱼养殖生产中的水源，主要来源于江河水和水库水。水源中潜在的化学性危害，包括有毒化学性的重金属污染，农药残留性等可能会随水源进入养殖场的水系统；生物性的危害，包括沙门氏菌、志贺氏菌、大肠埃希氏菌、霍乱弧菌、原虫、病毒等，通过污水排放而随水源进入养殖水系统。由于池塘自身生态系统的自净作用和罗非鱼生长周期长的特点，自然存在于水中的微生物因为是水中固有的，适应水中生存，外部带入的微生物一般不能在水中长期生存，在水生生态系统的拮抗、竞争作用下，病原菌群落数量可减少或处于受抑制的低水平。

在水源和水处理的过程中，要防止化学性危害的可能发生，包括在选择场址时，经考察养殖场要符合无公害水产品产地环境要求，对水源、土壤等按无公害产地的要求进行了全项目检测，符合 NY 5051—2001《无公害食品 淡水养殖用水水质》标准。在生产用水时，先抽水到净化沉淀塘，经沉淀后再分配到各池塘。对水源中化学性危害发生，采用关闭水源抽水机设备停止取水和日常监控水质的方法，作为预防措施。

2. 肥料投入

在苗种培育阶段，使用肥料培育浮游植物，进而增加浮游生物，而利于幼苗开口饵料摄食的目的。使用肥料一般推荐化肥，不使用有机肥，并且在全场范围内禁止饲养禽畜。所以在此生产环节增加和引入生物性危害的机会一般不会发生。

同样，使用氨氮类化肥，可被微生物、浮游植物、水生植物同化利用，一般来说增加和引入化学性危害的机会不会发生。

3. 饲料的验收、贮藏和投喂

养殖罗非鱼使用的饲料，是饲料厂在加工成颗粒状的配合饲料，按鱼的生长发育阶段营养所需不同分成多个规格。养殖场根据鱼的生长情况，与饲料厂签订供货合同，以满足 3～8 天为使用期购入，在接收饲料时经验收后贮藏在仓库内。饲料加工工艺经 100℃ 熟化，生物性危害可以控制，生物性危害不会发生（见彩图 6-2）。

但在饲料中有可能发生化学性危害。产生的原因：一是饲料加工和运输过程中可能受到兽药的污染；二是加工过程中违规加入未经国家批准的兽药和饲料添加剂；三是生产饲料中掺杂造成重金属污染。这些饲料被罗非鱼利用后可造成罗非鱼体内兽药、重金属等化学残留物超过国家指定的监控标准。所以应将饲料验收环节设为 CCP，并制定相关的预防措施。采用每年一次评估合格饲料供应商的方法，选择合格的饲料生产厂家，要求饲料厂家是经国家注册和评定的合法的饲料生产厂。而且，饲料厂家在交货时提供饲料合格证明符合 GB 13078—2001《饲料卫生标准》和符合 GB 10648—1999《饲料标签》的要求。

4. 渔药验收、贮藏和配制及施药

罗非鱼是高密度养殖，如果生产管理措施滞后，鱼病的发生和使用渔药难以避免。对鱼病的诊断、用药不准确，药物配伍不当，剂量出现偏差，给药途径不规范，无针对性用药和不严格执行休药期等，都可致使罗非鱼体内药物残留超标准，存在对人类健康的潜在危害。因此，要将渔药验收、配制使用和执行休药期管理设为 CCP。对这一危害和 CCP 的监控，依照农业部《兽药管理条例》、《食用动物禁用的兽药及其化合物清单》等有关规定执行。对渔药验收、配制使用和执行休药期的 3 个 CCP 和同一危害，采用组合式的监控措施。

（1）渔药验收时审核"三证"。"三证"齐全（兽药产品质量合格证、产品标签或说明书、兽药经营许可证）是关键控制值之一。

（2）用药处方制度化。要求书写渔药处方技术员必须获得资格证书后才能上岗，其职责要求对养殖生产过程中的罗非鱼病害进行正确分析、诊断，制定病害防治方案，并开具处方（包括非处方药和处方药），执行《渔药处方规程》，处方签是关键控制值之一。

（3）加强巡池管理。生产技术员在生产中经常巡塘，了解罗非鱼生长情况，及时发现问题，及时预防病害的出现，核对使用药物后的休药期。生产日志中休药期限的记录为关键控制值之一。

第二节　养殖生产质量管理

为了有效监控养殖场产品卫生质量，防止从苗种、饲料、鱼病防治、养殖生产及捕捞、包装运输过程等环节中可能带来的生物、化学和物理的危害，确保产品质量符合食品卫生要求，需要依据国家有关规定，如《水产养殖质量安全管理规定》、《食品卫生通则》、《良好农业规范》等，编写养殖管理手册，以确定养殖场产品质量的控制要求，保证养殖场产品质量和安全。

一、制定管理制度

为加强水产养殖基地的规范化管理，促进基地的健康和可持续发展，根据无公害水产品产地管理办法和有关出境加工用水产养殖场备案管理细则的有关要求，结合罗非鱼养殖基地的实际，建设罗非鱼养殖标准化示范区，制定管理制度。

1. 养殖基地管理制度

按照农业部"无公害食品行动计划"，建立高标准罗非鱼养殖出口生产基地，以生产无公害罗非鱼产品为目标，制订如下管理制度：

（1）基地养殖户必须持有养殖证，凭证生产。

（2）外来人员、车辆出入基地必须经许可并实施登记查验。

（3）养殖用水必须符合国家渔业水质标准，并定期进行监测。

（4）养殖中投放的种苗、饲料，必须实行统一管理。并实施相应检测监控。未经检验检疫局登记备案的饲料禁止使用。

（5）实施鱼虾病会诊和集中控制用药制度。

（6）每口池塘必须建立塘头养殖日志，有健全的管理档案资料。

（7）定期进行技术培训和经验交流，不断提高养殖技术和生产水平，保证产品质量。

（8）对产品实施品质监督管理警示制度。对产品上市前抽样未达标的养殖池塘，对养殖户实行黄牌警示，暂停其产品上市，经整改检测合格后方可恢复上市。

2. 基地环境卫生规定

（1）禁止在基地范围内圈养猪、鸡、鸭等禽兽。

（2）基地范围不准搭建厕所，不准将生活污水直接排放入池塘和斗河。

（3）塘基须保持整洁，不能堆置任何垃圾；工棚必须保持干净卫生，工具什物摆放整齐，饲料堆放规整。

（4）病死鱼虾必须及时掩埋，不准扔置裸露在塘基和斗河。

（5）塘基不准种植香蕉等果树。

（6）斗河不准任何人装置大虾笼。

（7）塘基及斗河的环境卫生实行塘主门前三包责任制（见彩图6-3）。

3. 饲料与渔药使用规定

（1）只能选用经出入境检验检疫局登记备案的饲料。如使用未登记备案的饲料，喂养的罗非鱼加工厂不予收购；如加工厂擅自收购用未经登记备案饲料喂养的罗非鱼，基地公司将不给予该企业开具全年的罗非鱼供货证明书。

（2）实施鱼使用处方制度和集中控制用药制度。处方由有资质的养殖技术人员开出，农户只可以到基地管理机构或其他指定的健康渔药店购药。农户如果擅自用药，作为违规行为，加工厂将不予收购该塘罗非鱼。

4. 基地养殖日志规定

（1）对基地池塘实行分区管理（见彩图6-4）。

（2）每口塘必须建立塘头养殖日记，有健全的渔药使用记录和日常管理记录。

（3）养殖日记由农户如实填写；基地管理办公室对农户的养殖日记进行日常指导、监督、审阅和上市后的保存，加工厂不予收购无日常管理档案资料的罗非鱼。

二、建立管理机构

质量管理的方针,是通过全体员工上下努力,全养殖生产过程的监控,生产出优质安全产品,供应市场需要。要求目标达到:顾客满意度不小于95%,出场产品质量合格率100%。所以养殖场的组织机构要求做到:设置合理,职责分明,分工合作。养殖场的组织机构见图6-3。

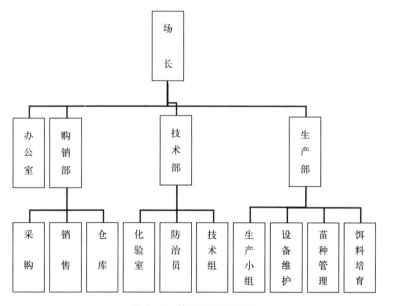

图6-3 养殖场组织机构

各岗位职责是:

1. 场长

(1)责养殖场的全面管理,对养殖场的工作质量和产品卫生质量负全部责任;

(2)制定食品安全方针和目标,明确对食品安全质量的承诺;

(3)确定组织机构及职责;

(4)批准食品安全管理手册并确保其宣传贯彻执行;

(5)配备相应资源以保证食品安全管理工作的正常开展;

（6）食品安全管理系持续改进活动的监督指导并组织实施管理评审。

2．生产部

（1）负责养殖场的生产运作；

（2）负责生产计划的制定和落实；

（3）按技术文件要求组织生产，保证生产产品的质量；

（4）按体系文件的要求在生产过程中实施管理；

（5）负责设备设施管理和保养、维修；

（6）负责制定养殖生产人员培训计划并组织实施；

（7）负责本部门文件、资料的管理控制；

（8）协调相关部门解决问题。

3．技术部

（1）负责产品的研发和试制；

（2）体系文件管理；

（3）负责苗种、原材料、生产过程前、中、后养殖场产品的检验标准及规程的制定，并监督指导执行；

（4）协调各部门，做好质量控制，与各部门分工合作，预防发生缺陷和不合格产品，负责对不合格产品查处及原因分析，制定措施并提出方案；

（5）负责对供应商的产品质量进行评审；

（6）负责提出纠正和预防措施，并对其实施过程和效果进行跟踪和验证；

（7）组织内部质量管理日常检查工作；

（8）监督检查养殖产品生产全过程的卫生质量状况，保证生产合格产品；

（9）负责体系运行中各种标识的检查监督；

（10）负责检验仪器的校正管理；

（11）负责相关质量记录、检验记录的审核。

4．购销部

（1）供应商的调查、评审、建档；

（2）根据生产计划制定采购计划；

（3）负责采购文件的管理；

（4）实施采购，确保采购物资的质量；

（5）负责仓库的管理、货物进出的管理；

（6）负责向养殖场反馈产品质量和客户意见，并建立用户档案，处理顾客投诉；

（7）负责对运输车辆的正常保养、清洁消毒。

5．办公室

（1）负责养殖场环境卫生管理，制定绿化、净化、美化环境的规划；

（2）负责养殖场信息管理；

（3）负责处理与地方和养殖场的行政、计划生育等非经济活动的处理和协调工作；

（4）负责建立员工人事、劳保、计划生育等档案，并处理相关的事务；

（5）负责建立员工的健康档案，每年至少组织一次员工进行健康检查，必要时作出临时健康检查，组织进场新员工，做进场的体检；

（6）负责制定养殖场卫生检查及灭虫、鼠操作程序和工作检查。

6．水生生物病害防治员

按照水产养殖安全用药的有关规定、标准用药，对生产过程中的用药进行具体指导。

三、加强人员管理

要求养殖场的生产、技术、质量检查和管理人员，遵循 GAP 要求和 ATOP 规程，形成一种良好的工作习惯，保护良好的养殖环境和周围的卫生，避免对产品造成人为污染。

1．职责要求

（1）在总经理的指挥下，场长会同办公室负责制订培训考核计划，组织员工的健康体检。

（2）技术部负责对员工进行水产养殖技术操作规程、渔药使用知识和卫生质量知识的培训与教育，并会同各部门负责人，对ATOP规程、卫生质量制度的执行情况进行监督检查。

（3）生产、质量管理人员的健康档案、培训记录和考核记录由办公室统一存档备查。

（4）各种养殖生产记录、渔药使用记录和卫生质量检查记录由技术部存档，保存两年以上。

2. 技能要求

（1）水产养殖专业技术人员按国家有关就业准入要求，经过职业技能培训并获得职业资格证书后，方能上岗。

（2）水生生物病害防治员经过职业技能培训并获得职业资格证书后，方能具备处方权。

（3）养殖生产工人和质量管理人员必须经过必要的技术培训，经考核合格后方可上岗，由办公室填写培训记录。

（4）生产、质量管理人员必须保持个人清洁卫生，身体健康，若有员工患有影响养殖生产和食品卫生的疾病，该员工必须调离生产岗位。

四、保障有效运行

对养殖场的质量管理体系，不但要加强管理，更要保证有效运行。

1. 明确职责

（1）组成以场长为组长，技术部为主，各相关部门参加的质量审核小组，负责质量体系的内部审核和评审，按《内审管理程序》与《管理评审程序》要求进行审核。

（2）对影响食品质量安全卫生的关键点或工序，严格按规定要求，进行监控，做好相关记录，技术部结合质量管理体系审核要求定期对体系进行审核和验证。

（3）技术部和生产部负责生产过程中各类生产控制和检测记

录的填写，保存。

（4）生产部对审核中发现的问题负责纠偏改正，技术部负责纠正情况的验证工作。

（5）技术部主持，生产部配合完成对生产职工的培训工作，保证上岗人员能熟悉本职工作，确保生产技术操作和卫生质量的控制要求落实到位。

2. 工作要求

（1）技术部和生产部负责并组织相关部门执行饲料、成品及生产过程的质量控制，并做好相关记录。

（2）技术部建立并组织相关部门执行养殖技术操作程序并做好水质、水生生物检测与检查记录，确保养殖场用水、养殖苗种和养殖产品、渔药和有害物质、虫害防治等处于受控状态。

（3）生产部设备的管理人员制订并落实设备的维护程序，保证养殖生产设备使用满足要求。

（4）生产部负责对生产过程的卫生质量控制记录的收集、编目、归档、保管等工作，其他部门负责各自工作范围内质量记录的使用和保管。

（5）技术部编制不合格品的控制程序，负责不合格品的评审，决定处理方式。并负责对出场产品召回处理和质量方面的追查。

（6）生产部负责制作生产过程中所使用的各类标识。

第三节　养殖生产日常管理

日常管理工作，包括每日巡池观察，做好生产记录，保障环境卫生，加强监测检验等内容。

一、每日巡塘观察

巡塘是最基本的日常管理工作，要求每天早、午、晚巡塘三次。

1. 清晨巡塘

主要观察塘鱼的活动情况和有无浮头，在黎明前有轻微浮头，日出后光合作用加强，水中溶氧量增加，浮头现象很快消失，这是正常现象。

2. 午间巡塘

可结合投饲料、测水温等工作，检查塘鱼的活动和吃食情况（见彩图6-5）。

3. 黄昏巡塘

主要检查塘鱼全天吃食情况，有无残剩饲料，有无浮头预兆。酷暑季节，天气突变时，鱼类易发生严重浮头，还应在半夜前后巡塘，以使之及时采取有效措施，防止泛池的发生（见彩图6-6）。

二、做好生产记录

为了进一步规范水产养殖行为，确保水产品质量安全，促进水产养殖业健康发展，依据《农产品质量安全法》有关规定，水产养殖企业要实行水产养殖生产记录制度。作为生产原始记录，不得随意涂改、销毁，所有生产记录必须完整保存两年以上，以备查阅。

1. 记录目的

控制与养殖场质量管理体系有关的所有质量记录，保持其完整性，以证明质量体系有效运行和生产的产品达到规定的要求，并作为质量体系改进的依据。适用于与质量体系有关的所有质量记录。对未建立或者未按规定保存水产养殖生产记录的，或者伪造养殖生产记录的，县级以上人民政府渔业行政主管部门及其所属渔政监督管理机构有权责令其限期改正；逾期不改的，将按照《农产品质量安全法》有关规定给予处罚。

2. 记录格式和内容

（1）《水产养殖生产记录》（表6-1），记载养殖种类、苗种来源及生长情况、饲料来源及投喂情况、水质变化等内容。

（2）《水产养殖用药记录》（表6-2），记载病害发生情况，主要症状，用药名称、时间、用量等内容。

表6-1　水产养殖生产记录

池塘号：　　　；面积：　　　亩；养殖种类：　　　　　　20　年　　　月

饲料来源		检测单位	
饲料品牌			
苗种来源		是否检疫	
投放时间		检疫单位	

时间	体长	体重	投饵量	水温	溶氧	pH 值	氨氮

养殖场名称：　　　　　　　　养殖证编号：　养证〔20　〕第　　　号

养殖场场长：　　　　　　　　养殖技术负责人：

表6-2　水产养殖用药记录

序号						
时间						
池号						
用药名称						
用量/浓度						
平均体重/总重量						
病害发生情况						
主要症状						
处方						
处方人						
施药人员						
备注						

3. 记录的基本要求

（1）记录必须专人负责，由工作人员（质检员、生产工）填写相关记录，及时、准确填写，作为生产原始记录。

（2）所有记录不得涂改，只允许杠改。

（3）所有记录必须由主管人员复审，并签姓名和日期。

4. 记录的储存与保管

技术部负责质量记录表格的编制、审批、保存和定期销毁记录。

（1）储存形式：以纸面质量记录为主，电子文本为辅。

（2）储存环境：正常室温环境、防火、防蛀虫、防损坏、防变质、防丢失。

（3）保存期限：销售后两年以上。

（4）记录的处理：记录保存期满，经各部门负责人确认，经场长批准后销毁。

三、保障环境卫生

通过对养殖场区周围土地环境和水环境的严格控制，消除可能影响养殖生产质量的因素，避免对产品的质量和安全造成潜在的危害，保证产品质量符合食品卫生质量要求。

1. 环境卫生作用

鳜鱼在池塘中的生活、生长情况是通过水环境的变化来反映的，各种养殖措施也都是通过水环境作用于鱼体的。因此，水环境成了养殖者和鱼类之间的"桥梁"。良好的水环境只是养殖场所的硬件，也还需通过管理，即通过人为地控制和维护，使它符合鱼类生长的需要，才能让环境发挥更好的效能。

2. 环境卫生要求

（1）场区按水域环境状况划分养殖区，安排养殖生产布局，养殖区与生活区完全分开。

（2）场区环境应清洁卫生，无生物、化学、物理等污染物，在养殖区不得生产和存放有碍食品卫生的其他产品。

（3）场区路面应平整、清洁、基面绿化美观。外来人员未经批准不得进入场内。

（4）场区有符合卫生要求的饲料、渔药、化学品、包装物品储存等辅助设施和废物、垃圾暂存设施并及时清理。

（5）场区内厕所设有冲洗、洗手、防蝇虫鼠等设施，粪便经无害化处理，保持清洁卫生。

（6）场区内标记的区域应该醒目：如严禁火种、禁止吸烟、禁止随地吐痰、保持场区清洁卫生、爱护环境卫生等标识。

3．环境卫生职责

（1）办公室负责制订《养殖场环境卫生管理制度》并组织落实与监督；负责防鼠、灭鼠和杀虫工作。

（2）相关部门搞好各自生产区和生活区内的环境卫生、生产工器具和生产设施设备清洁卫生工作。

（3）生活区清洁卫生实行卫生责任制，每半个月由办公室组织卫生检查。

4．环境卫生制度

确保养殖场生产区和生活区周围环境的清洁卫生，强化对养殖场卫生的监督管理，由行政办公室人员负责养殖场周围环境的检查和监督。

（1）养殖场环境，人人维护，教育员工从我做起，烟头、纸屑等废弃物投入垃圾桶，不随手乱丢乱弃，爱护养殖场一草一木，不乱踏乱折。

（2）养殖场生活区的清洁工作，由行政办公室负责维护卫生，定点设置垃圾桶。

（3）每天全面清洁、清理生活区卫生一次，并随时保持生活区清洁干净。

（4）生产垃圾、废物、下脚料等放入垃圾桶，收集后集中存放，当天清理出场。

（5）有计划按步骤清理杂草，修剪花木，维护整齐优美的养殖场区环境。

（6）定期施放灭蝇、杀虫药，在生产、生活区周围设置活动捕鼠点，用食物引诱或粘胶、鼠笼捕鼠，每3个月至少开展一次灭鼠活动。

（7）行政办公人员每天检查生活区卫生并记录，发现问题要立即解决。

5. 环境卫生管理

环境卫生管理主要应做好以下工作：①定期对水源、水质、空气等环境指标进行监控检测；②做好池塘清洁卫生工作，经常消除池埂周边杂草，保持良好的池塘环境，随时捞去池内污物、死鱼等，如发现病鱼，应查明原因，采取相应的防范措施，以免病原扩散；③掌握好池水的注排，保持适当的水位，经常巡视环境，合理使用渔业机械，及时做好水质处理和调控；④做好卫生管理记录和统计分析，包括水质管理、病害防治以及所有投入品等情况，及时调整养殖措施，确保生产全过程管理规范。

四、加强监测检验

配备水质、水生生物检测仪器设备，对苗种、饲料、养成品检验、生产过程中水质、水生生物检测和监督，满足与养殖水体和生产能力相适应的要求。

1. 监测检验职责

（1）技术部负责各项检验工作，对有关检验结果反馈责任部门或相关人员，并可以行使质量否决权。

（2）相关部门配合技术部门的检验工作。

（3）技术部进行监督和管理。

2. 监测检验要求

（1）公司配备合适的具备资格的检验设备和检验人员，检验人员必须经培训合格后上岗。

（2）检验必须按规定的检验规程操作，化验室要具备必要的标准资料和相应仪器设备，并按规定进行检定，保存校正记录。

（3）按规定对水体水质状况进行抽检。

（4）检验不合格的苗种、产品，应及时隔离，并按规定进行纠正，纠正的有关要求按《纠正和预防措施控制程序》中的规定执行。

（5）不能检测的项目，应进行委托检验，接受委托的实验室必须具备相应的资格，技术部应收集被委托检测机构的检测能力、检测范围、质量保证能力等方面的技术资料，技术部还应与被委托方签订委托合同。

（6）苗种出池、养成品进入市场前必须完成所有的检验项目，未经检验（检疫）或检验不符合规定要求的产品，不得放行。

（7）化验室要按规定认真填写相关化验记录，记录保存两年以上。

3．产品标识追溯

养殖场生产的养殖产品和苗种，使用正确和适当的标识，识别养殖产品、苗种、饲料、药品等物料及其检验状态，确保只有合格的物料和产品才能作为养殖投入品和运出养殖场，并能顺利追溯。生产部负责生产过程中成员、苗种及生产过程中物料的标识，仓库负责仓库物料的标识，技术部负责苗种、材料检验状态的标识和养成品的《产品标签》使用。

4．种苗检测检疫

为保证养殖品种的种质和卫生质量符合要求，而对放养的苗种的种质和卫生质量进行控制和规范。技术部负责制订《养殖技术操作规范》和《苗种验收程序》，确定苗种验收和放养培育的技术和卫生要求并监督执行；生产部负责苗种的验收、放养；化验室按规定对苗种进行种质检测和卫生检疫。

（1）生产用的外购的苗种必须来自无污染水域及有水产苗种生产许可证的苗种场；苗种经检疫，应是健康鱼苗，清洁卫生，运送途中未受污染。

（2）苗种出池进行检疫，应是健康鱼苗。

（3）非健康苗种必须采取相应隔离措施、做好标志和相关记录，经技术部评估后处理。

第七章 水产养殖病害防控

内容提要：鱼类发病的综合因素；预防鱼病的综合措施；防治鱼病要安全用药；使用中草药防治鱼病；加强水生动物防疫检疫。

水产养殖良种，一般都适应性强，抗病、抗逆性较好，正常养殖管理条件下，较少发病。但在养殖条件不好，饲养管理不善，特别是近年来多种高密度集约化养殖条件下，水产养殖病害时有发生，且传染性强，易引起暴发性死亡。特别是罗非鱼，冬、春季节水温偏低、摄食偏少、冻伤，或运输、扦捕过程受伤等体质较弱条件下，也易被多种病原体侵袭、感染，导致发病死亡。水产养殖病害的发生不仅降低了养殖产量，更是极大地影响了其经济效益。因此，要加强其病害防控工作，坚持以预防为主，防治结合的原则。保持良好的水质，做好日常投喂和管理工作是防病的关键。

第一节 鱼类发病的综合因素

水产养殖发病的原因，主要与养殖环境及鱼体自身的抵抗力有关，具体来讲包括养殖水体水质因素、饲养管理水平、病原生物的侵害以及鱼体自身的抗病能力等，总体来讲是机体和外界因素相互作用的结果。

一、养殖水质

养殖水体的理化因子如温度、溶解氧、pH 值、盐度等变化过快，或超出了罗非鱼所能忍受的临界限度都可能引起生理失调而致病。此外，工业"三废"和城市垃圾的不合格排放，农业生产中农药、化肥的不规范使用，以及水产养殖自身带来的污染均对水产养殖生态环境造成了不同程度的破坏，从而直接或间接地损害鱼体，导致疾病的发生。

1. 水温变化

鱼是变温动物，体温随外界环境的改变而改变，水温的急剧升降，鱼体不易适应，影响其抵抗力，从而导致疾病的发生。鱼苗下塘时要求池水温差不超过 2℃，鱼种要求不超过 4℃，温差过大，就会引起鱼苗、鱼种不适而大量死亡。

2. 水质恶化

影响水质的因素主要有水体有机质、生物的活动、水源、底质以及气候变化等。水体有机质过多，微生物分解旺盛，一方面消耗水中大量的氧，造成池水缺氧，引起鱼类浮头。同时还会释放硫化氢、沼气等有害气体，这些有害气体集聚一定数量后，引起鱼类中毒死亡。另一方面水质不良也会引起鱼类抗病力下降，加上病原微生物的大量繁殖极易引发鱼病。气候突变会导致水中浮游生物大量死亡，导致池水 pH 值及其他水质指标变化，导致水质恶化；工业或城市废水中含大量有害物质等，对鱼类生理机能产生直接影响，引发鱼病。

3. 溶氧

水中溶氧含量对鱼类生长和生存至关重要。当池水溶氧低到 1 毫克/升时，会发生浮头，如果溶氧得不到及时补充，鱼类会因窒息而死亡。若溶氧过多，又可能引起鱼苗患气泡病。

4. 水体富营养化

养殖水体富营养化，藻类会大量繁殖，产生大量对鱼类有害甚至是致死的物质；底质淤泥沉积过多，既消耗溶解氧，产生二氧化碳、氨氮、硫化氢和有机酸等有害物质，氨氮和亚硝酸盐等含量也会超标，导致池水老化、病原菌大量繁殖，微生态系统的平衡遭到破坏，生物群落结构发生改变，引起鱼类抵抗力下降，从而易受到病原生物的侵害。

二、饲养管理

饲养管理水平的高低与疾病的发生密切相关。进入 21 世纪以来，虽然放养密度和养殖产量得到了大幅度提高，但因为没有相应的高新技术和设施与之相配套，池水中氨氮和亚硝酸盐等含量严重超标，导致池水老化、水中病原菌大量繁殖；其次，饲料的营养成分和投喂量不能满足养殖罗非鱼最低需求，导致鱼体生长缓慢或停止生长，抗病力降低，严重时容易发病，甚至引起死亡；此外，饲料的腐败变质也是导致疾病的重要因素；另外，在转池、运输和饲养过程中，由于操作不当，使鱼体表碰撞而受伤，导致表皮破损，鳍或肢体断裂，体液流出，渗透压改变，机能失调，引起各种生理障碍以至死亡，除了这些直接危害外，伤口又是各种病原微生物侵入的途径。

1. 放养密度

单位面积内放养密度过大或底层鱼类与上层鱼类搭配不当，超过了一般饵料基础与饲养条件，会导致鱼类营养不良，抵抗力减弱，为疾病流行创造了条件。

2. 饲养管理

投喂腐败变质的饲料也是导致疾病的重要因素。另外施肥的种类、数量、时间和肥料处理方法不当，不仅易使水质恶化，而且加剧了鱼类病害微生物的生长，都可引发鱼病。

3. 机械性操作

拉网、运输途中操作不当，容易擦伤鱼体，给水中细菌、霉菌等感染鱼体提供了可乘之机。人为换水、倒池、玩逗、惊吓也可能增加疾病的发生。在转池、运输和饲养过程中，由于操作不当或工具不适宜，导致表皮破损，鳍或肢体断裂，体液流出，渗透压改变，机能失调，以至死亡，除了这些直接危害外，伤口又是各种病原微生物侵入的途径。

三、生物因素

引发鳜鱼疾病的生物因素包括两方面：一是养殖鳜鱼水域是否存在病原体，二是放养鳜鱼的体质是否能抵抗病原体的侵袭。

1. 病原体存在

一般常见的鱼病，多是由各种生物传染或侵袭鱼体造成的，这些使鱼致病的生物体称为病原体。鱼病的病原体包括病毒、细菌、粘细菌、藻菌、藻类、原生动物、蠕虫、蛭类、钩介幼虫、甲壳动物等。其中病毒、细菌、藻菌、藻类等病原体，在习惯上称它们为微生物，它们所引起的鱼病，称为传染性鱼病。其中原生动物、蠕虫、甲壳动物都是动物性的病原体，简称寄生虫。寄生虫所引起的鱼病，称为侵袭性鱼病或寄生性鱼病。

2. 鱼类体质

鱼类对外界环境的变化和致病菌的侵袭都有一定的抵抗能力。因此，仅有环境的变化和病原体的致病因素，还不一定能使鱼生病。鱼是否生病，还要看鱼体本身对疾病的抵抗能力如何，即鱼体免疫力的强弱。在一定条件下鱼类对疾病具有不同的免疫力，某种流行病发生，在同一池塘中的同种类、同年龄的鱼，有的严重患病而死亡，有的患病较轻而逐渐自行痊愈，有的则丝毫没有感染。鱼体免疫力表现在抗体的产生、白血球的数量以及鱼的种类、年龄、生活习性和健康状况等方面。因此，考虑鱼病的发生，不应孤立地考虑单一的因素，而要把外界环境和机体本身的内在因素联系起来，才能正确地了解鱼类生病的原因。

例如，鳜鱼种和饲料鱼种越冬，若在整个冬季不投饲料，越冬鱼处于无食可摄的状态，鱼体内的积累物质大量消耗，到了春季，鱼体极度消瘦、贫血，容易发病，引起死亡，是因为原来处于低温时不繁殖或毒力减弱的病原体，到了春天随着温度的升高，其繁殖能力和毒力不断增强，而鱼体质一时还难以恢复过来，自身的防御机能还非常低，两者的平衡遭到破坏，因此，越冬后的鱼种易患病致死。

第二节 预防鱼病的综合措施

鱼病的发生，大都是由于水质不良，饲养管理不当或鱼体防御能力弱而引起的。因此，鱼病的综合预防主要采取严格消毒、调节水质、合理投喂、科学管理、定期抽样检查等措施进行综合预防，达到预期的防治效果。

一、切断传播途径

水产养殖预防病害，首先要切断传播途径，选用优质水源，实行排灌分家，严格水体消毒，防止病原从水源中带入。

1. 水源条件

使用无污染水源，要求水量充足、清洁、不带病原生物以及人为污染等有毒物质，水的物理和化学特性要符合国家渔业水质标准。

2. 排灌系统

要求注水排水渠道分开，单注单排，避免互相污染；在工业污染和市政污染水排放地带建立的养殖场，在设计中应考虑修建蓄水池，水源经沉淀净化或必要的消毒后再灌入池塘中，这样就能防止病原从水源中带入和免遭污染。在总进水口加密网（40目）过滤、避免野杂鱼和敌害生物进入鱼池。

3. 水源消毒

根据水源中存在的病原体和敌害生物，可选择以下方法中的任何一种进行消毒：①用（25~30）×10^{-6}生石灰全池泼洒；②用1×10^{-6}漂白粉（含有效氯25%以上）全池泼洒；③用0.5×10^{-6}敌百虫（90%的晶体敌百虫）全池泼洒；④用0.1×10^{-6}富氯全池泼洒；⑤用0.3×10^{-6}鱼虫清2号全池泼洒。

二、药物预防疾病

无公害水产养殖，要尽量保证养殖品种健康生长、避免用药。

但为了制止病原体的繁殖和生长，控制病原体的传播，进行必要的药物预防十分重要。下面介绍淡水池塘养殖罗非鱼的做法。

1. 池塘消毒

每年冬天最好清除池塘过厚淤泥，在鱼苗放养前必须对池塘以及周围环境进行严格的清理和消毒。常用的清塘药物有生石灰、漂白粉等。一般生石灰的用量为 75 千克/亩，全池泼洒；也可用 20×10^{-6} 漂白粉（有效氯30%）全池泼洒，其中以生石灰的效果最好，能同时起到杀灭敌害、改良水质和施肥的作用。

饲养过程中，应定期对养殖水体进行消毒。一般每隔 10~15 天，每亩 1 米水深的水体用生石灰 25~30 千克，加水溶解后，全池均匀泼洒，一方面可以消毒杀菌，同时还起到调节水质的作用。另外还可以利用漂白粉、三氯异氰脲酸或二氯异氰脲酸钠等进行水体消毒，效果也较好。

2. 苗种消毒

鱼苗种在放养之前，特别是大水面或集约化养殖之前，应注意苗种消毒，杀灭体表的病原体，减少病害的传播。同时还可以捡出受伤或死亡的鱼苗。通常采用浓度 2%~4% 的食盐水浸泡 5~10 分钟。浸泡过程中，应注意经常检查鱼苗的忍受情况。

3. 工具消毒

养殖过程中使用的工具，特别是发病池使用过的工具，必须经过消毒后才能使用。一般利用 2% 的高锰酸钾或 10×10^{-6} 的硫酸铜浸泡 30 分钟，大型工具可在太阳下晒干后再使用。

4. 饲料消毒

投喂的饲料必须清洁、新鲜，最好能经过消毒。投喂水草时，应先在 6 毫克/升的漂白粉溶液中浸泡 20~30 分钟，或将 1 毫克/升漂白粉溶液直接洒在水草上至湿润，过 1 小时再喂。中高温季节，可在连续 6 天的投喂饲料中按每千克鱼体重每日拌入 5 克大蒜头或 0.5 克大蒜素，同时可加入少量食盐。有机肥施放前必须经过发酵，并且每 50 千克用 12 克的漂白粉消毒处理后才向鱼池中均匀泼洒。

食场内常有饲料残渣，残渣腐败常使病原体大量繁生。加上放养的鱼虾在这里大量群集，增加了互相传染的机会。特别在水温较高、病害流行季节，发生几率更高。因此，要维护食场清洁，除了把握好投饲量和每天清洁食场外，还要定期对食场进行药物消毒，控制病原体繁生。

三、科学饲养管理

水产养殖科学管理，包括投放优质鱼种，合理混养密养，科学投饲施肥，特别要加强日常管理，减少病原生物的繁殖和传播。

1. 放养优质鱼种

投放的鱼种最好是同一个场或同一个鱼种池，鱼种规格大体相同。切忌一塘鱼种七拼八凑，否则鱼种的大小规格、肥满度、抗病力及适应水体环境等的不同因素，会引起饲养管理上的困难，容易造成鱼种染病死亡。

2. 合理混养密养

不同种的鱼类对同一种疾病的感染性有所不同，不会一起发病。杂食性鱼类（如罗非鱼）可直接吃掉一些危害鱼类的病原体。滤食性鱼类（鲢、鳙鱼）能将过量的浮游生物（藻类、寄生虫动物）滤食掉，防止发生绿皮水（蓝绿藻过量）。在混养的情况下，还应防止鱼口过密，导致鱼类因抢食（吃）接触摩擦体表受伤使病原体感染。

3. 科学投饲施肥

根据不同的养殖模式、鱼类不同的发育阶段以及当时水体各方面的条件，坚持"四定"原则进行投饲，"四定"的内容应根据季节、气候、水温、生长和环境的变化而改变。同时为了提供足够的天然饵料，可在池塘中施基肥或追肥，并且坚持基肥一次施足，追肥"及时、少量、勤施"的原则。

4. 加强日常管理

每天坚持早、中、晚各巡塘一次，注意塘鱼的活动、摄食情况，有无浮头和病害现象。早上巡塘比较容易识别鱼类疾病和早期症状，对于及时治疗大有好处。在鱼病流行季节，阴闷恶劣天气和暴雨后的早晨，更要勤巡塘，检查鱼类活动和有无病情。定时检测水温、溶氧、氨氮等的变化情况，定期进行排污、加注新水和换水。改善养殖环境，勤除杂草，及时捞出残饵和死鱼，定期清理和消毒食场，减少病原生物的繁殖和传播。对养鱼场的电网、增氧机械、车辆交通道路等也要经常检查修补，使其处于良好的状态中。另外，在拉网、转塘、运输过程中，注意操作，做到轻、快、柔，防止鱼体受伤而感染疾病。

第三节　防治鱼病要安全用药

健康养殖注重生态防病，但并不排斥必要的药物治疗，两者应该是互补的。一旦发生大面积鱼病，还得采取相应的药物治疗措施，以免发生更大损失。

一、渔药使用基本原则

使用渔药要严格执行国家行业标准 **NY 5071—2002**《无公害食品　渔用药物使用准则》，坚持"以防为主，防治结合"的原则，使用无公害渔药，即对人、对鱼、对环境无残留、无损害、无污染、防病治病效果好的渔药，使用药物的养殖水产品在休药期内不得用于人类食品消费，原料药不得直接用于水产养殖。

1. 使用正规渔药

使用有生产许可证、批准文号和生产执行标准的渔药，不用"三无"渔药。

使用"三效"（高效、速效、长效）、"三小"（毒性小、副作用小、用量小）的渔药，严禁使用高毒、高残留或具有三致毒性（致癌、致畸、致突变）的渔药。

2. 严禁使用禁药

严禁使用对水环境有严重破坏而又难以修复的渔药，严禁直接向养殖水域泼洒抗生素，严禁直接将新近开发的人用新药作为渔药的主要或次要成分。禁用渔药清单见表7-1。

表7-1 禁用渔药清单

序号	药 物 名 称	英 文 名	别 名
1	孔雀石绿	Malachite green	碱性绿
2	氯霉素及其盐、酯（包括：琥珀氯霉素 Chloramphenicol Succinate）及制剂	Chloramphenicol	
3	己烯雌酚，及其盐、酯及制剂	Diethylstilbestrol	己烯雌酚
4	甲基睾丸酮及类似雄性激素	Methyltestosterone	甲睾酮
5	硝基呋喃类（常见如）		
	呋喃唑酮	Furazolidone	痢特灵
	呋喃它酮	Furaltadone	
	呋喃妥因	Nitrofurantoin	呋喃坦啶
	呋喃西林	Furacilinum	呋喃新
	呋喃那斯	Furanace	P—7138
	呋喃苯烯酸钠	Nifurstyrenate sodium	
6	卡巴氧及其盐、酯	Carbadox	卡巴多
7	万古霉素及其盐、酯	Vanomycin	
8	五氯酚钠	Pentachlorophenol sodium	PCP—钠
9	毒杀芬	Camphechlor（ISO）	氯化莰烯
10	林丹	Lindane 或 Gammaxare	丙体六六六
11	锥虫胂胺	Tryparsamide	
12	杀虫脒	Chlordimeform	克死螨
13	双甲脒	Amitraz	二甲苯胺脒
14	呋喃丹	Carbofuran	克百威
15	酒石酸锑钾	Antimony potassium tartrate	

序号	药 物 名 称	英 文 名	别 名
16	各种汞制剂（常见如）		
	氯化亚汞	Calomel	甘汞
	硝酸亚汞	Mercurous nitrate	
	醋酸汞	Mercuric acetate	乙酸汞
*17	喹乙醇	Olaquindox	喹酰胺醇
*18	环丙沙星	Ciprofloxacin	环丙氟哌酸
*19	红霉素	Erythromycin	
*20	阿伏霉素	Avoparcin	阿伏帕星
*21	泰乐菌素	Tylosin	
*22	杆菌肽锌	Zinc bacitracin premin	枯草菌肽
*23	速达肥	Fenbendazole	苯硫哒唑
*24	磺胺噻唑	Sulfathiazolum ST	消治龙
*25	磺胺脒	Sulfaguanidine	磺胺胍
*26	地虫硫磷	Fonofos	大风雷
*27	六六六	BHC（HCH）或 Benzem	
*28	滴滴涕	DDT	
*29	氟氯氰菊酯	Cyfluthrin	百树得
*30	氟氰戊菊酯	Flucythrinate	保好江乌

第七章　水产养殖病害防控

备注：不带＊者系农业部第 193 号公告和 560 号公告涉及的绝对禁用的渔药部分，违者将予以严厉处罚；带＊者虽未列入以上两公告，但属于《无公害食品　渔用药物使用准则》禁用范围，无公害水产养殖单位应当遵守。

　　被禁用的渔药中有好多都是以前常用的当家药物，如孔雀石绿、磺胺噻唑、磺胺脒、呋喃唑酮、呋喃西林、呋喃那斯、红霉素、氯霉素、五氯酚钠、硝酸亚汞、醋酸汞、甘汞、滴滴涕、毒杀酚、六六六、林丹、呋喃丹、杀虫脒、双甲脒等，以及在饲料中添加的己烯雌酚（包括雌二醇等其他类似合成等雌性激素）和甲基睾丸酮（包括丙酸睾丸素、去氢甲睾酮以及同化物等雄性激素）。在 NY 5071—2002《无公害食品　渔用药物使用准则》中，严禁使用的都有可以使用的无污染的替代药物。

3. 对症适量用药

病害发生时应对症用药、适量用药，防止滥用渔药与盲目增大用药量或增加用药次数、延长用药时间。

4. 执行休药期制度

严格执行渔药休药期制度，防止药物残留。所谓药物残留，即在水产品的食用部分中残留渔药的原型化合物和其代谢产物，包括与药物本体有关的杂质。NY 5070—2002《无公害食品　水产品中渔药残留量》中对渔药残留量做了详尽的规定（表7-2）。

表7-2　水产品中渔药残留限量

药物类别		药物名称		指标（MRL）（微克/千克）
		中文	英文	
抗生素类	四环素类	金霉素	Chlortetracycline	100
		土霉素	Oxytetracycline	100
		四环素	Tetracycline	100
	氯霉素类	氯霉素	Chloramphenicol	不得检出
磺胺类及增效剂		磺胺嘧啶	Sulfadiazine	100（以总量计）
		磺胺甲基嘧啶	Sulfamerazine	
		磺胺二甲基嘧啶	Sulfadimidine	
		磺胺甲噁唑	Snlfamethoxazole	
		甲氧苄啶	Trimethoprim	50
喹诺酮类		噁喹酸	Oxilinic acid	300
硝基呋喃类		呋喃唑酮	Furazolidone	不得检出
其他		己烯雌酚	Diethylstilbestrol	不得检出
		喹乙醇	Olaquindox	不得检出

渔药的休药期：是指最后停止给药日到水产品作为食品上市出售的最短时间。药品在水生动物机体内代谢排泄有一定的时间。因此，在捕捞上市前的休药期内应停止使用药物，不可因市场供求或其他原因将刚使用过药物的水产品上市销售，以保证药物残留量降

到规定的指标内，避免药物残留危害人体健康。

常用渔药的休药期：漂白粉休药期 5 天以上；二氯异氰尿酸、二氧化氯休药期各为 10 天以上；土霉素、磺胺甲噁唑（新诺明、新明磺）休药期各 30 天以上，噁喹酸休药期 25 天以上；磺胺间甲氧嘧啶（制菌磺、磺胺-6-甲氧嘧啶）休药期 37 天以上；氟苯尼考休药期 7 天以上。

二、渔药使用注意事项

使用渔药防治鱼病，既要对症下药，发挥疗效；又要减少副作用，造成危害。因此，使用渔药特别要注意如下几点：

1. 正确诊断，对症用药

切勿乱用药或滥用药，施药前要确诊患何种疾病，发病程度如何，然后对症下药，防止滥用渔药与盲目增大用药量或增加用药次数、延长用药时间。

2. 确定用药量和时间

根据水体体积或鱼体重量以及对药物的适应情况，确定适宜的用药量，不要随意增大或减少用药量。全池泼洒药物，一般在晴天上午 10 时左右或下午 15~16 时，于上风口泼施。

3. 注意混合感染的用药

当鳜鱼同时发生细菌性疾病和寄生虫病时，这样的混合感染，用药治疗要特别注意，要先用杀虫药灭虫，后用杀菌药灭菌。

4. 选用高效低毒药物和执行停药期

严格控制药物残留，引导水产养殖者在国家允许的药物品种范围内选用一些高效、低毒、无公害的生物型渔药（如微生物制剂、低聚糖、酶制剂等），少用易产生耐药性和残留高的品种，坚决不用禁用品种，严格执行停药期，倡导科学用药和健康养殖，以降低水产动物产品中药物的残留量，提高水产品质量。

5. 避免长期使用单一药物

同一种药物，易使鱼产生抗药性，从而降低治疗效果。因此，即使治疗同一种疾病，也要注意作用相似的不同药物的轮换使用，不可单一用药，避免长期使用。

6. 注意药物之间的拮抗性和协同性

两种或两种以上药物同时使用时，要注意药物之间的拮抗性和协同性，有时还会有毒性增强作用，这些因素都要充分考虑后再决定是否混用。

第四节　使用中草药防治鱼病

随着水产养殖病害的日趋严重，养殖中所使用的渔用药物的种类和数量也在不断增多。抗生素、促生长剂、杀虫药等的大量使用带来了药物残留大、抗药性强等问题，既危害人类健康，又污染了环境。随着对中草药研究的深入，从中草药中开发出新型的饲料添加剂和渔用药物，特别是着重增强鱼体的免疫能力和抗病能力，将会加速中国的水产养殖业发展成为绿色产业，也为中国水产品能顺利进入国际市场铺平道路。

一、中草药的特点

中药具有抗菌、抗病毒及促进免疫功能，提高机体抗病能力等作用，中药副作用少，毒性低，不产生抗药性，所以无残留、无污染的中草药越来越受到重视，应用也日益广泛，中草药应用前景广阔。

1. 就地取材资源广

中国地域辽阔，中草药资源丰富，可就地取材，易种易收，成本低，且使用简便。

2. 无药物残留无公害

中草药是一种理想的天然、环保型绿色药物，保持了各种成分的自然性和生物活性，其成分易被吸收利用，不能被吸收的也能顺利排出体外，不会在动物体内残留药物，危害人体；而且在环境中易被细菌等分解，不会污染水环境。而一般的化学药物成分则会积累在动物体内或长期残留于水中。

3. 不产生抗药性

中草药具有高效、毒副作用小、安全性高、残留少等诸多优点，有毒的中草药经过适当的炮制加工后，毒性会降低或消失；通过组方配伍，利用中药之间的相互作用，提高了其防病治病的功效，减弱或减免了毒副作用，至今为止，医学研究尚未发现中草药有抗药性的问题。

4. 增强免疫功能

中草药能增强免疫功能，提高机体抗病能力，促进鱼类生长。可以完善饲料的营养，提高饲料转化率。中草药本身含有一定的营养物质，如粗蛋白、粗脂肪、维生素等，某些中草药还有诱食、消食健胃的作用。

二、中草药的作用

中草药的抗菌作用，抗病毒作用，增强免疫功能，提高机体抗病能力的药理研究已取得丰硕成果。

1. 杀虫、抗菌、抗病害

利用中医基础理论、中药药理、中药化学、中药制剂等学科理论和技术研制出一些有用中草药金银花、肉桂等研制成功防治鱼虾类暴发性疾病的药物。主要是对鱼类病毒、细菌、真菌性疾病具有重大突破。如苦楝皮、马鞭草、白头翁等能杀虫；大黄（见彩图7-1）、黄连、板蓝根等能够抑菌；板蓝根、野菊花等有抗病毒的能力。如防治病毒性鱼病的中草药有大黄、黄柏（见彩图7-2）、黄芩（见彩图7-3）、大蒜；防治细菌性鱼病的有乌桕、五倍子、菖蒲、柳枝、大黄、黄柏、黄芩等；防治真菌类鱼病的有五倍子、菖蒲、艾叶等；防治寄生虫类鱼病的有马尾松叶、苦楝树叶、樟树叶、乌桕叶、桉树叶、干辣椒、生姜等。

2. 增强机体免疫力

水产动物具有相对完善的免疫功能，中草药能增强机体免疫力，可以对其起调节作用。①作用于下丘脑-垂体-肾上腺皮质轴调节免疫功能。②改善骨髓造血功能。③调节细胞内环核苷酸的含量和比例，对免疫反应发挥调节作用。④提高和改善核酸代谢功能，改善或促进机体核酸代谢和蛋白质的合成。⑤促进吞噬细胞的吞噬功能，提高机体非特异性免疫。

3. 完善饲料营养

中草药含有多种营养成分和生物活性物质，如粗蛋白、粗脂肪、维生素等，作为饲料添加剂，可以完善饲料的营养，促进罗非鱼生长，提高饲料转化率。某些中草药还有诱食、消食健胃的作用。

三、中草药防病技术

在目前全面提倡健康养殖的新形势下，推广中草药防治鱼病，有着极其重要的意义。但是，中草药药效不是十分稳定，且难以把握剂量，不少养殖者缺乏中草药防治鱼病的知识，往往用药不当，效果不佳。下面介绍几点中草药防治鱼病的注意事项，以指导养殖者正确使用中草药防治鱼病。

1. 正确诊断病因

使用中草药防治鱼病应坚持"科学配方，对症下药，规范应用"十二字原则，其中对症下药相当重要，只有查出病因，才能对症治疗。鱼病发生原因不外乎水体环境因素、饲养管理因素或病原生物因素影响，前两种可通过人为调控即可解决，对于病原生物因素而致病，也要分清是病毒性的，细菌性的，还是真菌类或寄生虫类，找准致病原因，发病症状，才能选择合适的中草药对症治疗。

2. 了解药物性能

防治鱼病的中草药种类很多，不同的中草药有不同有效成分和药效功能。按中草药的药效功能，分抗菌、灭虫和辅助性药物三大类。防治鱼病时，要根据不同鱼病类型，选择相应的药物。

3. 区分用药对象

使用中草药防治鱼病，对于不同的鱼类或不同的养殖周期，用药有时也有所不同。如甲鱼防病时，在苗种阶段应以气味较小且口感好的鲜嫩草药为主，既无副作用，又适合口味，且能防病促长，常用的有马齿苋、蒲公英、喜旱莲子草、铁苋菜等，而对于鱼种或成鱼，则可用处理过的药粉拌饵投喂。

4. 讲究加工方法

由于化学合成药物成分单一，所以一般可直接使用于养殖水体，而中草药是由多种成分配合组成，如果直接投入水体或投喂鱼类，就可能出现效果不佳甚至无效的情况，故使用前必须采取原药粉碎或切碎煎熬，或者对鲜药打浆或榨汁使用。使用干中草药还要进行泡制，具体方法有开水浸泡和煎煮两种方法。开水浸泡法是把药放入开水中，浸泡 10~15 小时，使其成分充分溶解于水中，用火煮沸后再用温火煎 10~20 分钟，即形成药液。煎煮法是直接将药煎煮沸腾后施用。生产中常用浸泡法。

5. 把握用药剂量

用药前要对养殖水体体积、鱼体体重进行计算，再根据药物的性能和使用方法计算出用药量。由于中草药因其季节、产地、泡制方法不同，其有效成分含量差异较大，且属于粗制型产品，其剂量难以把握，故经验数据很重要。当采用内服方法时，一般防病可以用干饲料量的 1%~1.5%；治病则用干饲料的 2%~3%；当外用时，一般 10~30 克/米³ 为宜。

6. 保证用药时间

用药的天数，要根据需要灵活掌握，一般为 2~3 天，但应以能彻底根治鱼病为原则。注意不可长期投喂单一中草药，以免产生抗药性。如果在 2~3 个疗程中鱼病不见好转，应调换其他中草药予以治疗。

7. 注意配伍禁忌

中草药在配方时，必须要搞清楚各种单味中草药的药性和所含的成分，及相互间作用原理，在混合用药及交替用药时必须弄清药物间的配伍禁忌及鱼体的耐受程度，如黄芩与黄连不宜合用；内服土霉素时不宜与五倍子合用。有的药物对某些鱼类有极强的毒性或浓重的气味，影响鱼类的生长和生存，也不宜使用。

四、中草药使用方法

中草药的使用方法主要有以下 5 种。

1. 拌饲投喂法

将新鲜中草药洗净切碎或捣烂，与精饲料拌匀后投喂。如果是干草药，则切碎后煎汁，药汁同药渣一起拌饲料投喂，杀灭鱼体内的病原体。一般而言，拌饵投喂法给药一般应在病鱼的摄食能力未丧失之前进行，否则就达不到治疗效果。如防治鱼类暴发性出血病，每万尾鱼种用大蒜 0.25 千克、喜旱莲子草 4 千克、食盐 0.25 千克与豆饼磨碎投喂，每天两次，连用 4 天；治疗毛细线虫病、绦虫病，则每天用苦楝树皮煎两次，用量为每千克鱼用 6 克，取出药汁混入饲料内拌和投喂，连用 6 天；防治鳃霉病，可用 50 千克芭蕉芯切碎加食盐 1.5~2 千克，再加乐果 50 克搅拌均匀后投喂，每 50 千克鱼投喂 2.5 千克；防治气泡病，每亩用乌桕叶 3.5 千克、野山楂 1.2 千克、黄荆 1.2 千克、艾叶 0.6 千克，煎汁加入打烂的大蒜 1.2 千克，拌细糠混合黏性饲料喂鱼。

2. 浸汁泼洒法

将中草药先切碎或研碎，经浸泡或煎煮一段时间后，连渣带汁全池泼洒，使池水达到一定浓度，从而杀灭体外及池水中病原体。干药切（捣）碎后需煮出汁才能使用。本办法用药量较大。如防治草鱼出血病，每亩 1 米水深用金银花 0.5 千克、菊花 0.5 千克、大黄 2.5 千克、黄柏 1.5 千克研成的细末 0.75 千克，加食盐 1.5 千克，混合后加适量水全池泼洒；防治草鱼"三病"（即细菌性烂鳃病、赤皮病、肠炎病），按每亩 1 米水深用香烟 175 克，用重量 4 倍于香烟的开水浸 4 小时，连汁带渣全池泼洒，连用 3 天为一疗程，轻者一个疗程，重者两个疗程；治疗小瓜虫病，每亩 1 米水深用 0.5~0.75 千克辣椒粉和 1~1.5 千克捣烂的生姜一起煮沸半小时，充分搅拌均匀后全池泼洒，每天 1 次，连用两天。

3. 糖化投喂法

用中草药和豆饼、麸皮、米糠或玉米粉等混在一起，经过发酵糖化后直接投喂，可改善中草药适口性。经过糖化的草药，即成为鱼喜欢吃的饲料，从而提高防治疾病的效果。如用60%稻草粉、30%~40%的麦麸或糠饼，加适量的辣蓼作曲子制成糖化饲料喂鱼，防治鱼病效果好。

4. 浸泡法

将中草药捆扎成束，放在食场附近（上风处）或池塘进水口浸泡，利用泡出的药汁扩散到全池，杀灭池水中及鱼体表的病原体，从而达到防治鱼病之目的。如防治车轮虫病、隐鞭虫病，发病季节在鱼池进水口处，每亩1米水深用15千克苦楝树叶浸泡，7~10天更换1次，连用3~4次；防治波豆虫病，按每亩1米水深用苦楝树枝26~38千克，分成几捆，在流行季节可预防该病的发生；防治鱼虱，则用杨梅枝、马尾松枝、樟树枝叶各1.5~2千克，分别扎成捆，插放于池塘中，每天翻动1次，治疗效果佳。

5. 浸浴法

将鱼集中在较小容器、较高浓度的中草药液中进行短期强迫药浴，以杀灭体外病原体。如防治锚头蚤，以（10~30）×10⁻⁶的大蒜素浸洗鱼体1小时，可杀死锚头蚤；治疗竖鳞病，可用苦参（见彩图7-4）浸出液（1千克苦参加20千克水煮沸，用慢火再煮20~30分钟），浸洗病鱼20~30分钟，每天1次，连4~5天；防治水霉病，每立方米水体用3~5克使君子煮沸药液浸洗病鱼15~30分钟；防治嗜子宫线虫病，可用去皮大蒜头捣碎取汁，加五倍的水稀释，浸洗病鱼2分钟。

第五节　加强水生动物防疫检疫

水生动物防疫检疫是各级渔业主管部门及水产技术推广机构的重要职能。随着养殖规模的扩大、集约化度的提高，水产养殖病害增多。有病害就要用药，但用药不规范、不科学，水产品药物残留问题严重。因此，要加大水生动物防疫检疫和病害防治用药指导工作力度，提高养殖病害风险防御能力。

一、建设水生动物防疫检疫体系

以兽医体制改革为契机，从机构、编制人员、实验室建设等方面，加强水生动物防疫检疫体系建设。实施水生动物防疫体系建设规划，加快国家级、省级、基层三级水生动物疫病防控技术支持机构的建设，完善水生动物防疫体系。落实国家水生动物保护工程建设规划，重点改善县级水产技术推广站水生动物疫病预防控制中心基础设施条件。广东省积极做好这方面工作，介绍如下：

1. 建立各级水生动物防疫机构

2008 年，广东省编办批准省水产养殖病害防治中心更名为广东省水生动物疫病预防控制中心。到 2012 年，广东省有获当地编委批准成立的市、县水生动物防疫站共 98 个（其中 18 个地级以上市、80 个县区），其中，湛江、韶关、惠州、梅州、汕头、河源、云浮所属各县区均已建立了水生动物防疫检疫站，建站率达 100%。

2. 配备水生动物防疫检疫设施

将水生动物防疫检疫纳入《广东省动物防疫体系建设规划（2009—2013 年）》。从 2009 年起，每年省财政安排鱼病防治专项资金 2 000 万元，主要用于体系能力建设、疫病防控研究、应急处理和信息平台建设。此外，广东省用省鱼病专项资金建成基层鱼病诊所18 家；为 68 个市、县装备了水生动物防疫检疫专用车，为 12 个市装备了巡回诊疗车。

3. 建设水生动物防疫检疫实验室

广东省地级以上市水生动物防疫检疫实验室由省海洋与渔业局纳入"三合一"建设，县级站实验室由省鱼病专项资金支持建设，项目经费 50 万元/个。高要等 10 个县区得到国家发改委重点县级水生动物检疫实验室建设扶持项目，每个 100 万元。广州、深圳、东莞、中山、顺德、南海均由当地财政支持建成水生动物检疫实验室。到 2012 年，广东省有 16 个地级以上市、66 个县建立了水生动物防疫检疫实验室，湛江市、肇庆市水生动物防疫检疫实验室已通过资质认证。

二、加强水产养殖病害测报工作

进入 21 世纪以来，水产疫情已成为影响重点养殖区域的重大威胁。为了使各地发生的疫情能得到及时监测并处理，要十分重视重大疫情的监测及应急处理，真正把水产养殖病害防治工作做到实处。

1. 提高水产养殖病害测报水平

广东省的水产养殖病害病情测报工作，在 2000 年试点取得良好效果的基础上，2002 年按照农业部的要求，开始在广东省全面开展周年监测，建立了一批具备病原和池塘水质检测能力的测报点，2005 年已建立测报点 266 个，测报种类达到 22 种，直接测报面积：池塘 216 325 亩，养鲍水体 170 200 立方米（其中鲍苗 42 000 立方水体），养鲍沉箱 20 000 个，海水养殖网箱 580 个。参与测报技术人员达 250 余人。到 2012 年，广东省在 18 个地级以上市、90 余个县区，设立常规监测点 410 个，进行周年连续测报，监测池塘面积达 20 余万亩，海水网箱 66 000 立方米，监测养殖种类 32 种，监测广东省常发、多发的 52 种水生动物病害。每月上旬汇总整理广东省监测结果，编写预警预报信息及防治措施，上报全国水产技术推广总站，并在广东鱼病会诊网、《海洋与渔业》杂志以及手机信息平台上发布。

通过十多年的努力，广东省水产养殖病害测报工作已积累了一些经验，测报结果具有一定的代表性。广东作为病害测报先进单位在全国会议上受到了好评，所做工作还得到国际区域组织亚太水产养殖网络 NACA 的肯定。

2. 创新水产病害监测预警手段

为了进一步提高水产病害测报的准确性和时效性，建立广东省水产养殖病害监测网络，到 2012 年，广东省已安装了水生动物病害远程诊断平台 81 套，分布在广东省的 19 个市级站和 62 个县、区站及鱼药经营店。通过对广东省 90 个县区的 37 种养殖品种、300 个监测点、22 万余亩养殖面积进行病害监测和预警信息发布，年上传远程会诊水产病害 600 例，较好地为基层测报人员解决诊断中出现的疑难问题，加快了确诊时间，有利于及时对症用药，提高了病害防治效果。

3. 实施水生动物疫病监测与防治项目

针对水生动物疫病频频发生，危害日益增大的情况，广东省组织中山大学、中国水产科学研究院南海水产研究所和珠江水产研究所、广东海洋大学等多家科研院校开展罗非鱼链球菌病、淡水鱼出血性败血症、鳜鱼河鲈锚首虫病、贺江等足类寄生虫流行病、鳗鱼爱德华氏菌病、海水鱼刺激隐核虫等疫病的防治试验，取得一些成效。在韶关、肇庆等地建立草鱼免疫防病示范区 2 万余亩，使草鱼出血病和"三大病"发病率、死亡率分别降低 30% 和 50%，发挥了较明显的作用。组织广州等 13 市开展凡纳滨对虾白斑采样、检测、病害调查监测工作。对 130 个养虾场、虾苗场进行白斑病监测，分三批进行采样和检测，以了解当前养殖对虾病害发生与流行情况，提高测报的准确性、全面性，及早采取有效措施预防。

三、提高水生动物疫病防控能力

加强重大水生动物疫病专项监测、疫病流行病学调查与实验室检测，科学指导重大水生动物疫病防控工作，提高水生动物疫病防控能力。开展重大水生动物疾病专项监测，逐步开展疾病流行病学调查与实验室监测，准确分析评估疾病发生发展趋势，科学指导重大水生动物疾病防控工作。

1. 制定水生动物应急预案

积极贯彻落实国家《水生动物疫病应急预案》，出台《广东省水生动物疫病应急预案》，并纳入广东省自然灾害应急预案当中，提高应对突发性水生动物重大疾病的能力。利用广东省水生动物疫病病害监测网络，初步建立起重大水生动物疫病应急处理机制，做好重大水生动物疫病应急处理工作，形成一个快速反应机制，及时为渔农民排忧解难。2008 年 10 月，在肇庆市举行中国首次水生动物疫情应急演习，为全国水生动物防疫工作起到示范作用。

2. 抓好突发疫情应急处理

针对水生动物疫病与自然灾害严重危害渔业生产的情况，广东省各级水生动物疫病防控机构都及时组织人力物力参与养殖生产的应急处理，每年都要组织多起专家参加各地水生动物疫病与自然灾害所致的应急处理，指导养殖户做好防疫和救灾复产工作，努力降低养殖户经济损失。

2004年3月，广州市珠江管理区龙穴岛养殖黄鳍鲷暴发隐核虫病，损失惨重，广东省水产技术推广总站和广州市水产技术推广站联合，多次派技术人员到现场进行病防试验，并及时举办一期隐核虫病防治技术培训班，详细讲解了养殖生产中隐核虫的生活史及综合防治方法。岛上90%以上养殖户参加学习。通过培训和防治试验，对于预防和控制隐核虫疫病的曼延，起到了明显的作用。

2005年，湛江、阳江等地出现大面积的网箱死鱼事件，及时派人赶赴现场采集样本进行检测，提出处理方案。

2006年6月初，韶关市沐溪水库暴发三角鲂不明病因病，造成近百万元的经济损失，广东省水产养殖病害防治中心及时派技术人员到现场调查病情，并采样进行病原体检测、饲料检测和对照实验，尽早准确地查明病因，提出正确地防治措施，减少损失。

3. 做好渔业救灾复产指导工作

2006年6月中下旬，广东省部分市县发生洪灾。广东省水产技术推广总站和水产养殖病害防治中心深入灾区了解灾情，从技术上指导救灾复产。为了防止灾后水产养殖病害的暴发和流行，购买了8吨水体消毒药物，下拨给受灾较重的地区，并指导其做好病害防治工作。

四、大力推广安全用药技术方法

广东省水产技术推广总站和水产养殖病害防治中心大力推广安全用药技术和方法，开展科学用药培训、指导，逐步实施渔药使用处方制度和用药记录制度，制定大宗、名特优水产养殖重大疾病防治《推荐使用渔用兽药名录》，查处违法用药行为。

1. 开展养殖用药调查，大力推广安全用药

加强安全用药指导工作，开展"细菌性病害诊断选药技术"的推广，2007 年 7 月，在佛山市和中山市举办了两期"细菌性病害诊断选药技术和操作方法"培训班，共培训技术人员和从业者 150 余人；经培训后，提高了病害防治效果，减少了用药量及成本支出，受到养殖户的好评。为了规范水产养殖用药行为，各级水生动物防疫检疫站采取科普下乡、科技入户、培训、讲座、印发宣传资料等形式，每年发放宣传资料 2 万余份，宣传规范用药的意义和防病规范用药技术。

2. 推进养殖病害生态预防示范区建设

大力宣传生态、免疫预防方法的重要作用，加强对养殖企业经营者和养殖渔民的宣传培训，开展生态、免疫预防技术试点，减少用药，提高水产品质量安全水平。在水产养殖基地开展微生态制剂等先进技术应用试点，在草鱼养殖基地开展草鱼免疫预防试点。

为发挥规范使用渔药的示范作用，在高要等地建立 20 个规范用药示范区，面积超过 3 万亩，引导、带动规范用药面积达 50 万亩以上，有效提高了水产品质量安全水平，促进了生产的健康发展。

3. 开展执业渔医制试点

2007 年 8 月，全国首批 22 名执业渔医经培训、考核已在广东省湛江市正式持证上岗，标志广东省在全国率先开展执业渔医制试点。通过试点，探索建立符合水产养殖生产管理实际的执业渔医管理体制和"水产养殖用药处方制"，将为中国水产养殖业全面实施渔医制度积累经验。推进执业渔医和水产养殖用药处方试点工作，扶持建设一批市县级鱼病医院和乡镇级水生动物疫病监测站。做好渔业乡村兽医登记，广东省已登记在册的渔业乡村兽医 1 000 余名，大都在养殖生产第一线开展水产养殖病害防治工作，就近为养殖户提供防病技术服务。

第八章　全面推进健康养殖

内容提要: 推行水产健康养殖方式;强化健康养殖技术措施;全面推广水产健康养殖;推进水产健康养殖行动;实施质量安全绿色行动。

以著名的"鱼米之乡"广东为例,介绍推进水产健康养殖的做法。进入 21 世纪,广东以加强养殖规划管理推进健康养殖,以完善水产良种体系引导健康养殖,以健全技术推广体系推动健康养殖,以创建水产防疫体系保障健康养殖,以提高质量安全水平强化健康养殖,使水产养殖业尽快从追求数量向追求数量与质量、效益与生态并重的方向转变。建设一批资源节约、生态友好、健康安全的养殖基地,形成具有较强国际竞争力的优势水产品产业带,有效地促进水产养殖业的健康发展,保障了水产品质量安全。

第一节　推行水产健康养殖方式

广东省贯彻落实农业部《水产健康养殖推进行动实施方案》,以标准化池塘建设为基础,以质量安全为目标,以科技创新为动力,以规范管理为手段,努力构筑现代、可持续发展的水产养殖业。2010 年广东省水产养殖面积 845 万亩、产量 563.7 万吨,产值 633 亿元。2011 年,广东省实现渔业总产值 1 830 亿元,比上年 1 660 亿元增长 13.2%;水产品产量 762 万吨,比上年 738 万吨增长 5%;水产品出口额 26 亿美元,比上年 20 亿美元增加 6 亿美元,约占广东省农产品出口额的 1/3;渔民人均收入达 10 450 元,同比增长 7.6%。

一、优化养殖区域布局

各地在养殖区域布局调整中，要优化品种结构，扩大高值名特优稀品种的养殖规模，建设一批品种多样、特色鲜明、优势突出的名特优稀水产养殖基地。

1. 形成优势产业带

重点建设对虾、罗非鱼、鳗鱼、海水鱼等十大优质品种养殖基地，有 11 个优势品种产量多年来位居全国第一，并保持较好的发展势头。广东省逐步形成对虾、罗非鱼等优势品种养殖区域，以养殖促加工，以加工优化养殖品种结构，出口创汇，带动就业。以粤西为主的对虾、罗非鱼养殖区，以粤东为主的优质海水鱼养殖区，以珠三角为主的鳗鱼、四大家鱼养殖区，特色和优势进一步凸显。

2. 对虾养殖全国最多

2010 年，广东省对虾养殖产量达 50.836 2 万吨、产值达 120 亿元，占全国总产量的 35.1%；其中海水养殖对虾产量 29.3 万吨，占全省对虾产量的 58.7%；淡水养殖对虾产量 21.5 万吨，占全省的 42.3%。湛江市对虾产业解决了 100 万渔业劳动力就业，带动 60 万人脱贫致富。

3. 建设罗非鱼王国

2010 年，广东省罗非鱼产量达 62.4 万吨、产值达 35 亿元，占全国总产量的 46.9%。肇庆市罗非鱼养殖面积发展到 15 万亩，其中高要优质罗非鱼养殖面积 11 万亩。茂名市为推进渔业产业化经营，加快罗非鱼加工企业发展，规范市财政贴息扶持资金管理，及时把政府扶持资金发放到企业，制定"茂名市罗非鱼加工企业贷款贴息资金管理办法"，并下发到各县（市、区）通知符合申报条件的水产品加工企业申报。2011 年发放罗非鱼加工企业贷款贴息资金 479 万元，出口罗非鱼 1 0946.7 吨，产值 3 947.8 万美元，跃居广东省水产品出口第九位。随着茂名晟兴食品有限公司、茂名新洲海产有限公司、化州新海水产有限公司、茂名海亿食品有限公司和高州宝通食品有限公司相继投产，茂名市罗非鱼切片加工能力每年达 9 万吨。

4. 评比特色海鲜

2011 年 9 月 29 日—10 月 7 日，首届珠海特色海鲜评比大赛暨万山鲍鱼美食节活动于在南屏海鲜街举办，共签订了近 3 亿元的水产品购销协议，南屏海鲜街现场接待游客 8.3 万人次，在国庆黄金周期间活动现场营业额达 498 万元，比平时增加 1.5 倍，海鲜销售量也增加 2 倍，得到市民的高度评价与充分肯定。

二、大力发展"特色养殖"

充分利用本地资源优势和有利的养殖条件，大力开发本地和引进、消化、吸收国内外名特优稀品种，重点推进发展"特色鱼"、"优质鱼"、"休闲鱼"，推动金钱龟、大鲵、中华鲟、尖塘鳢、石斑鱼以及锦鲤、金龙鱼等品种养殖，打造知名水产品牌，培育发展现代渔业的新增长点。各地在养殖区域布局调整中，要优化品种结构，扩大高值名特优稀品种的养殖规模，建设一批品种多样、特色鲜明、优势突出的名特优稀水产养殖基地。

1. 突出县域特色

肇庆市大力推进产业结构优化，特色水产养殖不断发展。罗氏沼虾面积 3.5 万亩，其中每年冬虾养殖面积 1.1 万亩。肇庆市形成了高要"两罗"（罗非鱼、罗氏沼虾，2010 年罗氏沼虾养殖面积 3.5 万亩，其中每年冬虾养殖面积 1.1 万亩）、四会鳜鱼和鲮鱼、鼎湖水产种苗等初具规模的优势产业区，怀集、广宁县大力打造四大家鱼资源型优势生态养殖、封开县大力打造网箱特色生产养殖等，促进了全市渔业持续发展，全市规模经营养殖面积近 25 万亩。

2. 养殖名优品种

韶关市推进名特优水产养殖，促进渔业转型升级。全市有近 400 个养殖户或养殖公司及水产养殖专业合作社以不同的模式发展特种水产养殖，养殖品种主要有大鲵、龟鳖类及江河名贵鱼类等。曲江区的力冉农业科技有限公司在稳定发展花鳗鲡的前提下，增加了河豚、宝石鲈等名优品种，投资扩建工厂化养殖厂房，实施繁育种苗和养成相结合的发展战略（见彩图 8-1）。

3. 打好生态名牌

梅州市针对本市污染较小、渔业生态环境优越的特点，把握好绿色和品牌消费潮流，认真打好"生态牌"，大力发展标准化养殖，推进无公害水产养殖发展，积极创建农业部健康养殖示范场，全面提升水产品质量安全水平，努力把本市打造成为辐射港澳和珠三角、联动泛三角、面向全国、角逐国际的绿色水产品供应输送基地。积极引导水库养殖户发展无公害养鱼，生产的水库鱼品质良好，食味鲜美，产品除畅销本地外，大部分销往河源、揭阳、汕头、广州等市及福建、江西等省，部分还远销港、澳地区，养殖市场前景非常好，潜力大。

4. 申报地理标志

江门市为把台山鳗鱼产业基地打造成国家级水产品出口基地，认真做好"台山鳗鱼"地理标志申报工作，顺利通过国家质量监督检验检疫总局组织的专家评审。建立了1个国家级鳗鱼养殖示范基地和20个无公害鳗鱼养殖示范场。2011年，台山鳗鱼出口占广东省七成多，是全国最大的鳗鱼养殖和出口基地。同时，扶持锦鲤产业做大做强，擦亮"中国锦鲤之乡"招牌，成功举办了首届中国（江门）锦鲤博览会暨2011中国锦鲤交易会。博览会集中国自产锦鲤大赛、中国锦鲤产业发展论坛、锦鲤贸易洽谈、名贵锦鲤拍卖等内容为一体，共有60多家渔场、1 000多尾中国自产锦鲤参赛，5名国内外锦鲤专家学者在论坛上作演讲，达成投资合作意向的锦鲤产业项目31个（金额约3.3亿元），拍卖名贵锦鲤53条（总价23.3万元）。这是截止当年中国举办的规模最大、参与范围最广、参展渔场最多、文化内容最丰富的一次全国性锦鲤盛会。

三、推进生态健康养殖

按照专业化、标准化、规模化和集约化的原则，大力发展生态健康养殖。

1. 建设健康养殖示范区

抓好水产健康养殖示范区建设，重点建设了广州、中山、茂名等 17 个国家级水产健康养殖示范区，面积超过 100 万亩。到 2010 年底，广东省共有 33 个养殖场（区）被农业部认定为"农业部水产健康养殖示范场（区）"，面积达 22.5 万亩；已建成 677 个无公害养殖基地，52 个标准化养殖示范区（见彩图 8-2）。

2. 建设现代设施渔业

设施渔业是 20 世纪末发展起来的集约化高密度养殖产业，它集现代工程、机电、生物、环保、饲料科学等多学科为一体，运用各种最新科技手段，在陆上或海上营造出适合鱼类生长繁殖的良好水域环境，把养鱼置于人工控制状态，以科学的精养技术，实现鱼类稳产、高效。广东抓好现代设施渔业建设，推进水产养殖机械化，大力发展以工厂化养殖、循环水养殖、深水抗风浪网箱养殖为主要形式的设施渔业。设立深水网箱养殖专项，在广东省沿海建设深水网箱养殖产业园。这些设施渔业成为广东水产品稳定的供给与渔业经济增长中一个新的"亮点"。

四、建设"深蓝渔业"基地

在全国率先提出"深蓝渔业"的新理念，编制《广东省深水网箱养殖发展规划》，省财政设立深水网箱产业发展专项资金，于 2010 年 6 月 23 日在湛江特呈岛启动广东省深水网箱产业园建设项目，推动了广东省深水网箱产业的发展。

1. 建设深水网箱养殖产业园区

按照海上产业园的模式，加快建设深水网箱养殖基地，省财政设立每年 2 500 万元的深水网箱专项资金，广东省深水网箱增加到 784 个，建成了湛江特呈岛、潮州柘林湾等一批深水网箱养殖产业园区。引导大型龙头企业进入现代渔业建设领域并取得实质性突破，广东恒兴渔业有限公司通过迈向"深蓝"促转型，规划建设的深水网箱产业园区投放深水抗风浪网箱将达 600 个，年产值可达 1.8 亿元。截至 2011 年 8 月，广东恒兴渔业有限公司承担建设的广东省首个深水网箱产业园区（第一期）已初步建成，共建设深水抗风浪网箱 50 组（200 个），形成一个年产优质鱼 2 000 吨，年产值 0.6 亿元，具有一定规模的深水网箱产业园区。

2. 实行公司加渔户生产经营

潮州市以"深蓝渔业"为切入点，全力推进深水网箱产业园建设，引导和扶持饶平金航深海网箱科技开发有限公司在饶平县柘林湾建设了 1 093 亩的深水网箱养殖示范基地，投放了 44 组 176 口双浮管圆形抗风浪深水网箱，居广东省首位；采用"公司+基地+渔户"的生产经营策略，通过签订网箱租赁协议形式，大力引导、吸纳渔民将养殖从"浅"向"深"转移，为海水养殖的健康可持续发展探索了新路子，为临港产业发展腾出了空间。目前，已有 7 户渔民租用基地深水网箱 15 组 60 口进行养殖，深水网箱产业园建设正不断推进（见彩图 8-3）。

3. 开创渔民转产转业新路

阳江市深蓝渔业建设取得新进展。广东顺欣海洋渔业有限公司于 2011 年 5 月在阳西县青洲深水网箱养殖基地建成并投苗生产，为渔民转产转业开创了新路，进一步拓展了海洋渔业发展空间。

五、加快标准鱼塘建设

从 2007—2010 年，广东省财政安排现代标准鱼塘建设补助资金 1.6 亿元，支持东西两翼和粤北山区开展池塘整治改造。几年内，珠三角地区投入资金 30 多亿元，整治改造鱼塘 60 多万亩，带动了广东省各地因地制宜地进行高标准鱼塘整治。

1. 采取竞争性机制分配

广东省按照"政府引导、部门规划、财政补助、群众参与"的原则，采用"省补助一点、市县镇配套一点、养殖户投入一点"的办法，采取竞争性分配机制方式予以安排现代标准鱼塘建设补助资金。河源市动员养殖企业自筹资金对低标准的池塘进行标准化改造，以改善生产基础，提高经济效益。2011 年全市已投入资金（以养殖企业自筹为主）2 806.6 万元，完成 5 984 亩标准池塘建设。

2. 制订标准池塘改造办法

广东省政府于 2011 年 2 月 23 日出台《广东省标准池塘改造项目

实施办法》，由广东省海洋与渔业局和广东省财政厅联合组织实施。主要内容：省财政将安排 1.6 亿元资金用于贴息贷款，引导广东省东西两翼、内陆山区进行不少于 20 万亩池塘标准整治改造，通过综合整治，广东省养殖池塘生产条件和生态环境明显改善，抵御自然灾害能力明显增强，养殖水体产出率和生产效益明显提高，基本达到"塘规整、基坚实、渠畅通、路成网、电到塘"的标准池塘要求。全年实施标准池塘改造 3.5 万亩（见彩图 8-4）。

3. 大力推进池塘标准化改造

广州市制定了《帮扶北部山区发展渔业生产工作方案》，积极帮扶山区镇渔业产业发展。鱼塘标准化建设向山区倾斜，不受连片面积大小和配套限制，2011 年下达山区镇鱼塘整治面积 3 681 亩、下拨资金 1 104.3 万元。中山市争取财政支持，大力推进池塘整治工作，全市整治达标的池塘 68 072 亩，共投入资金 6 475 万元，其中市财政补贴资金 820 万元。惠州市从 2009 年起，市政府安排每年补助低产鱼塘改造经费 400 万元、示范基地建设经费 200 万元，用 3 年时间改造低产鱼塘 4 万亩和建设现代渔业示范基地 40 个。其中 2010 年度全市低产鱼塘整治改造共 13 104 亩，2011 年改造任务全部完成并通过验收；同时完成了 10 个渔业示范基地建设任务。

4. 池塘标准化建设显成效

通过"三通一改善"（通水、通电、通路、改善环境）的鱼塘整治工作，在养殖面积不变的情况下，增加养殖水体，从而增加单产，促进渔民增收，渔业增效。中山市经过整治过的池塘连片化、规格化、标准化，设施完善，每亩增加水体 30% 左右，养殖同一品种比整治前增产 20% 左右，养殖户每年纯收入增加近 5 003 万元；承包租金普遍提高，平均每亩增加约 500 元，全市村集体经济每年增加收入约 3 404 万元。

六、建设水产良种体系

加强水产种苗管理，抓好水产良种体系建设，大力推动优质种苗普及力度，提高名优水产品良种养殖覆盖率。

1. 建设水产种苗生产基地

到 2010 年，广东省建设省级以上水产良种场 32 家，其中已建立国家级良种场两家，在建国家级良种场 7 家，省级良种场 23 家。同时重点建设 50 个市级种苗繁育场，培育一批水产良种示范户，逐步形成了布局合理、种质优良、品种多样、管理规范的水产良种生产供应体系。2010 年，广东省水产苗种场共有 2 157 个，占地面积 17 万亩；其中已发证 2 094 个，持证率为 97.1%。

2. 设立良种体系建设专项资金

2011 年，广东省财政设立水产良种体系建设专项资金，从 2011—2015 年，每年安排 2 000 万元用于水产良种选育、亲本更新和技术改造。2011 年实施良种选育项目 12 个、亲本更新项目 20 个、技术更新改造项目 20 个。广东省批复省级水产良种场 13 个，批复 5 个省级良种场建设项目，对 3 个省级良种场进行资格验收；佛山市顺德区生生水产股份有限公司筹建"省级鳜鱼良种场"通过省专家组的验收。南海百容水产良种有限公司申报"省级草鱼良种场"获批准。

3. 开展水产良种亲本更新试点

2009 年 12 月，国家农业部启动水产良种亲本更新补贴项目试点工作，首批试点在广东、江苏等 8 省进行，每省选择 5 个试点县，每县选择 5~8 个良种场。广东选择了阳春、普宁、梅县、龙川、博罗五县（市）进行试点，主要是进行四大家鱼、鲤鱼、鲫鱼、鲂鱼等 7 个品种的亲本更新。阳春市有 5 个大型鱼苗孵化场，于 2011 年 3 月上旬从湖北省引进长江水系原种鳜鱼亲本超过 3 000 千克，对原鳜鱼亲本进行更新替换，对促进全市苗种场亲本更新和种苗生产的健康快速发展具有很大的推动作用。2011 年，农业部再次下拨经费继续推进广东水产良种亲本更新试点工作，试点地区是珠海市斗门区、广州市番禺区、韶关市武江区、吴川市、阳春市、惠来县。

4. 建设"中国淡水鱼苗之乡"

佛山市高度重视水产良种繁育体系建设，2011 年 3 月下发《关于进一步加强水产苗种生产管理的意见》，要求各地在加强水产苗种生产管理的基础上，加大投入，开展水产良种提纯复壮工作，进一步完善水产苗种繁育体系。佛山市南海区继续与中国水产科学研究院珠江水产研究所协作，开展黄颡鱼、加州鲈及泰国笋壳鱼提纯复壮。该区九江镇在 3 月被中国水产流通与加工协会授予"中国淡水鱼苗之乡"的称号。

5. 建设特色水产良种场

汕头市进一步完善莱芜坛紫菜良种场的建设，继续开展紫菜良种选育和育苗新技术研究，从不同区域采集野生坛紫菜进行培苗和选育试验，研究良种保种技术，示范推广紫菜良种良法。

2011 年 8 月 29 日，惠州李艺金钱龟种群库落成仪式在该市博罗县杨村镇举行。该种群库占地面积 3 000 平方米，完全模拟金钱龟野外生活环境设计而建成的，里面放养了 2 000 多只种龟，其中不乏珍稀的种公龟，按照品系分类，将种群库的种龟依据其原产地诸如广东、海南和越南隔离分开独立放养，以防止不同品系之间发生杂交，保证金钱龟物种品质纯正。随着金钱龟人工养殖业的兴起，该龟种群资源面临一系列困境，其中之一就是野生龟资源匮乏，且缺乏优质基因保存和纯正物种保护措施，这已经引起国际物种存活组织的高度重视。李艺金钱龟种群库的落成和投入使用是实现这一物种有效保护的具体体现。

第二节　强化健康养殖技术措施

2008 年，广东省渔业经济总产值达到 1 350 亿元，同比增长 10.9%；广东省水产品产量 680.4 万吨，同比增长 2.4%；广东省水产品出口额达 17 亿美元，同比增长 13.5%；渔民人均年收入达到 8 900 元。广东水产品总值占全国约 1/8，占广东省农产品约 1/4；水产品出口额占全国约 1/6，占广东省农产品 1/3；水产品的地位无论是在广东省以至全国均举足轻重。2008 年，省级水产品抽样 3 141 个，总体抽检合格率达到 93.4%。广东省已认定无公害水产品产地 741 个（面积约 300 万亩），无公害认证产品 331 个，出入境检验检疫部门注册养殖场 691 个（规模达 45 万亩）。

一、以加强养殖规划管理推进健康养殖

2004 年，广东省人民政府批准实施《广东省养殖水域滩涂规划》，为水产养殖管理、核发养殖证、创建水产健康养殖示范场提供了依据。截至 2008 年年底，广东省有 8 个地级市，33 个县（市、区）颁布实施养殖水域滩涂规划；核发养殖使用证 71 312 本，面积 33.09 万公顷。

1. 推进优势水产品产业带建设

编制《广东省优势水产品养殖区域布局规划》（2006—2020），进一步调整养殖区域布局，优化品种结构，扩大主导品种养殖规模。形成了对虾、鳗鱼、罗非鱼、珍珠、海水优质鱼等 10 多个优势特色品种。形成了粤西、珠三角等地为主的对虾养殖区，以粤东、珠三角为主的鳗鱼养殖区，以粤西、珠三角为主的罗非鱼养殖区，以湛江为主的海水珍珠养殖区，以粤东、粤西为主的优质海水鱼类养殖区等一批特色突出、优势明显的养殖区。

2. 优势养殖产业带初步形成

广东省围绕发展特色养殖，大力推进优势水产品产业带建设。对虾、罗非鱼、优质海水鱼、鲍鱼、罗氏沼虾、鳜鱼等一批主导养殖产品已形成规模化、产业化生产，从种苗、饲料、鱼病防治等方面形成了较为完善的配套产业链。

优势水产品产业带初具规模。对虾、鳗鱼、罗非鱼、优质海水鱼等 10 多个养殖品种产量连续多年位居全国前列。

3. 开展生态养殖示范区创建活动

根据农业部开展九大行动计划的要求，制订了健康水产养殖行动方案，开展生态养殖示范区创建活动，积极推动水产养殖业增长方式的转变。

湛江东海岛对虾养殖等 4 个养殖区被农业部确定为创建水产生态养殖示范区，汕头市南澳县为水域滩涂规划示范县。积极转变传统网箱养殖方式，重点推进了潮州市饶平县柘林湾等抗风浪大型深

水网箱养殖基地建设。

二、以完善水产良种体系引导健康养殖

种苗是发展水产养殖的基础。开展水产健康养殖需要有数量充足的优质种苗供应，所以，要有完善的水产种苗生产体系，实施水产良种推广计划，提高良种覆盖率。

1. 建设水产种苗生产体系

2008年，广东省有水产种苗场2 487个，其中省级以上良种场31个，国家级2个，全省年产种苗量6 351.2亿（尾、粒、株）。

引进外地（如凡纳滨对虾、吉富罗非鱼等）与开发本省种质资源（如杂色鲍、鲷科鱼类等）相结合，为广东养殖业的可持续发展奠定了坚实的基础。

种苗满足广东省养殖生产所需，部分品种种苗销往外地。

2. 实施水产良种推广行动

研究确定主导养殖品种，开展自主育种，逐步形成相对完整的水产育种体系。结合无公害养殖基地认定和生态养殖示范区建设，开展主要养殖品种良种补贴试点，探讨水产良种补贴途径和方法，提高良种覆盖率。以罗非鱼、凡纳滨对虾等良种作为试点，开展送良种下乡入户活动，培育良种示范户。

3. 提供健康优良苗种

改造传统的种苗繁育技术，实现优良种苗的规模化高效人工繁育。

引进新优品种，解决种苗规模化人工繁育技术。

利用细胞和基因工程等技术辅助选育，培育出生长快、高抗病，适应于集约化养殖的优良品种。

三、以健全技术推广体系推动健康养殖

截至2008年年底，广东省有水产科研机构近20家，省、市、县、乡镇四级技术推广机构近千个，技术力量雄厚。在选育种、种苗生产、养殖技术、营养及饲料等领域中不断攻关、创新，并

加以推广应用，使科技成果迅速转化为生产力，推动了广东省水产养殖业的快速发展。

1. 建设水产技术推广机构

2008 年，广东省各级水产技术推广机构 991 个，对比 2007 年的 820 个增加 171 个，增幅 21%；其中乡（镇）级水产技术推广机构 864 个，对比 2007 年的 692 个增加 172 个，增幅 25%。广东省各级水产技术推广机构，加强研究和推广健康养殖技术，提高渔业经济和生态效益。重点推行健康养殖方式，规范养殖行为，加强生态环境保护，大力发展循环经济，建立资源节约型、环境友好型养殖业，实现产业、资源和环境的和谐发展。

2. 推进渔业科技入户工程

渔业科技入户工程实行专家负责制，采用"省首席专家—县级技术负责人—包户技术人员—科技示范户—辐射带动户"的网络推广方式。围绕罗非鱼、对虾等主养品种，推行水质调控、无公害养殖等主推技术，组织科技人员进行现场技术指导，建立科技人员直接到户、良种良法直接到田、技术要领直接到人的科技成果转化应用的新机制，实现渔业科技人员与示范户"零距离"接触。

3. 科技下乡入户指导复产

2008 年，多次举办水产养殖防寒和越冬管理为主题的科技推广下基层活动；2009 年，又举办多场大型渔业救灾防病咨询活动。这对灾后恢复水产养殖生产发挥了积极作用。

4. 加强渔民职业技能培训

以渔业主产区为重点，对渔民开展技能培训，全面提高渔农科学养殖水平和文化素质。按照渔业生产的岗位规范要求，对渔业生产骨干开展水产科技知识的系统培训，培养渔业生产的技术骨干。围绕水产品质量安全管理，重点抓好水生动物病害防治员等工种的技能鉴定。

5. 大力推广人工配合饲料

引导使用全价配合饲料，推广科学投饲技术。重点选择深水网箱养殖示范项目，引导推广使用配合饲料。结合水产养殖投入品质量监测项目，选择重点水产饲料企业开展配合饲料质量抽检，引导水产饲料安全使用。

四、以创建水产防疫体系保障健康养殖

随着养殖规模的扩大、集约化度的提高，水产养殖病害增多。有病害就要用药，但用药不规范、不科学，水产品药物残留问题严重。水产技术推广机构加大水生动物防疫检疫和病害防治用药指导工作力度，提高养殖病害风险防御能力。

1. 完善水生动物疫病防控体系

落实国家水生动物保护工程建设规划，成立广东省水生动物疫病预防控制中心。广东省 51 个市县成立了水生动物防疫站，30 个县建立水生动物检疫实验室。

在 90 个县区设立测报点 300 个，对 40 个主要养殖品种、16 万亩池塘、3.2 万立方米网箱、工厂化养殖水体实施监测。

开展执业渔医试点有：湛江、肇庆、广州、佛山、珠海等市。

2. 提高水生动物疫病防控能力

开展重大水生动物疾病专项监测，逐步开展疾病流行病学调查与实验室监测，准确分析评估疾病发生发展趋势，科学指导重大水生动物疾病防控工作。

根据农业部的要求，出台《广东省水生动物疫病应急预案》，提高应对突发性水生动物重大疾病的能力。

3. 推进生态预防病害示范区建设

大力宣传生态、免疫预防方法的重要作用。加强对广大企业、千家万户的养殖渔民和经营者的宣传培训。开展生态、免疫预防技术试点，减少用药，提高水产品质量安全水平。在水产养殖基地开展微生态制剂等先进技术应用试点。在草鱼养殖基地开展草鱼免疫预防试点。

4. 普及科学用药知识

大力推广安全用药技术和方法。开展科学用药培训和指导。逐

步实施渔药使用处方制度和用药记录制度。

制定大宗、名特优水产养殖重大疾病防治方案,《推荐使用渔用兽药名录》。查处违法用药行为。

5. 发展生态防治病害技术

健康管理和病害控制技术是健康养殖的关键。遵循"以防为主,防治结合"的方针,重视生态养殖,加快生物渔药的研制,开发疫苗。

专家组现场采集病鱼样本,加强对流行病的监测。

五、以提高质量安全水平强化健康养殖

水产品质量安全是社会关注的热点,按照农业部全国水产技术推广总站关于在从鱼塘到餐桌各个环节实施水产品质量安全技术推广的要求,贯彻执行农业部《水产养殖质量安全管理规定》,抓好水产品质量安全技术推广工作。

1. 制定和完善质量标准体系

积极开展渔业标准化工作,制定完善产地环境、投放品、产品质量模块化,重点完善无公害、绿色和有机产品的生产、加工贮运和保鲜标准,加强标准示范、推广、宣传和培训,加强产品质量认证。

2. 以标准化示范基地带动辐射

建设标准化示范养殖基地,组织实施示范区内养殖生产技术标准,制订地方相关技术规范,开展标准化和质量培训,并对周边地区的养殖者宣传推广标准化示范区建设经验和做法,辐射带动周边地区也按技术标准进行养殖生产。

3. 培养质量安全技术人才

培养能参与国际标准化组织活动并熟练掌握高精尖检测技术和监督管理的外向型高级人才,培养从事水产品质量安全的管理和技术骨干,培养水产品质量安全技术推广人员,培训按标准化生产的新渔民。

4. 建立产品质量安全追溯制度

建立养殖场生产档案、养殖用药记录和产品标识制度。

重点对跨地域流通的主要水产品深入分析及进行可溯源标识。

加强药残、污染物检测和环境分析评价工作。

实行产品追溯制度和出池检查合格证书签发制度，建立水产养殖产品质量监督机制。

5. 加强投入品质量监管工作

实施放心水产种苗、饲料、渔药下乡进池工程。

组织对重点地区的水产种苗、饲料、渔药进行质量监督抽检。

开展水产种苗、饲料、渔药专项整治，严格市场准入，推动市场规范管理和自我约束。

6. 建立生态渔业模式

利用水体空间，推广生物互补的生态养殖模式，提高水体资源的利用水平。

浅海养殖以养殖品种配搭为重点，引导发展鱼、虾、贝、藻合理搭配的立体生态养殖模式，促进近海生态环境的恢复。

第三节　全面推广水产健康养殖

健康养殖包括养殖设施、苗种培育、放养密度、水质处理、饲料质量、药物使用、养殖管理等诸多方面，采用合理的、科学的、先进的养殖手段，从而获得质量好、产量高、产品及环境均无污染的食用水产品，使经济、社会、生态产生综合效益，并能保持稳定、可持续发展。

一、建设健康养殖示范基地

建设水产健康养殖示范基地是全面推进健康养殖、加快渔业现代化建设的重要举措。广东省水产技术推广总站按照农业部的要求，采取有力措施，积极引导养殖企业、集体经济组织和专业合作社等单位参与创建活动，并确保创建活动达到良好效果。同时，积极争取和整合各类政策、项目和资金，支持创建单位开展养殖生产条件改造、装备提升；组织技术力量帮助创建单位规范生产操作，建立和完善各项管理制度建设，带动水产健康养殖整体发展。

1. 创建水产健康养殖示范场

广东省水产技术推广总站与中山大学、中国水产科学研究院南海水产研究所等单位合作，按照"生态、健康、循环、集约"的要求，在珠海、湛江等地建立了 10 个对虾、罗非鱼健康养殖示范基地，并按照农业部要求，指导示范场建立生产记录、用药记录、销售记录和产品包装标签制度，完善内部质量安全管理机制，以增强示范场的示范带动作用。专门为养殖场培训了一批持证上岗的病害防治员，并派技术人员下场指导建立养殖日志、生产记录、用药记录，促进了广东省无公害养殖的发展。到 2005 年年底，广东省各级水产技术推广机构共有试验示范基地 387 个，试验示范养殖面积 6 273.3 公顷，育苗水体 443 402 立方米。其中湛江市中心站争取市政府的支持，投资 380 万元，建成高位池对虾养殖示范基地 120 亩。这些试验示范基地的建设，为渔业新技术的引进和新品种的推广，发挥了重要作用。

2007—2009 年，广东省水产技术推广总站参与实施农业部"罗非鱼大规格规模化培育与生态养殖技术研究"重大公益性科研项目，主要负责广东地区大规格罗非鱼生态健康养殖示范，制定罗非鱼 GAP 体系文件，推广罗非鱼健康养殖技术，提高罗非鱼的品质。广东省水产技术推广总站在高要市、茂名市、珠海金湾区等地挑选了总面积达 5 万亩的罗非鱼养殖基地，并与各相关基层水产技术推广站就共建罗非鱼健康养殖示范基地达成共识。同时实施全国总站下达的"吉富罗非鱼无公害健康养殖技术示范"项目，选定了珠海市富民罗非鱼养殖开发有限公司基地作为试验示范区，开展吉富罗非鱼池塘健康养殖技术相关工作，包括水质综合调控、生态防病、配合饲料投喂技术等内容，编制吉富罗非鱼健康养殖技术操作规程。督促示范场加快水产标准的转化与推广应用，示范推广生态健康养殖方式。

2. 建设标准化养殖示范区

广东省水产技术推广总站先后承担实施了"鳜鱼标准化健康养殖示范区"、"鳗鱼标准化养殖示范区"、"中华鳖标准化养殖示范区"等推广项目,均取得了良好的效果。其中与广东省中华鳖养殖协会等共同建设的"中华鳖养殖标准化示范区",通过采用先进适用标准化技术,示范产品成为全国首批被认证的无公害农产品中华鳖,被评为广东省名牌产品。项目实施中,建立了以行业协会为主要网络,以示范区为辐射参照对象,以相关水产技术站为支撑的"三结合"推广组合,推广应用中华鳖养殖标准化技术累计面积 6.79 万亩,占广东省养鳖面积 40%,新增产值 2.92 亿元,新增利润 1.53 亿元,认定无公害中华鳖养殖基地 9 家、无公害中华鳖产品 5 家,示范推广取得预期规模效应。

在广东省水产技术推广总站的支持下,还建设了湛江市对虾健康养殖现代化示范区、茂名市罗非鱼养殖现代化示范区、汕尾市海水养殖现代化示范区、清远市观赏鱼养殖现代化示范区等标准化示范区,以示范区为依托开展水产技术推广。

3. 制定水产养殖技术标准

广东省水产技术推广总站承担 4 个鳗鱼养殖标准的制定,大量搜集国内有关鳗鱼饲养技术的成果资料以及鳗鱼生产过程中常用药物的使用方法和国内外对渔药使用的规定等材料,并广泛征求有关科研、生产和推广单位专家的意见,进行了认真的修改,形成了送审稿。各地也积极组织实施示范区内养殖生产技术标准,制订地方相关技术规范,对生产者、经营者和管理人员进行标准化和质量培训,把示范区建设成标准体系结构合理,产品质量好、市场旺销,企业收入增加、效益显著的商品基地,辐射带动周边地区也按技术标准进行养殖生产。

二、推广水产健康养殖技术

健康养殖技术是把生态养殖原理和现代生产方式相结合,形成在市场经济条件下，既环保，又有经济效益的养殖方式。可持续的健康养殖技术是通过养殖系统内部废弃物的循环再利用，达到对各种资源的最佳利用，最大限度地减少养殖过程中废弃物的产生，在取得理想的养殖效果和经济效益的同时，达到最佳的环境生态效益。广东省水产技术推广总站及各省各级水产技术推广机构，扎实做好这方面的推广工作，研究和推广健康养殖技术，提高渔业经济和生态效益。重点推行健康养殖方式，规范养殖行为，加强生态环境保护，大力发展循环经济，建立资源节约型、环境友好型养殖业，实现产业、资源和环境的和谐发展。

1. 提供健康优良苗种

组织实施水产良种工程建设项目，重点建设大宗品种和出口优势品种的遗传育种中心和原良种场，建立符合水产养殖生产实际的水产良种繁育体系，提高品种创新能力和供应能力。加大对原种保护、亲本更新、良种选育和推广的支持力度，提高水产苗种质量和良种覆盖率。

利用现代生物技术，对传统的种苗繁育技术进行改造，实现重要鱼、虾、贝、藻优良种苗的规模化高效人工繁育；增加、引进新的优良养殖品种，解决其种苗规模化人工繁育技术，保证增养殖的种苗供应；对一些重要养殖品种，利用细胞和基因工程等技术，进行高产抗病优良品种的选育和杂交，对重要养殖性状如生长和抗病进行品种改良，最终选育、杂交培育出生长快、高抗病，适应于集约化养殖的优良品种。

2. 开发优质高效饲料

加快科技创新步伐，开发高效、安全、环保型水产饲料；优化饲料品种结构，促进绿色饲料、环保饲料的发展，鼓励使用安全环保饲料；鼓励推广使用人工配合饲料，引导养殖生产者逐步减少、放弃对天然饵料和小杂鱼资源的依赖。

3. 发展生态防治病害技术

水产养殖中健康管理和病害控制技术是健康养殖的关键技术，主要包括：做好水产病害测报工作，以综合预防为主，控制病害

水产品质量安全新技术

232

的发生，减少渔药的使用量；做好宣传工作，指导养殖者合理正确使用渔药，适时用药，不使用禁药，并严格遵守渔药休药期的规定，最大限度地减少水产品中的药物残留；重视生态养殖，加快生物渔药的研制，开发疫苗，控制疾病。

三、加强水产健康养殖指导

水产品质量安全是社会关注的热点，广东省水产技术推广总站按照农业部全国水产技术推广总站关于在"从鱼塘到餐桌"各个环节实施水产品质量安全技术推广的要求，贯彻执行农业部《水产养殖质量安全管理规定》，抓好水产品质量安全技术推广工作。

1. 制定和完善质量标准体系

积极开展渔业标准化工作，以种质、苗种等生产投入品和水产品质量安全标准为重点，制定完善产地环境、投放品、产品质量模块化，重点完善无公害、绿色和有机产品的生产、加工贮运和保鲜标准，加强标准示范、推广、宣传和培训，加强产品质量认证，争取早日建立与国际接轨的水产品生产和产品质量标准体系。

2. 以标准化示范基地带动辐射

建设标准化示范养殖基地，按照从鱼塘到餐桌的要求，组织实施示范区内养殖生产技术标准，制订地方相关技术规范，对生产者、经营者和管理人员进行标准化和质量培训，把示范区建设成标准体系结构合理，产品质量好、市场旺销，企业收入增加、效益显著的商品基地。并对周边地区的养殖者宣传推广标准化示范区建设经验和做法，辐射带动周边地区也按技术标准进行养殖生产。

3. 培养质量安全技术人才

依托现有水产技术推广队伍、检测力量和质量认证机构的人力资源，培养能参与国际标准化组织活动并熟练掌握高精尖检测技术和监督管理的外向型高级人才，培养从事水产品质量安全的管理和技术骨干，培养水产品质量安全技术推广人员，培训大批按标准化生产的新渔民。

4. 建立产品质量安全追溯制度

建立养殖场生产档案、养殖用药记录和产品标识制度，重点对跨地域流通的主要水产品深入分析及进行可溯源标识。加强水产品药残、污染物检测，加强对贝类养殖水域和主产区养殖环境质量评价工作。对赤潮发生水域和其他渔业污染水域及时发布公告，建立预警和应急反应机制。实行产品追溯制度和出池检查合格证书签发制度，建立水产养殖产品质量监督机制。

5. 加强水产种苗、饲料、渔药质量监管工作

加强水产养殖投入品质量监管，实施放心水产种苗、饲料、渔药下乡进池工程，在水产种苗、饲料、渔药购销高峰季节，统一组织对重点地区的水产种苗、饲料、渔药进行质量监督抽检，依法公布抽检结果。开展水产种苗、饲料、渔药专项整治，严格市场准入，推动市场规范管理和自我约束。

第四节　推进水产健康养殖行动

为发展资源节约型、环境友好型渔业，实现渔业可持续发展，启动水产健康养殖推进行动。围绕"推进健康养殖，转变增长方式"这一主题，按照"转变观念、创新模式、挖掘内涵、提高质量"的工作方针，全面推进水产养殖科学规划布局，推广普及生态、健康养殖技术，提高水产养殖综合生产能力，实现水产养殖从提高资源利用率中求发展，从节约资源、保护环境和循环经济中求发展，从提升水产品质量安全水平、增加渔民收入中求发展的根本目标。具体行动目标是：完成主要养殖水域滩涂规划，推广普及高产、优质、高效、生态、安全水产养殖方式，水产良种和配合饲料使用范围扩大，水产病害防控能力增强，科技创新和成果转化率提高，基础设施改善，产业综合素质进一步提高，抗风险能力增强，健康养殖方式在养殖业中的采用率达到60%以上。

一、改善养殖环境质量，提高养殖循环发展能力

要改善养殖环境质量，需要做好养殖水域滩涂规划布局，倡导生态健康养殖方式，推广循环水养殖示范模式，提高养殖循环发展能力。

1. 全面推进养殖水域滩涂规划布局

以内陆湖泊、水库和近岸海域、滩涂等为重点开展养殖容量调查，科学论证、颁布水域滩涂养殖规划，依照水域资源特点规范养殖布局；确定适宜的养殖密度、养殖品种和生产方式等，达到合理利用水域滩涂资源、促进水产养殖生产与水域生态环境保护和谐发展。在重点市县开展水域滩涂养殖规划布局示范县建设，全面启动水产养殖水域滩涂规划，推进申领养殖使用证，提高养殖生产者持证率。

2. 大力倡导生态、健康水产养殖

淡水池塘养殖、大水面养殖等传统养殖方式以基础设施改造为重点，充分利用水体空间，推广生物互补的生态养殖模式，提高水体资源的利用水平；浅海养殖以养殖品种配搭为重点，引导发展鱼、贝、藻合理搭配的立体、生态养殖，促进近海生态环境的恢复。在无公害水产品生产基地建设的基础上，科学总结成功的发展模式，开展生态养殖示范户评比活动，创建生态水产养殖示范场。

3. 加快建立循环水养殖示范模式

在条件适宜、工厂化养殖发展较快的地区，通过政策倾斜和技术服务，对水处理设施进行改造，对循环水养殖技术进行创新，配备、完善循环水和废水处理设施，提高水资源利用效率。初步构建节水、节源、节能的典型。选择工厂化养殖企业，开展试点示范工作，培植建立不同类型的循环水养殖示范场。

二、以生物防控为试点，提高病害风险防御能力

要提高病害风险防御能力，需要建设养殖病害生态预防示范

区，完善水生动物疫病防控体系，提高水生动物疫病防控能力。

1. 推进养殖病害生态预防示范区建设

大力宣传生态、免疫预防方法的重要作用，加强对广大企业、千家万户的养殖渔民和经营者的宣传培训；建立水产生态养殖示范区，改造传统老化池塘，清淤扩容，配备、完善循环水和废水处理设施，提高水资源利用效率；开展生态、免疫预防技术试点，减少用药，提高水产品质量安全水平。在水产养殖主产区，开展微生态制剂等先进技术应用试点，开展草鱼免疫预防试点。

2. 完善水生动物疫病防控体系建设

加快落实国家水生动物保护工程建设规划，重点改善县级水生动物疫病预防控制中心基础设施条件。健全水产养殖病害测报和疫情报告制度，提高应对突发性重大疫病的能力。开展生态、免疫预防技术试点，提高水产养殖病害生物防控技术水平。完善水生动物疫病防控体系建设，加大水产养殖病害测报网络覆盖面，建立信息处理及疫情通报机制，基本控制重大水生动物疫病蔓延趋势。

3. 提高水生动物疫病防控能力

开展重大水生动物疾病专项监测，逐步开展疾病流行病学调查与实验室监测，准确分析评估疾病发生发展趋势，科学指导重大水生动物疾病防控工作。继续开展鲤春病毒病和对虾白斑病专项监测，监测范围扩大到鲤科鱼类和对虾养殖主产区并启动流行病学调查；出台《水生动物疫病应急预案》，提高应对突发性水生动物重大疾病的能力。

三、推广自主创新品种，提高良种选育和竞争能力

提高水产良种选育和竞争能力，需要培植水产良种自主创新能力，开展水产良种补贴试点，提升水产苗种质量安全水平。

1. 培植水产良种自主创新能力

建设好广东省水产引种育种中心，研究确定主导养殖品种，开展自主育种，逐步形成广东省自主和相对完整的水产育种体系。

对主要水产养殖品种开展选育工作，重点培育优良新品种；提高水产养殖品种良种覆盖率。

2. 实施水产良种推广行动计划

结合无公害养殖基地认定和生态养殖示范区建设，开展主要养殖品种良种补贴试点，探讨水产良种补贴途径和方法，提高良种覆盖率。开展国家级和省级水产良种场运行机制调研和改革试点，创新管理机制，逐步形成运转有效的良种繁育机制。

3. 提升水产苗种质量安全水平

督促、落实苗种生产许可制度，规范苗种生产与管理，在苗种繁育期，重点组织对违法生产假冒伪劣苗种的打击行动，促进管理制度的建立，提高水产苗种质量。选择对虾苗种一条街，开展水产苗种打假行动，维护苗种生产经营正常秩序。

四、实施生产全程监管，提升养殖质量安全水平

要实施生产全程监管，需要有完善质量标准体系，建立产品质量追溯制度，加强质量抽检，确保产品安全，并有应急反应机制，以提升养殖质量安全水平。

1. 制定和完善质量标准体系

制定完善产地环境、投放品、产品质量模块化，重点完善无公害、绿色和有机产品的生产、加工贮运和保鲜标准，加强产品质量认证工作。建立与国际接轨的动物产品生产和产品质量标准体系，质量检验检测和监管体系健全。

2. 建立产品质量安全追溯制度

开展科学用药培训、指导，逐步实施处方药制度。建立养殖场生产档案、养殖用药记录和产品标识制度，重点对跨地域流通的主要养殖动物深入分析及产品进行可溯源标识。加强动物产品药残、污染物检测。对主要养殖品种进行孔雀石绿、氯霉素等禁用药残检测，公布检测结果。争取 100% 的动物产品达到无公害标准，绿色水产品达到 60% 以上，有机水产品比重不断提高，建立重大动物食品生产安全应急机制。

3．加大质量抽检力度

开展人工配合饲料质量抽检，公布抽检结果，引导水产配合饲料市场良性发展。结合农业投入品质量监测项目，选择重点水产饲料企业开展配合饲料质量抽检，大力宣传合格产品，引导水产饲料安全使用。

4．确保产品安全出池

对主要养殖品种进行孔雀石绿、氯霉素等禁用药残检测，公布检测结果。实行产品追溯制度和出池检查合格证书签发制度，建立水产养殖产品质量监督机制。选择主要养殖品种开展药残检测，定期公布检测结果。

5．建立应急反应机制

加强对贝类养殖水域和主产区养殖环境质量评价工作。对赤潮发生水域和其他渔业污染水域及时发布公告，建立预警和应急反应机制。重点对主要江河及周边养殖水域环境质量和水生生物体内重金属残留进行严密监测，及时发布信息，采取对策。

五、加强水产科技推广，实施渔业科技入户工程

要提升水产品质量，需要做好水产科技推广工作，实施渔业科技入户工程，加强技术培训，推广配合饲料，普及科学用药知识。

1．加强水产科技推广能力建设

以示范户能力培养为核心，强化水产科技推广能力建设，完善政府组织推动，市场机制牵动，科研、教学、推广机构带动，渔业企业和技术服务组织拉动，专家、技术人员、示范户和农户互动的多元化水产科技推广体系，建立科技人员直接到户、良种良法直接到田、技术要领直接到人的科技成果转化应用的新机制，形成人、财、物直接进村入户的科技推广的新模式。

2．推进渔业科技入户工程

围绕罗非鱼、对虾等主养品种和水质调控、无公害养殖等主推技术，以渔业优势市县为重点，组织科技人员进行现场技术指导，

实现渔业科技与示范户"零距离"。每年重点推广一批主导品种和主推技术，培育一批渔业科技示范户，辐射带动其他农户。引导渔农发展新型水产技术服务组织，使农产品质量明显提高。

3. 积极开展水产培训工作

多渠道、多层次、多形式开展水产技术培训和渔民转产转业培训，提高渔农科学养殖水平和转移就业能力，培养一大批有文化、懂技术、会经营的新型渔民，全面提高渔民科技文化素质。实施新型渔农科技培训工程，选择渔业重点县和渔业村镇，围绕当地特色渔业和支柱产业发展要求，以水产科技和经营管理知识为重点，开展示范性培训。以绿色证书工程为载体，通过集中授课、发放技术手册和远程培训手段，采取多元化、灵活多样的培训形式，按照渔业生产的岗位规范要求，对渔业生产骨干开展水产科技知识的系统培训，培养渔业生产的技术骨干。受训渔农的科学养殖水平明显提高，适应市场能力明显增强，转岗转业的职业技能明显增强。

4. 大力推广人工配合饲料

通过示范，积极引导养殖生产者使用全价配合饲料，推广科学的投饲技术，扩大人工配合饲料使用范围，逐步改变依赖冰冻小杂鱼投喂的养殖方式。与饲料龙头企业联合开展配合饲料养殖示范基地建设；选择深水大网箱养殖示范项目，结合农业综合开发项目和省财政补贴政策，积极引导养殖生产者使用配合饲料。出台相关扶持政策，引导饲料加工企业扩大生产规模，形成较强的加工能力，提高配合饲料入户率、饲料产品总体合格率和工业饲料普及率，促进饲料资源有效利用，提高全价配合饲料使用率。

5. 普及科学用药知识

各级水产技术推广机构要大力推广安全用药技术和方法，逐步实施处方药制度和用药记录制度，查处违法用药行为。举办安全用药技术和方法培训班，培训水产养殖从业人员；制定大宗、名特优水产养殖重大疾病防治《推荐使用渔用兽药名录》，组织出口水产品养殖基地用药记录执法检查。

六、推进产业化经营，增强水产品加工增值能力

推进渔业产业化经营，需要建设优势水产品产业带，扶持龙头企业的发展，成立合作经济组织和专业协会，引进水产品加工与产业升级技术，加快推进水产信息网络延伸。

1. 实施优势水产品产业带建设

发挥比较优势，坚持产业整体开发，在促进规模化生产、标准化管理、专业化服务、产业化经营、知名品牌带动上下工夫。重点提高良种覆盖率，提升标准化水平，延伸产业链条，增强保障能力，培育知名品牌，积极推进产业整体开发，不断提高优势水产品产业带建设质量和发展水平，把优势水产品产业带建成高产、优质、高效、生态、安全的现代渔业生产基地，促进产业集聚，全面提高广东省水产品竞争力。

2. 扶持和引导龙头企业的发展

对渔业产业化龙头企业，在财政、税收和金融等各方面给予重点扶持。加强对企业的引导和监督，完善产业化经营利益联结机制，强化龙头企业的责任，发挥龙头企业的带动作用。提升渔业龙头企业创新能力增建企业技术创新平台和适合渔业高技术产业化发展的运行机制，争取实施一批产品新、规模大、对行业发展带动力强的渔业高技术产业化项目，培育一批渔业高技术企业家。

3. 发展合作经济组织和专业协会

通过加快立法、项目带动、示范推广，促进渔农专业合作经济组织稳步发展。扩大渔农专业合作经济组织试点范围，组织实施渔农专业合作经济组织示范项目。对合作经济组织和专业协会进行财政扶持，提高渔民的组织化程度。通过合作组织和专业协会提升渔农的市场地位，保护其合法利益，降低经营风险。

4. 引进水产品加工与产业升级技术

以解决水产品加工企业关键技术问题为重点，以为企业服务为切入点，进行水产品加工技术的引进、合作、创新和应用。同时，通过联合执行项目，推动科研单位与企业之间建立起内在的有机

联系，解决水产品加工企业技术力量薄弱、技术人才缺乏、科研与企业脱节的问题。

5. 加快推进水产信息网络延伸

采取典型示范、扶持引导的办法，狠抓信息服务网络延伸。扩大对渔业产业化龙头企业、渔村合作及中介组织、渔业生产经营大户、水产品经纪人和渔业行政村的信息服务覆盖面。发展渔业村信息员。会同有关单位对涉农信息资源进行梳理，摸清各部门信息资源状况及信息需求意向，研究提出信息交换共享工作方案，建立信息共享机制，初步实现涉农信息共享。

第五节　实施质量安全绿色行动

为加快渔业标准化，健全水产品市场、水产品质量安全体系，加快渔业增长方式转变，发展高产、优质、高效、生态、安全渔业，组织实施水产品质量安全绿色行动，提出行动方案。

一、指导思想

水产品质量安全关系到人民群众身体健康，关系到构建社会主义和谐社会和全面建设小康社会的全局。提高水产品质量安全水平，对于加快渔业增长方式的转变，保障广大城乡居民的绿色消费，应对水产品国际贸易中的技术壁垒意义重大。实施水产品质量安全绿色行动，是以质量安全的理念贯穿渔业产前、产中、产后全过程，以绿色生态的理念促进渔业经济增长方式的转变，实现渔业发展与环境保护的协调统一、渔民增收与资源利用的协调统一，促进渔业的可持续发展。

二、行动目标

实施水产品质量安全绿色行动总体目标是：通过开展渔业标准化示范、水产品质量安全监管体系建设、水产品市场升级拓展、水产品营销促销服务、水产品品牌创建等工作，推进渔业生产源头的洁净化、渔业生产与经营过程的标准化、水产品质量安全监管的制度化、水产品市场运行的现代化和水产品营销的品牌化。实施水产品质量安全绿色行动的具体目标是：经过努力，使初级水产品质量达到国家标准规定的要求，大中城市的批发市场、大型渔贸市场和连锁超市的鲜活水产品质量安全抽检合格率达到要求，出口水产品的质量安全水平在现有基础上有较大幅度提高，力争主要初级水产品出口 100% 达到国际标准要求，并与贸易国实现对接。

三、主要任务

实施水产品质量安全绿色行动的主要任务，是从 6 方面抓水产品质量安全，包括从净化源头上、从生产过程管理上、从健全机制上、从规范流通环节上、从促进优质水产品国内外对接上、从培育优质放心水产品品牌上抓质量安全。

1. 从净化源头上抓质量安全

加强水产种苗、饲料、渔药质量监管工作，在无公害水产养殖基地、标准化生产基地重点组织实施放心水产种苗、饲料、渔药下乡进池工程，启动放心水产种苗、饲料、渔药下乡进池试点。在水产种苗、饲料、渔药购销高峰季节，统一组织对重点地区的水产种苗、饲料、渔药进行质量监督抽检，提高抽查密度，扩大抽查范围，依法公布抽检结果。开展水产种苗、饲料、渔药专项整治，严格市场准入。选择辐射带动作用强、交易规模大、辅助配套设施完善、管理制度健全的水产种苗、饲料、渔药市场，创建定点市场，推动水产种苗、饲料、渔药市场规范管理和自我约束。

2. 从生产过程管理上抓质量安全

切实把渔业标准化作为渔业和渔村经济工作的一个主攻方向，加快渔业标准化示范和认证工作，坚持渔业标准的实施与监督相结合；产前、产中、产后相呼应；示范与带动相配套的渔业标准化全程控制。启动渔业标准化示范县（场）建设，带动各地建成标准化水产品原料基地，出口基地。按照"三位一体，整体推进"的统一部署，形成以深入推进无公害水产品、绿色食品认证为主体，以有机水产品及渔业投入品认证为补充的认证体系和工作格局，加快无公害、绿色、有机水产品认证工作。到 2010 年，渔业标准体系基本健全，渔业技术标准的国际采标率每年提高 5%。建成一批渔业标准化示范县、标准化水产品原料基地、出口基地，认证一批无公害水产品、绿色食品和有机水产品，渔业标准化生产水平显著增强。

3. 从健全机制上抓质量安全

强化对水产品质量安全监测监控，继续开展水产品"氯霉素"等质量安全例行监测工作，扩大监测范围。开展水产品中"孔雀石绿"的检测。实施无公害水产品、绿色食品和有机水产品专项监测、检查工作。继续开展水产品中药物残留监控计划。加强渔业投入品监管，推广使用高效低残渔药。加快建成一批技术水平高、检验检测能力强的水产品质量安全检验检测机构；推动大宗水产品生产县和水产品出口大县质量安全检验检测工作，全面提高水产品质量安全检验检测的技术能力和水平。

4. 从规范流通环节上抓质量安全

搞好水产品批发市场改造，重点选择 5 家规模大、集散能力强、辐射面广的水产品批发市场，作为省级定点市场，充分发挥定点市场在水产品市场建设中的示范带动作用。集中改造符合现代流通发展要求的水产品批发市场，重点对市场地面、水电道路系统、交易厅棚、储藏保鲜设施、加工分选及包装设施、客户生活服务设施、市场信息收集发布系统、市场管理信息化系统、质量安全检测系统和卫生保洁设施 10 项设施改造升级。通过标准化市场的示范和辐射作用，带动和引导其他水产品批发市场特别是产地批发市场建设。通过实行场地挂钩，市场质量安全检测，维护安全交易，发展现代流通，壮大市场主体，开展加工配送，推进规范包装，强化信息服务，开拓对外贸易，完善公共服务 10 项业务功能，全面提升水产品批发市场的现代化管理水平。做大做强龙头企业，建立一批龙头企业集群示范基地。发展中介服务组织特别是渔民专业合作组织，提高渔民与企业和市场对接的能力。培育扶持专业大户和经纪人队伍等多种形式的市场组织，提高渔民进入市场的组织化程度。

5. 从促进优质水产品国内外对接上抓质量安全

全力推进水产品营销促销工作，推进国内、国外一体的水产品营销促销体系建设，确保上市水产品质量安全。支持开展优势水产品产销对接活动，努力搞活水产品流通。加强水产品营销促销工作，扩大广东省水产品在国际市场上的占有率。组织水产品生产、加工企业参加欧洲、美国等国际上有较大影响的水产品博览会和交易会，扩大水产品出口规模。加强与 WTO 相关的技术性贸易措施（如 SPS/TBT 等）研究工作，启动风险评估等各项基础性工作，加大对国外法规、技术法规、技术标准等方面官方评议工作力度，积极应对国外技术性贸易壁垒，为推动和扩大水产品贸易服务。

6. 从培育优质放心水产品品牌上抓质量安全

以水产品品牌化建设为中心，积极开展注册商标、名牌产品认定工作。鼓励地方特色水产品申请原产地保护，形成一批地方品牌，提高区域认同度。完善无公害水产品、绿色食品、有机水产品标志管理，提升中国安全优质水产品的品牌价值。整合水产品品牌资源，加强对水产品品牌的监管和保护。积极组织企业参加国内外水产品展示展销，利用广告、电视、网站、报刊等媒体宣传名牌水产品，开设名牌水产品专销区（柜）等提升水产品品牌的知名度和市场占有率。制定推进水产品品牌化工作的指导性意见，规范名牌产品认定。培育、扶持或引进一批有较强开发加工能力及市场拓展能力的骨干龙头企业，积极发挥龙头企业、渔民专业合作组织和渔业行业协会在水产品品牌经营中的重要作用。帮助渔民专业合作组织及渔业行业协会与龙头企业建立紧密的利益联系，共同打造水产品名牌。

四、行动原则

实施水产品质量安全绿色行动是一项综合工程，需要遵循以下 4 个原则：

1. 堵疏结合，强化监管

深入开展水产种苗、饲料、渔药打假工作，大力实施渔业标准化生产，加强从生产到市场的全程监管，做到堵疏结合，强化监管与工作指导并举。

2. 重点突破，以点带面

抓住当前的主要矛盾和"瓶颈"问题，实施重点突破。工作中坚持以点带面，整体推进。

3. 政府推动，市场引导

坚持上下联动，强化地方政府责任，同时也要动员社会各方力量参与，充分发挥市场机制的作用。

4. 立足国内，着眼国际

在保障国内市场安全消费的同时，通过加强市场流通体系建设，开展营销促销，创建品牌水产品，努力提高水产品国际竞争力，扩大出口，破除技术性贸易壁垒。

5. 各司其职，协同作战

创造必要的工作合力点，使渔业行政管理部门内各专业部门的管理职能，能够按照水产品质量安全过程管理的要求有效衔接，做到既各司其职，依法行政，又统一步调，协同作战。

五、保障措施

要保障水产品质量安全绿色行动的顺利实施，需要从领导、制度、人员、资金、信息等方面给予保证。

1. 加强组织领导

广东省海洋与渔业局成立水产品质量安全绿色行动工作指导协调小组，负责指导和协调水产品质量安全绿色行动。各市渔业行政部门相应成立工作小组，负责指导和协调本地区的水产品质量安全绿色行动。各相关部门要按照各自的职责分工明确责任，健全工作机制，切实做好水产品质量安全管理工作。

2. 加强法制建设

水产品质量安全绿色行动涉及诸多法律法规，完善各项配套法规和政策，健全水产品质量安全行政执法和技术保障体系，依法开展监管工作，保障水产品质量安全绿色行动依法进行。

3. 加强教育培训

依托现有水产技术推广队伍、检测力量和质量认证机构的人力资源，培养数十名能参与国际标准化组织活动并熟练掌握高精尖检测技术和监督管理的外向型高级人才；培养数百名从事水产品质量安全的管理和技术骨干；培训数千名水产品质量安全技术推广人员；培养大批按标准化生产的新渔民。

4. 整合各方资源

积极争取财政、基建资金投入，力争把实施水产品质量安全绿色行动经费纳入财政预算年度项目计划。在争取外部资源的同时，积极整合内部资源，规范项目建设，加强项目管理，实行统筹安排。鼓励和支持民间资本和外来资本投入，逐步建立以政府投入为导向、企业投入为主体、社会投入为补充的多元化投入机制和多渠道投资的格局。

5. 建立公共信息平台

强化现代数字化信息技术的支撑。要按照统一规划、面向应用、突出重点、分步实施、整合资源、信息共享等原则，争取在较短的时间内，形成纵横向相连、产销区一体化的水产品信息化管理，提高水产品质量安全信息监管能力。

第九章 健康养殖典型技术

内容提要：罗非鱼健康养殖技术；鳜鱼健康养殖技术；鳗鲡健康养殖技术；广盐性鱼类健康养殖技术；深海抗风浪网箱养殖技术；凡纳滨对虾健康养殖技术。

水产养殖品种比较多，本章选取罗非鱼健康养殖技术、池塘主养鳜鱼技术、建立鳗鲡 HACCP 实验示范区、广盐性鱼类健康养殖技术、深海抗风浪网箱养殖技术、凡纳滨对虾集约化防病养殖技术、凡纳滨对虾淡化养殖技术，重点介绍健康养殖技术创新点。

第一节 罗非鱼健康养殖技术

广东省一直致力于提高罗非鱼品质，进入 21 世纪，采取多方面的措施：大力推广健康养殖技术；推动无公害产地认定和产品认证；建立渔业标准化示范区；建立出口原料示范基地；推广 HACCP 质量管理体系。

一、罗非鱼苗种培育技术

罗非鱼苗娇嫩，苗种培育技术要求高，包括精心选择苗种培育池，并认真清塘消毒，施基肥培养浮游生物，适时合理放养鱼苗，加强饲养管理。

1. 苗种池的选择和清整

苗种池要选择在水源充足、水质良好、注排水方便的地方。面积一般以 2~4 亩较好，水深应能随着鱼苗的生长而调节，前期 60~70 厘米，后期可逐渐加深到 1~1.5 米。池形为东西向长方形，塘底平坦，池内没有水草生长。

在鱼苗下池前 10~15 天，对鱼苗池要进行认真整修和彻底清塘，杀死野杂鱼和有害生物，以保证鱼苗健壮成长，提高成活率。

2. 施基肥培养浮游生物

清塘后，在鱼苗下池前 5~7 天，先向池内加注新水 60~70 厘米，加水时要用密网过滤，防止野杂鱼和有害生物进入鱼池。然后施放基肥，培肥水质，使鱼苗从下塘起就有丰富适口的天然食物。

基肥的种类和投放量，要因地制宜。通常每亩施绿肥 400~450 千克、粪肥 200~300 千克，粪肥需经发酵并用 1%~2% 石灰消毒。粪肥应加水调稀后全池泼洒；绿肥堆放在池角，浸没在水下，每隔 2~3 天翻动一次，待腐烂分解后将根茎残渣捞掉。施基肥后，以水色逐渐变成茶褐色或油绿色为最好。

3. 鱼苗放养

鱼苗放养密度一般为每亩 6 万~8 万尾，或每亩放养鱼苗 15 万尾，经 15 天培育，分疏至每亩 5 万尾，经 30 天的培育达到 4~5 厘米的鱼苗。然后进一步分疏至每亩 3 万尾的密度，至年底可培育成 100 尾/千克的大规格鱼种。或将 4~5 厘米的鱼苗按每亩 1 万尾的密度放养，年底可养成 100 克/尾的大规格鱼种。

放养鱼苗时必须注意几点：①每口池应放同一批繁殖的鱼苗；②鱼苗放养前池塘围密网，防止青蛙等有害生物进入；池内如有蛙卵、蝌蚪或野杂鱼等有害生物，要用网拉掉，或重新清塘；③待清塘药物毒性消失后方可放鱼苗，检查毒性是否消失的方法，通常在池内放一只小网箱，用数十尾鱼苗放入网箱内，1 天后若鱼苗活动正常，就可放鱼苗；④要在池塘背风向阳处放养鱼苗，放鱼苗时动作要轻、缓，将鱼苗慢慢地倒入水中。

4. 饲养管理

（1）**施肥投饲** 鱼苗下池时，如水质不肥，最好先投喂豆浆，每天每亩用黄豆 1～2 千克，或按每万尾每天 0.1～0.2 千克黄豆，浸泡后磨成豆浆 30～40 千克，上午 8—10 时，下午 14—16 时各投喂一次，同时追加肥料，培养鱼苗的天然饵料。一般每天每亩泼洒粪肥 50～100 千克。10 天后还要增喂花生麸，花生麸需浸泡后才可投喂，每天喂 1～2 次，沿池边泼洒，投喂量以 2 小时内吃完为度，以后随着鱼体长大，施肥量和投饲量可适当增加。培育期间，每 5～7 天注水一次，使池水深在最后培育阶段达 1～1.5 米。加水时，要用密网过滤，防止野杂鱼和其他有害生物进入鱼池。

（2）**巡塘观察** 每天早、晚各巡塘一次，观察鱼苗的活动情况和水质变化，以便决定投饲量、施肥量和是否加注新水。检查池埂有无漏水和逃鱼现象。及时捞掉蛙卵、蝌蚪、死鱼及杂草等。

（3）**锻炼和出塘** 鱼苗经过 25～30 天的培育，长到 3～5 厘米时就可以出塘，转入大塘进入食用鱼饲养阶段。鱼种出塘前要进行拉网锻炼，以增强鱼的体质，并能经受操作和运输。锻炼方法是选择晴天上午 9 时以后拉网，将鱼在网箱中密集 3～4 小时后，即可过数出塘。出塘时要用鱼筛筛出不合规格的鱼种，放回原池继续培育几天再出塘。拉网锻炼时要注意：拉网前要清除水草和青苔；阴雨天或鱼浮头时不能拉网锻炼，以免造成死鱼；操作要轻巧、细致。

二、食用罗非鱼饲养技术

池塘养殖罗非鱼，在华南地区，一般 3 月底至 4 月初即可放苗。

1. 池塘条件

罗非鱼的食用鱼饲养，对池塘没有特殊要求，一般养殖家鱼的池塘都可以用来养殖。面积 8～10 亩，最大不超过 20 亩。因为池塘过大，水质不易肥沃，而且不易捕捞，冬季捕不干净容易冻死。水深一般 1.5～2 米。池塘应选择在水源充足，注排水方便的地方。水质要求肥且无毒。放养鱼种前，池塘要清整消毒（见彩

图 9-1）。

2．鱼种放养

（1）**鱼种规格**　罗非鱼鱼种有当年繁殖的鱼种和越冬鱼种两种。上述两种鱼种，各地可根据当地的苗种生产条件，因地制宜地采用合适的鱼种进行放养，但不管采用哪种鱼种，放养的规格均要达到 3~5 厘米以上，而且规格要尽量整齐，体质健壮，无伤无病。

（2）**放养时间**　罗非鱼在自然条件下生长的水温不能低于18℃，要待水温稳定在 18℃ 以上，才可以放养鱼种。若放养过早，因水温低，容易造成死亡；放养过迟，缩短了生长期，影响出塘规格和鱼产量。因此，在放养鱼种时，必须掌握好适当的时机（见彩图 9-2）。

（3）**放养密度**　放养密度要根据池塘条件，肥料、饲料来源，放养的鱼种规格大小和时间，要求出池的规格，以及不同养殖方式和管理水平等多方面来考虑。一般每亩放养 1 000~2 000 尾。

3．投饲和施肥

罗非鱼是杂食性鱼类，喜欢吃浮游生物、有机碎屑和人工饲料，因此在饲养管理上主要是以投饲和施肥为主。

（1）**施肥**　饲养罗非鱼不论是单养或混养，均要求水质肥沃。肥水中浮游生物丰富。施肥可培养浮游生物供奥尼罗非鱼摄食，同时肥料的沉底残渣又可直接作为奥尼罗非鱼的食料。因此，在保证不致浮头死鱼的情况下，要经常施肥，保持水质肥沃，透明度在 25~30 厘米为好。一般施肥量为每周施绿肥 300千克左右。施肥要掌握少而勤的原则。施肥的次数和多少，要根据水温、天气、水色来确定。水温较低，施肥量可多些，次数少些；水温较高，施肥量要少，次数多些。阴雨、闷热或雷雨时，少施或不施，天晴适当多施。水色为油绿色或茶褐色，可以少施或不施肥；水色清淡的要多施。

（2）**投饲**　池塘施肥培育天然饵料还不能满足罗非鱼的生长需要，还必须投喂足够的人工饲料才能获得高产。一般每天上午

8—9 时，下午 14—15 时各投喂饲料一次，日投喂量为鱼体重的 3‰~6‰，投喂的饲料要新鲜，霉烂变质的饲料不能投喂。豆饼、米糠等要浸泡后再喂。饲料要投放在固定的食场内。每天投饲量要根据鱼的吃食情况、水温、天气和水质来掌握。一般每次投饲后在 1~2 小时内吃完，可适当多喂，如不按时吃完，应少喂或停喂。晴天，水温高可适当多喂；阴雨天或水温低，少喂；天气闷热或雷阵雨前后应停止投喂。一般肥水可正常投喂，水质淡要多喂，水肥色浓要少喂（见彩图 9-3）。

4. 日常管理

每天早、晚要巡塘，观察鱼的吃食情况和水质变化，以便决定投饲和施肥的数量。发现池鱼浮头严重，要及时加注新水或增氧改善水质。通常每 15~20 天注水一次，高温季节可视情况增加注水次数；另外，每 5~10 亩池塘配 1.5 千瓦叶轮式增氧机一台，每天午后及清晨各开机一次，每次 2~3 小时，高温季节可适当增加开机时间。

放养时可每亩搭配大规格鲢、鳙鱼种各 50 尾左右，适当套养一些肉食性鱼类，如翘嘴红鲌、斑鳢（生鱼）、大口鲶 30 尾左右。

5. 适时收获

按出池规格或按市场行情确定起捕时间，但当水温下降到 12℃ 时，所有罗非鱼均应起捕完（见彩图 9-4）。

三、养殖管理关键控制点

罗非鱼养殖管理关键控制点，包括生产全过程，从池塘条件、鱼种选择、放养密度、品种搭配，到水质管理、防寒防病等。

1. 池塘条件适宜

对养殖罗非鱼的鱼塘规格要求不严格，面积可大可小，甚至小型水库也可以养殖，罗非鱼是网箱养殖品种的优良选择；水深要求也不严格，但是，对于需要过冬的罗非鱼池塘，要求水深超过 1.7 米。

2. 鱼种选择正确

雄性生长快，但如有雌性罗非鱼在鱼塘内，雄性罗非鱼会因筑巢和照顾鱼苗而影响生长；还会造成子代繁殖过多，从而影响养殖计划。因此，鱼种选择要以雄性率高为主，生长快而且大、起肉率高、起捕率高等特点为辅。

3. 放养密度适当

鱼苗阶段放养密度 5 000~20 000 尾/亩，成鱼阶段放养密度 1 000~2 500 尾/亩，通常为了保证较大规格上市，放养密度为 1 000~1 500 尾/亩。及时分疏、分批起捕，充分利用水体，保证鱼塘中罗非鱼持续快速生长。罗非鱼主要是用作鱼肉片加工，一般条重 400 克以上的可以上市，600 克以上的价格有所提高，800 克以上的价格比 400 克以上的普遍高 2 元/千克，所以建议养殖大规格成鱼出售。养殖后期，当有 1/4 的罗非鱼达到上市规格，就分批起捕，及时分疏，充分利用水体，保证鱼塘中罗非鱼持续快速生长。

4. 合理搭配品种

放养罗非鱼种入塘后 3~4 个月才放 7~10 厘米的乌鳢苗，目的是控制罗非鱼繁殖的子代。鳙鱼放养 30~50 尾/亩；本地塘虱、鲩鱼 10~20 尾/亩；黑鲩 1~2 尾/亩。罗非鱼种阶段不要混养过大规格的其他鱼种，防止与罗非鱼争夺饲料。条重 100 克以上的罗非鱼已形成抢食习惯，其他大规格鱼种对其影响逐渐降低。

5. 水质管理要求

罗非鱼对水质肥瘦要求相对不严格，但肥水中的浮游生物就多，罗非鱼可以以水中浮游生物作为食物，同时相对较肥的水质对增加水中溶解氧有作用，所以，养殖罗非鱼要求水质相对较肥，透明度为 25~35 厘米之间。相对而言，鱼种阶段水质要肥于成鱼阶段。加水入塘和排水时，要特别注意严防进入其他野杂罗非鱼，做好密网阻拦措施，彻底清塘，防止罗非鱼在鱼塘内大量繁殖。

6. 定期开增氧机

罗非鱼一般不会因浮头死亡，但也要注意开增氧机，目的是使鱼塘水上下层循环，防止罗非鱼浮头或暗浮，减少罗非鱼额外的营养消耗。开增氧机时间一般为午后和清晨。

7. 落实防寒措施

罗非鱼有不耐寒的弱点，为了预防鱼被冻死，越冬前日晒塘底不宜过度，以便于罗非鱼能够打窝结群栖息越冬。入冬时尽量加深塘水，在池塘北角搭建挡风棚，并在水面围养水葫芦，阻止鱼塘水上下对流，推迟塘底降温的时间，有条件可把鱼塘加以改造，加深塘水至 2.5 米以上。

8. 预防病害发生

罗非鱼病害少，鱼苗阶段主要是防止寄生虫，其次是蛇、蛙、鸟等敌害生物；成鱼阶段主要是防止冻伤和饲料营养缺乏综合征。

第二节　鳜鱼健康养殖技术

池塘主养鳜鱼，分夏花当年直接养成商品鱼和 1 龄鱼种养成商品鱼。由于主养能够按照鳜鱼的生物学特性和生长要求进行养殖设计和科学管理，成活率高，产量高，经济效益高，产品上市率高，对供应市场和提供出口有利，是目前华南、华中地区的主要养殖方式。

一、养殖条件

土池精养鳜鱼，投喂饲料鱼苗，养殖场所既要保证放养鳜鱼的健康生长，又要保障投喂的饲料鱼苗能在水中与鳜鱼共同生活数天。所以，养殖鳜鱼的池塘条件要求较高，特别是放养鱼种前，必须清塘消毒。

1. 场地条件

主养鳜鱼的池塘要求靠近水源，水质符合渔业用水标准，灌排方便，无污水流入。要求选择背风向阳、水源充足、水质清新无污染、排灌方便的场所建鳜鱼养殖场，并要求壤沙土底质、淤泥较少或没有淤泥的地方新开挖池塘较为理想。

2. 鱼池要求

每口池塘面积不宜过大，以 5～10 亩为宜，以便于管理。池塘水深 1.5～2 米，池底平坦，淤泥少，沙质底更好，略向排水口倾斜，灌排水系统完善，水源充足、清新、无污染，水质良好。每口池应安装 3 千瓦增氧机一台，同时在主养鳜鱼池周边应准备 3 倍于鳜鱼池的饲料鱼池。在池塘四周种植一些沉水性高等水生植物，如鸭舌草、轮叶黑藻等，既可作鳜鱼的隐蔽场所，又能吸收塘中过多的肥料。也可在塘中放置少量柳树根须、浸泡过的网片等，供鲤、鲫鱼产卵用。

3. 清塘消毒

放养鱼种前，必须进行清整，挖去过多的淤泥，用生石灰彻底清塘消毒，杀灭各类敌害生物及病原体，以减少养殖期间病害的发生。每亩用生石灰 100 千克化水全池泼洒消毒后，曝晒 10～15 天，放水 10 厘米。

二、鱼种放养

池塘纯养鳜鱼的放养方法，目前应用较广的有直接放养 3 厘米鱼苗的直接放养法和先培育成大规格鱼种再放养的分步放养法两种。

1. 直接放养法

直接放养 3 厘米左右的鳜鱼苗下塘，一直养成商品鱼上市。此法适宜于只有一两口池塘，养殖规模不大的养鱼户。池塘按常规清塘消毒后，施放基肥培育浮游生物，然后每亩池塘放养 100 万～150 万尾刚孵化的鲮鱼等水花培育成饲料鱼苗。培育 10～15 天，饲料鱼苗长到 1.5～2 厘米（4～5 朝），先将池塘水排去一半，再灌进新水，使池水清爽，就可以放养规格 3 厘米的鳜鱼苗。一般每亩放养鳜鱼苗 1 000～1 500 尾。该法的优点是：放养初期饲料鱼苗丰富，鳜鱼生长快，工作简便，节省池塘和劳力。

缺点是：放养时鱼种规格小，成活率低，一般70%～80%，对池中存鱼把握性差。

2. 分步放养法

先把规格3厘米的鳜鱼苗培育成大规格鱼种，再过数放养到成鱼池。此法适宜池塘较多、养殖规模较大的养鱼户。先将鳜鱼苗培育成体长12厘米、体重50克的大规格鱼种，再转入成鱼饲养阶段。用池塘培育大规格鱼种，具体做法与上述直接放养法相似，先培育成饲料鱼，然后放养鳜鱼种。但鳜鱼种放养密度要比直接放养法大得多，每亩可放养规格3厘米的鳜鱼种4 000～5 000尾。培育40天左右，大多数鳜鱼种可长成体重约50克的大规格鱼种，成活率可达80%左右。

也可以用网箱培育大规格鱼种，每个网箱面积为15～30平方米，深1.2米，用15～20目的密网布做箱体，设置在水质较好而又具备冲排水条件的池塘、河道和水库库湾。每平方米网箱放养规格3厘米的鳜鱼种100～150尾。每天向网箱内投喂相应规格的饲料鱼苗，投喂量为每尾鳜鱼种投喂6～20尾饲料鱼（占鳜鱼体重的20%左右），大约饲养40天，鳜鱼苗就长成体重50克的大规格鱼种，成活率一般可达85%。

培育出体重50克左右的大规格鱼种后，即可分疏放养到已培育好饲料鱼苗的成鱼塘。一般每亩放养大规格鳜鱼种800～1 200尾。放养前池塘的准备工作与前面所述的方法基本相同，不同的是饲料鱼苗经过较长时间的培育，规格在3厘米以上。此法的优点是：放养规格大，鳜鱼种成活率高，一般为95%，生产者能做到心中有数。缺点是：需要较多的池塘来周转，花工较多，技术水平要求高。

三、饲料鱼投喂

喂养鳜鱼的饲料鱼，来源于人工饲养的各种鱼苗。鳜鱼对饲料鱼的种类、规格有严格的要求：一要活泼生猛；二要大小适口；三要无硬棘；四要供应及时。饲养鳜鱼，应根据鳜鱼各个不同的生长阶段和所饲养鳜鱼不同的大小规格，及时投喂相应规格的鲜活饲料鱼，达到上述要求，方能取得好效益。

1. 饲料鱼品种

凡是没有硬棘的小鱼虾，均可作鳜鱼饲料。从来源、经济、喜食等多方面选择，当以鲮、野鲮、麦鲮、鲢、鳙鱼苗为最好。因为一是体形细长，鳜鱼喜食；二是繁殖容易，价格低，成本低；三是可以高密度培育，群体产量高，来源广。

2. 饲料鱼规格

应根据鳜鱼各个不同的生长阶段，投喂相应规格的饲料鱼。饲养不同规格的鳜鱼投喂饲料鱼苗的相应规格见表9-1。

表9-1　鳜鱼的饲料鱼苗规格　　　　　　　　　　单位：厘米

鳜鱼体长	3～14	15～20	21～25	26～30	31～35
饲料鱼体长	1.5～5	3～6.5	4.5～7.5	6～9	7.5～15

在育苗期间，饲料鱼苗的规格要比鳜鱼小1.5～2个筛位。

为了保证投喂的饲料鱼规格适宜，投喂的饲料鱼规格为鳜体长30%～60%者适口性好，同时要经常检查鳜鱼的摄食和生长情况，并兼顾鳜鱼生长的差异，所投饲料鱼中，适量搭配不同规格的饲料鱼，确保鳜鱼在饲养条件下，饲料充足、适口。如果饲料鱼规格过大，鳜鱼无法捕食而影响正常生长，而这些饲料鱼又多占用池塘有限的水体；如果饲料鱼规格太小，鳜鱼要进食许多尾才吃饱，既消耗体力和时间，也影响生长，这时则应补充适量较大规格的饲料鱼让大规格的鳜鱼捕食。

3. 饲料日粮

把体重0.5克的鳜鱼苗养至500克的商品鱼，每日投饲量由占体重的70%开始，逐步减少到8%～10%。夏秋季鳜鱼生长旺盛，应适当增加投喂量；冬季水温低，鳜鱼活动减弱，投喂量相应减少。

投喂次数一般应根据水温、鳜池饲料鱼密度、生长速度和天气等灵活掌握。在水温较高、鳜鱼快速生长期内，最好每3~5天投喂1次，使池塘中的饲料鱼苗经常保持一定的密度，保证鳜鱼每天都能吃饱。9月以后水温下降，鳜鱼生长速度减慢，摄食减少，但在不超出池塘承受能力的前提下，尽量多投放饲料鱼，一般5~7天投放1次。随着温度降低，逐步改为半个月投喂1次，投喂量以维持水体内有一定的饲料鱼密度、增加鳜鱼的捕食几率为原则。

4. 投喂技术

根据养殖规模、产量指标，以及放种与收获时间的安排，预先制订饲料鱼苗的生产和订购计划，包括供应时间、品种、规格和数量。

根据鳜鱼的摄食和生长需要，定期（3~5天为一期）投放补充饲料鱼苗，使池塘中的饲料鱼苗经常保持一定的密度，保证鳜鱼每天都能吃饱。

在不超出池塘承受能力的前提下，尽量多投放饲料鱼苗，让其在池塘中活动生长，随时供鳜鱼摄食。鳜鱼吃剩的饲料鱼苗，待到清塘时回收销售。

5. 饲料鱼苗配套生产

每养成一尾商品鳜鱼（500克）需消耗饲料鱼苗约3 000~5 000尾，重2~2.5千克。饲养一定面积的鳜鱼，需要配套养殖3~5倍水面的饲料鱼苗。饲料鱼苗的培育可采取一次高密度放养，逐步起捕拉疏，分期投喂的方法。放养密度比常规培育鱼苗增加1~2倍。这样有计划地进行配套生产，才能保证饲料鱼苗从数量上满足鳜鱼摄食需要，规格上与鳜鱼同步增长。

四、水质调控

养殖鳜鱼对水质的要求比养四大家鱼要高得多，由于专养池放养密度高，投喂饲料鱼苗量较多，大量粪便对池塘水质影响较大。除要求池塘进排水系统良好、定期更换池水外，特别应注意鳜鱼种刚一进池塘的初期。由于池塘中饲料鱼苗密度大，更要控制好水质，避免缺氧，使鳜鱼种能够尽快适应和不出现浮头。

1. 溶氧量

要求整个饲养过程中，水体溶氧最低保持在 5 毫克/升以上，才有利于鳜鱼摄食、生长。当降至 2.3 毫克/升时，鳜鱼会出现滞食；1.5 毫克/升时开始浮头；1.2 毫克/升时严重浮头；1 毫克/升时窒息死亡。因此，要注意适时加水换水，保持水质清新；每口池塘还需配备增氧机。特别是鳜鱼种刚放养下池塘时，由于池塘中饲料鱼苗密度大，更要控制好水质，避免缺氧，使鳜鱼种能够尽快适应和不出现浮头。一旦发现缺氧现象，应立即冲注新水或开增氧机。春末和夏季每天中午 12—15 时开机增氧，如遇特殊天气，下半夜开机至太阳出。开机时间视具体情况确定，防止鳜鱼缺氧浮头。

2. 透明度

要求饲养期间水体透明度保持在 20~30 厘米左右。透明度太低会影响鳜鱼觅食，也容易引起水质恶化，定期泼洒石灰水调控水质。其他调控措施或施用生物生物制剂与家鱼养殖基本相同。

3. 酸碱度

鳜鱼对酸性水特别敏感，水质偏酸往往会出现多种疾病。当 pH 值为 5.6 时，鳜鱼已无法忍受。因此，必须保持池塘水质处于良好状态，才能获得养殖成功。最好每隔一段时间施放一次生石灰，调节酸碱度。

五、日常管理

池塘纯养鳜鱼的日常管理工作要求每天早晚巡视鱼塘各一次，观察鳜鱼的摄食情况，发现问题及时解决。

1. 保证饲料鱼供应

在鳜鱼种放养到池塘后，要经常观察和检查饲料鱼苗的存池情况，及时补充池塘中的饲料鱼苗。饲料充足，鳜鱼才易吃饱，长得快。否则，生长停滞，个体消瘦，大鱼吃小鱼。还要观察检查饲料鱼苗的大小是否适合鳜鱼的捕食。如果饲料鱼苗过大，鳜鱼会无法捕食而影响正常生长，同时，这些饲料鱼苗又多占用池塘有限的水体；如果饲料鱼苗规格太小，鳜鱼要进食许多尾饲料鱼才吃饱，消耗体力和时间，也影响生长，这时则应补充适量较大规格的饲料鱼苗让大规格的鳜鱼捕食。

2. 强化精细管理

饲养鳜鱼成鱼与饲养家鱼一样，同样应该要有专人负责，强化责任，精细管理。随着水温的升高，鳜鱼的长大，应分期加注新水。一般春季和秋季每 10~20 天加水 1 次，每次加水 30~40 厘米。夏季勤换水，5~7 天换水 1 次。如能保持微流水，则养殖效果更佳，同时应做好巡塘、防盗等工作。

3. 注意防治病害

放养鱼种前，池塘一定要进行彻底清塘消毒，杀灭病原体，最好使用生石灰清塘消毒。在养殖期间，定期全池泼洒硫酸铜、漂白粉等药物消毒，预防鱼病；要经常进行鱼病检查，一旦发现感染病原体，立即采取治疗措施。鳜鱼养殖过程中常见的病害是寄生性的原生动物或由细菌侵入引起的，常造成鳜鱼大批死亡。平时要准备好有关药物，如杀虫剂、消毒剂等，一旦发现感染病原体，立即采取综合疗法。

4. 捕捞与防盗

经过 4~5 个月的饲养，大部分鳜鱼的体重可达到 500 克左右的商品规格，即可把达到商品规格的鳜鱼起捕上市，未达到上市规格的继续留原池饲养或转养到其他池塘。

鳜鱼有在池底打穴作窝的习性，日间常潜伏在窝内，拉网捕捞上网率很低，但徒手捕捉却很容易。熟悉的渔工 1 小时能捕捉 20~30 千克，适合少量上市。也可用抛网、地拉网捕捞。大量上市时需要放浅池水，采用地拉网或人工捕捉。

由于徒手就能捕到池塘养殖的鳜鱼，而鳜鱼的商品价格较高，一般每千克售价在 50 元以上。因此，防盗就成为鳜鱼饲养管理过程中必不可少的重要工作，最好日夜都有人在塘头值班看守，以防被人偷鱼。

六、高产实例

广东省佛山市南海区九江镇综合农场在该市水产局科技人员的指导下，选择了一口面积1 476平方米的池塘进行养殖鳜鱼高产试验。于6月15日放养体长3厘米的鳜鱼6 000尾，养至翌年6月15日全部起捕，共收获鳜鱼4 806尾，总重量2 626千克，总产值16.2万元。扣除各种成本开支10.9万元，纯收入5.3万元，平均每亩产量1 194千克，产值7.4万元，利润2.4万元，取得了高产高效益。

1. 选好池塘，严格消毒

为了给鳜鱼提供适宜的养殖环境，保证水质清新，溶氧充足，要求养鳜鱼的池塘水源充足，水质良好，排灌方便，以便随时注入新水。这口池塘，面积不大，蓄水较深，可达2.2米，长方形，塘底较平坦，底质为泥沙。池塘的西北面有一条小河，排灌方便，水质良好，无工业废水和生活污水流入。

为了减少鳜鱼感染疾病的机会，避免病害发生造成损失，在放养鳜鱼种前一个月内，对池塘进行了三次严格消毒。

第一次消毒：在5月10日，排干池水后，每亩用生石灰250千克全塘撒施，然后曝晒塘底10天。

第二次消毒：在5月20日，回足池水后，每亩用茶麸40千克带水毒塘。

第三次消毒：在5月25日，每亩用漂白粉5千克，硫酸铜1千克全池泼洒。

经过三次清塘消毒处理后，彻底地杀灭了池塘中的野杂鱼类、各种有害生物和病原体。

2. 饲料充足，合理投喂

采取先培育饲料鱼苗，再放养鳜鱼种的养殖方式。于6月1日放养鳙鱼水花300万尾，平均每亩136万尾，在原塘"开花"培育饲料鱼苗，培育至第15天，鳙鱼苗已长成至全长1.5厘米（规格5朝）左右，即放养鳜鱼种。这样，鳜鱼种下池后即有大批适口的饲料鱼苗供其摄食。

原塘培育的饲料鱼苗，供鳜鱼种摄食 10 多天后，已被摄食得差不多，即要及时增投饲料鱼苗。于放养鳜鱼苗 14 天后，即 6 月 29 日第一次增投饲料鱼苗，以后每隔 3～7 天投喂饲料鱼苗一次。在整个饲养过程中，共投喂各种不同规格的饲料鱼苗 15 322 千克，每增重 1 千克鳜鱼消耗饲料鱼苗 5.83 千克。

投喂饲料鱼苗时，要求掌握如下几条原则。

（1）**质量要健壮**　不用体质残弱的鱼苗作饲料，不投喂死亡或残次的饲料鱼，以防止死鱼腐败而污染池塘水质，防止病原体和敌害生物随饲料鱼带入养鳜池。

（2）**种类要适宜**　选择鳜鱼喜食的鱼苗，要求体形修长，价格较低。除第一次"开花"培育用鳙鱼苗外，其他均选择适宜的鲮鱼、野鲮作饲料鱼。带有硬棘的鱼类，如罗非鱼、鲤鱼等不宜作饲料鱼苗。

（3）**规格要适口**　饲料鱼苗的规格应比鳜鱼小 1.5～2 个筛位。饲料鱼过大，妨碍鳜鱼摄食；饲料鱼过小则鳜鱼要捕食许多尾才能吃饱，这都会影响鳜鱼的进食和生长。鳜鱼放养 100 天后，发现鳜鱼生长速度不够平衡，大的已长到体重 300～400 克，小的不足 100 克。为使不同规格的鳜鱼都能摄食到适口饲料，同时投喂 2～3 种规格的饲料鱼苗，投喂初期，选择规格 7 朝（3 厘米）的鲮鱼苗作饲料，7 天后转为 8～9 朝（4～5 厘米）规格的，再过 7 天转投 10～11 朝（6～8 厘米）规格的。到 10 月，转投 10 朝、11 朝、12 朝 3 种规格的鱼苗。再过一个月，投喂 12 朝、10 厘米、13 厘米这 3 种规格的鱼苗。一直到收获。

（4）**投喂要适量**　以 3～7 天为一个投饲期，一次投放几天的饲料鱼，使池塘中的饲料鱼苗能保持一定的密度。日投饲量根据鳜鱼摄食情况而定，放养初期为池鱼总体重的 20%～30%，中后期减至 8%～10%。每个投饲期相隔时间不应过长，每次投饲不宜过量，避免鳜鱼时饱时饥，以免影响正常生长。

3. **加强水质管理，预防鱼病**

在池塘中设置一台叶轮式增氧机，在每天黎明前及下午各开机

3~5 小时；每隔 10~15 天对池塘冲换水一次，以增加水中溶氧量，改善水质，做到水质清新，透明度在 40 厘米以上，溶氧量在 3 毫克/升以上，pH 值在 7~8 之间，确保鳜鱼没有出现因缺氧浮头的死亡现象。

平时，每隔 10~15 天施放生石灰一次，目的是对池塘消毒，澄清水质，增加溶氧，调节酸碱度等。同时，对鳜鱼作定期抽样检查，掌握其生长及健康状况。在饲养期内基本未发生鱼病流行情况。

4. 一次放种，分批起捕

6 月 15 日一次放养鳜鱼种 6 000 尾，平均每亩放种 2 727 尾，因放密度大，于 10 月 5 日将平均体重 155 克的 300 尾鳜鱼拉疏过塘饲养。饲养 180 天后，到 12 月中旬即陆续将达到上市商品规格的鳜鱼捕捞上市，一般隔一个月左右起捕上市一次。养殖期间共起捕 7 次，每次上市 300~700 尾，逐步拉疏池塘中鳜鱼放养密度，使留池的鳜鱼能有较大的活动水体，保证正常生长。

第三节　鳗鲡健康养殖技术

鳗鲡健康养殖技术，重点是建设 HACCP 实验示范区。农业部全国水产技术推广总站下达"鳗鲡 HACCP 实验示范区"重大推广项目，由广东省水产技术推广总站主持，广东省鳗鱼业协会、佛山市顺德保利食品养鳗场协助实施，时间为 2006 年 2 月至 2007 年 12 月。项目组全体人员共同努力，顺利实施了本项目，达到预期效果。

一、项目组织

"鳗鲡 HACCP 实验示范区"项目按照 NY/T 5069—2002《无公害食品　鳗鲡池塘养殖技术规范》的要求进行养殖，使产品达到 NY/T 5069—2002《无公害食品　鳗鲡池塘养殖技术规范》的要求。到 2007 年底鳗鲡示范区示范面积为 700 亩，年养殖鳗鲡产量为 500 吨。同时，建立《鳗鲡 HACCP 养殖管理技术规范》。

1. 成立项目组

三个项目参加单位经共同研究，推举广东省水产技术推广总站姚国成研究员为项目组组长，三个单位各抽调若干名业务骨干参加此项目，并明确了各单位及个人在项目中的任务分工。

广东省水产技术推广总站负责：制定项目实施方案，组织培训项目组成员及养鳗场生产人员，组织制定 HACCP 体系文件包括《鳗鲡 HACCP 养殖管理技术规范》，组织协调项目的实施。

广东省鳗鱼业协会负责：协助制定 HACCP 体系文件，协助养鳗场检验检测，配合省水产技术推广总站做好项目验收等相关工作。

佛山市顺德区保利食品有限公司马岗鳗鱼养殖场负责：制定 HACCP 体系文件，在养殖生产中运行及验证 HACCP 体系，做好相关检测工作等。

2. 挑选试验点

对照项目要求，项目组全体成员经认真考察，挑选了基本具备项目实施条件的佛山市顺德区保利食品有限公司马岗鳗鱼养殖场作为项目的实施地点。

马岗鳗鱼养殖场位于顺德区勒流镇新安村新启基塘开发区，在珠江水系顺德水道旁，占地面积 1 000 亩，养殖水面 700 亩，共 60 口池塘，暂养池 15 亩，布局合理，养殖设施（备）完善；养殖场水源充沛，水质良好，交通便利，周边环境良好无污染。养殖场日本鳗鲡年投苗量为 400 万尾，年产量约 1 000 吨；并于 2004 年 8 月获得顺德"十大水产养殖企业"称号（见彩图 9-5）。

3. 制订实施方案

根据项目要求，结合项目实施地点马岗鳗鱼养殖场的具体情况，项目组制订了项目实施方案，安排项目实施进度计划。

2006 年 2—12 月，开展 HACCP 体系准备和培训工作，包括对养殖场管理体系及养殖流程的摸底调查与评估，制订适合项目体系的管理架构方案计划等。

2007 年 1—7 月，编写、审核、修改、发布 HACCP 体系文件，组织养殖场各部门培训学习，对相关部门相关人员进行资格考核与认证。

2007 年 8—11 月，HACCP 体系试运行与内审。

2007 年 12 月，项目管理评审、整改及验收。

二、实施过程

项目实施后，评估原有管理体系。评估对象主要包括管理架构、管理制度、鳗鱼养殖生产及流程、员工（专业技能与管理水平测试）、鳗鱼产品消费市场及产品质量要求等。通过近 4 个月的评估与调研，项目组基本掌握了该场原有管理体系、养殖生产流程，收集了建立 HACCP 体系所需的基础资料。现将实施过程简述如下：

1. 成立 HACCP 小组

项目组派出主要技术人员，协助马岗养鳗场于 2006 年 6 月正式成立了 HACCP 小组，其成员有 8 人，其中广东省水产技术推广总站两人，广东省鳗鱼业协会 3 人和养殖场 3 人，由养殖场场长洪金长担任组长并督促体系的建立与执行。HACCP 小组按照 HACCP 体系要求开展项目工作。先后完成了养殖场 HACCP 体系基础资料整理、产品（包括日本鳗鲡、鳗鱼养殖生产投入品）描述及分类（包括产品运输、水生动物防疫及其他涉及食品安全的特殊考量因子）、确定产品用途和消费群体、建立鳗鲡养殖生产流程图并由 HACCP 小组现场验证流程图的正确性和完整性。

2. 确定监控产品

通过以上工作，确定了 HACCP 体系监控产品为日本鳗鲡，建立日本鳗鲡成鱼养殖 HACCP 体系；体系所监控的产品（日本鳗鲡）销往日本市场，并要求其符合日本市场的检验检疫要求，将日本鳗鲡的养殖投入品（包括苗种、饲料、渔药、捕捞）作为体系的危害关键控制点（CCP），建立了日本鳗鲡养殖流程图。在此基础上进行了鳗鱼养殖危害分析，制作了《危害分析表》，列出了《鳗鱼养殖HACCP 计划表》。

3. 培训项目有关人员

广东省水产技术推广总站牵头组织具有 HACCP 质量体系认证资

质的有关专家对养殖场项目相关人员进行培训。培训内容包括：HACCP 体系基础知识、HACCP 体系文件编写、鳗鲡养殖技术、HACCP 体系内审、HACCP 体系管理与操作等。先后完成了"水生生物病害防治员"、"内审员"的资格培训和考核，完成了养殖场相关部门人员的资格与资质评审和考核，共培训 6 期，合计 120 人，为编写 HACCP 体系文件、运行 HACCP 质量管理体系做准备。

4. 编写 HACCP 体系文件

2007 年 1—7 月，由养殖场 HACCP 小组根据 HACCP 原理和要求，负责制定编写 HACCP 体系文件，项目组全程对养殖场 HACCP 小组的文件编写工作进行指导。

结合养殖场产品特点、生产方式、HACCP 危害分析表、HACCP 计划表，首先重新调整并设置养殖场管理架构，增设相应的职能部门，并将文件编写任务按职能分配给相应部门。

其次对日本鳗鲡养殖过程中可能发生的食品安全危害进行了更为全面的分析讨论，制定并设置了养殖场环境卫生、水质、投入品采购和验收、生产设备维护、员工培训教育、养殖生产技术操作规程、养殖数据纪录保持等的管理制度和措施；制定了日本鳗鲡 GAP 养殖管理制度。

最后完成了《佛山市顺德区马岗养鳗场养殖管理手册》（MG-GAP-01）、《佛山市顺德区马岗养鳗场程序文件汇编》（MG-QP-01）、《佛山市顺德区马岗养鳗场 HACCP 计划》（MG-HA-01）、《佛山市顺德区马岗养鳗场文件记录表格》体系文件的编写工作。

5. 审核发行 HACCP 体系文件

在各部门按要求编写制定完成体系文件后，于 2007 年 7 月，由项目组会同养殖场 HACCP 小组对体系文件进行了系统的审核并通过，认为养殖场 HACCP 小组编写的体系文件符合体系要求与养殖场的实际，达到预期目标，最后由养殖场场长批准，向养殖场各部门发行、实施。

6. 试运行 HACCP 质量管理体系。

从 2007 年 8 月开始，养殖场 HACCP 体系正式开始进行试运行。在 8 月上旬，项目组就编写定稿的体系文件组织养殖场全体员工进行学习，8 月中旬养殖场将 HACCP 文件正式下发至各部门，HACCP 体系正式运行。

HACCP 体系在养殖场运行 3 个月后，养殖场根据 HACCP 体系要求，组织了一次全面的内审工作。全面检验并评价体系，对其进行适应性的再次纠正。结果表明，该体系运行以来，能有效地预防日本鳗鲡养殖生产过程中的食品安全危害发生，提高养殖场的管理效率，节约管理成本，创造经济效益。

7. 内部质量审核和管理评审 HACCP 体系

2007 年 10 月 31 日至 12 月 5 日，项目组成立了 4 人组成的内审小组，对 HACCP 体系进行内审。通过内审进一步完善了养殖场 HACCP 体系，对内审过程中出现的不符合事项提出了整改和改进意见，提交了"体系不符合事项报告"，进行并通过了管理评审。

三、实施结果

鳗鲡养殖生产实行 HACCP 体系管理，经济效益良好，社会效益显著。

1. 完成鳗鲡养殖场 HACCP 体系文件

编写完成的 HACCP 体系文件包括：目录、手册管理控制、修改记录、养殖场概况、生产质量人员的管理、苗种和放养、饲料和饲养管理、程序文件等 23 个文件。其中程序文件又包括：文件控制程序、养殖场环境卫生管理程序、养殖用水监控程序、渔药管理程序、包装物验收程序、员工培训程序、鳗鱼养殖技术操作规范（鳗鲡 HACCP 养殖管理技术规范）等 20 个文件。《鳗鲡 HACCP 养殖管理技术规范》分七章，规定了产地环境、水环境、养殖场地等鳗鲡养殖环境条件及从苗种放养、饲料投喂、日常管理到病害防治等有关养殖技术的内容。鳗鲡 HACCP 体系文件内容详见附件。

2. 养殖场节约质量管理成本

在现有规模条件下，年平均质量管理成本节约 520 万元。项目实施以前，养殖场每年平均出现因鳗鲡质量问题导致延迟销售及改变市场销售途径次数为 4 次，每次约 20 吨产品，每吨产品按平均价格 5 万元计，加上按产品 30% 的外部故障成本和预防成本，则质量管理成本 Y =（20 吨×4 次×5 万元/吨）×（1＋30%）= 520 万元。项目实施后，养殖场尚未出现因质量问题而发生的管理成本损失，则质量管理成本损失 Y = 0。那么，按马岗养鳗场养殖鳗鱼面积 700 亩产量 1 368 吨、2005—2007 年养殖场平均年产值 6 840 万元计，则项目实施后平均每年减少因质量问题而造成的损失为 520 万元，则年平均质量管理成本降低数值为：质量管理成本÷年平均产值，即为 7.6%。

3. 养殖场优化营运管理体系

体系建立后的养殖场营运管理体系得到优化，从而提高了管理效率；通过体系提高了养殖场内部员工的素质，提高了企业发展的人力资源效益；HACCP 体系建立后，增加了养殖场的品牌影响力与市场推广等方面的隐性效益。以上三项估计可增加经济效益约为养殖场总产值的 1%。

综上所述一年可为养殖场增加经济效益总和为：520 万元＋（6 840 万元×1%）= 588.4 万元。

4. 经济和社会效益显著

鳗鲡养殖场 HACCP 质量管理体系的编写完成及成功运行，为在鳗鱼养殖企业中推广 HACCP 体系打下了良好的基础。HACCP 质量管理体系的推广，可提高鳗鱼养殖企业管理水平及鳗鱼产品的质量安全水平，能促进鳗鱼产品的出口创汇。

鳗鱼养殖生产行业相对规范，从养殖场的选址、设计到经营管理，基本上同国际最先进的水产养殖模式接轨，并在养殖技术、环境、生产成本方面有着国内外其他养殖水产品无法比拟的优势。因此，在鳗鱼养殖企业推行和实施 HACCP 体系是较为经济与可行的。本项目进行的鳗鲡 HACCP 实验示范，为整个广东省鳗鱼产业带来显著的示范效益。广东省有约 5 万亩的鳗鱼养殖面积，按照每两年示范推广养殖面积 6 000～10 000 亩计算，在全行业推广 HACCP 体系，则每年可为行业带来经济效益总和约为：588 万元×6 000 亩（10 000 亩）＝ 3 500 万元（5 880 万元）（按养殖场 1 000 亩规模推算）。项目的实施社会效益显著。

第四节　广盐性鱼类健康养殖技术

广盐性鱼类健康养殖，在珠江三角洲主要是咸淡水池塘养殖，养殖规模不断扩大，技术水平高，连片养殖面积拓展到 30 万亩，发展成为当地"三高"农业、创汇渔业中的支柱产业。采取通力合作的办法，推广广盐性鱼类健康养殖技术，包括开展苗种检疫，放养优质健壮苗种；推广科学的养殖模式；推广使用海水鱼膨化颗粒饲料和专用硬、软颗粒饲料，改变以往投喂冰鲜海鱼的方式；开展水质检测及鱼病预测预报，推广使用高效低毒鱼药及有关免疫苗；推广使用增氧机和自动喷料机。通过这些措施和规范，能有效提高广盐性鱼类养殖的经济效益。

一、池塘整治和培水

咸淡水池塘养殖，对池塘条件要求较高，还要全面整治，清塘消毒，培育生物饵料，才能放养鱼种。

1. 池塘条件

选择咸淡水鱼类养殖的池塘应靠近河口近岸，有咸水源，具潮灌或堤灌、排水系统，排灌分流。供水盐度变幅 0.5~16，pH 值 6.8~8.2，水质符合国家渔用水质标准。每口池塘面积以 5~10 亩为宜，最大面积 30 亩，蓄水深 1.8~2.5 米，装置有增氧机，部分池塘还安置自动喷料机（见彩图 9-6）。

2. 池塘整治

池塘的使用期为 5~7 年，满期后需进行干塘、暴晒、全面整治，包括加深、疏通好排灌系统，用推土机、挖泥机把池塘淤积的污泥推挖至堤面，加深池塘至深度 3~3.2 米。实际蓄水深度保持 2.5～2.8 厘米，池堤坡比 1：2.5。堤基面 5 米，主基面 8 米。

池塘使用一周年后，干塘、暴晒至底土龟裂，除去污泥，然后纳水，每亩施放生石灰 100～150 千克，进行消毒。

3. 池塘"培水"

池塘放种前需"培水"，养鱼即养水，池水能维持适当的微绿色或绿色，则养鱼已经成功了一半。水色和透明度是养殖业者鉴定池塘水质好坏的主要依据。咸淡水池塘养鱼的水色一般调控要以小球藻、衣藻和小环藻为主群体的绿、硅藻类，呈绿色或褐绿色，透明度 30～40 厘米。要设法控制硅藻类、裸藻类和蓝藻类的过量繁殖；又要设法控制枝角类和桡足类的徒长，使水色和水质保持相对稳定。

二、早期幼鱼中间培育

饲养的鱼类品种均为吃食型、吞食型鱼类，其天然苗抑或人工繁殖种苗，稚、幼、成鱼均有食性上的转变和取食方式的改变；其次是其大部分仔、稚鱼都生活于高盐度海水，早期幼鱼之后才逐渐进入咸淡水，以至纯淡水水域觅食、生长，生态环境也发生了改变；再次是人工饲养条件下，由于种质，人工饲养技术，鱼体取食能力的差异，鱼类的个体生长差异显著。以上这些均需要通过中间培育，以求得食性一致、规格整齐，对水生态，特别是盐度变化适应力强的健康养殖群体。

中间培育包括驯化、分级饲养和人工诱食、驯饵两个过程，采用的方法有定置网箱、网围和小土池。

1. 网箱培育

网箱用尼龙网片制作，规格 6～20 平方米，箱深 1.2～1.5 米。网箱定置在池塘内。网箱培育时可视池塘的水色、透明度，体长 3 厘米的花鲈、尖吻鲈、红拟石首鱼等放养量为 150～200/米^2，体长 1.5～2.5 厘米的黄鳍鲷、灰鳍鲷等放养量为 300～350/米^2，经 20～25 天，分别长成体长 5 厘米和 3 厘米，分筛后分别转入网围内继续鱼种的中间培育。

2. 网围培育

网围多用塑料纱网制作。栏围面积 100 ~ 150 平方米，置于中间培育池塘内。5 厘米体长的花鲈、尖吻鲈等放养量为 80 ~ 120/米²；经 20 ~ 25 天饲养长成 7 ~ 8 厘米之后，拆除网围，原池或转池继续培育，放养量改为 15 ~ 25/米²，经 25 ~ 30 天长成 10 ~ 12 厘米鱼种（幼鱼）。

3. 土池培育

3 厘米的黄鳍鲷等鲷类直接放入中间培育土池，放养量 35 ~ 40/米²，经 70 ~ 90 天长成 5 ~ 8 厘米鱼种。

其他的饲养鱼类，包括鲻、紫红笛鲷、卵形鲳鲹、金钱鱼、细鳞鯻、黄斑蓝子鱼和中华乌塘鳢等依其不同的食性和取食习性，均可依上述的方法参照进行。

4. 驯养淡化

驯养是使稚幼鱼或早期幼鱼从原来生活于较高盐度的天然海区或培育场转变为适应咸水或淡水生境，原处于开放式海区转变为适应围隔式池塘生境。淡化过程中盐度的日下降值宜控制在 5 以内。

人工诱食驯养是人为地使掠食性鱼类从原来捕食轮虫、桡足类、环虫及活鱼、虾、蟹、软体动物等习性改变为吞食人工投喂的鱼糜、鱼块及配合软、硬、膨化颗粒饲料。

三、采用全价配合饲料

饲料是健康养殖的物质基础。没有充足优质的全价饲料，任何养殖品种都难以养好。鱼类的营养素除水分外，主要有蛋白质、脂肪、碳水化合物、维生素和矿物质。这些营养素担负了鱼体内能量的供给，构成机体，调节生理机能。

1. 营养要求

鱼类对蛋白质的需求较高，一般适宜范围为 22% ~ 50%，与鱼类的食性、水温、水中的溶氧量等因素有关。但只注重饲料蛋白质的含量高低、不注重蛋白质的质量，即必需氨基酸平衡问题，将会引起许多弊端。氨基酸不平衡的蛋白质过高，并不能增加体内氮的沉积，反而会使排泄氮增加，导致蛋白质利用率下降，生物价值降低，造成饲料浪费。由于高蛋白质必需氨基酸不平衡，引致用于生长沉积的蛋白质就不多，反而作为能源消耗，造成水体氨氮增加，污染水质，并且易诱发鱼类代谢性疾病，影响鱼类的健康生长。

2. 饲料选择

根据各自驯饲养鱼类的食性和摄食方式，在饲料选择和制作上分为植食性饲料和动食性饲料两类，动食性饲料又分为粉状和软颗粒、干颗粒、膨化颗粒配合饲料4种类型。动食性的鲳、鲷、笛鲷、鲹、石首科等鱼类，目前较多采用的是饲料厂家生产的鲈、鲷鱼类配合颗粒饲料，认可的品牌有"福星"、"统一"等，以代替传统的喂冰鲜或急冻海鱼糜或鱼块。植食性饲料主要应用在养鲻上，多为饲料厂家生产的杂食性鱼类饲料。

3. 投喂方式

投喂方式分为人工撒喂、定置饲料篮投喂和喷料机投喂。主养花鲈、尖吻鲈、笛鲷、鲹、拟石首鱼等，采用池塘设置小木桥、定点人工撒喂；黄鳍鲷等鲷类，金钱鱼、鲗、中华乌塘鳢等采用定点放置饲料篮喂养为主；鲻、蓝子鱼等采用遍洒或喷料机定时喷喂。投饲量一般为池塘总鱼体重的 2%～3%（干重），早期幼鱼为 3%～5%，幼成鱼为 2%。

四、饲养期间水质管理

养鱼先养水，培好一池水，养鱼已经成功了一半；所以要加强水质管理。

1. 水质管理内容

水色和透明度是养鱼业者确定池水水质好坏的依据。为此饲养期间的水质管理实际上是把池塘的几个重要指标控制在一定的限量标准之内，包括水的透明度 30～40 厘米，pH 值 7.2～8.2，DO

>3 毫克/升，COD8~12 毫克/升，NH$_3$<0.1 毫克/升，浮游植物总生物量 20~30 毫克/升，浮游动物总生物量 8 毫克/升等。

2. 改良水质措施

为了使饲养池的水质相对稳定，除了适当添换水，开放增氧机外，可采用复合微生物菌群，比如利生素、益生素、绿珍 2 号等硝化水中的 NH$_3$-N 和 NO$_2$-N，使有益菌落成为优势种群，保持良好、稳定的生态环境。应用绿珍 1 号、2 号以及光合益生菌的池塘发病率相对比对照塘降低 25%~30%。此外还可以使用底质改良剂，它既能净化水质，吸附各种残留物，又能沉淀螯合各种有毒物质，比如重金属离子等。

五、主要病害防治技术

珠江三角洲的广盐性鱼类健康养殖，随着引进驯化种类的增多，放养密度的加大，外水源环境的污染，池塘"老化"，也开始出现并形成暴发性寄生虫、细菌性病害，甚至检测到致病性病毒。这些疾病的暴发和流行，使刚刚兴起的咸淡水池塘养殖业受到很大的冲击。加强病害防治，显得十分重要。

1. 主要疾病

广盐性鱼类养殖过程中发现的主要疾病有虹彩病毒引致的淋巴囊肿病，鳗弧菌、创伤弧菌、溶藻弧菌、非 01 霍乱弧菌引致的体表红斑溃疡，气单胞菌、假单胞菌引致的疖疮病，爱德华氏菌引致的出血性溃疡，柱状屈挠菌引致的鳃出血或坏死性溃疡，鱼孢霉菌引致的肉芽性炎症，镰刀菌引致的霉菌性疾病，车轮虫、斜管虫引致的寄生性原虫病，咸水小瓜虫病（隐核虫）引致的白点病，卵圆鞭毛虫引致的鞭毛虫症，肤孢子虫、匹星虫引致的孢子虫病，指环虫、圆鳞盘虫引致的单殖吸虫病，东方虱引致的鱼虱病等。

2. 发病的特殊性

咸淡水围隔式池塘中饲养鱼类所发生的病虫害既有普遍性，也有特殊性。普遍性方面表现在饲养鱼类的发病往往是多种病原体同时作用的结果，寄生虫病一般危害幼鱼期，尤其是早期幼鱼，传染性疾病主要危及成鱼；特殊性方面表现在枯水期，盐度较高的情况下，致病病原体多数为海水型，如隐核虫、圆鳞盘虫、东方虮、弧菌和海水屈挠菌，洪汛期盐度较低，致病的病原体多数为淡水型，如指环虫、中华鳋和气单胞菌等。所以咸淡水交汇的池塘，病害表现特别复杂。

3. 加强病害预防

病害防治除了做好养殖水体的小环境生态调控，采用科学的养殖模式，注意鱼类的饲料和营养组成外，应立足于以防为主，防治结合。可推广使用寡糖疫苗防治，在预防细菌性病害方面均起到一定的作用。基因工程疫苗的应用也正在进行和观察之中。全面使用疫苗，包括组织疫苗、化学疫苗和工程疫苗，将是走向健康养殖的必经之路。

4. 积极治疗措施

由于传统习惯，许多防病措施无法一下子全面落实，病了之后只能采取积极治疗措施。除了作病原检测外，重点放在水体消毒，消毒的药物主要是三氯异氰脲酸和复方稳定二氧化氯，几乎采用全封闭式的池塘养殖；也可采用换水后施放二氧化氯或季铵盐；口服药物上多采用抗菌素类药物。

第五节　深海抗风浪网箱养殖技术

深水抗风浪网箱的国产化是深水抗风浪网箱养殖产业化的阶段性成果，必须在此基础上组织技术示范，筛选适合养殖品种，建立技术规范，总结推广高效经验，以推进抗风浪深海网箱养殖产业化进程。

一、抗风浪网箱养殖技术示范

广东省水产技术推广总站承担全国水产技术推广总站下达的

"南海区升降式深水抗风浪网箱养殖技术示范"项目，于 2002 年 8 月至 2003 年 12 月实施。利用 4 口升降式深水网箱进行养殖示范，筛选深水网箱养殖适宜品种，研究所筛选品种的养殖方法，提出养殖技术规范，为大型抗风浪深水网箱的推广应用铺平道路，促进并推动深水网箱养殖业的发展。技术示范内容包括：①苗种放养规格与放养前处理；②挂网处理；③饲料选择与投饲量；④网箱养殖容量；⑤生产管理；⑥病害防治。

现将升降式深水抗风浪网箱养殖技术总结如下。

1. 海区选择

项目实施地点选择在深圳市龙岗区南澳镇鹅公湾。鹅公湾海区水流畅通，水质良好，无污染源，不受内港淡水影响，附近无大型码头，无工农业及大量生活污水污染，底质为泥砂质的较平坦海区，水深 15～24 米。海区水质符合 NY 5052—2001《无公害食品　海水养殖用水水质标准》的规定，水温 15～32℃，盐度 27～32，透明度 1 米以上，溶氧 5 毫克/升以上，pH 值 8.0～8.5，流速 0.3～0.8 米/秒，浪高不超过 7 米（见彩图 9-7）。

2. 网箱设置

本项目采用圆形升降式网箱，直径 13 米，挂网深 7 米，有效养殖容积 980 平方米，可自由升降 5 米。网衣为无结节网片，网目长 20～30 毫米。网箱上部设盖网，盖网网目长 20～30 毫米。网箱设置是 4 个网箱为一组，采用斜拉式铁锚固定在预定海区，离岸距离约 1 500 米，网箱之间距离为 10～20 米。为了充分利用海区和保持海区良好的生态环境，网箱设置面积不超过养殖海区面积的 15%，以减少养殖自身污染所造成的海区环境的破坏。网箱布局应与流向相适应，这样可以使潮流畅通。

3. 鱼种放养

放养品种选择适宜于当地海域生态环境的军曹鱼、高体鰤、虱目鱼。2002 年 10 月开始，先后购入 4 种不同规格的鱼苗（种）14.5 万尾，其中军曹鱼 1 万尾、高体鰤 1.5 万尾直接投入深水网箱养成，虱目鱼鱼苗（规格 0.5～1 厘米）10 万尾经标粗越冬培育，选取规格 15 厘米以上鱼种 3 万尾，于 2003 年 3 月投入深水网箱养成。鱼种质量要求体质健壮、色泽正常、无特定病原、无损伤、无畸形，游动活泼，规格整齐。鱼种放养选择在小潮汛期间放养，放养前进行短暂的海水适应性过渡处理和浸泡消毒。海水水温与运输水温温差在 2℃ 以内，盐度差在 5 以内。

鱼种规格：军曹鱼 803 克，高体鰤 2 号箱为 960 克，3 号箱为 450 克，虱目鱼 130 克。深水网箱由于体积大，养殖容量高，换网、倒箱等操作难度较大，因此选择大规格的苗种进行放养，以达到一次放养收获的目的。同时，放养规格大的鱼种，绝对增肉率高，生长快，可缩短养殖周期，提高经济效益。

放养密度：军曹鱼为 8.19 千克/米³、高体鰤为 6.86 千克/米³（2 号箱）、3.67 千克/米³（3 号箱）、虱目鱼为 3.98 千克/米³。放养密度的确定，应根据养殖水域中天然饲料生物量及可利用部分，网箱设置水流交换状况及鱼类的生物学特性等综合因素来确定，最终养殖密度 20~40 千克/米³。

4. 饲料投喂

鱼种在放养 1~2 天后就能摄食。饲料主要采用杂鱼并掺投部分浮性配合饲料，养殖前期所有杂鱼经绞成适口肉块后投喂，冰冻杂鱼则需放在海水中浸泡解冻后加工，饲料杂鱼应保持新鲜、无病害、无污染，洗净后再投喂。饲料安全指标限量应符合 NY 5072—2002《无公害食品　渔用配合饲料安全限量》的规定，添加剂的使用应符合国家有关规定。不应长时间投喂单一品种的饲料鱼。

饲料投喂先慢投中间，待大部分鱼上来抢食后向四周扩散快投，保证有足够的摄食面积，减少碰撞机会，同时使体弱的鱼也能吃到饲料，促进鱼群均匀生长。每天早、晚各投喂 1 次，使用冰鲜鱼日投饲率为 6%~10%。每 10 天抽样测量鱼的体长、体重，估算鱼的数量，根据抽样结果调整投喂量。阴雨天或台风期间相应减少投喂量。一般小潮水平缓多投，大潮水流急少投；风浪小时多投，风浪大时少投或不投；水清时多投，水浑时少投；水温适宜多投，水温低时少投或不投；拉网后及捕鱼上市前不投饲（见彩图9-8)。

5. 日常管理

本项目放养大规格鱼种，控制放养密度，中途没有进行分箱操作。每天用水下监测系统监测养殖鱼类活动情况和网箱状况，发现问题及时处理。每日做好环境因子测量与生产记录，记录主要内容包括：投饲种类、数量、鱼类生长记录、摄食情况、患病及死亡情况、网箱安全情况和工作情况、天气情况、水温、盐度、透明度、溶氧等。同时，定期测定鱼体长度与重量，进行生长分析，及时调整投饲量与管理技术。

及时清洗网具上附着物，以避免附着物过多，增加网箱重量，阻碍水体交换，保证网箱养殖环境。洗网工作利用自动洗网机进行，每月清洗一次，基本可保证网具干净和养殖的环境需要，并根据水温和网目堵塞情况，增加清洗网箱次数。筛选分箱、鱼体消毒可与洗网结合进行。

安全生产措施有：①网箱上加网盖，防止大风浪时逃鱼；②一般在收到台风或热带风暴预报时，提前1～2天及时将网箱沉入水中，台风过后及时将网箱升出水面并检查箱体及网箱有无损伤，观察鱼类活动情况；③在赤潮到来之前，将网箱及时沉到水下合适的水层，以避开赤潮的危害；④配置潜水员，做好网箱的安全检查工作，每天潜水进行网具检查，检查养殖网箱有无破损，盖网、固定装置、通道等的安全程度，有无逃鱼及盗窃现象发生，发现问题及时采取相应措施处理；⑤注意观察鱼群的活动、摄食情况，检查有无病鱼、死鱼现象，及时清除网内死鱼。

6. 病害防治

大型抗风浪网箱鱼病防治难度较大，在病害防治工作方面必须做到以防为主，防治结合。①保持网箱和网箱区清洁，使养殖鱼类在一个良好的生态环境中生长。②鱼种放养前要严格消毒。③控制放养密度、投喂优质饲料。④做好鱼病预防工作，加强鱼病防治方面管理，日常如发现死鱼，及时捞除进行清理，以免重复感染。注意观察，发现鱼病及时治疗，药物使用应符合 NY 5071—2002《无公害食品　渔用药物使用准则》的规定。

7. 成鱼收获

成鱼养殖达到商品规格后，即可起网集鱼于一角进行捕捞销售。从 2003 年 7 月中旬开始，商品鱼分批收获上市，军曹鱼、高体鲕收获时间为 2003 年 7 月中旬至 7 月底，虱目鱼收获时间为 8 月中旬至 8 月底。由于深水网箱养殖容量大，产量高，捞捕工作最好采用自动吸鱼泵进行，以减少劳动强度，提高工作效率。

二、抗风浪网箱养殖结果分析

"南海区升降式深水抗风浪网箱养殖技术示范"项目，从 2002 年 10 月开始放养鱼种，至 2003 年 7 月开始收获，养殖结果分析如下。

1. 成活率

共收获 47 543 尾鱼，平均成活率达 86.44%，其中军曹鱼成活率 80.87%，高体鲕 92.01%（2 号箱）、91.69%（3 号箱），虱目鱼 85.6%。

2. 饲料系数

整个养殖过程中，饲料主要以新鲜及冰冻小杂鱼为主，养殖军曹鱼消耗杂鱼 190 吨，饲料系数 7.5；2 号箱养殖高体鲕消耗杂鱼 140 吨，饲料系数 6.5；3 号箱养殖高体鲕消耗杂鱼 135 吨，饲料系数 6.7；养殖虱目鱼消耗杂鱼 77 吨，饲料系数 5.9。

3. 产量与效益

共收获商品鱼 80.24 吨，其中军曹鱼 25.39 吨、高体鲕 41.75 吨、虱目鱼 13.10 吨；平均单箱产量 20.06 吨，实现总产值 319.97 万元，利润 100.98 万元。

具体放苗、收获情况见表 9-2。

表 9-2　抗风浪网箱放苗、收获情况

品种（箱号）	放　苗			收　获					
	时间	规格（克）	数量（尾）	规格（克）	数量（尾）	成活率（%）	产量（吨）	单价(元/千克)	产值（万元）
军曹鱼（1#）	2002.10.16	803	10 000	3 140	8 087	80.87	25.39	38	96.49
高体鰤（2#）	2002.10.18	960	7 000	3 350	6 441	92.01	21.58	46	99.26
高体鰤（3#）	2002.10.19	450	8 000	2 750	7 335	91.69	20.17	46	92.79
虱目鱼（4#）	2003.3.20	130	30 000	510	25 680	85.6	13.10	24	31.43
合计			55 000		47 543	86.44	80.24		319.97

2003 年 7 月第一批军曹鱼及高体鰤上市后，又购入 4.5 万尾 400 克规格的高体鰤鱼种，先后放入 3 个深水网箱进行养殖生产。

三、抗风浪网箱养殖问题讨论

2004 年 3 月，"南海区升降式深水抗风浪网箱养殖技术示范"项目通过了由广东省海洋与渔业局组织的专家鉴定，鉴定专家委员会认为，该项目的社会成果和经济效益显著，在军曹鱼、高体鰤深水抗风浪网箱养殖及其操作规范方面达到国内领先水平，对南海区发展抗风浪深水网箱养殖业起到了很好的示范作用。

1. 品种筛选

从第一批鱼的养殖生产结果分析，军曹鱼、高体鰤为南海区深水网箱的适宜养殖品种，这是因为：①这两种鱼是南海区固有品种，苗种来源多，特别是军曹鱼已可大规模人工育苗，对深水网箱养殖环境适应能力强，适宜于大面积进行推广养殖。②养殖周期短，生长速度快，病害少，成活率高。军曹鱼养殖 285 天，平均体重从 803 克增长到 3 140 克，平均体重增长 2 337 克，成活率达 80.87%。高体鰤养殖 283 天，2 号箱的鱼平均增重 2 390 克，3 号箱的鱼平均增重 2 300 克，成活率达 90% 以上。这两种鱼在整个养殖过程中很少发病。③市场潜力大，养殖经济效益较好。高体鰤是个很有发展前景的海水养殖品种，用深水网箱养殖的商品鱼品质好，其口感接近天然鱼，市场需求较大，用高体鰤做成的生鱼片很受消费者欢迎，有日本、我国香港的活鱼船专门来收购，2003年的市场单价稳定在60元/千克，收购价46元/千克，按90%成活率计算，成本在29元/千克，每千克商品鱼的利润大约有17元，若日后为其树立品牌进行销售，养殖效益还将进一步提高。军曹鱼的情况也与高体鰤类似。④这两种鱼都可一次性放养足够数量的大规格鱼种，待长到商品规格时根据市场需求分批或一次性收获，解决了深水网箱养殖过程中一般需多次分养、换网的难题，减小了劳动强度，降低了生产成本，增强了深水网箱技术生产的可操作性。虱目鱼由于不耐低温，越冬标粗期间生长速度慢、成活率低。目前，虱目鱼商品鱼销售状况不理想，国内又未建立加工厂，养殖经济效益较低，一些生产技术问题仍需探讨。青石斑目前苗种比较缺乏，苗种培育与养成阶段病害较多，须解决相关问题再进行养殖试验后才能确定是否适宜在南海区进行大面积养殖。

2. 日常管理

日常管理工作需注意：①由于网箱设置于外海区，风浪对鱼类的活动影响较大，因此，在台风季节应及时地将网箱沉入水下，以保证鱼类在风浪较强时的摄食和生长；②勤观察鱼群的摄食活动情况，投足饲料，避免其相互蚕食；③清洗网具时尽量避免惊扰鱼群，影响其正常活动。

四、抗风浪网箱养殖推广问题

为便于推广应用，总结技术示范的成果，按照无公害养殖的要求，在国内首次制订了《军曹鱼深水网箱养殖技术操作规范》和《高体鰤深水网箱养殖技术操作规范》，并多次在养殖基地现场举办深水抗风浪网箱养殖技术培训班，广东省各沿海市的部分技术推广人员和养殖大户参加了培训。海区发展抗风浪深水网箱养殖业起到了很好的示范作用。但是，抗风浪深海网箱养殖的大面积推广，还需要解决以下问题。

1. 海域养殖容量与环境管理

宜养海域需要周密调查、科学规划、合理布局，养殖场地点、面积、养殖场间距、养殖场与育苗场间距、海域连续使用年限、养鱼密度、投喂总量等需要明确的规定。

2. 苗种繁育

目前网箱养殖鱼类的苗种主要靠捕捞天然野生苗种获得，供应不稳定，驯养难度大，且未经选育，经济性状不佳，需要攻克生产性苗种人工繁育技术关，解决苗种来源问题。

3. 配合饲料与投喂技术

以冰鲜小杂鱼为网箱养殖鱼类的饲料既破坏资源、浪费原料，又污染环境、诱发病害。需要深入研究海水鱼类的营养需求，开发、推广应用人工配合饲料。需要推广应用自动化、智能化的投饲系统，做到精确、及时、定量、定点投饲，并能根据鱼类的生长、摄食、水温、气候等情况自动校正。

4. 病害防治

一只抗风浪深海网箱的生产能力达数十吨，发生病害则难以控制，损失惨重。需要倡导健康养殖，并开发应用免疫疫苗来防止病害的发生。

5. 从业者素质

抗风浪深海网箱技术含量高，专业化生产经营是其成功发展的重要保证。养殖从业人员要具备一定的专业技术，需要经过专业教育、培训和实践，经考核合格后才可以上岗。

第六节　凡纳滨对虾健康养殖技术

由于自 1993 年以来，全球对虾养殖业暴发了以白斑综合征病毒（WSSV）为代表的多种病毒性病害，南美洲原产地养殖的凡纳滨对虾也未能幸免。因此，如何在养殖对虾病害全球性暴发流行的大环境下实现凡纳滨对虾的健康养成，成为规模化全人工繁育成功后，建立和发展中国凡纳滨对虾养殖新产业的关键问题。因此，本项目以有效预防病害发生和流行为重点，研发新的凡纳滨对虾养成模式和工程技术体系。重点研发了集约化程度高、病害防控能力强的养殖新模式和新的养成工程技术体系；同时研发了凡纳滨对虾的淡化驯养技术，向沿海河口淡水养殖区开拓凡纳滨对虾的养殖；对涉及集约化防病养殖的病毒传染机制、快速检测、防控材料、工程设施及生产管理等关键技术难点进行重点突破，对淡化养殖涉及的虾苗淡化和生产管理等关键技术难点进行重点攻关。

一、集约化防病养殖系统

通过对 WSSV 病毒传染途径的人工感染实验研究，发现了 WSSV 病毒经口感染、而不能经浸泡感染的传染机制，进而创新性提出采用海水过滤方法除去水源中携带病原的野生甲壳类动物和黏附病毒的有机颗粒，避免上述物质被对虾摄食，以阻断对虾通过水源感染病毒的技术方法，并将研制的过滤海水防病养虾系统与按泰国模式建造的高位养虾池相结合，建成了集约化防病养虾系统。

集约化防病养殖系统的工程设施主要包括养殖用水处理系统、中央排污系统和虾池增氧系统等创新。

1. 养殖用水处理系统

过滤海水系统：对于沙质海滩，直接在海滩上建造海水过滤装置，包括"过滤海水井"和与过滤海水井相连的"过滤海水管"，以增加滤水量，然后直接提取过滤后的净化海水用于对虾养成和苗种培育。上述装置均埋在沙滩中，既能抵抗台风等恶劣气候对虾场提水的影响，也不破坏海滩景观。

净化海水系统：对于泥质海滩，直接建造海水过滤装置容易堵塞，则建造海水消毒净化池，海水注入消毒净化池进行消毒或净化处理后，再用于对虾养成和苗种培育。

2. 防渗土工膜的应用及塑料膜底池塘的建造

泰国的对虾养殖高位池主要采用"农用塑料薄膜加沙覆盖"和塑胶膜衬底两种方式处理池底,但前者排污不彻底,造成污物在沙层中集聚;后者则造价昂贵。为此,本项目采用了国内企业研发生产的虾池专用防渗土工膜来衬底,不仅排污彻底,且其造价也只有塑胶膜的1/3,大幅降低了虾池地膜铺设的成本。

3. 中央排污系统

集约化对虾养殖池塘必须配备大量的增氧机来保障池水足够的溶氧。国内外建造的对虾养殖高位池,通常在虾池临海一侧建造闸门排水,没有中央排污系统,导致虾池污物不能及时和彻底排出池外。本项目将集约化防病养虾池建成具有一定坡度的"锅底形"池底,并在虾池中央建造由排污口和排污管道组成的中央排污系统,使虾池残饵和粪便被增氧机推动水流旋转到池中央,通过排污管道排出池外。防渗土工膜和中央排污系统的应用,彻底解决了底质的污染,收虾完毕用高压水枪可将池底彻底冲洗干净,如同新池。为了便于池水流动和及时排污,虾池建成四角成弧形的长方形或圆形,单池面积以2.5~10亩为宜。

4. 综合式供氧的虾池增氧系统

改变了国内外主要利用水车式增氧机进行水体增氧的传统增氧模式,将水车式、射流式和充气式3种增氧装置置于同一虾池,充分发挥各自在水体增氧、推动水流、集中污物的特长,将水车式增氧机推动表层水流,保持水体有效的光合作用和维持微藻的正常生长;利用射流式增氧机将池中的对虾粪便和残饵等迅速集中到中央排污管,通过排污暗管集中到废物处理池;而在投饵时关闭水车式和射流式增氧机,利用充气式增氧管道直接注入空气,提供增氧效率,同时避免水车式和射流式增氧机造成水流过急,影响对虾摄食。运用综合式供氧的虾池增氧系统,最大限度地保障了虾池水质质量和对虾正常设施生长,从而使养殖单产从试验养殖的300~700千克/(亩/茬),逐步提高到示范养殖的850~2 020千克/(亩/茬)。

二、集约化防病养殖技术

建成了集约化防病养虾系统，首次用于凡纳滨对虾和斑节对虾集约化养殖获得成功，从而创建了新型的集约化防病养虾技术模式（见彩图 9-9），技术要点包括：

1. 虾苗管理技术

一是采用 SPF 亲本培育健康虾苗。

二是用 PCR 和 RT-PCR 技术对虾苗进行 WSSV、TSV 和 IHHNV 病毒的快速检测，以确保放养的虾苗健壮和不携带病毒。

2. 饲料管理技术

采用全人工配合饲料。当天放苗当天投饵，根据对虾的不同生长期投喂不同大小和营养成分的优质饲料，力求投饵准确。

3. 水质管理技术

通过换水和生物制剂等来维持水质的稳定，将主要水质因子控制在对虾的适宜范围之内。

4. 病害管理技术

首先通过过滤海水系统或净化海水系统彻底清除敌害生物和病毒的媒介生物，以预防病毒病的发生；再利用水质管理技术稳定水质，预防细菌等疾病的发生。

5. 对虾品质管理技术

按照国际市场的需求，采用过滤或净化海水进行育苗和养成生产，生产大规格的符合国际市场标准的商品对虾。

实践证明：该技术能有效地预防对虾白斑综合征（WSSV）等病毒病的发生和敌害生物的危害。在 1999—2001 年近 3 年的试验性养殖生产中，凡纳滨对虾平均产量为 300~700 千克/（亩/茬），高的达 853 千克/（亩/茬），收获规格普遍达到 45~60 尾/千克，且养殖周期 80~100 天，与国外同类研究试验相比明显缩短（表9-2）。在广东省惠东县集约化防病养虾养殖示范基地进行的生产性示范养殖中，通过用虾池专用防渗地膜解决池底污染，不断优化中央排污系统和供氧系统，养殖单产持续提高，示范基地连续 8 年 16 茬（造）保持稳产、高产和优质，养殖单产达到 1 700~4 040 千克/（亩/年）（表 9-3）。

表 9-3　凡纳滨对虾集约化防病示范养殖结果

年份 项目	2000	2001	2002	2003	2004	2005	2006	2007
养殖面积（亩）	60	125	125	125	125	125	125	125
新增产量（吨）	102	218	285	314	375	420	485	525
单产（千克/亩）	1 700	1 744	2 280	2 512	3 000	3 360	3 880	4 040
新增产值（万元）	580	785	890	985	1 125	1 428	1 627	1 728
新增利润（万元）	342	387	352	382	430	472	482	503

三、淡化养殖技术模式

凡纳滨对虾在盐度 28~30 的自然海水中产卵、孵化、变态，仔虾期在河口区生长，而厄瓜多尔原产地河口区的盐度常年在 2 左右，表明凡纳滨对虾具有耐低盐的特性。本项目利用引种阶段研究发现的凡纳滨对虾的低盐阈值接近淡水的生物学特性，为拓展凡纳滨对虾的养殖区域，重点开展了海水和淡化养殖凡纳滨对虾的生化组成、营养成分分析、矿物元素的营养需求和淡化养殖技术等研究。分析结果不仅确定在淡水中养殖凡纳滨对虾的可行性，也确定了淡水养殖凡纳滨对虾在营养上的可接受性。

1. 海水和淡化养殖比较分析

（1）**生化组成分析**　对盐度为 28 的海水和盐度为 2 的淡化海水养殖的凡纳滨对虾的蛋白质、脂肪、灰分、矿物质、氨基酸以及脂肪酸组成等主要生化组成成分进行了比较研究。发现两种盐度养殖的全虾粗蛋白与粗脂肪含量、肌肉氨基酸总量与脂肪酸总量等没有显著性差异，但淡化海水养殖虾的灰分含量显著降低、肌肉必需氨基酸含量上升，而不饱和脂肪酸含量略微下降。

（2）**含肉率和营养成分的分析**　测试结果表明淡水养殖虾的

含肉率（54.6%）与海水养殖虾（53.53%）的相近。而营养学分析数据表明，淡水养殖的凡纳滨对虾的营养价值高于罗氏沼虾，略低于海水养殖的凡纳滨对虾。

（3）**矿物元素的营养需求研究**　盐度为 28 的海水和盐度为 2 的淡化海水养殖凡纳滨对虾 8 周对比实验研究表明，淡化养殖下常量矿物元素镁与磷以及微量元素铁的需求量比全海水养殖条件下要求要高，而对饲料钙、微量元素锌、铜的需求量并没有明显的变化。

2. 梯级淡化养殖技术

海水和淡水的盐度、pH 值和无机离子浓度差异很大，淡水盐度在 0.5 以下，pH 值通常为 7.0 左右，河口区盐度通常为 2～3，pH 值 8.0～8.2，海水中有丰富的钾、镁等离子，而淡水中钾、镁离子浓度很低。凡纳滨对虾人工育苗的池水盐度通常为 28～30，pH 值 8.5 左右，因此，虾苗不能直接放入淡水中养殖。试验研究表明，影响凡纳滨对虾虾苗成活率的关键因子是盐度剧变，盐度的变化超过 5，将会引起虾苗死亡。

为此，建立了梯级淡化技术，具体步骤是：第一步在育苗场中将 P_5 期左右的虾苗通过添加淡水的方法逐级降低盐度，每天降低 4～5 度，使盐度由 32 降为 28、24、19、14、9、4；第二步是在淡水池塘加入海水或海水晶调节池水盐度，放苗前在淡水池塘一角用塑料纤维布围起 20%～30% 的水面用于初期放苗，放苗前 2 天在围起的水中加入海水或海水晶，使围起的池水盐度达到 2 左右，放苗后围起的池水盐度逐渐变淡，约 15 天与大池水的盐度一致，便将围隔的塑料纤维布撤除，将虾苗放到大池中，以后全部添加淡水进行养殖。

3. 淡化养殖技术推广

1999 年在广西壮族自治区和广东省进行凡纳滨对虾的淡化养殖首获成功，很快便推广到沿海河口地区的淡水池塘中进行大规模生产养殖。同时利用罗氏沼虾越冬棚进行过冬养殖试验也取得成功，使珠江三角洲等地淡水池塘罗氏沼虾养殖迅速被凡纳滨对虾养殖取代，淡化养殖产量迅速提高（见彩图 9-10）。

四、重要技术创新点

通过集约化防病养虾和淡化养虾模式及技术体系的应用，实现了凡纳滨对虾在海水和淡水水域的产业化养殖，使凡纳滨对虾养殖遍布全国沿海各主要水产养殖地区，成为我国水产养殖中最主要的优势品种。

1. 新型养殖工程技术

创建了过滤海水和净化海水、塑料膜底池塘和中央排污系统等新的工程技术建造的对虾集约化防病养虾系统，切断了白斑综合征病毒（WSSV）的传染途径，使对虾养殖产量突破性地提高到 20 000 ~ 30 000 千克／（公顷/茬）；通过虾苗放养前期梯级淡化等技术创新，成功建立了凡纳滨对虾的淡化养殖技术，并迅速将该技术推广到中国沿海的淡水养殖区。创建了集约化防病养殖和淡化养殖等高产、高效、健康养殖新模式及其技术体系，使凡纳滨对虾在中国海水和淡水养殖中均成为主要养殖品种，从零开始创建了中国凡纳滨对虾全人工养殖新产业。

2. SPF 亲本和种苗的规模化繁育技术

自 1993 年以来，中国成为 WSSV 等对虾病毒的严重流行地区，2000 年本项目突破凡纳滨对虾规模化全人工繁育技术后，国内主要采用自行培育的亲虾进行凡纳滨对虾种苗生产，亲本和种苗携带病毒成为危害养成生产的又一重大难题。如何保持从美国引进和在国内培育的凡纳滨对虾亲本不携带病毒，并繁育出无特定病原（SPF）的种苗成为保障中国新兴的凡纳滨对虾养殖产业可持续发展的关键问题。而在虾病流行地区，进行凡纳滨对虾亲本培育和 SPF 种苗规模化繁育，国内外均无先例。

将在集约化防病养虾技术中成功用于病毒预防的过滤海水防病设施系统用于亲本和种苗培育用水处理和生产设施改造，在种苗繁育场建立病害现场快速检测实验室，进行对虾病毒和细菌的快速检测，将全人工配合亲虾颗粒饲料用于亲本培育等关键技术创新结合起来，建立了用于亲本培育和种苗繁育的隔离防病养殖系统。通过对引进亲本本身、水源和饵料等引起病毒传染的关键环节的全面控制，以及亲本和种苗繁育各环节的严格检验和监管，在虾病流行地区创建了凡纳滨对虾 SPF 亲本培育和 SPF 种苗规模化繁育的工程设施和技术系统。

　　经农业部批准于 2001 年和 2003 年从夏威夷两次引进了无特定病原（SPF）原种亲本作为基本群，进行了 SPF 凡纳滨对虾选育、保种和复壮，培育出凡纳滨对虾 SPF 品系，被全国水产原种和良种审定委员会于 2002 年 10 月批准为适合中国水产养殖大面积推广应用的优良品种，成为全国第一个审定的凡纳滨对虾品系。

第十章　水产品药物残留分析

内容提要：硝基呋喃类药物；药物残留检测技术；药物残留检测结果；药物残留调查分析；药残原因及控制对策。

中国是水产养殖大国，渔业在国民经济中占有重要地位。随着中国水产养殖技术的不断提高，水产品养殖产量的不断增多，占世界水产养殖总产量的60%以上，成为世界渔业大国中唯一养殖产量超过捕捞产量的国家。同时，中国水产品加工出口量也在迅猛增长，特别是自2001年底加入WTO以来，中国水产品出口贸易进入了高速增长阶段，形成了以国内自产水产品出口为主的水产品国际贸易格局。从2002年起，中国水产品出口量和出口额超过泰国，位居全球第一。但2005年来，水产品中药物超标现象不断出现，因药物残留超标而被退货、销毁甚至中断贸易往来的事件不断发生，造成了巨大的经济损失，给水产品市场带来了负面影响，同时也危害着人体的健康。广东省水产品总产量位居全国第二，也是中国重要的养殖水产品出口地区。自中国加入WTO以来，广东省水产品出口遭遇了技术性贸易壁垒。渔药残留超标是水产品出口受阻的最主要的原因，被检出最多的是硝基呋喃及其代谢物（刘津等，2012）。因此，研究和优化水产品中硝基呋喃代谢物检测方法，调查水产品中硝基呋喃代谢物残留状况，分析其原因，提出控制对策，为渔业管理部门应对水产品中硝基呋喃代谢物残留问题，提高水产品质量安全水平，均有重要的现实意义。

第一节　硝基呋喃类药物

在中国水产品国际贸易中，硝基呋喃类药物成为各个国家限制第三国出口的贸易壁垒（王璟等，2008）以及保障国民健康的安全渠道，因此，加强对水产品中药物尤其是硝基呋喃类药物残留的研究，具有非常重要的意义。

一、硝基呋喃类药物的定义

硝基呋喃类（Nitrofurans）药物是一类人工合成的具有5-硝基呋喃结构的广谱抗菌类药物，可干扰细菌体内的氧化还原系统（杨琳等，2010），对大多数革兰氏阳性菌和革兰氏阴性菌、真菌和原虫等病原体均有杀灭作用（王习达等，2007）。因其价格低廉且疗效显著，曾在水产品养殖中广泛使用，作为外用消毒药物拌以饵料投喂，防治水生动物疾病（Primavera，et al，1993）。其代谢物与动物机体细胞膜蛋白结合成结合态，稳定存在于动物机体内，从而延缓药物在体内的消除速度，具有非常好的药效和较长的持药性（张健玲等，2008）。

1. 常用的硝基呋喃类药物

目前在养殖业中常用的硝基呋喃类药物主要有4种，即呋喃唑酮（FZD）、呋喃它酮（FTD）、呋喃妥因（NFT）和呋喃西林（NFZ）。呋喃唑酮价格便宜，疗效较好，广泛应用在家畜家禽的痢疾、肠炎、球虫病等疾病的预防和治疗。呋喃它酮抗菌谱较广，对大多数革兰氏阳性菌、阴性菌均有抗菌作用，如金黄色葡萄球菌、大肠杆菌、化脓性链球菌等。呋喃妥因主要应用于水产养殖业中疾病的预防和治疗（苏荣茂，2006）。呋喃西林能干扰细菌氧化酶系统，发挥杀菌防腐作用，对多种革兰氏阳性菌、阴性菌均有较强杀灭作用，但对真菌、霉菌无效（陈明明，2013）。

2. 硝基呋喃类药物代谢物

上述4种药物在动物体内代谢速度很快，通常完全代谢只需4

天，其代谢产物与组织蛋白结合并稳定存在于机体内（McCracken，et al，1997），因此分析硝基呋喃类药物残留时须检测其代谢产物。4 种硝基呋喃类药物对应的代谢物分别为 3－氨基－2－恶唑烷酮（AOZ）、5－甲基吗啉－3－氨基－2－唑烷基酮（AMOZ）、1－氨基－2－乙内酰（AHD）和氨基脲（SEM）（李耀平等，2008）。4 种硝基呋喃类药物、代谢物及衍生物的结构如图 10-1 所示。

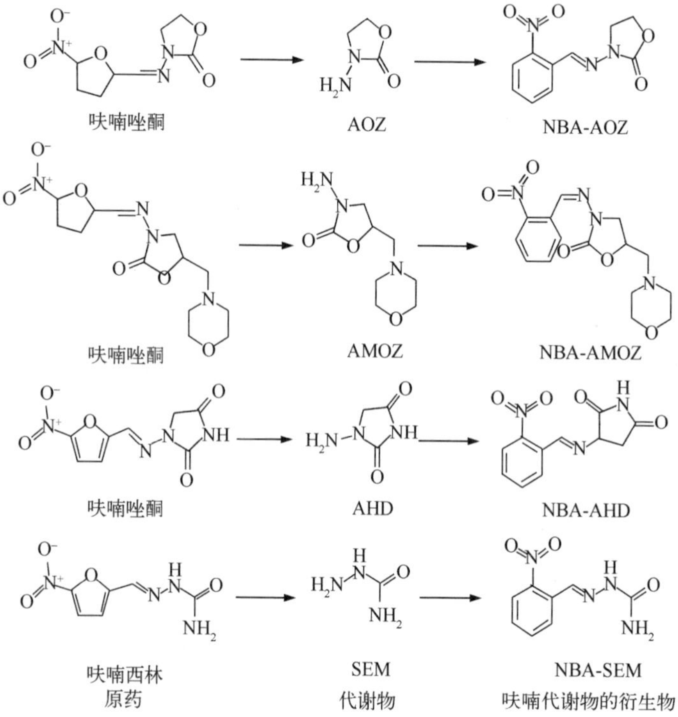

呋喃唑酮　　　　　　　　　AOZ　　　　　　　　NBA-AOZ

呋喃唑酮　　　　　　　　　AMOZ　　　　　　　NBA-AMOZ

呋喃唑酮　　　　　　　　　AHD　　　　　　　　NBA-AHD

呋喃西林　　　　　　　　　SEM　　　　　　　　NBA-SEM
原药　　　　　　　　　　　代谢物　　　　　　　呋喃代谢物的衍生物

图 10-1　4 种硝基呋喃及相应的代谢物及衍生物的化学结构

二、硝基呋喃类药物的危害

硝基呋喃类药物的危害，包括有毒性作用、"三致"作用和代谢物的危害。

1. 毒性作用

硝基呋喃类药物均含有 5-硝基呋喃结构，这种结构是抗菌活性所必需的，也是这类药物发挥抗菌作用的药效基础（生威等，2006；王福民，2003）。但在硝基的还原过程中会造成机体 DNA 的损伤，这是此类药物产生毒性的主要原因（翁齐彪，2012）。大剂量或长时间使用硝基呋喃类药物均能对养殖动物产生毒性作用。其中呋喃西林的毒性最大，呋喃唑酮的毒性最小，仅为呋喃西林的 1/10 左右（王习达等，2007）。

2. "三致"作用

硝基呋喃类原药具有致癌作用（梁希扬等，2007；张林田等，2009）。其中，呋喃它酮为强致癌性药物，呋喃唑酮为中等强度致癌药物。高剂量或长时间使用硝基呋喃类药物饲喂食用鱼和观赏鱼，可诱发鱼的肝脏产生肿瘤。呋喃唑酮能减少动物精子的数量和降低胚胎的成活率（戴欣等，2011）。呋喃唑酮还具有遗传毒性，能导致基因突变（尹江伟等，2007）。此外，硝基呋喃类药物的代谢产物 3-氨基-2-恶唑烷酮也具有致癌作用和致畸作用（张林田等，2009），并会诱发多发性神经炎、脊髓病和中毒性精神病（杨琳等，2010）。

3. 代谢物的危害

硝基呋喃类抗生素对光敏感，具有代谢快速的特点（钱卓真等，2010），在动物体内数小时内便可降解，但其代谢物却能够与组织蛋白质紧密结合，以结合态形式在体内形成稳定的残留物，残留时间达数周之久（余孔捷等，2007），即便在蒸煮、烘烤、磨碎过程中也难以降解（赵艳等，2011）。硝基呋喃代谢物具有比原药更强的毒性。这些代谢物在弱酸性条件下可以从蛋白质中释放出来。因此，含硝基呋喃类药物残留的水产品被人体摄入后，在胃酸作用下，其代谢物可从蛋白质中释放出来，进而被人体吸收。若水产品内含有大量此类药物的残留，人长期食用后，会使机体产生耐药性，在临床中将降低此类药物的治疗效果（戴欣等，2011）。

三、硝基呋喃类药物残留限量

鉴于硝基呋喃类药物残留的严重危害，早在 1990 年，欧盟就已经做出相关法令（EEC2377/90），规定硝基呋喃类药物不能在任何动物源性食品，以及动物的饲料和生长环境中使用。之后，世界上绝大多数国家包括中国、欧盟、美国等都把硝基呋喃类药物列为禁用药物，对硝基呋喃类药物残留作出限量规定。硝基呋喃类药物及其代谢物残留是国际动物源性食品贸易的必检项目。

1. 欧盟

欧盟将硝基呋喃类药物列为 A 类禁用药物（EEC/1442/95 和 EEC/2901/93）（徐建飞等，2012），并从 2002 年 3 月起开始对进口的食品类产品进行此类药物的现场检测。2003 年，欧盟通过了 2003/181/EC 决议，规定所有家禽肉类和水产品中的四种硝基呋喃类代谢物的最低残留量为 1 微克/千克（刘辉等，2013；徐建飞等，2012）。由于中国许多检测机构一直沿用对硝基呋喃类药物原药检测的标准，无法对硝基呋喃类代谢物进行检测，这一度阻碍了中国动物源性食品的出口。

2. 瑞士

2002 年，瑞士首先推出了硝基呋喃类代谢物的检测技术，因其在动物体内的代谢特点和能够对消费者身体产生潜在的危害性，以及其本身化学结构稳定性和检测技术要求较高，得到了世界各国的高度重视。各国纷纷加大对硝基呋喃类代谢物检测的力度，设置贸易壁垒，降低检测限值（生成选，2007）。

3. 中国

2002 年是中国加入世界贸易组织（WTO）的第一年，也是中国出口水产品遭遇"绿色贸易壁垒"最集中、损失最严重的一年（丘建华，2006）。中国农业部也于 2002 年 4 月发布 193 号公告，公布了《食品动物禁用兽药及其他化合物清单》，规定硝基呋喃类药物在所有食品动物中禁止使用（王习达等，2007）。但由于当时检测水平有限，只检测了硝基呋喃类原药的残留，检测限值为 5 微克/千克。

4. 日本

日本从 2006 年 5 月 29 日起实施食品中农业化学品残留"肯定列表制度"，对硝基呋喃及其代谢物残留制定了新的检测限值——0.5 微克/千克（陈瑞清，2007；祝伟霞等，2010），这进一步提高了硝基呋喃类代谢物残留检测的要求。

四、药物残留检测技术

水产品药物残留检测方法较多，现将主要的介绍如下：

1. 分光光度法

分光光度法是利用紫外光、可见光、红外光和激光等测定物质的吸收光谱，利用此吸收光谱对物质进行定性定量分析和物质结构分析的方法，可以用来判定动物饲料中是否含有硝基呋喃类药物（廖峰等，2003）。

该法仪器简单、操作方便，样品处理简便，无需价格昂贵的仪器设备和药品试剂，适合于基层实验室进行快速检测，但是测定结果不准确，灵敏度低（邹龙等，2011）。

2. 酶联免疫法

酶联免疫（ELISA）法是一种将抗原抗体免疫反应的特异性和酶的高效催化作用有机结合的技术，可用于硝基呋喃代谢物的定性和定量检测。用针对兔 IgG 的羊抗体包被微反应板，以酶作为标记物或指示剂，酶与硝基呋喃代谢物结合，形成相应的酶标记物，利用酶标记抗原与游离的硝基呋喃代谢物共同竞争有限量抗体的结合位点，同时，该抗体也已与包被微反应孔中的抗体结合。洗板后加入发色剂，结合的酶标记物的酶催化无色底物，形成蓝色产物。待测样品中硝基呋喃代谢物含量与颜色变化程度成反比（蒋宏伟，2006）。

酶联免疫法具有灵敏度高、特异性强、耗时短和能进行大批量测定等优点，但由于其只能同时检测一种药物残留，以及出现假阳性比率相对于液相色谱及其联用技术高，故不能作为硝基呋喃代谢物确证方法（司红彬等，2007）。

3. 高效液相色谱法

高效液相色谱（HPLC）法是以经典的液相色谱为基础，在高压条件下使溶质在固定相和流动相之间进行的一种连续多次交换的过程，通过溶质在两相间分配系数、亲和力、吸附力或分子大小不同引起排阻作用的差别使不同溶质得以分离（黄国宏，2006）。随着许多新型检测器的出现，更提高了该法的灵敏度和可靠性，缩短了分析时间。

目前，应用最广泛的检测器是紫外吸收检测器，它具有造价低、结构紧凑、操作维护方便等特点。其中可变波长紫外吸收检测器由于可选波长范围较大，便于选用待测组分最灵敏的吸收波长进行测定，从而提高检测的灵敏度（于慧梅，2008），在硝基呋喃代谢物的检测上也常有应用。

4. 液相色谱质谱法

色谱技术广泛应用于多组分混合物的分离和分析，特别适合有机化合物的定量分析，但定性较困难（Wang，et al，2006）；质谱检测器具有定性、定量准确，抗干扰能力强，检测限低，测定快速等特点（Conneely，et al，2003），能够对单一组分提供高灵敏度和特征的质谱图，但不能用于复杂化合物的分析。将色谱和质谱技术联用，对混合物中微量或痕量组分的定性和定量分析具有重要意义，利用待测分子的结构来定性，可以排除酶联免疫法和高效液相色谱法检测的假阳性结果，用以确证检测结果。同时，由于在动物源性食品中可能同时残留有几种硝基呋喃类药物及其代谢物，利用该技术将大大提高分析的灵敏度、特异性和准确性（Wang，et al，2006）。

硝基呋喃代谢物中应用的液质联用技术主要有高效液相色谱-质谱（HPLC-MS）法和高效液相色谱-串联质谱（HPLC-MS/MS）法。这两种检测方法具有灵敏度高、选择性好、精密度高等优点，对硝基呋喃代谢物的确认有很高的可信度（徐一平等，2007）。但目前欧盟认为 HPLC-MS 法只能用于硝基呋喃代谢物筛选试验，对检出的阳性结果必须再用 HPLC-MS/MS 法进行确证（孙涛等，2010）。

第二节　药物残留检测技术

2006 年 12 月 16 日，中华人民共和国农业部发布第 783 号公告，公布了对包括硝基呋喃代谢物在内的 12 类药物残留检测的国家标准。本文对水产品中硝基呋喃代谢物残留检测的参考标准即为农业部 783 号公告-1-2006《水产品中硝基呋喃类代谢物残留量的测定液相色谱-串联质谱法》。考虑自身实验室具备的条件，在使用上述标准方法操作的基础上，对本方法进行优化，达到更优的检测效果。

一、实验材料

实验所用材料，包括仪器和设备、样品、试剂等。

1. 仪器和设备

Shimadzu LC-20A 高效液相色谱仪

AB Sciex Triple Quad 5500 串联四极杆质谱仪

电子天平（0.01g）

电子精密天平（0.1 毫克）

水浴恒温振荡器（0.1℃）

漩涡振荡器

高速冷冻离心机

氮气吹干仪

2. 样品

本节研究的水产品样品种类包括鱼类（成鱼、鱼苗）和虾类（成虾、虾苗），全为现场采样（彩图 10-1）。

成鱼样品至少取 3 尾鱼，清洗后，去皮，取背部肌肉切块，用搅肉机捣碎混匀后使用，每份样品量不少于 400 克。

成虾样品数量要大于 10 个，清洗后，去头去壳取肉，用搅肉机捣碎混匀后使用，每份样品量不少于 400 克。

鱼苗样品至少取 3 尾鱼，处理方法同成鱼，每份样品量不少于 50 克。

虾苗样品数量要大于 10 个，处理方法同成虾，每份样品量不少于 50 克。

对于个体较小鱼苗、虾苗，直接用搅肉机捣碎混匀后使用，每份样品量不少于 50 克。

所有样品在 −16℃ 冷冻保存，并于 5 天内检测。

3. 试剂

外标品：AOZ、AMOZ，AHD · HCl、SEM · HCl。

同位素内标品：$AOZ-D_4$、$AMOZ-D_5$、$AHD-^{13}C_3$、$SEM-^{13}C-^{15}N_2$。

甲醇、2−硝基苯甲醛、二甲亚砜、乙酸乙酯、乙腈、正己烷，均为色谱纯。

盐酸、甲酸，均为优级纯。

磷酸氢二钾、氢氧化钠、乙酸铵，均为分析纯。

二、检测方法

实验方法包括标准品和溶液配制，样品处理方法，色谱和质谱条件，测定结果由仪器工作站按内标法自动计算。

1. 标准品配制

单标准储备溶液（0.1 毫克/毫升）：准确称取 AOZ、AMOZ、AHD、SEM 标准物质，依次为 10.0 毫克、10.0 毫克、13.2 毫克、14.9 毫克，分别用甲醇溶解并定容至 100 毫升棕色容量瓶中，避光，4℃ 冷藏保存。

单内标储备溶液（0.1 毫克/毫升）：准确称取 $AOZ-D_4$、$AMOZ-D_5$、$AHD-^{13}C_3$、$SEM-^{13}C-^{15}N_2$ 标准物质，依次为 10.0 毫克、10.0 毫克、10.0 毫克、14.7 毫克，分别用甲醇溶解并定容至 100 毫升棕色容量瓶中，避光，4℃ 冷藏保存。

混合标准储备溶液（1 毫克/升）：准确称取 AOZ、AMOZ、

AHD、SEM 的单标准储备溶液各 1 毫升，用甲醇溶解并定容至 100 毫升棕色容量瓶中，避光，4℃冷藏保存。

混合内标储备溶液（1 毫克/升）：准确称取 AOZ-D_4、AMOZ-D_5、AHD-$^{13}C_3$、SEM-^{13}C-$^{15}N_2$的单内标储备溶液各 1 毫升，用甲醇溶解并定容至 100 毫升棕色容量瓶中，避光，4℃冷藏保存。

混合标准工作溶液（10 微克/升）：准确称取混合标准储备溶液 1 毫升，用水溶解并定容至 100 毫升棕色容量瓶中，现配现用。

混合内标工作溶液（10 微克/升）：准确称取混合内标储备溶液，1 毫升，用水溶解并定容至 100 毫升棕色容量瓶中，现配现用。

2. 溶液配制

盐酸溶液（0.2 毫克/毫升）：量取浓盐酸 0.6 毫升，用水稀释至 100 毫升。

衍生化试剂：称取 2-硝基苯甲醛 0.075 6 克，溶于 10 毫升二甲亚砜中，现配现用。

磷酸氢二钾溶液（1.0 毫克/毫升）：称取磷酸氢二钾 87.1 克，溶解于 500 毫升水中。

氢氧化钠溶液（0.8 毫克/毫升）：称取氢氧化钠 3.2 克，溶解于 100 毫升水中。

3. 样品处理方法

（1）**样品水解和衍生化**　称取样品（1.0±0.03）克于 50 毫升离心管中，加入混合内标工作溶液 0.1 毫升，再加入 5 毫升盐酸溶液和 0.2 毫升衍生化试剂，漩涡振荡 1 分钟，置于水浴恒温振荡器中 37℃避光振荡 16 小时（彩图 10-2）。

（2）**样品净化**　取出离心管冷却至室温，加入 4 毫升磷酸氢二钾溶液，加入氢氧化钠溶液（约 0.4 毫升）调节 pH 值至约 7.0，再加入乙酸乙酯 10 毫升，漩涡振荡 1 分钟，6 000 转/分离心 8 分钟，使离心管内容物分层；若分层不明显，可增加离心速度、时间，或再加入适量乙酸乙酯再次离心。吸取上层清液移至

15 毫升玻璃离心管中，并于 40℃下氮气吹干。准确加入 1 毫升 20%乙腈、3 毫升正己烷溶解残渣，漩涡振荡 1 分钟，放置至分层。吸取下层清液至 1.5 毫升具塞塑料离心管中，10 000 转/分离心 3 分钟，吸取下层清液，过 0.45 毫升滤膜至棕色进样瓶中待测（彩图 10-3）。

4. 色谱和质谱条件

使用液质联用仪对提取净化后待测成分进行分析测定（彩图 10-4），有关条件是：

（1）色谱条件

色谱柱：Shiseido Capcell PAK MG C18 柱，150 毫米×2.0 毫米 i. d.，颗粒 3 微米。

柱温：35℃。

流动相：由 A 和 B 组成，A 为 0.1%甲酸水（含 1 毫克/毫升乙酸铵），B 为乙腈。两者比例随时间呈梯度变化，梯度洗脱方式见表 10-1。

流速：0.25 毫升/分。

进样量：10 微升。

表 10-1　流动相梯度洗脱程序

时间（分）	流动相 A（%）	流动相 B（%）
0.2	80	20
9.0	5	95
9.1	80	20

（2）质谱条件

离子源：大气压电喷雾离子源 ESI。

离子化模式：正离子。

离子化温度：600℃。

离子喷雾电压：5 500 伏。

检测方式：多反应监测（MRM）方式，详细参数见表 10-2。

表 10-2 MRM 下的质谱参数

化合物	母离子 （m/z）	子离子 （m/z）	碰撞能量 （eV）	扫描时间 （毫秒）	保留时间 （分）
AOZ	236.1	134.0	17	30	5.68
		103.9*	31	30	5.68
AOZ-D$_4$	240.0	134.0	17	30	5.68
AMOZ	335.1	291.1	17	30	3.53
		262.1*	23	30	3.53
AMOZ-D$_5$	340.0	296.0	17	30	3.53
AHD	249.0	134.0	17	30	5.12
		104.0*	31	30	5.12
AHD-^{13}C$_3$	252.0	134.0	18	30	5.12
SEM	209.1	166.0	16	30	4.88
		192.1*	14	30	4.88
SEM-^{13}C-^{15}N$_2$	212.0	168.0	14	30	4.88

注：* 为定性离子。

6. 结果计算

测定结果由仪器工作站按内标法自动计算。

样品中硝基呋喃代谢物残留量按式（10.1）计算，结果保留三位有效数字。

$$X = \frac{C \times V}{m} \qquad (10.1)$$

式中：

X ——样品中硝基呋喃代谢物的含量，单位为微克/千克；

C ——样品制备液中硝基呋喃代谢物的浓度，单位为毫克/毫升；

V ——定容体积，单位为毫升；

m ——称样量，单位为克。

第三节　药物残留检测结果

通过对水产品中硝基呋喃代谢物残留分析方法进行优化，达到更优的检测效果，提交分析与讨论。

一、前处理条件优化

前处理条件优化，包括优选缓冲溶液，科学使用正己烷，达到理想效果。

1. 缓冲溶液的确定

使用经试验证明不含硝基呋喃代谢物的鳕鱼肉为样品，制成 4 种硝基呋喃代谢物含量和 4 种硝基呋喃代谢物内标含量浓度均为 1.0 毫克/毫升的待测溶液。在衍生化结束后，分别使用 1.0 毫克/毫升磷酸氢二钾溶液和 1.0 毫克/毫升磷酸氢二钠溶液作为 pH 值缓冲溶液处理样品。对比发现，1.0 毫克/毫升磷酸氢二钾溶液处理的样品效果较好。

2. 正己烷的使用

水产品中油脂、蛋白质含量较高，尤其是虾类。在样品净化过程中加入正己烷，可去除样品中油脂、蛋白质及色素等杂质，使后续样品过滤膜较为容易，进样溶液也更干净，减少对色谱柱的损害。

使用经试验证明不含硝基呋喃代谢物的鳕鱼肉为样品，制成 4 种硝基呋喃代谢物含量和 4 种硝基呋喃代谢物内标含量浓度均为 1.0 毫克/毫升的待测溶液。加入 1 毫升 20% 乙腈定容后，一份不做其他处理，一份加入正己烷净化。对比发现，使用正己烷净化处理不影响最终测定结果。而通过净化，降低了某些杂质峰的峰高和峰面积。

有研究称，加入正己烷净化前残渣须先用乙酸铵水溶液充分溶解，否则会导致 SEM 的噪音偏高（赵艳等，2011）。而在本试验中并没有出现上述情况，原因可能是流动相中含有的乙酸铵同样具有消除 SEM 噪音的作用。

二、色谱条件优化

色谱条件优化，主要是选择色谱柱和流动相体系。

1. 色谱柱的选择

色谱分离的核心在色谱柱，色谱柱选择一定程度上决定了样品测定结果。试验分别使用 Shiseido Capcell PAK MG C18 柱（150 毫米×2.0 毫米 i.d.，3 毫米）和 Shimadzu Shim-pack XR-ODS C18 柱（75 毫米×2.0 毫米 i.d.，2.2 毫米）对 4 种硝基呋喃代谢物含量和 4 种硝基呋喃代谢物内标含量均为 1.0 毫克/毫升的鳕鱼肉样品进行测定。

结果表明，使用 Shimadzu 柱子测定 AOZ、AHD 和 SEM 比使用 Shiseido 柱子出峰时间早，这与 Shimadzu 柱子柱管长度比 Shiseido 柱子短有关；但测定 AMOZ 具有相反结果，这可能是由于柱子填料不同所致（表 10-3）。而 Shimadzu 柱子填料内径过小，在检测过程中容易出现柱子堵塞的现象，因此对前处理要求较高，不利于实际操作。因此，本试验使用 Shiseido Capcell PAK MG C18 柱（150 毫米×2.0 毫米 i.d.，3 毫米）作为样品分离色谱柱。

表 10-3 不同色谱柱对硝基呋喃代谢物出峰时间的影响

化合物	Shimadzu Shim-pack XR-ODS C18 柱出峰时间/分	Shiseido Capcell PAK MG C18 柱出峰时间/分
AOZ	5.19	5.68
AMOZ	5.17	3.53
AHD	4.74	5.12
SEM	4.68	4.88

2. 流动相体系的选择

按本节文所述前处理方法对 4 种硝基呋喃代谢物含量和 4 种硝基呋喃代谢物内标含量均为 1.0 毫克/毫升的鳕鱼肉样品进行处理，并对比使用甲酸+乙腈和甲酸+乙酸铵+乙腈作为流动相测定。结果表明，加入乙酸铵后，谱图基线更平滑，基线响应值也降低。故本试验中采用 0.1%甲酸水（含 1 毫克/毫升乙酸铵）溶液作为流动相体系。

三、检测结果分析

检测结果包括有色谱图、线性范围、加标回收率和精密度，分析讨论如下：

1. 色谱图

按优化后的试验方法对 4 种硝基呋喃代谢物含量和 4 种硝基呋喃代谢物内标含量均为 1.0 毫克/毫升的溶液进行测定，色谱图见图 10-2。

2. 线性范围

分别准确移取混合标准工作溶液 0.0 毫升、0.05 毫升、0.1 毫升、0.2 毫升、0.4 毫升、0.6 毫升、0.8 毫升于 50 毫升离心管中，除不加样品外，其余均按本章第二节介绍的实验方法中的样品处理方法步骤操作。制成浓度梯度分别为 0、0.5 纳克/毫升、1.0 纳克/毫升、2.0 纳克/毫升、4.0 纳克/毫升、6.0 纳克/毫升、8.0 纳克/毫升的待测溶液。

以分析物浓度与内标浓度比为横坐标，分析物峰面积与内标峰面积比为纵坐标，建立标准曲线。线性回归方程、相关系数见表 10-4。

3. 加标回收率和精密度

加标回收试验使用的样品为鳕鱼肉，经试验证明不含有硝基呋喃代谢物残留。分别准确移取混合标准工作溶液 0.05 毫升、0.1 毫升、0.2 毫升于 50 毫升离心管中，按本章第二节介绍的实验方法中的样品处理方法的步骤操作。制成浓度梯度分别为 0.5 纳克/毫升、1.0 纳克/毫升、2.0 纳克/毫升的待测溶液进行加标回收率试验。试验结果见表 10-5。

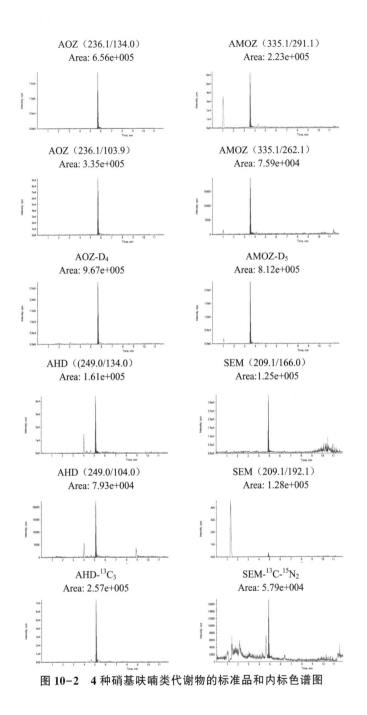

图 10-2　4 种硝基呋喃类代谢物的标准品和内标色谱图

表 10-4   4 种硝基呋喃代谢物的线性回归方程和相关系数

化合物	线性回归方程	相关系数
aoz（236.1/134.0）	y = 0.684 x - 0.035 6	r = 0.999 3
aoz（236.1/103.9）	y = 0.347 x + 0.011 8	r = 0.999 5
amoz（335.1/291.1）	y = 0.717 x - 0.010 9	r = 0.999 0
amoz（335.1/262.1）	y = 0.236x - 0.000 224	r = 0.999 7
ahd（249.0/134.0）	y = 0.721 x - 0.070 1	r = 0.999 4
ahd（249.0/104.0）	y = 0.381 x - 0.043 8	r = 0.999 7
sem（209.1/166.0）	y = 2.55 x - 0.248	r = 0.999 3
sem（209.1/192.1）	y = 2.47 x - 0.038 7	r = 0.999 5

表 10-5   4 种硝基呋喃代谢物加标回收情况（$n = 10$）

化合物	添加浓度（毫克/千克）	平均值（毫克/千克）	平均回收率（%）	相对标准偏差（%）
AOZ	0.5	0.47	94.0	7.1
	1.0	0.99	99.0	5.3
	2.0	1.97	98.5	2.1
AMOZ	0.5	0.47	94.0	7.1
	1.0	0.98	98.0	5.9
	2.0	2.01	100.5	2.8
AHD	0.5	0.49	98.0	7.3
	1.0	1.01	101.0	5.1
	2.0	1.99	99.5	3.2
SEM	0.5	0.46	92.0	7.7
	1.0	0.97	97.0	5.4
	2.0	1.98	99.0	3.0

按农业部 783 号公告-1-2006 要求，本方法添加浓度为 0.25 ~ 5.0 微克/千克时回收率应为 75% ~ 110%。从表 10-5 可以看出，试验的加标回收率在 92.0% ~ 101.0%，结果表明，硝基呋喃类代谢物在水产品各浓度水平的加标回收率均能达到检测要求，说明了本试验具有较高的准确性。

同时，公告要求本方法的相对标准偏差（RSD）小于 10%。从表 10-5 还可以看出，试验的相对标准偏差 2.1%～7.7%，由此表明，本方法具有较高的可靠性。

第四节　药物残留调查分析

本节研究的样品采集自广东省 18 个地区，包括广州、珠海、汕头、韶关、河源、梅州、惠州、汕尾、东莞、中山、江门、阳江、湛江、茂名、肇庆、潮州、云浮和佛山顺德区。采集时间为 2012 年和 2013 年。下面介绍抽检情况，然后分别从抽样环节、样品类别、样品品种、硝基呋喃代谢物类别 4 个方面，对水产品中硝基呋喃代谢物残留现状进行分析。

一、评价标准方法和抽检状况

采集环节包括繁育环节、养殖环节和流通环节。采集的样品种类包括鱼类和虾类。

1. 评价标准

按照农业部 783 号公告-1-2006《水产品中硝基呋喃类代谢物残留量的测定液相色谱-串联质谱法》的规定，4 种硝基呋喃代谢物的定量限均为 0.5 微克/千克。其中，当一种或几种硝基呋喃代谢物超过定量限值，该样品即定性为硝基呋喃代谢物超标样品。

2. 评价方法

检测样品的合格率按式（10.2）计算，结果保留三位有效数字。

$$X = \frac{n_1 - n_2}{n_1} \times 100\% \tag{10.2}$$

式中：X——样品合格率，单位为%；

n_1——检测样品数，单位为个；

n_2——超标样品数，单位为个。

3. 硝基呋喃代谢物残留状况

2012—2013 年间，抽检水产品样品数量 1 293 个（表 10-6），其中超标样品数量 44 个，合格率为 96.6%。

表 10-6　抽检样品中硝基呋喃代谢物残留情况统计　　　　个

	繁育环节				养殖环节				流通环节			
	鱼苗		虾苗		成鱼		成虾		成鱼		成虾	
	抽检数	超标数	抽检数	超标数	抽检数	超标数	抽检数	超标数	抽检数	超标数	抽检数	超标数
总计	109	8	115	17	730	9	161	7	174	3	4	0

二、抽样环节残留状况分析

在抽检的三大环节（繁育环节、养殖环节、流通环节）中，均出现超标样品。按合格率从高到低依次为流通环节（98.3%）、养殖环节（98.2%）、繁育环节（88.8%），具体情况见表 10-7。

表 10-7　抽样环节与硝基呋喃代谢物残留

抽样环节		抽检数/个	超标数/个	合格率/%
繁育环节	水产良种场	4	0	100
	普通苗种场	220	25	88.6
	合计	224	25	88.8
养殖环节	标准化养殖场	30	0	100
	健康养殖示范区	8	0	100
	无公害养殖基地	80	2	97.5
	普通养殖场	751	10	98.7
	网箱养殖	22	4	81.8
	合计	891	16	98.2
流通环节	水产批发市场	100	0	100
	超市	8	0	100
	农贸市场	70	3	95.7
	合计	178	3	98.3

1. 繁育环节分析

从繁育环节看，水产良种场的苗种样品合格率为100%。这是因为良种场的管理和技术水平较高，能及时发现异常，准确判断原因，做到合理处理；育苗基础设施齐备，能全程监控水质、投饲及种苗生长情况；良种场种苗质量较高，抗病害能力较好。普通苗种场超标的种苗样品较多，原因可能是苗种养殖户缺少定期监测水质、合理投喂饲料、严格使用药物的意识，选择了质量不过关的饲料和使用了违法药物。

2. 养殖环节分析

从养殖环节看，标准化养殖场和健康养殖示范区的样品合格率为100%，是因为这些养殖场的渔业养殖环境较好、引进了名优新品种和推广养殖新技术以预防和处理水产病害，而不需要使用药物。无公害养殖基地出现超标样品，可能是由于对水环境监控力度尚不足，投入品使用尚不够规范造成的。普通养殖场和网箱养殖超标样品较多，原因是养殖户对监测水质、合理投饲、规范用药意识不强，增加了使用禁药的机会；尤其是网箱养殖密度较大，导致出现病害的可能性加大，为了防止和治疗病害，养殖户不得不使用禁药。

3. 流通环节分析

从流通环节看，水产批发市场和超市的样品合格率为100%，是因为这些地方对药残管理监控措施比较完善，水产品需要经过检测方可入场，在售期间也会定期抽检。而农贸市场出现超标样品的原因可能是该地入场门槛低，通常不需要通过检验或抽检频率较低，加大了含药残水产品出现的几率。

三、样品类别残留状况分析

抽检的鱼苗、虾苗、成鱼、成虾均出现超标样品。

1. 类别抽检结果

按样品类别合格率从高到低依次为成鱼（98.7%）>成虾（95.8%）>鱼苗（92.7%）>虾苗（85.2%）。其中，种苗、成品合格率从高到低依次为成品（98.2%）、种苗（88.8%）；鱼类、虾类合格率从高到低依次为鱼类（98.0%）、虾类（91.4%）（表10-8和表10-9）。

表 10-8　种苗、成品与硝基呋喃代谢物残留

苗种、成品		抽检数（个）	超标数（个）	合格率（%）
种苗	鱼苗	109	8	92.7
	虾苗	115	17	85.2
	合计	224	25	88.8
成品	成鱼	904	12	98.7
	成虾	165	7	95.8
	合计	1 069	19	98.2

表 10-9　鱼类、虾类与硝基呋喃代谢物残留

鱼类、虾类		抽检数（个）	超标数（个）	合格率（%）
鱼类	鱼苗	109	8	92.7
	成鱼	904	12	98.7
	合计	1 013	20	98.0
虾类	虾苗	115	17	85.2
	成虾	165	7	95.8
	合计	280	24	91.4

2. 种苗残留状况分析

种苗中硝基呋喃代谢物残留状况比成品严重，原因可能有三：一是水产品在苗种阶段较易出现病害，而硝基呋喃类药物治疗病害效果好且不易产生耐药性，加上其价格低廉，成为预防和治疗养殖病害的重要选择；二是苗种场与成鱼养殖场相比，单位水体里的生物数量较大，一旦出现病害则损失严重，因此使用药物来预防和治疗病害；三是部分苗种养殖户认为，从苗种到成品上市间隔时间很长，此时使用硝基呋喃类药物，经过一段时间的养殖后，药物已经降解了，不会影响成品的品质。

3. 虾类残留状况分析

虾类中硝基呋喃代谢物残留状况比鱼类严重，主要是由于虾类个体较小，与鱼类相比更容易出现病害；且虾苗单位价格比鱼苗高，成虾获得的经济效益也比成鱼好，为了减少病害可能带来的经济损失，养殖户选择使用硝基呋喃类药物以预防病害。

四、样品品种残留状况分析

抽检样品中共有13个品种出现硝基呋喃代谢物残留超标。

1. 类别抽检结果

硝基呋喃代谢物残留超标的13个品种，分别是：草鱼、鲢鱼、鳙鱼、麦鲮鱼、鳜鱼、鲳鱼、鲻鱼、叉尾鲴、胡椒鲷、蓝子鱼、石斑鱼、凡纳滨对虾和其他对虾，具体情况见表10-10。

2. 鱼类样品分析

鲢鱼在繁育环节、养殖环节和流通环节均有进行抽检。其中，仅在繁育环节部分样品检出超标。这主要与鲢鱼在苗种阶段较易得病，而其余阶段一般不出现病害有关。

麦鲮鱼只在繁育环节进行抽检，而且部分样品检出超标。原因是麦鲮鱼主要在苗种阶段用作鳜鱼的食物使用，一般很少养大供人们食用。

鳜鱼在繁育环节和养殖环节均有进行抽检。其中，仅在繁育环节部分样品检出超标。这主要与鳜鱼鱼苗价格和得病死亡率较高，为了减少由此带来的经济损失而使用药物有关。

鲳鱼在繁育环节、养殖环节和流通环节均有进行抽检。其中，在养殖环节和流通环节部分样品检出超标。鲳鱼养殖密度较高，一旦发生病害则损失严重，所以一些养殖户通过使用药物以减少病害死亡带来的经济损失。而在繁育环节没有检出超标，可能与抽检样品数量较少有关。

水产品质量安全新技术

表 10-10　样品品种与硝基呋喃代谢物残留

		品种	抽检数/个	超标数/个	合格率/%	品种	抽检数/个	超标数/个	合格率/%
繁育环节	鱼苗	鳜鱼苗	8	4	50.0	鳙鱼苗	7	0	100
		鲢鱼苗	15	3	80.0	石斑鱼苗	4	0	100
		麦鲮鱼苗	12	1	91.7	鲳鱼苗	3	0	100
		草鱼苗	7	0	100	其他鱼苗	53	0	100
	虾苗	凡纳滨对虾苗	93	15	83.9	斑节对虾苗	2	0	100
		其他对虾苗	19	2	89.5	罗氏沼虾苗	1	0	100
养殖环节	成鱼	鲳鱼	6	1	50.0	鲢鱼	26	0	100
		鲻鱼	2	1	50.0	麦鲮鱼	10	0	100
		胡椒鲷	16	3	81.3	鳜鱼	4	0	100
		草鱼	137	2	98.5	蓝子鱼	1	0	100
		叉尾鮰	46	1	97.8	石斑鱼	1	0	100
		鳙鱼	70	1	98.6	其他鱼类	205	0	100
	成虾	凡纳滨对虾	154	7	95.5	斑节对虾	6	0	100
		沙虾	1	0	100				
养殖环节	成鱼	蓝子鱼	1	1	0	鲢鱼	7	0	100
		石斑鱼	3	1	66.7	鲻鱼	2	0	100
		鲳鱼	10	1	90.0	叉尾鮰	2	0	100
		鳙鱼	30	0	100	其他鱼类	84	0	100
		草鱼	29	0	100				
	成虾	凡纳滨对虾	4	0	100				

注：1. 繁育环节中，其他鱼苗包括：鲮、鳊、鲤、鲫、罗非鱼、翘嘴红鲌、胡子鲇、金鼓鱼等，每种样品数 1~30 个不等。

2. 养殖环节中，其他鱼类包括：鳗、鲮、鳊、鲤、鲫、罗非鱼、翘嘴红鲌、鲈、太阳鱼、乌鳢、胡子鲇、鲇、叉尾鮰、淡水白鲳、黄颡鱼、黄花鱼、包公鱼、金鼓鱼、美国红鱼、其他鲷鱼等，每种样品数 1~201 个不等。

3. 流通环节中，其他鱼类包括：鳊、鲤、鲫、罗非鱼、鲈、乌鳢、胡子鲇、鲇、淡水白鲳、黄鳍鲷、黄花鱼、马鲛、鲐鱼、鲚鱼、二长棘鲷、鳘鱼、蓝圆鲹、鲬鱼、海龙鱼、九目鱼、盲鱼曹鱼等，每种样品数 1~20 个不等。

3. 虾类样品分析

凡纳滨对虾在繁育环节、养殖环节和流通环节均有进行抽检。其中，在繁育环节和养殖环节均检出硝基呋喃代谢物残留超标，且繁育环节超标比重较养殖环节大，原因主要是由于虾类尤其是虾苗很容易出现消化道疾病，而用硝基呋喃类药物防治效果快速有效且使用方便，使得很多虾苗场难以摆脱对其的依赖。凡纳滨对虾在流通环节没有检出硝基呋喃代谢物残留超标，一是可能与流通环节一般不使用该类药物有关；二是也与抽检样品数量较少有关。

其他抽检出超标的品种由于样品基数较小，或抽检环节不全面，不做分析。

五、不同类别残留状况分析

在 4 种的硝基呋喃代谢物中，呋喃它酮代谢物、呋喃妥因代谢物没有检出超标，呋喃唑酮代谢物、呋喃西林代谢物均检出超标。其中，有两个虾苗样品出现呋喃唑酮代谢物和呋喃西林代谢物同时超标的情况。

1. 不同类别抽检结果

按 4 种代谢物合格率从高到低依次为呋喃它酮代谢物、呋喃妥因代谢物（100%）、呋喃西林代谢物（99.6%）、呋喃唑酮代谢物（97.4%），具体情况见表 10-11。

表 10-11　不同类别的硝基呋喃代谢物残留

药残种类	抽检数（个）	超标数（个）	合格率（%）
呋喃唑酮代谢物	1 293	36	97.2
呋喃它酮代谢物	1 293	0	100
呋喃妥因代谢物	1 293	0	100
呋喃西林代谢物	1 293	10	99.2

2. 不同类别超标分析

虽然中国已把硝基呋喃类药物列为禁用药物，但一些地方仍可见其作为兽药出售，其中主要以呋喃唑酮和呋喃西林为主。这也是抽检样品中只检出呋喃唑酮代谢物和呋喃西林代谢物超标的原因。

而呋喃唑酮具有广谱抗菌活性，对多种菌种具有杀灭作用，且毒性比呋喃西林小，使用也更为广泛。所以抽检的超标样品中以呋喃唑酮代谢物超标为主。

第五节　药残原因及控制对策

中国自 2001 年底加入 WTO 以来，中国水产品出口贸易高速增长，但也遭遇"绿色贸易壁垒"，最严重是药物残留超标。2005 年以来，水产品中药物超标现象不断出现，因药物残留超标而被退货、销毁甚至中断贸易往来的事件不断发生，造成了巨大的经济损失，给水产品市场带来了负面影响，同时也危害着人体的健康。通过对广东省水产品呋喃唑酮等药物残留分析的实践，分析水产品药物残留超标的原因，探索控制对策。

一、药物残留原因分析

通过对水产品呋喃唑酮等药物残留分析的实践，看到水产品药物残留超标的原因是多方面的，涉及到养殖水体、苗种繁育、放养方式、渔药使用、运销方法等，分析如下。

1. 养殖水体不断恶化

水产动物的生存离不开水，水的质量直接影响到水产动物的质量、卫生和安全。随着人口膨胀和经济发展，近年来，广东省水产养殖水域被污染的情况越来越严重。

含有大量营养物质的生活污水和工业废水被肆意排放到江河湖泊；农业生产使用的化肥部分通过地表径流进入地表和地下水体；生活垃圾、工业废料产生的污水通过雨水进入养殖水体；加上一些地方的鱼畜混养，使一些养殖池塘已经成为禽畜类粪便的化粪池，这些外来物质的含量远远超出了水体自身的降解能力，造成养殖水体的严重污染。养殖水体的污染导致水体中有害病原微生物增加，水产动物发生病害的几率也随之增加。而为了预防病害的暴发，不得不投入较多的化学药物，这成为水产品存在药物残留的最直接原因。

2. 种苗退化情况严重

多宝鱼（大菱鲆）出现药残事件的原因之一是种质退化，作为一个外来种，引进后缺乏品种的更新，近亲繁殖严重，种质退化，导致抗病能力下降，病害增多（唐雪莲等，2007）。《中华人民共和国渔业法》设立了天然苗种专项（特许）捕捞许可证制度、人工繁育水产苗种生产许可证制度、水产苗种进出口审批制度和转基因水产苗种安全评价制度等，以保证水产苗种的产品质量（万建业等，2011）。

但是，对优质水产种苗的生产和开发重视不够：苗种生产近亲繁殖，造成原种不纯、良种不良；现有苗场生产条件差，设备落后，亲体长期使用致使种质退化、抗病力降低；水产苗种的引种、育种、开发和推广无序；无质量保障的种苗跨国、跨省、跨区域引进，未经检验检疫的种苗传播异地疫病的现象时有发生，使水产品品质下降。因此，养殖户在养殖过程中不得不使用药物，确保养殖产量和成活率，这就增加了产生药物残留的风险。

3. 养殖方式不科学

（1）**池塘清淤不及时** 池塘淤泥中含有大量的有机物质，在分解过程中会产生有害物质，轻则使水产动物抗病力减弱，重则直接引起水产动物的中毒死亡。另外，淤泥中存在的寄生虫和致病微生物一旦大量滋生繁殖，极易引起病害暴发和流行。不及时清理池塘淤泥可能会导致病害反复出现，久而久之的反复用药，直接影响水产品的品质。

（2）**过分加大养殖密度** 水产品养殖大多选择高投入、高产出、高密度、高产量模式，通过向单位水体增加鱼苗投放量和投饲量，或单品种密养，或多品种混养，或多品种立体养殖，充分利用水体资源，实现单位效益最大化（孙建富，2011）。然而，这种过于密集的养殖模式导致水体环境承载过大，水质恶化，引发养殖的水产动物病害的暴发。由此也促使养殖户盲目地过量使用甚至滥用渔药，造成了养殖环境中药物的残留量严重超标，并导致药效降低，最终陷入恶性循环。

4. 养殖投入品使用不合理

（1）饲料选购不合理 某些水产饲料由于原料污染、饲料添加剂使用不规范和天然产物本身或加工过程产物（潘葳等，2011）等原因造成饲料中含有硝基呋喃类药物残留，部分劣质水产饲料生产者更是在生产过程中就直接添加硝基呋喃类药物。长期投喂了这些药物残留超标的饲料，会造成药物在水产动物体内蓄积。

（2）渔药施用不合理 部分养殖户缺乏水产动物养殖的专业知识，对水产动物的病害预防、药物的选择与使用、停药期等没有正确的认识。当养殖的水产动物发生异常时，多数养殖户无法进行正确诊断，只把施药作为控制的唯一手段，不能做到对症用药和科学用药。如呋喃唑酮是国家明令禁止的高毒、高残留或具有三致毒性（致癌、致畸、致突变）的渔药，而有的地方仍然在出售和使用，对水产品的质量危害极大。

5. 运销过程随意用药

在贮存、运输、销售各个环节，为了降低水产品的死亡率、提高其保鲜率，除使用增氧剂（过氧化钙等）和消毒剂（聚维酮碘等）外，一些不法商人甚至会投放一些有毒的药物和添加剂，如硝基呋喃类药物。

6. 政府监管体制不健全

在水产品安全监管体制中，涉及水产品安全的职能部门有食品药品监督管理、农业、水产、质监、卫生、工商行政管理、出入境检验检疫和海关等。在从产地到餐桌的整个水产品活动流程，实行多个部门分段监管。由于各部门只在自己管辖的范围内实施监管，某些环节容易出现无人监管的情况；而某些环节又因监管职责的重叠会造成遇到事情互相扯皮的现象。

二、药物残留控制对策

通过对水产品药物残留超标的原因分析，提出控制对策如下。

1. 优化水产养殖环境

（1）继续做好渔业水域环境监测 定期对广东省渔业水域环境进行常规性监测监控，重点对工业"三废"和生活废水排放量大的水源实施有毒有害物质检测，提供渔业水域环境质量监测报告，建立长期的监控机制和资料库。积极开展渔业水域生态环境损害评估，及时做好生态补偿工作。

（2）加强渔业水域环境保护和修复工作 一是要控制渔业水域水源不受污染，如严禁在渔业养殖水域附近建设存在污染隐患的企业。二是要加大监督惩处力度，如对污染渔业水域的企业和个人实行经济处罚以及刑事处罚。三是要重视渔业水域水质的优化，如引导养殖者合理投喂饲料并定期换水和改良水质。

2. 加强水产良种的管理

强化水产种苗管理，严格执行水产苗种生产许可证制度，指导和督促苗种场建立健全苗种生产和质量安全管理制度，规范水产苗种生产记录、用药记录和销售记录，加强水产苗种药残抽检，提高水产苗种质量安全水平。对于不具备条件、所生产苗种不合格、相关质量安全制度未建立、拒绝质量抽检或不接受监管的水产苗种场，要依法坚决整顿直至吊销水产苗种生产许可证。在苗种繁育期，重点组织对违法生产假冒伪劣苗种和使用违禁药物的打击行动，促进管理制度的建立，提高水产苗种质量。

大力推动优质种苗普及力度，提高名优水产养殖品种的覆盖率。积极建立国家级、省级、市级水产良种场和种苗繁育场，培育一批水产良种示范户，逐步形成布局合理、种质优良、品种多样、管理规范的水产良种生产供应体系。

3. 推进现代水产健康养殖

（1）开展水产养殖技术普及工作 各地方相关部门应积极开展健康养殖技术培训，指导水产品养殖者科学、合理、合法地使用饲料、渔药等养殖投入品，提高水产品养殖者安全用药意识，防止用药错误、用药过量。同时，规范养殖的技术操作规程，实施全程养殖记录，建立生产档案，完善生产、用药等投入品记录，确保养殖环节问题源的追溯。

（2）**加快池塘标准化改造**　中低产养殖池塘标准化改造是近年来农业部大力倡导和推行的一项用以推进水产健康养殖和提高水产品质量安全水平的重要举措。实行池塘标准化改造，配套必要的养殖设施，改善养殖环境和生产条件，提高水产养殖综合生产能力，促进水产养殖业向安全优质高产的方向发展是未来趋势（蓝天慧，2010）。通过改造，使养殖池塘连片化、规格化、标准化，生态环境和生产设施明显改善，抵御自然灾害能力明显增强，养殖水体产出率和生产效益明显提高，基本达到"塘规整、基坚实、渠畅通、路成网、电到塘"的标准池塘要求。

（3）**创建健康养殖示范区**　按照专业化、标准化、规模化和集约化的原则，制订健康水产养殖行动方案，开展生态养殖模式的示范推广，抓好水产健康养殖示范区建设，严格按照《水产养殖质量安全管理规定》，监督养殖户填写生产记录、用药记录，强化渔药使用的监管。积极推动水产养殖业从单纯追求数量向数量与质量、效益与生态并重的增长方式转变。

4. 规范养殖投入品管理

（1）**推广人工配合饲料的使用**　推广科学的投饲技术，扩大人工配合饲料使用范围，逐步改变依赖冰冻小杂鱼投喂的养殖方式。结合水产养殖投入品质量监测项目，开展人工配合饲料质量抽检，公布抽检结果，大力宣传合格产品，引导水产饲料安全使用。

（2）**加强对渔药的监管力度**　严格按照兽药管理条例、兽药生产质量管理规范（GMP）和兽药经营管理规范（GSP）的要求，规范渔药的生产经营行为，加大对生产、经营企业的监督管理，严厉查处生产、经营禁用药的行为。严禁生产硝基呋喃类兽药、使用硝基呋喃类药物作为饲料添加剂及含有硝基呋喃类药物的饲料原料投入生产。

（3）**积极研发无公害渔药**　"无公害渔药"，是指安全无害的渔用药品，是农业科学、环保科学、营养科学、卫生科学等相结合的产物，也即利用天然药、自然药和有益生物种群，采用现代制药先进技术，用于鱼、虾、贝、藻等养殖水生生物所患疾病的防治和改善水生生物所处环境的药品，通称为"绿色水产药品"。其作用特点是：不破坏水生生物的生态平衡；不会产生药物残留；防治效果较好；既能防治疾病又能保护生态环境的药品，如微生物制剂、中草药添加剂、酶制剂、酸化剂等。为了水产养殖的持续发展和维护人类健康，在生产中尽可能多用这类绿色鱼药。

5. 加快水产品质量安全监测体系建设

（1）**完善水产品质量安全检验检测**　水产品质量安全管理必须要有完善的检测技术作支撑。但目前，水产品质检中心从数量、规模和覆盖面的状况来看，还不能完全满足当前开展水产品质量安全监控和渔业发展的实际需要；在仪器设备和人员素质等方面，还需要较大提高。因此，要加快水产品质量检测机构的建设步伐，进一步推进市、县级水产品检测机构建设；加大对水产品质检机构检测设备的购置力度，实现现有仪器设备的升级换代；加强水产品质检人才的培养，提升检测人员的水平和能力。

（2）**强化水产品质量安全监控力度**　各级海洋与渔业主管部门要建立起水产品质量安全监控制度，不断完善、组织实施本地区水产品质量安全监控计划，形成省、市、县三级互动、互补的水产品质量安全监控体系，对水产品质量安全实施有效监控。强化水产品质量安全执法，开展定期和不定期质量抽检和专项检查，扩大水产品质量抽检范围和抽检频率，加大水产品养殖、储运、销售各环节监控力度，切实保障水产品质量安全。

（3）**推广水产品药残快速检测技术**　为各市、县配备水产品药残快速检测设备，有利于提升水产品质量实时检测水平，尽早将有问题的水产品筛选出来，以控制不合格产品上市。

6. 建立健全水产品质量安全制度

（1）**加快无公害水产品产地认证进程**　无公害水产品生产是

农业发展的必然之路，是市场准入的前提，是创建安全食品品牌，增强水产品市场竞争力，提高渔业经济效益强有力的保障，为此要按照无公害水产品产地环境、水质质量标准，建立无公害标准化水产品生产基地，保障产出的水产品无公害。同时，积极引导养殖企业开展无公害水产品产地和产品认定工作，加强对无公害水产品生产基地的技术指导与监控（李希国等，2007）。

（2）**搞好生产准入制度** 渔业行政主管部门要结合养殖证的发放、质量认证以及龙头企业名牌产品申报推进工作，以水产原良种场、示范基地、龙头企业、商品鱼基地、水产外贸加工企业等单位为突破口，强制实现生产准入制度。

（3）**实施市场准入制度** 对水产品批发市场、配送中心、超市，要加强质量检测和控制，实施市场准入制度和产品质量安全追溯制度，积极推行水产品标明产地、生产单位、生产日期和保质期限。尽快建立无公害水产品销售专柜，积极开展水产品市场打假行动，维护良好的市场经营秩序，促进水产品市场准入的全面开展（江为民等，2008）。

（4）**建立水产品质量安全溯源管理体系** 可追溯技术主要包括产品标识技术、产品准入管理、产品交易管理、抽检信息实时发布和产品信息追溯 5 个方面。北美和欧洲国家早已对水产品可追溯技术领域开展研究并将成果应用于实践，而中国在这方面的发展仍比较落后（许玉艳等，2011）。应加快水产品质量安全溯源管理体系的建设，尽早实现水产品生产记录可查询、产品流向可追踪、质量安全责任可追究的科学管理机制和预期管理目标，构建广东省水产品质量安全监管和信息咨询网络平台，为建立水产品质量安全追溯制度创造条件。

7. 明确各监管部门对水产品质量安全的职责

明确水产品质量安全相关监管部门的职责和任务，不同部门、机构既要有分工，也要有合作，既要各司其职，也要联合执法。要建立起一个协调统一的长效监管机制，做到"国家统一领导、地方政府负责、部门指导协调、地方联合行动"，减少水产品质量安全事件的发生。

8. 建立水产品安全性风险评估机制

安全性风险评估将会成为制定食品质量安全政策及解决一切食品安全事件的总模式。目前，对水产品受污染的危害评估模式还处于空白，一些污染情况未经危害评估就有新闻媒体暴露给消费者，给社会造成不必要的恐慌，也给渔业生产者带来了不必要的损失。为了改变这种情况，应该尽快培养一支危害评估队伍，建立水产品受污染的评估模式，开展水产品的质量安全普查和危害评估工作，为政府制订质量安全决策、法规和解决水产品质量安全问题提供科学依据。

第十章　水产品药物残留分析

第十一章 质量安全监管实例

内容提要：欧盟渔业产销情况；欧盟水产品质量管理；欧洲贝类安全监控；加拿大水产品质量管理；养殖水产国际贸易；日本河豚鱼产业考察；广东鳗业质量管理。

欧盟西濒大西洋，南临地中海，内陆河流纵横，湖泊相嵌，渔业资源丰富，渔业生产发达。2007 年 8 月，作者到了欧盟的法国、德国、意大利、荷兰、比利时、卢森堡、奥地利、匈牙利等国，一路留意了解欧盟渔业生产和水产品市场情况。下面介绍欧盟的渔业产销及水产品质量安全管理情况，还有加拿大、美国、日本的水产品质量安全管理情况，以及广东省的鳗鱼质量安全管理情况。

第一节 欧盟渔业产销情况

欧盟 25 国（EU-25）是世界上重要的水产强体，渔业捕获量、养殖量均居世界前列（2005 年，欧盟水产品产量和捕捞产量排在中国、秘鲁之后均居第三位，水产养殖产量在中国、印度之后也居第三位）。

一、欧盟渔业产量

欧盟拥有功率为 800 千瓦的渔船约 10 万艘。渔业从业人员中，渔民 25 万人，水产养殖 5 万人，与此相关的从业人员有 37 万~40 万人，产品加工转换从业人员达 40 万人，保管储藏运输 10 万人。近年来，欧盟渔业船只总数和从事渔业人数总体上呈下降趋势，水产品产量也是逐年下降。

1. 渔业生产

在 2000 年前后，现在的欧盟 25 国每年渔业产量约 800 万吨，其中海洋捕捞产量达 650 万~700 万吨，价值 67 亿欧元；水产养殖量 120 万吨，价值 22 亿欧元；加工转换增值 125 亿~130 亿欧元。2002 年欧盟生产 760 万吨渔业产品，占全球总量的 5.7%。在 1995—2002 年 7 年间，全球水产品产量增长了 14%，而欧盟水产品产量则下降 17%，几乎所有的成员国都报告渔业产量下降。2004 年，欧盟渔业产量为 718 万吨，比 2002 年又下降 5.5%。2005 年，欧盟渔业产量为 708 万吨，又比上年下降 1.4%，相比全球总量下降到 5.0%。2006 年产量统计尚未见公布，估计仍然是减产。

2. 海洋捕捞

欧盟海洋捕捞产量 2005 年为 557.3 万吨，占全世界总量的 6.66%；为 1991 年产量 799.58 万吨的 67.7%，14 年中有 10 年减产，产量减少 242.28 万吨，平均每年 17.3 万吨；而同期世界海洋捕捞产量增产 625.9 万吨。如果与 1995 年产量 788.61 万吨相比，10 年减少 231.31 万吨，为同期世界海洋捕捞产量减产 60.97 万吨的 3.79 倍。现在的欧盟 25 国，在 1991—1998 年海洋捕捞年产量为 700 万~800 万吨，1999—2002 年产量降为 600 万~700 万吨，2003 年开始在 600 万吨以下。

欧盟渔业捕捞区主要在大西洋，占 25 国捕捞量的 70% 左右。而 10 个新成员国的供给量仅占总量的 10% 左右。为了提高捕捞效率，欧盟各国大量投入资金建造新的大型渔船，采用最先进的技术和渔具，开拓大西洋新渔场，尤其是 200 海里经济毗邻区以及外围和深海渔场（见彩图 11-1）。

3. 水产养殖

欧盟水产养殖业 2005 年产量 141 万吨，占总渔业产量的 19.5%，占全球水产养殖产量 4 780 万吨的 3.0%，比 2004 年产量的 135 万吨增长 4.4%，比 2000 年产量的 120 万吨增长 17.5%。欧盟水产养殖产量中，鱼类占 45%，软体类占 55%；在海水中养殖的水产品占 78%（其中大西洋培育的占 63%，地中海培育的占 15%），内陆水域培育的占 22%。水产养殖种类主要有贻贝、牡蛎、三文鱼、虹鳟鱼、鲷鱼、鲤鱼。虹鳟鱼是欧盟水产养殖量最大的鱼类品种，产量是 22.7 万吨；其次是大西洋鲑，产量是 16.2 万吨；乌鲂和海鲈的产量是 10.2 万吨。

欧盟原 15 国水产养殖占 25 国总产量的 95%，其中，西班牙占 26%，法国占 18%，英国占 15%，意大利占 9%，这四国合计占 68%，是主要的水产养殖国家。

欧盟及主要渔业国家近 10 多年水产品年产量见表 11-1。

二、欧盟公共渔业政策

欧洲联盟的宗旨是"通过建立无内部边界的空间，加强经济、社会的协调发展和建立最终实行统一货币的经济货币联盟，促进成员国经济和社会的均衡发展"。在渔业方面是实行共同渔业政策。欧共体自 1977 年起将各成员国在北大西洋和北海沿岸的捕鱼区扩大为 200 海里，作为欧共体的共同捕鱼区，由欧共体统一管理，并授权欧共体委员会与第三国谈判渔业协定。1983 年 1 月，欧共体内部就捕鱼配额的分配、渔业资源的保护和渔业产品的销售等达成协议。1994 年 12 月，欧盟 12 国渔业部长通过了关于限制捕捞以保护资源的新渔业政策并就西班牙和葡萄牙于 1996 年 1 月 1 日起加入欧盟共同渔业政策达成协议。2001 年 4 月，欧盟委员会发表关于未来渔业政策的绿皮书，提出改革共同渔业政策应遵循的原则：在提高渔业生产技术水平和生产力的同时，合理分配使用渔业从业人员；确保渔业从业人员的个人收入不受影响；确保市场需求和供求关系稳定；确保价格合理；调整共同渔业政策应对各国都公平合理。2002 年 5 月 28 日，欧盟委员会公布了欧盟渔业政策改革方案，为了保护渔业资源，将渔业职工裁减 11%，捕捞能力缩减 30%~40%。也就是说，在 2006 年之前裁掉 2.8 万渔民和 8 600 艘渔船。2005 年 12 月，欧盟委员会开始了为期三年的"2006—2008 行动计划"，该计划目的是为了简化公共渔业政策

表11-1　欧盟及主要国家海洋捕捞产量（1991—2005）

单位：千吨

	国名	1991年	1995年	1996年	1997年	1998年	1999年	2000年	2001年	2002年	2003年	2004年	2005年	占全球/%
1	丹麦	1 750.8	1 998.8	1 681.3	1 826.6	1 557.0	1 404.8	1 533.9	1 510.6	1 442.3	1 036.0	1 089.7	910.5	1.09
2	西班牙	1 054.0	1 172.5	1 166.0	1 196.7	1 234.2	1 164.3	1 037.0	1 084.1	883.8	887.7	796.0	840.1	1.00
3	英国	788.5	907.8	865.8	889.4	918.7	835.9	744.8	737.9	686.5	631.6	651.7	668.3	0.80
4	法国	576.3	606.3	560.2	569.5	545.0	591.4	632.9	613.7	629.5	636.3	597.4	572.2	0.68
5	荷兰	403.7	434.0	408.6	449.5	535.1	512.3	493.5	516.0	461.5	524.1	519.5	547.1	0.65
6	意大利	396.7	386.8	359.1	337.0	301.4	277.4	297.6	304.9	265.6	291.3	282.0	294.6	0.35
7	德国	226.9	216.9	213.4	236.4	243.7	216.1	182.8	188.5	201.7	238.3	239.5	264.3	0.32
8	爱尔兰	230.3	384.3	328.3	288.9	320.5	282.5	275.4	355.5	281.6	265.6	280.0	262.0	0.31
9	瑞典	234.9	402.6	369.1	355.4	409.3	349.8	337.1	310.6	293.5	285.4	268.5	254.9	0.30
10	葡萄牙	324.8	265.0	263.7	226.1	227.8	210.7	190.9	193.3	202.8	212.1	221.3	211.8	0.25
11	拉脱维亚	409.4	148.7	142.1	105.1	101.8	124.8	135.8	127.6	113.1	114.0	125.0	150.3	0.18
12	立陶宛	465.6	56.1	87.2	42.3	64.8	71.2	77.1	149.0	149.4	155.2	160.2	138.2	0.17
13	波兰	410.1	404.5	320.8	335.1	228.8	221.8	200.1	207.3	204.5	160.4	171.8	135.8	0.16
14	爱沙尼亚	325.1	129.7	106.1	121.2	114.8	108.7	110.0	102.7	96.9	75.5	85.5	96.3	0.12
15	芬兰	79.1	119.0	131.5	132.6	134.9	123.7	121.6	115.3	106.7	86.4	99.2	95.5	0.11
16	希腊	136.4	148.1	148.1	154.4	107.3	117.3	95.9	91.0	93.3	90.2	91.9	91.2	0.11
	16国小计	7 812.3	7 781.1	7 151.2	7 266.2	7 045.2	6 612.5	6 466.4	6 607.8	6 122.6	5 690.1	5 679.4	5 533.0	6.61
	25国合计	7 995.8	7 886.1	7 233.0	7 345.8	7 136.4	6 701.3	6 581.5	6 735.4	6 167.8	5 738.7	5 722.6	5 573.0	6.66

（CFP），并设立了两个优先领域：库存持恒政策和渔业捕捞控制行动。近两年，欧盟公共渔业政策主要有以下几方面。

1. 实施捕捞配额

每年 12 月，欧盟委员会都会举行一次会议来决定第二年的总许可渔获量（TACs）和配额问题。2007 年总许可渔获量将减少33%，2008 年进一步再减少 33%，以此来维护濒临灭绝鱼类的现有数量，保证渔业可持续发展。尽管配额减少的比例如此之大，当该提议被提出时，并没有像预期的那样遭到强烈反对和抵制，并且在 2006 年 11 月的议会上被采纳。2007 年和 2008 年，深海鱼总许可渔获量的相关规定已在 2006 年 12 月 29 日的官方杂志 L384上发布。目前金枪鱼捕捞量比 10 年前减少 80%，储量也处于下降趋势。

2. 控制捕捞数量

2014 年，由于受到恢复计划的限制，苏格兰西部和凯尔特海鳕鱼的许可渔获库存量将会减少 20%，其他库存也将减少 15%。北海鳕鱼的捕捞量将会减少 14%。对于日间在海上停留的渔船数量将会根据渔网的大小减少 7%~10%。

由于零渔获量建议的提出，凤尾鱼的捕捞在理论上将面临关闭。尽管如此，委员会还是通过了一个"试验性"测量计划，在2007 年 4 月 15 日至 6 月 15 日，这段时间只允许科学观察船只进行凤尾鱼库存数据的收集。随着国际海洋考察委员会（ICES）进行检测结果的出现，委员会将对是否关闭或者重新开启凤尾鱼捕捞计划做出决定。

3. 设立渔业基金

2006 年 6 月，委员会建立一项新的欧洲渔业基金（EFF），EFF 作为会规 1198/2006 被发布取代了之前的渔业财政指导方针（FIFG），成为对欧盟渔业有着关键性地位和重要性的政策方针导航。新欧洲渔业基金的时间从 2007 年 1 月 1 日起到 2013 年 12 月 31 日，总预算达到 38.49 亿欧元。欧盟经济欠发达地区，即所谓集中（Convergence）的地区，政府已在此次预算中拨出了最大的份额来支持其发展。水产养殖、内陆捕捞、渔业加工及渔业和水产养殖产品销售将是新欧洲渔业基金在2007—2013年这一期间重点投资的五大优先领域。在水产养殖方面的举措符合欧盟财政支持的标准有：一是养殖业的生产投资方向。迈向多元化的新物种，有着良好市场前景的物种，给予传统养殖业支持，购进设备以保护渔场免遭自然天敌损害。二是养殖环境措施。良好的养殖环境，参与欧盟组织的自发性经济组织管理和审计计划（EMAS），有机产品养殖。三是公共健康措施。发生污染类事件时对软体类产品养殖商的补偿措施。四是动物健康措施。控制和根除疾病。

4. 规范品种引进

2006年4月，欧盟委员会在根据本国各项规定的基础上，出台了一项新的提议，该提议旨在规范非本土类水产品种的引进，在此过程中开发了一项新的许可证。目前，欧盟水产业基本上围绕着虹鳟鱼、太平洋牡蛎或者鲤鱼这类非本土类产品进行养殖生产，但随着养殖业技术手段和新政策的出台，行业发展和市场需求呈现正比例的增长，新的物种将会被越来越多地引进欧盟。介于国外品种可能带来的一些不利影响，在新的规则下，所有引进的非本土品种都必须向本国咨询委员会提交一份申请，该申请将对被提议品种进行审查，只有低风险的物种才有可能获得通行证。

5. 实行健康养殖

2006年10月，欧盟委员会采纳了新惯例2006/88/EC指示，这是一项关于健康养殖鱼类、贝类（软体动物）以及控制水产养殖业中某些特定的疾病的新法规。这项新法规旨在简化及完善现有法规，改善整个欧洲水产养殖业的健康状况。新法规宣布了一个新的举措，重点通过在生产线的每一个环节的严格把关来达到预防疾病的目的，而不是等到疾病暴发后再去处理。根据新惯例规定，对于来自第三国家的水产动物将建立一套全面的要求，动物卫生健康认证证书在所有托运以及产品上都必须出现。它还将更好地促进水产动物及产品的安全贸易以及增强欧盟在这一领域的竞争能力。

三、欧盟水产品市场

在欧盟,目前消费者均追求更合理健康的饮食,而吃海鲜在特定的人群中还被认为是一种时尚。越来越多的人追求健康的饮食,海鲜日益受到居民的欢迎,消费量逐年增长。

1. 海鲜消费逐年增长

欧盟 25 国人口 4.5 亿,按目前的渔业产量人均占有水产品 15.6千克,与全球人均水产品供应量相接近。但经济发达的欧盟,对水产品需求量大,且购买力在不断稳定增长中。目前欧盟人均消费水产品为每年 24 千克,全欧盟每年消费水产品超过 1 100 万吨。各国消费量依次为葡萄牙 58 千克,西班牙 40 千克,法国 28 千克,意大利 23 千克,英国 20 千克,荷兰 15 千克。

2. 依赖进口供应市场

欧盟水产品市场需求不断增长,但欧盟渔产资源日益减少,所以越来越依赖从其他国家进口水产品,来满足市场供应。欧盟每年进口水产品 460 万吨,价值 110 亿欧元,相当本地渔业产量的 60%;出口仅150 万吨,整个欧盟市场年缺鱼货约 250 万吨,迫使有些爱吃鱼的消费者改食其他肉食。

欧盟为满足对鱼产品的需求和船队生存,早于 20 世纪 70 年代始,就南下与非洲和印度洋、东南亚和其他地区国家签订协定,其在非海域捕鱼的渔船就达 300 艘;今天在欧洲市场上的鱼货是从西非、印度洋、东南亚和其他地区进口的,其中大部分进口均来自非洲。西班牙、意大利、荷兰和英国等国家的渔船每年从西非海岸捕捞近百万吨的金枪鱼、大虾、沙丁鱼、鲑鱼、鳕鱼及其他水产品运回欧洲大陆消费。欧盟与非洲国家签订的渔业协定,一般欧盟先支付捕鱼配额总费用,拖网船主再支付准捕证费用。

3. 零售连锁店成主流

近几年,欧盟的零售连锁店(包括超市和折扣店)成为海鲜销售主力,越来越多的海鲜消费者在食品零售连锁店而不是海鲜专卖店、路旁海鲜摊和每周的集市上购买海鲜(见彩图 11-2)。以德国 2005 年的购买量为例,85%的海鲜产品来自零售连锁店,比 2001 年的 79%提高 6 个百分点;海鲜专卖店销售量占 6%(而 2001 年占 7%),农村市场销售量占 9%(而 2001 年为 14%)。特别是折扣店,虽然数量产品有限,也不提供太多顾客服务,但从价格上取得优势,得到消费者的普遍欢迎。德国海鲜折扣店销售量所含份额由 2001 年的 36%增长到 2005 年的 49%。

四、欧盟水产品进出口

2006 年,欧盟从非成员国进口的水产品总值达 201.6 亿美元(水产品进口数量统计尚未见公布),比 2004 年的 150.8 亿美元增长 33.43%。而在 2005 年,欧盟水产品进口数量为 440 万吨,比 2004 年增加了 5%,相当本地生产量的 60%,进口额已经达到了 136 亿欧元;水产品出口量为 170 万吨,出口额为 21 亿欧元;逆差为 270 万吨,115 亿欧元,出现了较大的贸易赤字。

1. 主要供应商

挪威作为欧盟主要的鱼类及渔业产品供应商,在欧盟进口总量中已经占去了 16.8%的份额,供应额为 3.59 亿美元。2007 年 1—6 月,挪威向欧盟出口了 23.86 万吨冰鲜三文鱼,比去年同期增长 19%。其他主要供应国,按递减的顺序来排列分别是冰岛、中国、美国、摩洛哥、泰国、智利、厄瓜多尔、阿根廷和印度。

从数量上来看,2005 年欧盟进口水产品数量的 5.4%来自美国(2004 年为 5.8%),进口量为 24.0615 万吨,价值 6.69 亿欧元。进口"鱼片和其他鱼肉"占据欧盟总进口量的 25%,这类产品中,美国占去了 12%的份额。

2. 重要进口国

欧盟进口水产品的主要国家有西班牙、英国、德国、意大利等。西班牙在整个欧盟进口产品中占 22%,主要产品有甲壳类、软体类和冷冻鱼类;英国占 12%,主要产品是精制鱼类产品;丹麦占 12%,产品主要是新鲜和冷冻鱼类;德国占 10%,主要产品是鱼片,意大利则占 9%,主要产品是软体和精制鱼类产品。今年第一季度,西班牙、法国、英国、意大利和德国共进口虾产品 96 556 吨,占欧盟进口虾产品 17.148 2 万吨总量的 56%。

德国是欧盟最大的鱼和渔业产品净进口国,2005 年德国海鲜市场海产品进口总量为 826 888 吨,占欧盟进口数量的 18.8%;进口额为 30.4 亿美元。在进口水产品中,42% 来自欧洲其他成员国家,58% 来自非欧洲国家。今年第一季度,德国进口成品虾 10 726 吨,比去年同期的 8 648 吨增长 24%,占欧盟进口总量的 9.6%;进口三文鱼 121 754 吨,比去年同期的 112 936 吨增长 7.8%。

3. 主要进口品种

欧盟进口水产品中,以非加工类水产品为主,约占总量的 84%。冷冻阿拉斯加鳕鱼片、冷冻太平洋三文鱼、鱼子酱、冷冻无须鳕、三文鱼加工产品、冷冻大西洋鳕鱼和鲜活龙虾是欧盟市场最受欢迎的海鲜产品。2006 年欧盟进口冰冻鱼片 96.7 233 万吨(其中淡水鱼鱼片 135 187 吨),价值总额 37.1 亿美元,比 2005 年分别增长 15% 和 25%。进口即食虾产品 111 783 吨,价值 6.8 599 亿美元。今年第一季度,欧盟进口虾产品 17.1 482 万吨,比去年同期上升 4%,其中 12.2 563 万吨从第三方国家进口。2005 年,德国海鲜市场从美国进口量减少 4.2%,而进口额反而增长 12%。进口量和进口额的巨大差异主要源于阿拉斯加鳕鱼销售价格大幅度增长。2005 年,美国阿拉斯加鳕鱼产品供应总量为 63 973 吨,供应额为 1.72 亿美元,分别占德国海鲜市场进口总量和总额的 8% 和 6%。

4. 从外国捕鱼进口

欧盟为满足对鱼产品的需求和船队生存,早于 20 世纪 70 年代,就南下与非洲和印度洋、东南亚和其他地区国家签订协定,其在非海域捕鱼的渔船就达 300 艘;今天在欧洲市场上的鱼货是从西非、印度洋、东南亚和其他地区进口的,其中大部分进口来自非洲。西班牙、意大利、荷兰和英国等欧盟国家的渔船每年从西非海岸捕捞近百万吨的金枪鱼、大虾、沙丁鱼、鲑鱼、鳕鱼及其他水产品运回欧洲大陆消费。欧盟与非洲国家签订的渔业协定,一般欧盟先支付捕鱼配额总费用,拖网船主再支付准捕证费用。

第二节　欧盟水产品质量管理

欧盟是全球人均消费水产品较多的地方,每年要进口大批水产品来满足市场供应,因而特别重视水产品质量安全管理。欧盟通过立法来确保水产品质量安全可追溯体系的有效实施,对水产品追溯标签做了详细的规定和要求,包括水产品和各环节的经手人相关信息,都要求产品外包装标签必须注明。

一、水产品质量安全管理

欧盟国家是很注意食品安全问题的,厂家提供的食品一旦出现什么不安全的状况,受到的惩罚是十分严厉的。在欧盟国家,超市出售的鱼类产品都是经加工过的冰冻产品,鲜少见有鲜活鱼类出售。

1. 设立食品安全管理机构

欧盟成立欧盟食品安全管理局,其主要职责是为直接或间接影响食品安全的因素提出自主及专业的建议。管理局职责广泛,可覆盖食品生产及供应的所有阶段,从初级生产,动物喂养安全,到食品消费者的供给。它在全球范围内收集信息,关注科技新发展。

欧盟食品安全管理局以法律为基础,它为一系列实际措施敞开大门,来确保委员会的运作。最重要的是,它使欧盟启动一系列实际措施,包括管理委员会及执行董事的任命,使管理局具有法律效力。

2. 规范鱼货进入欧盟要求

鱼货进入欧盟有6项要求:①改变通常一揽子消费习惯,应根据消费年龄、水平、收入建立不同档次类型市场的分类货物;②面对供应不足,需求增长,应分为直接和间接消费产品,以适应发展转型产品工业;③在产品分配上,零售市场鲜鱼需求明显的大量增长,应适时地增加鲜鱼产品;④适应世界市场产品贸易需求,对如金枪鱼、鱿鱼、虾等农副产品要有其营养价值、卫生质量、食品安全的分类标准要求;⑤品种名称、产地来源、生产方法:捕捞还是养殖,生产海洋环境等详细说明标签要准确无误,并附有担保书;⑥要有生产保鲜时间及消费限定日期。

3. 制定欧盟《通用食品法》

2002年2月21日,欧盟《通用食品法》正式生效启用。这样的通用食品法在欧盟历史上尚属首次。

《通用食品法》规定,消费者有权享用安全食品,并有真实准确食品信息的知情权。未来食品法将基于从农场到餐桌的一体化方案,包括适用于农场的措施。这些食品法不仅提供健康保护,而且通过预防欺骗行为来保护消费者其他权力,包括食品掺假,并保证消费者获知准确信息。

《通用食品法》确定了有关食品法规危险分析原则,及有关专业评估的构架和机制。

食品和原料在商业中流通,《通用食品法》保有它们的溯源,在需要情况下,还可为有资格的机构提供溯源相关信息。当产品发现质量问题时,原料、食品、成分及食品源的原产地对于保护消费者健康是最重要的。可溯性有利于禁止劣质食品,并使消费者获知目标产品的准确信息。进口商同样也会受到影响,因为他们被要求标明出口到第三世界国家产品的产地。

4. 完善食品卫生法规

从2006年1月1日起,欧盟共实施三部有关食品卫生的新法规,包括:有关食品卫生的法规(EC)852/2004;规定动物源性食品特殊卫生规则的法规(EC)853/2004;规定人类消费用动物源性食品官方控制组织的特殊规则的法规(EC)854/2004。欧盟上述新法规的实施有可能对食品出口企业造成较大影响。

与欧盟现行的有关食品安全法规相比,这些新出台的食品安全法规有几个值得关注的地方:一是强化了食品安全的检查手段;二是大大提高了食品市场准入的要求;三是增加了对食品经营者的食品安全问责制;四是欧盟将更加注意食品生产过程的安全,不仅要求进入欧盟市场的食品本身符合新的食品安全标准,而且从食品生产的初始阶段就必须符合食品生产安全标准,特别是动物源性食品,不仅要求最终产品要符合标准,在整个生产过程中的每一个环节也要符合标准。

二、出口水产品到欧盟的要求

贝类、水产品均属于动物源产品,欧盟对这类产品的进口原则,首先要满足三个条件:一是必须来自欧盟同意进口活双壳贝类和/或水产品的第三国;二是产品必须是在欧盟批准的工厂内加工;三是每批必须随附货物卫生证书。其次在进入欧盟市场前要通过边境检查站的检查,具体检查程序也同前。

1. 国家要被列入欧盟允许进口的名单

首先是判断第三国的相关法律法规是否能与欧盟的法律法规取得一致的效果,另外要判断第三国主管机构的能力,包括其检验机构、权利范围、监管以及监督执法所需设施的情况。

欧盟委员会专家将对第三国的法律法规体系进行考核,以确认以上方面的要求能得到满足,同时对相应的执法机构能力进行考察。基于考核结果决定是否批准第三国出口产品至欧盟。最新的允许出口水产品至欧盟的第三国国家名单见欧盟委员会决定2002/863/EC。

2. 企业要获得批准出口水产品至欧盟

获准出口产品至欧盟的第三国的主管机构要对本国水产出口企业进行考核,批准符合91/493/EEC和/或91/492/EEC指令要求以及在第1点中列出的其他要求的企业出口水产品至欧盟。批准的出口企业名单要定期发送给欧盟委员会,由欧盟委员会最终确认名单,只有经欧盟委员会确认后,企业才能开始向欧盟出口。获准出口的企业还须由第三国的官方检验机构进行监督管理。

3. 出口水产品要附上合格的卫生证书

欧盟委员会在 1999 年 12 月 21 日的决定中规定了进口源自中国的水产品的特定条件,并随附了卫生证书的格式,因此所有中国出口至欧盟的水产品都需随附 2000/86/EC 决定中所提供格式的卫生证书。

4. 水产品进入欧盟前需经过边境检查

具备上述三个条件的水产品在进入欧盟前,还需经过边境检查站的检查。具体检查分成三步:文件审核、货证核查和物理检查。

(1)文件审查。每批货物都要审核随附证书,以确认:证书是原件,证书中的第三国和出口生产企业允许出口产品至欧盟,证书格式与样本相符,有主管机构或兽医官员的签名。

(2)货证核查。每批货物都要进行,以检查货物与卫生证书中的内容是否相符,包括检查货物上所有相关卫生标记,以确认出口国、出口企业与证书中的代号是否相符。

(3)物理检查。确保产品可以按证书上所写用途使用。物理检查必须确认:在运输过程中冷链没有间断,产品温度必须符合相应要求,运输条件使产品保持要求的状态。拆包后,货物将进行感观检查,包括气味、颜色、口味等;还必须包括简单的物理检查,如蒸煮、解冻、切割。物理检查中还包括实验室检查(在边检站抽样,送政府实验室检测),检测残留物、致病菌、污染物,以验证是否符合欧盟监控计划要求。

货物在文件审核、货证核查和物理检查过程中发现问题,货物都不允许进口。

5.企业要建立符合要求的质量管理体系

食品出口企业必须增强质量意识,要建立符合欧盟要求的管理体系,需要提高技术实力,加大资金投入。根据欧盟食品法规,所有食品业经营者必须全面推行危险分析和关键控制点(HACCP),建立食品溯源体系,确保食品生产、加工和分销的整体安全并符合相应的欧洲标准。而一般企业限于实力,很难全面建成完全符合欧盟要求的管理体系和满足欧洲标准的规定。同时对于原料供应质量和过程的要求,更是加大了企业的难度。

三、水产品出口到欧盟的法规

对应水产品出口,欧盟的法规具体有以下几方面:

1. 对双壳贝类等的规定

(1)双壳贝类和水产品卫生条件的相关法规为:91/492/EEC 和 91/493/EEC 指令。

(2)检测双壳贝类和腹足类动物捕捞区生物毒素和肉体中微生物含量的法规在 91/492/EEC 指令的附件第六章中。

(3)批准双壳贝类和腹足类动物捕捞区按照 91/492/EEC 指令附件第 I 章要求。

2. 对加工生产的规定

(1)加工船、陆上生产企业以及储存和运输的卫生条件在 91/493/EEC 指令的相关附件中规定。

(2)生产加工用水标准的法规为 80/778/EEC 指令:有关人类消费用水的质量和水产生产企业的水质检查。

(3)企业执行有关自我卫生检查的规定在欧盟 91/493/EEC 指令第 6 条中规定,而决定 94/356/EEC 对如何做自我卫生检查做了详细的规定。

3. 对养殖水产品的规定

对于水产养殖,欧盟规定出口养殖水产品的第三国必须建立农、兽药残留、环境污染物等的监控计划,监控计划的要求应与欧盟对自己成员国的要求等效。没有提供监控计划的国家则不允许出口养殖水产品至欧盟。

4. 对水产品检测的规定

对水产品中寄生虫、微生物、化学物、环境污染物进行检测的实验室条件(抽样程序、分析方法、最高残留限量等):

93/140/EEC 决议　对水产品中寄生虫感官检查的详细规定

95/149/EC 决议　对水产品中挥发性盐基总氮限量标准及其测定方法的规定

93/351/EC 决议　水产品中汞的分析方法、取样及最高限量要求

91/492/EEC 指令第 V 章　生物毒素

91/493/EEC 指令第 V 章　组胺

四、中国恢复向欧盟出口水产品

欧盟近年来利用苛刻复杂的食品卫生要求,严格限制中国食品的进口,已对中国水产品出口造成较大影响。因此,水产品出口企业必须增强质量意识,要建立符合欧盟要求的管理体系,需要提高技术实力,加大资金投入。

1. 中欧食品标准差异

与欧盟相对全面严格的食品准用物质管理体系相比,中国食品中使用和残留限量指标相对较为宽松,从而导致无法满足对方的要求。如欧盟明确规定将逐步禁止使用抗生素,但中国目前仍未能立法作出明确要求。

2. 中国水产品输欧受限

2001 年,欧盟从中国进口的冻虾仁中检测到氯霉素,从 2002 年 1 月 31 日全面禁止进口中国的动物源性食品,水产品首当其冲,每年中国企业就此项出口损失超过 6 亿美元。

3. 中国水产品恢复输欧

经中国政府的不断努力,直至 2006 年 7 月 16 日,欧盟解除了对中国动物源性食品的进口禁令。2007 年 3 月初,欧盟水产品考察团到广东省全面考察湛江的水产品生产链,并给予高度评价。作者在欧洲时的 8 月 1 日,从德国汉堡传来消息,广东省湛江恒兴水产科技有限公司一货柜冻罗非鱼片经过德国检验检疫部门的严格检测后,通关放行,广东鱼顺利"游"进了汉堡的超市及市民餐桌。这是欧盟对中国动物源性食品解禁后,湛江水产品首次进入欧盟市场。同时,湛江的恒兴、国联、国溢等水产品出口企业共 5 个货柜鱼虾正穿越重洋,奔赴欧盟市场。

第三节　欧洲贝类安全监控

经农业部批准,全国水产技术推广总站组织考察团于 2004 年 9 月 14—25 日赴欧洲考察贝类的安全卫生监控。代表团在法国联系会面了欧洲贝类协会副主席道格拉斯(Douglas),考察了西班牙贝类主要产区——维哥(Vigo)地区的贝类产品的加工和净化企业(Ameixa de Carril)及设在维哥地区的贝类养殖环境监测机构,在意大利罗马拜访了联合国粮农组织(FAO)总部渔业部渔业工业司鱼品利用与销售处,了解水产品质量管理的情况。代表团还考察了位于荷兰亚舍克(Yerseke)的北欧最大的贝类产品的加工和净化企业集团(Prins & Dingemanse)。通过这次赴欧考察,对其贝类产品的安全管理状况有了深入了解,现将考察情况报告如下。

一、贝类安全监控概况

欧盟、美国、日本等发达国家都早已制定了有关法规,建立起完善的贝类卫生监督控制系统,本国的贝类生产与流通及进口贝类的卫生控制都要符合要求。

1. 双壳贝类滤食习性

双壳贝类有非选择性滤食的习性,在海域生长过程中极易积累富集环境中的有害物质,例如致病菌、贝毒、农兽药残、重金属等,若控制不当,作为食品就会对人体健康产生危害。众所周知,前几年发生在上海的甲肝流行病例就是由于毛蚶被甲肝病毒污染所致,所以双壳贝类的安全、卫生受到世界各国的广泛关注,并制定了相关法律法规文件,对贝类安全加以控制。

2. 加强贝类安全管理

欧洲地区是双壳贝类的主要生产和消费地区,南北欧都盛产贻贝、牡蛎等。因而对双壳贝类的卫生监控更严格。中国在 20 世纪80 年代曾有贝类产品出口到欧洲,但主要是扇贝的加工产品(生的或煮熟过的扇贝闭壳肌)。20 世纪 90 年代以来欧盟对中国水产品曾"两禁两开",但对中国的双壳贝类却一直是禁止的。因而很有必要了解和借鉴欧盟的贝类安全管理的先进经验,以加强中国水产品的安全监控体系,保护消费者健康,促进中国贝类产品的国内外市场的开拓。

二、欧盟贝类监控法律

欧盟的水产品监管法律基本是在欧盟法律框架内以理事会指令的形式建立的,还有理事会通过的决议,主要的相关法律有:

1. 理事会指令

包括有 1979 年建立的理事会指令(79/923/EEC)贝类水质要求,1991 年建立的理事会指令:活双壳贝类生产和投放市场的卫生条件的规定(91/492/EEC)和水产品生产和投放市场的卫生条件的规定(91/493/EEC)。还有 1997 年 10 月 20 日的理事会指令(97/61/EEC):该法规主要是规定了健忘性贝类毒素(ASP)的监控与相关水域关闭的要求。

2. 理事会决议

包括有 1993 年通过的理事会决议:关于煮甲壳类和贝类产品的微生物指标(93/51/EEC)和海洋生物毒素监控参照实验室(93/383/EEC)。还有 1993 年通过的理事会决议 2002/225 和 2002/226号:对以上法律进一步修改,主要是不同种类的腹泻性贝类毒素(DSP)测试和扇贝中 ASP 的规定。

理事会指令 91/492/EEC 和 91/493/EEC 是两个根本性的法规,它们系统的规定了水产品的安全监控的各个方面的要求,后边将91/492/EEC 为例详细介绍。

三、贝类产销卫生规定

活双壳贝类生产和投放市场的卫生条件的规定是理事会指令91/492/EEC,其立法的主要针对点是:①产品投放市场后的可追溯性(登记和标签系统);②产品安全标准的确定;③贝类直接消费前必须净化;④生产者的责任;⑤从欧盟之外的国家进口贝类。

理事会指令 91/492/EEC 的具体要求:

1. 生产区域环境条件的要求

欧盟要求各成员国的主管部门划定活双壳贝类生产区域的界限,从而确定活双壳贝类的级别。最高级别的区域生产的贝类可以直接食用,其他区域生产的贝类在投放市场之前都要经过适当的处理。贝类生产区域的任何变化,主管部门都要立即予以宣布。

2. 贝类捕捞和运输的要求

欧盟要求,发运、净化中心、暂养地区或加工工厂,在捕捞和运输过程中保证双壳贝类不受破坏,并且要求保证捕捞后的双壳贝类不再受到污染。主管部门对捕捞和运输过程中的双壳贝类签发登记文件,从而加以识别。如果生产或暂养区域暂时关闭,必须停止登记文件的签发,并立即终止已签发登记文件的有效性。

3. 暂养活双壳贝类的条件

欧盟规定了双壳贝类暂养的要求,如暂养密度、暂养水温、暂养区域间隔和相关登记文件等。

4. 发运或净化中心的条件

欧盟规定了发运或净化中心的批准条件,其中包括:发运或净化中心有关房屋和设备的一般条件,一般卫生要求,对净化中心和发运中心的特别要求。

5. 活双壳贝类的要求

欧盟规定了拟供人类直接食用的活双壳贝类必须符合的一些要求。包括外观要求、各种微生物致病菌要求、有毒化学物质要求、贝毒要求、病毒要求、放射性物质要求。

6. 生产条件的公共卫生控制和监督

欧盟规定主管部门必须建立公共卫生控制体系,监控包括:对活双壳贝类赞扬和生产区域作定期监控、成品检查、定期检查生产企业、检查活双壳贝类的储藏和运输条件。

7. 包装、保鲜和储藏要求

欧盟规定了活双壳贝类的包装材料和包装方式,规定了活双壳贝类的保藏必须在一定合理的温度下,规定了拟供人类食用的活双壳贝类从发货中心直至销售给消费者或零售商的过程中的包装状态、运输工具以及冷冻用冰块的要求。

8. 货物标记

欧盟规定活双壳贝类的所有货运包装袋上都必须附有卫生标记,以便从运输、分发直至零售都能鉴辨其原发送中心。并对标签的标识内容、标签位置等作了明确要求。

四、贝类生产区域划分

根据要求,欧共体各成员国的主管机构应对活双壳贝类生产和收获的区域按微生物的污染状况分类(级)。各类海区的要求如下。

1. A 类海区

能够采集来直接供人类食用。从这些区域采集的活双壳贝类必须符合本指令。

2. B 类海区

能够采集,但只有在暂养后或经净化中心处理后,才能投放市场供人类食用。从这些地区采集的活双壳贝类以 5 管法 3 倍稀释度作 MPN 计数,在 90% 的样品中,粪大肠菌群不能超过6 000 个/100 克肉或大肠杆菌不能超过 4 600 个/100 克肉。在暂养或净化后,必须符合欧共体指令(91/492/EEC)附录第 5 章规定的所有要求。

3. C 类海区

能够采集,但必须经过相当长一段时间(至少 2 个月)的暂养(可净化或不净化),或按照本指令第 12 条规定的程序所确定的时间经过集中净化后,方可投入市场,以满足(a)节中的要求。来自这些区域的活双壳贝类以 5 管法 3 倍稀释度作 MPN 计数,粪大肠菌群不得超过 60 000 个/100 克肉。

4. 海区环境监测

贝类生产海区环境监测,根据 79/923/EEC 的要求检测微生物、水温、盐度、溶解氧、pH 值和海洋化学的一些项目。海洋生物毒的监测是贝类管理的重要工作。主要有两方面:①监测近海水域潜在的有毒微藻;②抽样分析贝肉的毒素是否符合欧共体法规的要求。

5. 官方监测机构

国家和地方监测机构经过质量体系认证以保证其检测工作的科学性、公正性和合法性。这些官方监测机构可及时发布所负责海域的与贝类安全卫生有关的水环境中的有毒藻种类的数量和贝肉中的微生物、有害金属及药物残留等检测结果。

五、贝类安全卫生监控

贝类安全卫生的标准包括三方面的要求:微生物学的,海洋生物毒素,其他污染物。标准的指标一部分是针对官方控制的目的(大肠杆菌和生物毒素的监控);一部分是针对贝类成品的。按照欧共体指令 91/492/EEC 的规定,供人类直接消费的贝类成品的标准要求如下:

1. 外观要求

外观新鲜,有活力、壳无污物,有适当的碰撞反应,保持正常量的内膜瓣液体。

2. 病菌指标

(1)**粪大肠菌群** 小于 300 个/100 克贝肉;大肠菌群:小于 230 个/100 克贝肉。

(2)**沙门氏菌属** 25 克贝肉中不得检出。

3. 有害物质

(1)**有毒化学物质** 不得含有在数量(计算摄入量)上超过每日许可摄入量(PDT),或会使贝类的滋味受到伤害的、天然产生的,或环境中积聚的(如欧共体指令 79/923/EEC 的附录中列出的)、令人厌恶的、有毒化学物质。

（2）**放射性物质**　有关放射性的最高含量不得超过欧共体食品的规定限量。

4. 贝类毒素

（1）**麻痹性贝类毒素(PSP)**　小于 80 微克/100 克。

（2）**腹泻性贝类毒素(DSP)**　采用生物学检验方法测定腹泻性贝类毒素(DSP)，贝类可食部分(整个肉体或任何可食部分)内的 DSP 不得呈阳性结果。

5. 有害金属

按照欧共体指令 466/2001 的规定，贝类中的有害金属等应符合以下要求：铅小于 1 毫克/千克；镉小于 1 毫克/千克；汞小于 0.5 毫克/千克。

六、贝类净化分级包装

每个加工厂都有符合欧盟法规要求的净化设施。贝类加工厂依据监测机构发布监测信息选择安全原料进厂。

1. 贝类净化

净化设施不求形式，如小型加工厂则采用洁净海水喷淋的简易方法净化贻贝。

两种净化方式(浸泡式、喷淋式)都可用。由于欧盟不主张用氯消毒水，净化循环水用紫外线灭菌处理器处理。

2. 加工流程

鲜贝类的加工处理，如冲洗、分级等实现了机械化。

以鲜活贻贝为例，其工艺流程：

净化→冲洗→去杂质、破碎贝→按大小分级→称重→包装、加标签→出厂检验。

3. 包装标识

值得注意的是加工处理过的鲜贝类均有包装和加标签。这一点是欧共体法规 178-2002 要求的,便于水产品的追溯(Traceability)。

七、加强贝类管理建议

中国双壳贝类在沿海地区有大量养殖,对发展当地渔业经济有重要作用。但是中国贝类的生产加工流通的落后状况仍较突出。贝类的出口在中国水产品出口中占的比重也较小,其安全性问题是制约出口的重要因素之一。2002 年以来福建连续发生多起食用织纹螺中毒事件。2003 年,内地的甘肃也发生了食用来自沿海的织纹螺而发生的中毒事件。通过对欧盟双壳贝类管理状况的了解,借鉴其经验,建议在以下方面改进工作。

1. 加大管理力度

农业部渔业局正抓紧贝类管理的基础工作,对贝类生产海域进行分类,并连续两年对沿海重点贝类产区的产品进行监测。特别要抓紧贝类安全管理法规和贝类产品标准的制修订。

2. 推行贝类净化

目前中国的贝类净化示范厂投资过大,经济效益低下。应集中多方面的科技人员和工程专家,以市场特别是广大国内市场为主要目标,研究设计适合市场需求和贝类安全监控要求的、有效的净化设施。加快推行贝类净化工作的速度。

3. 实行包装上市

推行贝类包装上市,便于实行产品追溯和生产流通的监控,是确保贝类食用安全的重要措施。

4. 加强安全监测

加强相关海区的有毒微藻的监测,制订毒藻与贝类中毒素的风险标准。及时为社会提供贝类风险性信息。

第四节　加拿大水产品质量管理

应加拿大加西海产同业促进会的邀请,广东省渔业协会访问团于 2006 年 12 月 25 日至 2007 年 1 月 6 日到加拿大访问,举办加中海产业研讨会,参观海产企业,并考察北美水产品市场。在欢迎晚宴上,加西海产同业促进会将访问团成员分散安排在各席位便于与加拿大的同行交流,互通信息,增进了解。在加中海产业研讨会上,中加双方互通情况。通过交流考察,访问团了解到加拿大渔业及水产品出口情况,特别是水产品质量管理要求,介绍如下。

一、加拿大渔业概况

加拿大北接北冰洋,东濒大西洋,西临太平洋,内拥五大湖,拥有世界上最长的海岸线,长达 24.4 万千米,占全世界海岸线总长的 1/4,还有 370 万平方千米的专属经济区。而世界最大的 14 个湖泊中,加拿大就有 4 个,这使加拿大拥有 75.5 万平方千米的淡水面积,点世界淡水总面积的 16%。加拿大人均国民生产总值为世界第三。

1. 水产资源

加拿大水产资源丰富,渔业发达,盛产鳕鱼、鲱鱼、比目鱼、鲑鱼、毛鳞鱼、扇贝、蟹和龙虾等,是世界上最主要的渔业国之一。加拿大的渔业是世界最有价值的商业渔业之一,2003 年渔业价值产值达历史最高为 29 亿加元,另外加工产值是 50 亿加元,游钓收入为 60 亿加元。渔业为加拿大提供了超过 12 万个就业机会(其中海洋渔业就业人员 60 300 人,加工雇佣人数29 900 人)。加拿大加西海产同业促进会所在的卑诗省,渔业是重要产业,有超过 3 万人从事渔业。

2. 捕捞渔业

加拿大渔场大致分为三个区:①大西洋区,这是加拿大最大的渔区,世界闻名的纽芬兰沿海渔场就位于该区;②太平洋渔区,在捕捞数量与创造价值方面均小于大西洋渔区;③内陆渔区,主要在五大湖和温尼伯湖。2003 年加拿大捕捞上岸的鱼达到 100 余万吨,价值 22.6 亿加元,创历史新高。其中大西洋的捕鱼业占 82%,主要鱼产品是鲱鱼、虾、雪花蟹、扇贝、鳕鱼和龙虾。龙虾是加拿大创值最多的海产品,超过 5 亿加元;太平洋的捕鱼业占 14%,主要鱼产品有狗鳕、太平洋鲱鱼、岩鱼和三文鱼。淡水捕鱼业占 4%,产值为 8 300 加元。主要鱼产品有狗鱼、黄鲈和白鲑(见彩图 11-3)。

3.水产养殖

水产养殖业在加拿大分布很广,从东海岸到西海岸都有。鱼类养殖的主导品种是大西洋鲑和硬头鳟,贝类养殖的品种是贻贝和牡蛎;淡水水域养殖最多的是鳟,被认为是热带品种的罗非鱼也进入了商业养殖阶段。爱德华王子岛省的绳索养蚌以其卓越的培养技术而闻名世界。水产养殖场主要分布在乡村和沿岸地区,每年为沿海社区提供 14 000 多个直接和间接就业机会。现在加拿大水产养殖业每年的产量将近 20 万吨,渔场和相关服务行业的销售额约 10 亿加元,提供的产品占全部水产食品的 20%。加拿大水产养殖业产量的价值见表 11-2。

加拿大的卑诗省是世界上第四大养殖鲑鱼生产地,仅次于挪威、智利和苏格兰,每年生产鲑鱼 7 万多吨(见彩图 11-4)。

表 11-2　加拿大水产养殖业产量和价值(2000—2003)

年度		2000	2001	2002	2003
鱼类	产量(吨)	95 003	118 428	136 752	119 204
	价值(万加元)	54 884	53 948	56 347	51 235
贝类	产量(吨)	32 319	34 901	34 276	35 521
	价值(万加元)	5 244	5 821	5 680	6 357
总计	产量(吨)	127 322	153 329	171 028	154 725
	价值(万加元)	60 128	59 769	62 027	57 592

二、加拿大水产品进出口

加拿大是水产品出口的重要国家,位居世界第五位。每年生产的鱼类和海鲜产品,50% 以上用于出口,出口至 100 多个国家和地区。

1. 水产品出口

2005 年,加拿大出口水产品 70.3 万吨,价值 43 亿美元。对比 2004 年出口 68.6 万吨和价值 45 亿美元,出口总量上升 2.6%,出口额下降了 1.56 亿美元。造成出口额下降的部分原因是加元币值较 2004 年上升了 2.2%。美国是加拿大水产品最大的出口国,占 62% ,出口总额达到 27 亿美元。主要出口龙虾、鲽、虾等;日本是加拿大第二大出口国,出口额达到 4.71 亿美元。对欧盟出口稳步增长, 2004 年较上年增长 23%,为 4.46 亿美元;对中国和香港的出口也增长 21%,达 3.24 亿美元(见彩图 11-5)。

卑诗省 2005 年水产品出口价值 24 亿加币,占全国的 50% 以上。出口最多是贝类。

2. 贸易顺差

2000 年加拿大鱼类和海鲜的出口量为 49.6 万吨,价值 40.6 亿加元;同年进口额是 20.8 亿加元,贸易顺差接近 20 亿加元。其中近 32% 的进口数量(相当于进口价值的 4%)用于制造牲畜和鱼类的饲料。

三、加拿大水产品质量管理

加拿大海洋渔业部是规范和管理加拿大渔业的联邦政府机构。而加拿大农业与农业食品部是负责市场和贸易发展的部门。加拿大食品检验局(CIFA)对鱼类食品、联邦注册的鱼类、海鲜加工厂、进口商、渔船以及用于经营、运输和储藏鱼类的设备制定政策、要求和检验标准。

1. 对出口水产品的管制

加拿大食品检验局的出口证书体系为出口商提供官方文件,以证明加拿大在国际市场上出售的鱼类和海鲜产品符合进口国的要求。基于 HACCP 原则上的质量管理体系(QMP)是加拿大的鱼类检验系统,它使加拿大拥有在全世界享有安全、高质量的鱼类和海鲜产品的美誉。所有出口海鲜都要从检验局批准的加工企业出口,只有达标的工厂才能申请 QMP 的牌照,领到这样牌照的,加拿大食品检验局才对其产品放心,方便出口。所有货物都要求工厂加工过,经检验局批准后才能出口,并符合进口国的规定,到中国的产品要经中国出入境检验检疫(CIQ)的认可。

2.对进口食品的管制

加拿大食品检验局对进口食品的管制:要求按照规定的规格进口,进口商所有记录要保存好;要求在货物到岸 48 小时前,通知加拿大食品检验局;检验工作的范围是看高危和低危情况,高危的要加强检验。如果检验结果发现货品超标,就把这家企业记录下来,直到所有检验合格,才给予恢复出口。检验费用由进口商负责,所以进口商就要找信任的出口商供货。

2006 年年底,加拿大食品检验局完成了对越南的合作,使越南水产品顺利进入加拿大,中国的工作也正在开展。

第五节　养殖水产品国际贸易

对养殖水产品国际贸易,作者从 2007 年 5 月参加首届世界养殖水产品贸易大会说起,分析水产品出口面临哪些壁垒,提出对美国出口水产品要注意的问题。

一、首届世界养殖水产品贸易大会

由联合国粮农组织(FAO)和中华人民共和国农业部共同主办的首届世界养殖水产品贸易大会于 2007 年 5 月 29 日在青岛隆重开幕。联合国粮农组织助理总干事野村一郎,农业部总经济师薛亮,中国科协副主席、中国水产学会理事长唐启升院士等出席了开幕式。出席本次大会的有来自世界 35 个国家和中国的代表共 400 多人,其中国外代表 100 多人(见彩图 11-6)。

1. 全球化贸易

本次大会主题为"可持续发展的世界水产养殖业与全球化贸

易"。根据 FAO 统计,2005 年世界养殖水产品产量已占水产品总产量的 34.1%,达 4 815 万吨,同 1995 年比较,10 年增长了 1.97 倍。在水产品国际贸易中,养殖产品规格和品质统一、生长期和生产规模可控性强、质量标准容易实施以及贮藏和运输等方面的便利,深受欧盟、美国等发达国家和地区消费市场的青睐。目前养殖产品如对虾、三文鱼、罗非鱼、鳗鱼和贝类等已经成为国际水产品贸易的主要品种。

2. 水产养殖业

农业部总经济师薛亮在致辞时说,中国很早就确立了"以养为主"的渔业发展方针,鼓励群众开发海洋和内陆水域发展水产养殖业。截至 2006 年,中国的养殖水产品产量达到 3 594 万吨,丰富了全球市场供给,增加了农民和渔民的收入。当前,世界水产养殖业和养殖水产品贸易快速发展,构建可持续发展的水产品国际贸易秩序是各国政府、企业界面临的重要课题,需要不断扩大各国渔业利益的共同点、妥善处理分歧,共同促进世界水产养殖业和水产品贸易持续稳定发展。

3. 发展可持续

农业部渔业局局长李健华作了题为"发展可持续的水产养殖业,构建和谐国际贸易新秩序"的主题演讲。他说,发展可持续的水产养殖业,既要提升产业素质,又要建立公平公正的水产品国际贸易秩序,营造和谐开放、竞争有序的水产品国际贸易环境。倡议制定科学合理、可操作的技术法规或标准,兼顾发展中国家承受能力;按照 WTO 贸易规则,通过对话和磋商解决贸易分歧;有序推动各种认证,防止其成为市场准入的壁垒,同时考虑大多数发展中国家生产水平;推动贸易自由化和贸易便利化,取消配额,削减关税高峰和关税升级,简化出入境手续,提高通关效率。

4. 机遇与挑战

在 3 天的学术交流活动中,32 名世界知名学者以及企业界代表从不同视角,就"可持续发展的世界水产养殖业"、"世界养殖水产品贸易面临的挑战"、"世界养殖水产品贸易的优势与发展机遇"、"未来水产养殖业及其全球贸易展望"和"中国专题"等议题发表演讲,交流共享水产养殖产品、加工技术、质量控制技术和贸易新品种等最新动态,以进一步提升中国水产养殖业的全球竞争力。

二、水产品出口面临哪些壁垒

近年来,随着经济全球化和贸易自由化进程的加快,关税逐渐降低。但以技术法规、技术标准、认证制度等为主要内容的非关税贸易壁垒凸显出来,成为最普遍、最难以应对的贸易壁垒。

1. 技术性贸易壁垒

技术性贸易壁垒变得更加复杂和隐蔽,现已经成为中国水产品出口面临的第一大非关税贸易壁垒。2001 年以来,欧盟对中国动物源性产品进口设限,美、日、韩等国的商家也拼命压价,导致中国水产品出口十分困难。

国内企业为保住客户,只有降低产品出口价格,致使利润大幅下降;同时国内相关企业又怕价格放得过低,引起对方国家反倾销制裁,有时被迫放弃到手的订单。

2. 绿色壁垒

绿色壁垒,从本质上说应该是技术性贸易壁垒的一种,它主要是以保护环境和保证人类健康为借口,比其他技术性壁垒更具隐蔽性。在保护环境的名义下,通过立法手段,制定发展中国家很难达到的强制性技术标准,限制产品进口,尤其是生态标签问题,将会成为发展中国家一个重要的而难以逾越的"绿色壁垒"。

中国外贸企业为了获得国外的"绿色通行证",一方面要花费大量无关生产的费用;另一方面还要支付不菲的认证申请费和标志使用费。一些发达国家通过对中国出口货物征收"绿色关税",使这些产品在激烈的国际竞争中丧失价格优势,制约中国外向型水产业的发展。

3. 数字壁垒

数字壁垒又叫信息技术壁垒,是指与贸易有关的信息表述同进口国的表述不衔接,不符合进口国的要求,造成贸易的信息技术壁垒。如进口方采取网上通告、网上订购、网上支付、网上交易等贸易方式,而中国大部分水产品出口企业仍采取传统的贸易方式。

水产业以电子商务的形式出现和电子商务的普及应用应该是一个必然的发展趋势。但目前国内的水产网站大多数处在起步阶段,尤其是在网络的应用上,中小企业基本处于应付阶段,网络普及的差距形成了"数字壁垒"。

4. 装备壁垒

出口水产品质量不高、药物残留超标和反倾销等问题,已经成为制约中国扩大水产品出口的重要因素。中国质检部门现有的技术状况及能力,同一些发达国家的检测水平相比,还有比较大的差距。如美国、加拿大和欧盟对小龙虾和对虾中氯霉素含量的测试能达到 0.3×10^{-9} 的水平,而我们现在还做不到。由于我们的检测手段、方法跟不上,缺少相应设备,达不到进口国的要求,从而限制和影响了水产品出口企业的发展。

三、对美出口水产品注意问题

中国是世界水产品出口大国,而美国是中国水产品的第二大出口市场,如何增加对美水产品的出口,是中国水产行业发展的重要问题。然而,美国也是一个水产品壁垒高筑的市场,中国水产品出口美国,防范反倾销,必须注意以下 3 个问题(见彩图 11-7)。

1. 了解美国法规,从容应对

美国规定,对美出口的水产品企业必须建立 HACCP 水产品质量保证体系,否则其产品不得进入美国市场。中国水产品企业必须首先通过国家检验检疫机构的评审,取得输美水产品 HACCP 验证证书,并经美国食品药物管理局(FDA)备案后,才能进入美国市场。美国对进口水产品实施的抽样检测制度十分严格。FDA 规定,水产品中不得检出致病菌、单胞增生李斯特菌和霍乱弧菌,并且对细菌总数、沙门氏菌、致病性大肠杆菌、金黄色葡萄球菌有严格的限量指标。

自从 2002 年 5 月从中国进口的虾产品中检出超标的氯霉素后,美国对中国出口的动物源性食品安全问题极其关注。FDA 要求在水产品抽查检测 221 类农药、抗生素和兴奋剂类残留,并明文规定氯霉素和磺胺等 11 种药物禁止使用。目前,美国还正在研究灵敏度更高的方法,计划进一步将氯霉素限量从目前的 0.3×10^{-9} 提高到 0.1×10^{-9}。

美国还对来自中国的水产品氯霉素的检测加大了抽样比例,只要有 1 个样品的检测结果为阳性,整批产品就判为不合格。

一旦在水产品中检出问题,除了对该批货物进行销毁、退货等处理外,美方将把该批食品的生产加工企业列入不经检验即自动扣留的名单中。此外,对水产品的生产企业,FDA 还需重新审核 HACCP 质量控制体系。如果从一个地区的某一产品中检出的问题较普遍,则会将整个地区列入 DWPE 名单。

2. 严把质量关,团结协作

要想扩大水产品的出口,中国水产品企业必须要加强协作,严把质量关,避免低价倾销,共同开拓海外市场。如果我们的企业在水产品出口中,为了保住自己的客户竞相压价,争个你死我活,结果却可能招致反倾销,造成两败俱伤。美国 1996 年开始对中国淡水小龙虾征收高达 260% 的反倾销税,正是一个惨痛的教训。

此外,各水产品出口企业还不能存在侥幸心理。因为一批产品一个指标的不合格,引发的不只是一个企业的损失,而会招致输入国对该地区甚至全国同类产品的封杀。

3. 提高技术水平,应对新型壁垒

水产品质量不高和药物残留超标,已经成为制约中国扩大水产品出口的重要因素。但中国质检部门现有的技术状况及能力,同一些发达国家相比,还有比较大的差距。美国对小龙虾和对虾中氯霉素含量的测试能达到 0.3×10^{-9} 的水平,而我们现在还做不到。由于我们的检测手段、方法跟不上,缺少相应设备,达不到进口国的要求,从而限制和影响了水产品出口企业的发展。

另外,美国进口企业还经常采取网上通告、网上订购、网上支付、网上交易等电子商务方式,而中国大部分水产品出口企业仍采取传统的贸易方式,这种网络普及差距形成的新型"数字壁垒"也影响了中国水产品出口的进一步发展。

第六节　日本河豚鱼产业考察

日本是位于亚洲东部的一个岛国,总面积为 377 835 平方千米,其中北海道、九州、本州及四国四大岛的面积就占了国土面积的 99.37%。日本海岸线长 33 889 千米,领海面积 31 万平方千米(见彩图 11-8)。日本是河豚鱼捕捞、养殖和消费大国,本州岛最西端的山口县下关市,拥有世界最大的河豚鱼批发市场。每年 4—5 月,下关市都举办"河豚鱼节",包括有河豚鱼祭祀、美食品尝、幼鱼放生等民俗活动。为了解日本河豚鱼产业的现状,学习其成功经验,中国渔业协会河豚鱼分会组织 12 个会员单位,于 2012 年 4 月底到日本考察,参加第 73 届河豚鱼祭活动,通过考察,对日本的河豚产业有了新的认识,借鉴其经验,加强交流合作,以推动中国河豚产业的健康发展。

一、参观考察活动

考察团原计划于 4 月 25 日 15 时在日本福冈机场集合乘车到长崎。但由于天气原因,从中国各地飞往福冈的航班都延误,赶往长崎住处已是凌晨 2 点,3 点钟就乘车去长崎鱼市场考察。

1. 长崎鱼市场

凌晨 3 点开始,捕鱼船陆续靠岸,将收获的鲜鱼海味分类包装,整齐摆放,等待客户。只做批发生意的海鲜市场 5 点钟开始营业,将当天捕获的鲜鱼销往各分销商。日方介绍,长崎鱼市场现年销量约 12 万吨,1995 年时曾达 20 万吨。1986 年起中国有水产品在此销售,最多时一年有 1.2 万吨,营业额 40 多亿日元,近年销售量下降到 3 000 吨左右。日本核电事故后,水产品上市减少,但价格上升(见彩图 11-9)。

2. 熊本养殖基地

熊本天草参观拓洋水产株式会社金枪鱼养殖基地,直径长达 50 米的圆形网箱养殖个体超过 50 千克的蓝鳍金枪鱼 1 600 余尾。整个养殖场有 3 万余尾(单尾售价人民币超过万元)金枪鱼和 300 万尾的真鲷。如此大的养殖场只有几个工作人员,饲料投喂机械化,让人望尘莫及(见彩图 11-10)。

3. 下关唐户鱼市场

下关唐户水族馆,养殖展示 200 余种河豚。鼎盛时期,下关唐户鱼场集中了日本 80%的河豚交易,现在仍是最重要的河豚交易市场,日本一半以上的河豚从这里发往全国各地(见彩图 11-11)。

二、日本渔业生产

日本北海道渔场是世界最著名的三大渔场之一,渔业资源丰富,是世界上渔业最发达的国家之一。

1. 发展历程

日本 1950 年渔业产量(简称渔产量) 337 万吨,占当年世界渔产量 2 010 万吨的 17%;20 世纪 60 年代以来,日本的渔产量大幅增加,1962 年达 688 万吨,也占当年世界渔产量 4 096 万吨的 17%;1972 年突破 1 000 万吨,达 1 027 万吨,占当年世界渔产量 5 793 万吨的 18%;1975 年渔产量 1 054.5 万吨,占当年世界渔产量 6 648.7 万吨的 16%;1980 年 1 112.2 万吨,占当年世界渔产量 7 209 万吨的 15%;日本的渔产量在 1984 年达到最高值 1 282 万吨。1985 年 1 219.7 万吨,占当年世界渔产量 8 494.5 万吨的 14%。

近 20 年来,日本渔产量呈逐步下降趋势,1989 年开始连续减产,至 1997 年渔产量降至 672.3 万吨,2000 年降至 574.8 万吨,2005 年渔产量降为 505.9 万吨。2010 年渔产量降到 476.2 万吨,是 1960 年以后 50 年来的最低产量。

2. 渔业地位

日本鱼产量原来历居世界首位,但到 1989 年,日本的鱼产量被中国超过,屈居第二;1997 年被秘鲁超过屈居第三,2001 年被美国超过居第四;2004 年以后逐年被印度尼西亚、印度、越南超过,居第五、第六、第七大渔业国。

2010 年,日本鱼产量占当年世界鱼产量 14 847.6 万吨的 3.2%;在中国、印度、印度尼西亚、越南、美国之后,居第六位;其中捕捞产量 404.4 万吨,占当年世界渔业捕捞产量 8 860.4 万吨的 4.5%,超过越南,但在秘鲁、俄罗斯之后,居第七位。

3. 水产品消费

水产品是日本人饮食生活中不可缺少的食物,占日本人均动物性蛋白质摄取量的 40%以上。日本是水产品消费大国,2004 年国内的水产品消费量为 1 048 万吨,比上年减少 5%。其中食用水产品消费量占 80%,约相当于每人消费 62.7 千克。如果把不可食用部分除去,大约每人消费 34.5 千克。2004 年,日本食用水产品的自给率为 55%,低于 2003 年的 57%。据统计,2005 年海藻类自给率为 65%。

三、日本河豚产业

日本是世界上吃河豚最多的国家,也是养殖河豚最早、最多的国家之一。

1. 河豚市场

下关市拥有日本最大的河豚批发市场,河豚不但数量多,品种也很多。有活的河豚,也有冰冻的河豚;有野生的,也有养殖的。野生的河豚不多,价格很贵;人工养殖河豚的价格相对便宜些。

繁荣的河豚市场里,人涌如潮,有不少人戴着红色与黄色帽子,这是河豚经营的经纪人。红帽子代表着卖方,黄帽子代表着买方。戴红帽子的人与戴黄帽子的人,都把一只手伸到一个黑色的筒袋中,他们在讲价讨价。人们可以看到,一位经纪人面上有点无可奈何,另一位经纪人面上却荡漾着笑容。很快,筒袋子里又动起来。

几经较量后,筒袋子"停战"了。两个经纪人面上都露出笑容。这样,他们的生意成交了……

在下关唐户鱼市场内可参观拍卖现场,逢周末,场内还设有各种摊点,以新鲜海产品为原料,加工成各种美食供游客品尝(见彩图11-12)。

2. 河豚料理

河豚料理在日本随处可见,仅东京就有超过 1 500 家特别的餐馆烹烧河豚菜。一般河豚料理店为食客提供包括河豚刺身和河豚火锅等在内的河豚全席套餐,同一条河豚经河豚料理师精湛的手艺加工后,会以近似于艺术品的形式出现在食客的面前。这种河豚全席套餐一般包括河豚刺身、余河豚鱼皮或河豚鱼皮冻、烤河豚、炸河豚、河豚火锅,最后还有河豚鱼烩饭等,喝酒的人别忘了点一杯河豚翅酒。

河豚刺身最能代表河豚的原味,由于河豚肉较其他鱼肉有嚼头,吃时夹 2~3 片,沾上放有葱花和辣味萝卜泥、由柚子汁和醋调制的调料,味道鲜美。

尽管如此,河豚在日本始终属于高档食材,河豚料理的价格不菲,不是大众消费的。零点难以品尝河豚料理的全套味道,一般要吃套餐,一个人要 6 000~20 000 日圆。初到日本旅游尝鲜,一般选择每人含酒水不超过 8 000 日圆的套餐,应该是比较合适的价格。

3. 河豚产业管理

日本历史上也曾颁令禁食河豚。明治时代,当时的内阁总理大臣伊藤博文到访下关,当地官员献上河豚,伊藤食后直叹天下绝味。自此,下关成了日本最早解除禁令的地方。由于采用特许经营制度,河豚在日本被视为高级食品,在人均消费约 1 000 元人民币的料理店,也往往才能吃到几片河豚生鱼片。

在下关,河豚的经营者有自己的组织:下关市河豚联盟。这个组织每年都会举行"河豚供养祭",延续至今已是 73 届。这些河豚的经营者,以宗教般的虔诚,感谢这条鱼给这座城市,给业者带来的福祉。

四、日本河豚文化

在日本,尤其是在下关已经把河豚发展成为一种城市的旅游文化。他不再仅仅是一条鱼,已经被日本人民供奉为一种神灵,称为"福神"。在下关已经把日语"ふぐ"(河豚的日语发音)改为"ふく"只因其与"福"字发音相同,吃河豚,和悬挂河豚饰物有招来福气之寓意。

1. 河豚圣地下关

下关是日本河豚的圣地,有日本"河豚之都"的美誉。日本历史上因伊藤博文吃河豚而促使河豚市场放开的春帆楼就在下关市唐户鱼市场附近,这是日本最有名的河豚馆。日本的天皇、皇后都到下关吃河豚。

在下关,河豚是这个城市的标志,城市内河豚的图样随处可见,就连市旗和市徽也有河豚的图样。商场内的货架上,河豚产品及可爱河豚图案的纪念品琳琅满目。街面上河豚料理店星罗棋布。电话亭、下水井盖、路标、指示牌、高速入口、公交车都有河豚的形状及图案。下关还专门建造了世界唯一的河豚水族馆,收录了世界上发现的200多种河豚,同时展示河豚的相关知识,供游人参观。

下关的河豚文化气氛非常浓厚,在超市里、饭店里、专业河豚市场里、水产品市场里,到处可以看到各种形态的河豚雕塑,可以买到种类繁多的河豚加工产品和各种各样的以河豚为主题的河豚旅游纪念品。

2. 河豚供养祭活动

下关一年一度的"河豚供养祭",举办的单位是下关河豚联盟和观光协会。

在主席台前放着神龛,蜡烛点燃辉映。摆台中间的水族箱中游动着几条硕大的河豚。作为背景的帷幔上印着水草与河豚图案,靠前的帷幔上写着"河豚供养祭"几个字,台前四周整齐摆放着像花圈一样的装饰物,和尚们正襟危坐其中,真有点超度亡灵的感觉。这种庄重的祭祀活动不难看出日本人对河豚的崇敬、尊重和虔诚,把它作为心中的神灵来看待了。

会议现场有日本喇嘛诵经,各阶层人士发表演讲,有文艺演出,有游行活动等,好不热闹。日本喇嘛诵经过后,紧接着划着小船到河面去,将数十条河豚放生,这个仪式结束以后,河豚的季节也就结束了(见彩图11-13)。

3. 设置千人河豚锅

河豚供养祭期间,举办方既向人们展示诱人的美味,又让民众一起放养可爱的河豚幼鱼,还设置"千人河豚锅",供去鱼祭节的人吃河豚。每年鱼祭节,都有大批的市民与游人前往下关吃河豚。据说这一种祭祀活动,参加人数众多,有政界、商界、协会、普通民众和来自国外的朋友。

这是一场纯粹的祭祀活动,所有到场的人都要自己出资解决吃饭问题,包括市长、议员都要自己掏腰包,没有车队,没有开路警察,一切祭祀活动都在指定地点进行。人人平等没有特权。

第七节　广东鳗业质量管理

2002年出口日本鳗鱼发生"磺胺类药残"事件,对中国鳗鱼出口造成重大打击,鳗鱼的质量安全问题引起有关主管部门的进一步重视。广东省渔业主管部门和广东省出入境检验检疫局制定了有关加强质量安全的规章制度,广东省鳗鱼业协会在多次会议上要求会员做好质量安全生产工作。为了进一步了解鳗业生产情况,特别是质量安全生产方面的情况,调查生产中存在的问题并探讨解决办法,广东省鳗鱼业协会组织调研组对广东鳗业情况进行了调研。调研组由广东省鳗鱼业协会会长带队,参加人员有广东省鳗鱼业协会秘书长、副秘书长等人,于2003年3月10—14日到汕头、潮州、顺德等几个主要养鳗市进行调研。广东省民间组织管理局、中共广东省委政策研究室也应邀派人参加了对顺德的调研。

一、鳗业质量管理情况

2002 年广东省养鳗面积 7.2 万亩,产量 6.76 万吨,出口烤鳗 1.28 万吨,创汇 1.13 亿美元,与 2001 年相比,面积减少 3.15 万亩, 产量增加 0.2 万吨,出口烤鳗减少 0.2 万吨,创汇减少近 0.4 亿美元。广东省养鳗现主要集中在珠江三角洲的顺德、江门、中山和潮汕地区的汕头、潮州等地。2003 年上半年,鳗价逐步回升,生产形势有所好转。归纳起来,有以下几个特点。

1. 养鳗场生产管理较为规范

广东出入境检验检疫部门为加强对出口鳗场的管理,建立了出口鳗场登记注册制度,对申请办理出口登记的鳗场在养殖规模、生产设施设备、生产操作、养殖用水等方面都提出了较高的要求,所有审查、检测、发证等工作都由其包办,目前广东省已发证 120 多个(部分只有证号)。每个有证的鳗场,在每一批商品鳗出塘前,(潮汕地区)检疫部门都要到场检验检测。

这些养鳗场按照生产无公害食品的要求,选择在水源水质良好的地方建场,整治好排灌设施,使排灌渠分开,配备一定面积的沉淀池、消毒池(渠),养殖用水先经过过滤、沉淀、消毒才注入池塘,养殖全过程注重对水质的处理。各个场按出入境检验检疫部门的要求, 做好日常生产记录和用药情况登记,建有专门的药品仓和饲料仓库,药品分类整齐摆放。根据有关规范和规定并结合自身场的特点,建立养殖场的各项规章制度和生产操作规程,以确保生产出无公害食品(见彩图 11-14)。

2. 烤鳗厂高度重视质量安全

烤鳗厂都配备了必要的质量检验检测仪器设备和专职技术人员,对每一批原料鳗进行检测,对半成品、成品按要求进行抽检,检查其重金属含量、12 种药物及抗生素残留情况。烤鳗厂在加工各个环节都充分重视质量安全问题。饶平县烤鳗厂还很重视对员工的培训工作,不定期对员工进行生产技术培训,饶平县永信食品公司在烤鳗厂投产前专门请检验检疫部门的同志对员工进行培训

（见彩图 11-15）。

3. 鳗鱼养殖规模保持稳定

广东省鳗鱼养殖规模在 2003 年将保持稳定，到目前为止广东省已投鳗苗 7 300 余万尾，其中日本鳗苗 6 800 余万尾，欧洲鳗苗500 万尾，与去年同期基本持平。粤东地区四市（汕头、潮州、揭阳、河源），已投 1 700 万日本苗，400 多万欧洲鳗苗，库存鳗鱼约 1 710 万尾。顺德养鳗企业（包括中国台湾省、江苏合作企业）已投放鳗种近 4 000 万尾，估计最终投苗在 5 500 万~6 000 万尾，都在黑仔培育阶段，投苗量预计与去年持平，养殖面积估计也与去年持平，据行家预测存塘鳗鱼 0.6 万~0.65 万吨。粤东和顺德养鳗企业都在积极改善池塘生产条件，同时积极发展外延养鳗业，使养鳗业向水源水质好的地方（如河源、台山等地）转移。

4. 鳗业从业人员团结一致

广东省鳗鱼业协会的成立，使鳗业从业人员有了一个属于自己的家，以往鳗业界一盘散沙各自为政的情况有了较大改善。会员之间联系较紧密，互相学习共同提高，为了行业的持续稳定发展，共同遵守政府部门制定的有关规定，一起执行有关生产标准，为了共同的利益，行动协调一致。粤东会员在这方面表现得尤其突出（见彩图 11-16）。

5. 鳗鱼年报统计与实际情况有出入

这个情况在潮汕地区较为普遍。据业内人士反映，2002 年汕头市鳗鱼产量超过 600 吨，而年报数字为 384 吨，潮州市产量超过 1 600 吨，年报为 1 025 吨。据了解，县、乡镇不愿按实际报产量可能与农业特产税有关。

二、鳗业质量管理问题

广东省鳗鱼业协会调研组参观了汕头鳗联股份公司所属的溪西养鳗场和金山养鳗场、澄海和隆实业公司溪南鳗场、顺德伍桂信养鳗场等鳗鱼养殖场，也参观了汕头鳗联股份公司烤鳗厂、潮州华海集团两个烤鳗加工区、饶平县烤鳗厂、饶平县永信食品有限公司

(未投产)、顺德禾荣食品公司等烤鳗企业,并分别在汕头、顺德与鳗业界有关人员进行了座谈。调研中对鳗业质量管理提出如下问题。

1. 广东、福建对鳗鱼产品出口监管不一致

与广东做法不同,福建采用出口鳗场登记报备制度,由检疫部门、渔业主管部门委托行业协会对鳗场进行审查,审查合格后发给报备登记卡,目前已发卡 750 多个,每一批鳗出塘前检疫部门一般不用到场检查,只需向收购商提供登记报备卡号就行。福建检疫部门承认广东鳗场提供的出口登记证,福建烤鳗厂到广东采购的鳗鱼均能加工出口。据业内人士反映,潮汕检疫部门不承认福建鳗场有关出口证明,潮汕各烤鳗厂到福建采购的鳗鱼不能用于加工出口。

广东鳗业从业人员对检疫部门严格监管都持支持和欢迎态度,但由于现阶段检疫部门人手少,市县级检疫部门缺乏检测设备,活鳗及烤鳗加工检测手续繁琐,检测时间长(不少样品要送省级部门检测),如烤鳗出口从送检至领取换证凭证须半个月的时间,且检测费用高(潮汕地区批批收费,每批收费 6 000 余元)。加上福建监管更方便有利于企业出口,于是不少鳗场情愿将鳗鱼卖给福建收购商,减少很多麻烦,省一笔检测费多了一些收益,由此造成广东活鳗大量流入福建,经福建加工出口,影响广东鳗鱼出口创汇。这种现象不加改变,广东将成为福建的鳗鱼原料基地,影响广东省的鳗鱼出口创汇。2002 年福建鳗鱼产量为 7.29 万吨,出口量 4.83 万吨,出口创汇 3.74 亿美元(比广东多 2.6 亿美元)。据了解,自从广东检疫部门加强对出口网箱养鱼的监管,不少网箱养鱼被贩卖到浙江、福建,然后再经浙江、福建出口。这个问题应引起有关主管部门的重视。

另粤东地区四市养鳗企业反映,有不少企业于 2002 年 7 月就通过检疫部门检查,但至调研时仍未拿到出口鳗场登记注册证书,给养鳗企业造成很大损失。后几经努力,检疫部门只提供了登记证号,但证书至调研时仍没有发放。

2. 对无办理出口注册登记的鳗场缺乏监管

现有登记鳗场的养殖面积和产量只占广东省的少部分,大部分鳗场特别是中小规模鳗场由于各种原因没有去办理出口注册登记或者不够申请办理条件,检疫部门放弃了对这部分鳗场的监管。无办理出口登记的鳗场产的鳗鱼通过不同途径流入烤鳗厂或在国内销售,如不加强对它们的管理,其后果将是严重的,少数鳗场的鳗鱼质量如果出现问题,将影响整个鳗鱼行业。

3. 对渔药、饲料行业监管力度不够

现在各部门都开始重视水产品质量安全问题,也组织过一些针对渔药、饲料行业的检查,但监管力度不够。现在销售的渔药仍未标明有效成分,渔药店开处方人员许多不具备从业资格。鳗鱼饲料没有标明添加剂成分和含量,在此次调研中粤东某企业反映,该企业从市面上销售的几种鳗鱼饲料中(包括一些大厂生产的)检测出磺胺类药物,但饲料包装上并没有特别注明。

4. 企业实力较弱,市场开拓能力不足

现阶段广东省鳗业企业规模偏小,企业实力较弱,市场开拓能力不足,销售市场还是主要集中在日本,国内市场开拓进展缓慢,而所有在日本市场销售的中国鳗鱼产品都只标明产地为"中国",如果某一企业出口产品质量出现问题,将影响整个中国鳗鱼产品在日本市场的销售。

三、加强质量管理建议

广东省鳗鱼业协会通过这次调研,广泛接触养鳗企业和加工厂,与鳗业界有关人员座谈交流,对加强鳗业质量管理提出不少建议,整理如下。

1. 建设质量保障体系

建议渔业主管部门加大对渔药、饲料行业的监管力度,抓好鳗鱼产品质量安全保障体系建设。加强对渔药、饲料生产和销售的检查监督,抓紧制定有关规定,使渔药标明其有效成分、饲料标明添加剂成分和含量在市场销售。不定期抽检鳗场、烤鳗厂产品,加

大对不规范鳗场、烤鳗厂的处罚力度。加强对中小鳗场的监管。主动与广东省检验检疫部门加强沟通、协调,在制定有关政策、规定时取得一致。建议广东省渔业主管部门参照福建省做法,赋予广东省鳗鱼业协会苗种管理、生产检查监督等一些必要职能,使协会能更好地协助渔业主管部门做好工作。

2.扩大出口鳗场登记

建议出入境检验检疫部门扩大出口鳗场登记证覆盖面,更好地为企业出口创汇服务。对检查合格的鳗场,抓紧做好发放出口鳗场注册登记证的工作;添置检测设备、多建检测中心,缩短检测所需时间,降低检测费用,及时提供检测结果;学习海关的相关做法,建立信用制度,对部分信誉良好的场(厂)实行免检政策;加强与广东省渔业主管部门和广东省鳗鱼业协会密切联系,共同做好出口鳗场的注册登记工作,扩大登记证覆盖面,确保鳗鱼产品的质量安全。

3.加强技术培训工作

所有鳗鱼产品都是场(厂)员工具体生产操作的结果,如果员工不按照规范操作,即使有最先进的技术和设备,也难保生产出来的产品符合质量安全标准。所以应做好对员工的培训工作,更新他们的知识,提高技术水平,加强其质量安全意识,使他们严格按有关规范(规程)生产操作。

4.做好市场开拓工作

创建广东鳗鱼品牌,扩大出口,同时积极开拓国内市场。由于日本某些传媒的负面报道,日本国民现不放心吃中国鳗鱼,日本进口商也担心加工原料鳗的质量问题。现中国鳗鱼产品在日本销售情况不甚理想,售价比日本产的低200%。为扩大广东鳗鱼的出口,一定要在日本创立广东鳗鱼品牌。鳗业企业强烈呼吁农业部、广东省有关部门建立专项资金,协助行业协会和出口企业做好市场开拓工作:一是可通过中国驻日使馆商务处和日本鳗鱼输入组合等单位,加强与日本鳗业界的沟通与联系,在日本媒体做产品宣传,树立中国鳗鱼产品形象,摆脱日本媒体负面报道影响;二是协助出口企业在日本创立品牌,建立销售网络;三是通过在国内举办"鳗鱼节"、"品尝会"等多种形式,加强国内的宣传,开拓国内市场。广东省鳗鱼业协会拟利用广东水产品西部展销会的时机组织烤鳗企业搞产品展销宣传。

5.引导行业健康发展

要扶持行业协会的发展,发挥协会的作用,协调和规范行业行为,避免行业内的不良竞争,引导行业健康发展。建议广东省渔业主管部门和省检验检疫部门发挥行业协会的作用,可委托其协助做好出口鳗场注册登记工作,不定期抽查养鳗场的生产管理、使用药物与饲料的情况,做到生产过程的监管控制,以保证产品质量。协会应经常组织会员交流鳗业形势,调控养殖规模;开展技术培训,共同提高养殖技术,改进加工工艺,提高产品质量安全;聚集行业力量,做好行业宣传,开拓市场;开展行业检测,检测鳗鱼产品质量,检测渔药饲料成分,并将检测结果在"协会通讯"上公布,推荐优质产品。

四、活鳗出口大幅增加

2004 年,鳗农们都在喜滋滋地清点着过去一年的收成。继 2003 年之后,广东鳗农的收入又上了一个台阶,2004 年全年,他们共出口活鳗 9 388 吨,比上年增长 61.9%,比最低谷的 2002 年增长 4.7 倍,连续两年创历史新高。同时,活鳗出口收购价迅速走出低谷并保持明显增长势头,从 2002 年每吨 2.8 万元的历史最低价位上扬到 2004 年的每吨 9.3 万元的高位,广东活鳗已经在日韩等海外市场树立了高质量的声誉。

2002 年 4 月,日本方面以药残超标为由,首次对中国内地进口的活鳗实施特别检查措施,致使广东活鳗停止输日近半年。要从根本上解决药残超标问题,必须加强对养殖场源头的管理。当年 5 月,广东对近 500 家出口鳗鱼养殖场展开全面的清理整顿,重新登记备案。按照统一标准、异地评审、两级审核、宁缺毋滥、寓宣传和教育于评审中的原则,通过严格评审,最后清理淘汰了一部分规模小、条件差、管理不善的养殖场,133 家具有较大规模、管理规范的养殖场通过评审并获得登记备案资格。到 2002 年 7 月鳗鱼恢复出口时,登记养殖场的鳗鱼收购价比其他省份及非登记养殖场每吨高出 3 000~4 000 元。登记备案养殖场在生产管理、卫生防疫以及药物、饲料使用等方面全面走上规范化管理道路。

2004 年年初,由于受日本国内市场等因素影响,中国烤鳗出口再次因药残超标而被"紧急叫停",许多出口活鳗养殖场受到"株连"。根据国家有关部门的部署,广东再次在 2004 年 7 月对养殖场出口活鳗资格进行"洗牌",并从广东鳗鱼养殖业长远发展考虑,适当给予新开发的具有较大养殖规模和较高管理水平的养殖场政策倾斜。经严格评审,有 75 家养殖场在日韩顺利通过备案,使得 2004 年广东活鳗出口再创纪录。

附　录

一、水产养殖质量安全管理规定
（农业部令第 31 号）

《水产养殖质量安全管理规定》，已于 2003 年 7 月 14 日经农业部第 18 次常务会议审议通过，现予发布，自 2003 年 9 月 1 日起实施。

部长：杜青林
二〇〇三年七月二十四日

第一章　总　则

第一条　为提高养殖水产品质量安全水平，保护渔业生态环境，促进水产养殖业的健康发展，根据《中华人民共和国渔业法》等法律、行政法规，制定本规定。

第二条　在中华人民共和国境内从事水产养殖的单位和个人，应当遵守本规定。

第三条　农业部主管全国水产养殖质量安全管理工作。

县级以上地方各级人民政府渔业行政主管部门主管本行政区域内水产养殖质量安全管理工作。

第四条 国家鼓励水产养殖单位和个人发展健康养殖,减少水产养殖病害发生;控制养殖用药,保证养殖水产品质量安全;推广生态养殖,保护养殖环境。

国家鼓励水产养殖单位和个人依照有关规定申请无公害农产品认证。

第二章 养殖用水

第五条 水产养殖用水应当符合农业部《无公害食品海水养殖用水水质》(NY 5052-2001)或《无公害食品淡水养殖用水水质》(NY 5051—2001)等标准,禁止将不符合水质标准的水源用于水产养殖。

第六条 水产养殖单位和个人应当定期监测养殖用水水质。

养殖用水水源受到污染时,应当立即停止使用;确需使用的,应当经过净化处理达到养殖用水水质标准。

养殖水体水质不符合养殖用水水质标准时,应当立即采取措施进行处理。经处理后仍达不到要求的,应当停止养殖活动,并向当地渔业行政主管部门报告,其养殖水产品按本规定第十三条处理。

第七条 养殖场或池塘的进排水系统应当分开。水产养殖废水排放应当达到国家规定的排放标准。

第三章 养殖生产

第八条 县级以上地方各级人民政府渔业行政主管部门应当根据水产养殖规划要求,合理确定用于水产养殖的水域和滩涂,同时根据水域滩涂环境状况划分养殖功能区,合理安排养殖生产布局,科学确定养殖规模、养殖方式。

第九条 使用水域、滩涂从事水产养殖的单位和个人应当按有关规定申领养殖证,并按核准的区域、规模从事养殖生产。

第十条 水产养殖生产应当符合国家有关养殖技术规范操作要求。水产养殖单位和个人应当配置与养殖水体和生产能力相适应的水处理设施和相应的水质、水生生物检测等基础性仪器设备。

水产养殖使用的苗种应当符合国家或地方质量标准。

第十一条　水产养殖专业技术人员应当逐步按国家有关就业准入要求,经过职业技能培训并获得职业资格证书后,方能上岗。

第十二条　水产养殖单位和个人应当填写《水产养殖生产记录》(格式见附件1),记载养殖种类、苗种来源及生长情况、饲料来源及投喂情况、水质变化等内容。《水产养殖生产记录》应当保存至该批水产品全部销售后2年以上。

第十三条　销售的养殖水产品应当符合国家或地方的有关标准。不符合标准的产品应当进行净化处理,净化处理后仍不符合标准的产品禁止销售。

第十四条　水产养殖单位销售自养水产品应当附具《产品标签》(格式见附件2),注明单位名称、地址,产品种类、规格,出池日期等。

第四章　渔用饲料和水产养殖用药

第十五条　使用渔用饲料应当符合《饲料和饲料添加剂管理条例》和农业部《无公害食品渔用饲料安全限量》(NY 5072-2002)。鼓励使用配合饲料。限制直接投喂冰鲜(冻)饵料,防止残饵污染水质。

禁止使用无产品质量标准、无质量检验合格证、无生产许可证和产品批准文号的饲料、饲料添加剂。禁止使用变质和过期饲料。

第十六条　使用水产养殖用药应当符合《兽药管理条例》和农业部《无公害食品渔药使用准则》(NY 5071-2002)。使用药物的养殖水产品在休药期内不得用于人类食品消费。

禁止使用假、劣兽药及农业部规定禁止使用的药品、其他化合物和生物制剂。原料药不得直接用于水产养殖。

第十七条　水产养殖单位和个人应当按照水产养殖用药使用说明书的要求或在水生生物病害防治员的指导下科学用药。

水生生物病害防治员应当按照有关就业准入的要求,经过职业技能培训并获得职业资格证书后,方能上岗。

第十八条　水产养殖单位和个人应当填写《水产养殖用药记录》(格式见附件3),记载病害发生情况,主要症状,用药名称、时间、用量等内容。《水产养殖用药记录》应当保存至该批水产品全部销售后 2 年以上。

第十九条　各级渔业行政主管部门和技术推广机构应当加强水产养殖用药安全使用的宣传、培训和技术指导工作。

第二十条　农业部负责制定全国养殖水产品药物残留监控计划,并组织实施。

县级以上地方各级人民政府渔业行政主管部门负责本行政区域内养殖水产品药物残留的监控工作。

第二十一条　水产养殖单位和个人应当接受县级以上人民政府渔业行政主管部门组织的养殖水产品药物残留抽样检测。

第五章　附　则

第二十二条　本规定用语定义:

健康养殖　指通过采用投放无疫病苗种、投喂全价饲料及人为控制养殖环境条件等技术措施,使养殖生物保持最适宜生长和发育的状态,实现减少养殖病害发生、提高产品质量的一种养殖方式。

生态养殖　指根据不同养殖生物间的共生互补原理,利用自然界物质循环系统,在一定的养殖空间和区域内,通过相应的技术和管理措施,使不同生物在同一环境中共同生长,实现保持生态平衡、提高养殖效益的一种养殖方式。

第二十三条　违反本规定的,依照《中华人民共和国渔业法》、《兽药管理条例》和《饲料和饲料添加剂管理条例》等法律法规进行处罚。

第二十四条　本规定由农业部负责解释。

第二十五条　本规定自 2003 年 9 月 1 日起施行。

二、渔业水质标准

（GB 11607—89）

《渔业水质标准》由国家环境保护局于 1989 年 8 月 12 日批准，1990 年 3 月 1 日实施。

为贯彻执行中华人民共和国《环境保护法》、《水污染防治法》和《海洋环境保护法》、《渔业法》，防止和控制渔业水域水质污染，保证鱼、贝、藻类正常生长、繁殖和水产品的质量，特制订本标准。

1. 主题内容与适用范围

本标准适用鱼虾类的产卵场、索饵、越冬场、洄游通道和水产增养殖区等海、淡水的渔业水域。

2. 引用标准

GB 5750	生活饮用水标准检验法		
GB 6920	水质	pH 值的测定	玻璃电极法
GB 7467	水质	六价铬的测定	二碳酰二肼分光光度法
GB 7468	水质	总汞测定	冷原子吸收分光光度法
GB 7469	水质	总汞测定	高锰酸钾–过硫酸钾消除法双硫腙分光光度法
GB 7470	水质	铅的测定	双硫腙分光光度法
GB 7471	水质	镉的测定	双硫腙分光光度法
GB 7472	水质	锌的测定	双硫腙分光光度法
GB 7474	水质	铜的测定	二乙基二硫代氨基甲酸钠分光光度法
GB 7475	水质	铜、锌、铅、镉的测定	原子吸收分光光度法
GB 7479	水质	铵的测定	纳氏试剂比色法
GB 7481	水质	氨的测定	水杨酸分光光度法
GB 7482	水质	氟化物的测定	茜素磺酸锆目视比色法
GB 7484	水质	氟化物的测定	离子选择电极法
GB 7485	水质	总砷的测定	二乙基二硫代氨基甲酸银分光光度法
GB 7486	水质	氰化物的测定	第一部分：总氰化物的测定

续表

GB 5750		生活饮用水标准检验法	
GB 7488	水质	五日生化需氧量（BOD5）	稀释与接种法
GB 7489	水质	溶解氧的测定	碘量法
GB 7490	水质	挥发酚的测定	蒸馏后4-氨基安替比林分光光度法
GB 7492	水质	六六六、滴滴涕的测定	气相色谱法
GB 8972	水质	五氯酚的测定	气相色谱法
GB 9803	水质	五氯酚钠的测定	藏红T分光光度法
GB 11891	水质	凯氏氮的测定	
GB 11901	水质	悬浮物的测定	重量法
GB 11910	水质	镍的测定	丁二铜肟分光光度法
GB 11911	水质	铁、锰的测定	火焰原子吸收分光光度法
GB 11912	水质	镍的测定	火焰原子吸收分光光度法

3. 渔业水质要求

3.1 渔业水域的水质，应符合渔业水质标准（见表1）

表1 渔业水质标准

项目序号	项目	标准值
1	色、臭、味	不得使鱼、虾、贝、藻类带有异色、异臭、异味
2	漂浮物质	水面不得出现明显油膜或浮沫
3	悬浮物质	人为增加的量不得超过10毫克/升，而且悬浮物质沉积于底部后，不得对鱼、虾、贝类产生有害的影响
4	pH 值	淡水为6.5～8.5，海水为7.0～8.5
5	溶解氧（毫克·升$^{-1}$）	连续24小时中，16小时以上必须大于5，其余任何时候不得低于3，对于鲑科鱼类栖息水域冰封期其余任何时候不得低于4
6	生化需氧量（5天，20℃）（毫克·升$^{-1}$）	不超过5，冰封期不超过3
7	总大肠菌群（个·升$^{-1}$）	不超过5 000（贝类养殖水质不超过500）
8	汞（毫克·升$^{-1}$）	≤0.000 5
9	镉（毫克·升$^{-1}$）	≤0.005

项目序号	项目	标准值
10	铅(毫克·升$^{-1}$)	≤0.05
11	铬(毫克·升$^{-1}$)	≤0.1
12	铜(毫克·升$^{-1}$)	≤0.01
13	锌(毫克·升$^{-1}$)	≤0.1
14	镍(毫克·升$^{-1}$)	≤0.05
15	砷(毫克·升$^{-1}$)	≤0.05
16	氰化物(毫克·升$^{-1}$)	≤0.005
17	硫化物(毫克·升$^{-1}$)	≤0.2
18	氟化物(以 F$^-$计) (毫克·升$^{-1}$)	≤1
19	非离子氨(毫克·升$^{-1}$)	≤0.02
20	凯氏氮(毫克·升$^{-1}$)	≤0.05
21	挥发性酚(毫克·升$^{-1}$)	≤0.005
22	黄磷(毫克·升$^{-1}$)	≤0.001
23	石油类(毫克·升$^{-1}$)	≤0.05
24	丙烯腈(毫克·升$^{-1}$)	≤0.5
25	丙烯醛(毫克·升$^{-1}$)	≤0.02
26	六六六(丙体) (毫克·升$^{-1}$)	≤0.002
27	滴滴涕(毫克·升$^{-1}$)	≤0.001
28	马拉硫磷(毫克·升$^{-1}$)	≤0.005
29	五氯酚钠(毫克·升$^{-1}$)	≤0.01
30	乐果(毫克·升$^{-1}$)	≤0.1
31	甲胺磷(毫克·升$^{-1}$)	≤1
32	甲基对硫磷 (毫克·升$^{-1}$)	≤0.0005
33	呋喃丹(毫克·升$^{-1}$)	≤0.01

附录

3.2　各项标准数值系指单项测定最高允许值。

3.3　标准值单项超标,即表明不能保证鱼、虾、贝正常生长繁殖,并产生危害,危害程度应参考背景值、渔业环境的调查数据及有关渔业水质基准资料进行综合评价。

4.　渔业水质保护

4.1　任何企、事业单位和个体经营者排放的工业废水、生活污水和有害废弃物,必须采取有效措施,保证最近渔业水域的水质符合本标准

4.2　未经处理的工业废水、生活污水和有害废弃物严禁直接排入鱼、虾类的产卵场、索饵场、越冬场和鱼、虾、贝、藻类的养殖场及珍贵水生动物保护区。

4.3　严禁向渔业水域排放含病原体的污水;如需排放此类污水,必须经过处理和严格消毒。

5.　标准实施

5.1　本标准由各级渔政监督管理部门负责监督与实施,监督实施情况,定期报告同级人民政府环境保护部门。

5.2　在执行国家有关污染物排放标准中,如不能满足地方渔业水质要求时,省、自治区、直辖市人民政府可制定严于国家有关污染排放标准的地方污染物排放标准,以保证渔业水质的要求,并报国务院环境保护部门和渔业行政主管部门备案。

5.3　本标准以外的项目,若对渔业构成明显危害时,省级渔政监督管理部门应组织有关单位制订地方补充渔业水质标准,报省级人民政府批准,并报国务院环境保护部门和渔业行政主管部门备案。

5.4　排污口所在水域形成的混合区不得影响鱼类洄游通道。

6.　水质监测

6.1　本标准各项目的监测要求,按规定分析方法(见表2)进行监测。

6.2　渔业水域的水质监测工作,由各级渔政监督管理部门组织渔业环境监测站负责执行。

表2 渔业水质分析方法

序号	项目	测定方法	试验方法标准编号
1	悬浮物质	重量法	GB 11901
2	pH 值	玻璃电极法	GB 6920
3	溶解氧	碘量法	GB 7489
4	生化需氧量	稀释与接种法	GB 7488
5	总大肠菌群	多管发酵法滤膜法	GB 5750
6	汞	冷原子吸收分光光度法	GB 7468
7	镉	高锰酸钾-过硫酸钾消解双硫腙分光光度法	GB 7469
8	铅	原子吸收分光光度法	GB 7475
9	铬	双硫腙分光光度法	GB 7471
10	铜	原子吸收分光光度法	GB 7475
11	锌	双硫腙分光光度法	GB 7470
12	镍	二苯碳酰二肼分光光度法(高锰酸盐氧)	GB 7467
13	砷	原子吸收分光光度法	GB 7475
14	氰化物	二乙基二硫代氨基甲酸钠分光光度法	GB 7474
15	硫化物	原子吸收分光光度法	GB 7475
16	氟化物	双硫腙分光光度法	GB 7472
17	非离子氨	火焰原子吸收分光光度法	GB 11912
18	凯氏氮	丁二铜肟分光光度法	GB 11910
19	挥发性酚	二乙基二硫代氨基甲酸银分光光度法	GB 7485
20	黄磷	异烟酸-吡啶啉酮比色法 吡啶-巴比妥酸比色法	GB 7486
21	石油类	对二甲氨基苯胺分光光度法	GB 7482
22	丙烯腈	茜素磺锆目视比色法	GB 7484
23	丙烯醛	离子选择电极法	GB 7479
24	六六六(丙体)	纳氏试剂比色法	GB 7481
25	滴滴涕	水杨酸分光光度法	GB 11891
26	马拉硫磷	蒸馏后4-氨基安替比林分光光度法	GB 7490
27	五氯酚钠	紫外分光光度法	GB 7492
28	乐果	高锰酸钾转化法	GB 7492
29	甲胺磷	4-乙基间苯二酚分光光度法	GB 8972
30	甲基对硫磷	气相色谱法	GB 9803
31	呋喃丹	气相色谱法	
32		气相色谱法	
33		气相色谱法	
		藏红剂分光光度法	
		气相色谱法	
		气相色谱法	

注:暂时采用下列方法,待国家标准发布后,执行国家标准。

1)渔业水质检验方法为农牧渔业部 1983 年颁布。

2)测得结果为总氨浓度。

3)地面水水质监测检验方法为中国医学科学院卫生研究所 1978 年颁布。

附录

三、无公害食品　淡水养殖用水水质

（NY 5051—2001）

前　言

本标准的全部技术内容为强制性。

本标准在 GB 11607—1989《渔业水质标准》的基础上进一步规定了淡水养殖用水中可引起残留的重金属、农药和有机物指标。本标准作为检测、评价养殖水体是否符合无公害水产品养殖环境条件要求的依据。

本标准由中华人民共和国农业部提出。

本标准起草单位:湖北省水产科学研究所。

本标准主要起草人:张汉华、朱江、葛虹、李威、张扬。

1　范围

本标准规定了淡水养殖用水水质要求、测定方法、检验规则和结果判定。

本标准适用于淡水养殖用水。

2　规范性引用文件

下列文件中的条款通过本标准的引用而成为本标准的条款。凡是注日期的引用文件,其随后所有的修改单(不包括勘误的内容)或修订版均不适用于本标准,然而,鼓励根据本标准达成协议的各方研究是否可使用这些文件的最新版本。凡是不注日期的引用文件,其最新版本适用于本标准。

GB/T 5750 生活饮用水标准检验法

GB/T 7466 水质　总铬的测定

GB/T 7468 水质　总汞的测定　冷原子吸收分光光度法

GB/T 7469 水质　总汞的测定　高锰酸钾–过硫酸钾消解法　双

硫腙分光光度法

GB/T 7470 水质 铅的测定 双硫腙分光光度法

GB/T 7471 水质 镉的测定 双硫腙分光光度法

GB/T 7472 水质 锌的测定 双硫腙分光光度法

GB/T 7473 水质 铜的测定 2,9-二甲基-1,10-菲罗啉分光光度法

GB/T 7474 水质 铜的测定 二乙基二硫代氨基甲酸钠分光光度法

GB/T 7475 水质 铜、锌、铅、镉的测定 原子吸收分光光度法

GB/T 7482 水质 氟化物的测定 茜素磺酸锆目视比色法

GB/T 7483 水质 氟化物的测定 氟试剂分光光度法

GB/T 7484 水质 氟化物的测定 离子选择电极法

GB/T 7485 水质 总砷的测定 二乙基二硫代氨基甲酸银分光光度法

GB/T 7490 水质 挥发酚的测定 蒸馏后4-氨基安替比林分光光度法

GB/T 7491 水质 挥发酚的测定 蒸馏后溴化容量法

GB/T 7492 水质 六六六、滴滴涕的测定 气相色谱法

GB/T 8538 饮用天然矿泉水检验方法

GB 11607 渔业水质标准

GB/T 12997 水质 采样方案设计技术规定

GB/T 12998 水质 采样技术指导

GB/T 12999 水质采样 样品的保存和管理技术规定

GB/T 13192 水质 有机磷农药的测定 气相色谱法

GB/T 16488 水质 石油类和动植物油的测定 红外光度法 水和废水监测分析方法

3 要求

3.1 淡水养殖水源应符合 GB 11607 规定。

3.2 淡水养殖用水水质应符合表1要求。

表1 淡水养殖用水水质要求

序号	项目	标准值
1	色、臭、味	不得使养殖水体带有异色、异臭、异味
2	总大肠菌群(个·升$^{-1}$)	≤5 000
3	汞(毫克·升$^{-1}$)	≤0. 000 5
4	镉(毫克·升$^{-1}$)	≤0. 005
5	铅(毫克·升$^{-1}$)	≤0. 05
6	铬(毫克·升$^{-1}$)	≤0. 1
7	铜(毫克·升$^{-1}$)	≤0. 01
8	锌(毫克·升$^{-1}$)	≤0. 1
9	砷(毫克·升$^{-1}$)	≤0. 05
10	氟化物(毫克·升$^{-1}$)	≤1
11	石油类(毫克·升$^{-1}$)	≤0. 05
12	挥发性酚(毫克·升$^{-1}$)	≤0. 005
13	甲基对硫磷(毫克·升$^{-1}$)	≤0. 000 5
14	马拉硫磷(毫克·升$^{-1}$)	≤0. 005
15	乐果(毫克·升$^{-1}$)	≤0. 1
16	六六六(丙体)(毫克·升$^{-1}$)	≤0. 002
17	DDT(毫克·升$^{-1}$)	≤0. 001

4 测定方法

淡水养殖用水水质测定方法见表2。

表2 淡水养殖用水水质测定方法

序号	项目	测定方法	测试方法标准编号	检测下限/(毫克·升$^{-1}$)
1	色、臭、味	感官法	GB/T 5750	—
2	总大肠菌群	(1)多管发酵法 (2)滤膜法	GB/T 5750	—
3	汞	(1)原子荧光光度法	GB/T 8538	0. 000 05
		(2)冷原子吸收分光光度法	GB/T 7468	0. 000 05
		(3)高锰酸钾-过硫酸钾消解 双硫腙分光光度 GB/T 7469		0. 002

序号	项目	测定方法		测试方法标准编号	检测下限/（毫克·升$^{-1}$）
4	镉	（1）原子吸收分光光度法		GB/T 7475	0.001
		（2）双硫腙分光光度法		GB/T 7471	0.001
5	铅	（1）原子吸收分光光度法	螯合萃取法	GB/T 7475	0.01
			直接法		0.2
		（2）双硫腙分光光度法		GB/T 7470	0.01
6	铬	二苯碳二肼分光光度法（高锰酸盐氧化法）		GB/T 7466	0.004
7	砷	（1）原子荧光光度法		GB/T 8538	0.000 4
		（2）二乙基二硫代氨基甲酸银分光光度法		GB/T 7485	0.007
8	铜	（1）原子吸收分光光度法	螯合萃取法	GB/T 7475	0.001
			直接法		0.05
		（2）二乙基二硫代氨基甲酸钠分光光度法		GB/T7474	0.010
		（3）2,9-二甲基-1,10-菲·啉分光光度法		GB/T7473	0.06
9	锌	（1）原子吸收分光光度法		GB/T 7475	0.05
		（2）双硫腙分光光度法		GB/T 7472	0.005
10	氧化物	（1）茜素磺酸锆目视比色法		GB/T 7483	0.05
		（2）氟试剂分光光度法		GB/T 7484	0.05
		（3）离子选择电极法		GB/T 7482	0.05
11	石油类	（1）红外分光光度法		GB/T 16488	0.01
		（2）非分散红外光度法			0.02
		（3）紫外分光光度法		《水和废水监测分析方法》（国家环保局）	0.05

续表

序号	项目	测定方法	测试方法标准编号	检测下限/（毫克·升⁻¹）
12	挥发酚	（1）蒸馏后4-氨基安替比林分光光度法	GB/T 7490	0.002
		（2）蒸馏后溴化容量法	GB/T 7491	—
13	甲基对硫磷	气相色谱法	GB/T 13192	0.000 42
14	马拉硫磷	气相色谱法	GB/T13192	0.000 64
15	乐果	气相色谱法	GB/T 13192	0.000 57
16	六六六	气相色谱法	GB/T 7492	0.000 04
17	DDT	气相色谱法	GB/T 7492	0.000 2

注:对同一项目有两个或两个以上测定方法的,当对测定结果有异议时,方法(1)为仲裁测定执行。

5 检验规则

检测样品的采集、贮存、运输和处理按 GB/T 12997、GB/T 12998 和 GB/T 12999 的规定执行。

6 结果判定

本标准采用单项判定法,所列指标单项超标,判定为不合格。

四、无公害食品 海水养殖用水水质
(NY 5052—2001)

前 言

本标准的全部技术内容为强制性。

本标准以现行的 GB 3097—1997《海水水质标准》和 GB 11607—1989《渔业水质标准》为基础,参考国外一些国家的相关标准,并结合国内在海水养殖环境、生物体内重金属残留、毒性毒理及微生物等方面的研究成果,以确保海水养殖产品安全性为原则,特别突出了对重金属、农药等为重点的公害物质的控制。本标准作为检测、评价海水养殖水体是否符合无公害水产品养殖环境条件要求的依据。

本标准由中华人民共和国农业部提出。

本标准主要起草单位：中国水产科学研究院黄海水产研究所。

本标准主要起草人：马绍赛、辛福言、赵俊、曲克明、崔毅、陈碧鹃。

1　范围

本标准规定了海水养殖用水水质要求、测定方法、检验规则和结果判定。

本标准适用于海水养殖用水。

2　规范性引用文件

下列文件中的条款通过本标准的引用而成为本标准的条款。凡是注日期的引用文件,其随后所有的修改单(不包括勘误的内容)或修订版均不适用于本标准,然而,鼓励根据本标准达成协议的各方研究是否可使用这些文件的最新版本。凡是不注日期的引用文件,其最新版本适用于本标准。

GB/T 7467　水质 六价铬的测定 二苯碳酰二肼分光光度法

GB/T 12763.2　海洋调查规范 海洋水文观测

GB/T 12763.4　海洋调查规范 海水化学要素观测

GB/T 13192　水质 有机磷农药的测定 气相色谱法

GB 17378(所有部分)　海洋监测规范

3　要求

海水养殖水质应符合表1要求。

表1　海水养殖水质要求

序号	项目	标准值
1	色、臭、味	海水养殖水体不得有异色、异臭、异味
2	大肠菌群(个·升$^{-1}$)	≤5 000,供人生食的贝类养殖水质≤500
3	粪大肠菌群(个·升$^{-1}$)	≤2 000,供人生食的贝类养殖水质≤140

序号	项目	标准值
4	汞(毫克·升⁻¹)	≤0.000 2
5	镉(毫克·升⁻¹)	≤0.005
6	铅(毫克·升⁻¹)	≤0.05
7	六价铬(毫克·升⁻¹)	≤0.01
8	总铬(毫克·升⁻¹)	≤0.1
9	砷(毫克·升⁻¹)	≤0.03
10	铜(毫克·升⁻¹)	≤0.01
11	锌(毫克·升⁻¹)	≤0.1
12	硒(毫克·升⁻¹)	≤0.02
13	氰化物(毫克·升⁻¹)	≤0.005
14	挥发性酚(毫克·升⁻¹)	≤0.005
15	石油类(毫克·升⁻¹)	≤0.05
16	六六六(毫克·升⁻¹)	≤0.001
17	滴滴涕(毫克·升⁻¹)	≤0.000 05
18	马拉硫磷(毫克·升⁻¹)	≤0.000 5
19	甲基对硫磷(毫克·升⁻¹)	≤0.000 5
20	乐果(毫克·升⁻¹)	≤0.1
21	多氯联苯(毫克·升⁻¹)	≤0.000 02

4　测定方法

海水养殖用水水质按表 2 提供方法进行分析测定。

表 2　海水养殖用水项目测定方法

序号	项目	分析方法	检出限 (毫克·升⁻¹)	依据标准
1	色、臭、味	(1)比色法	—	GB/T 12763.2
		(2)感官法	—	GB 17378
2	大肠菌群	(1)发酵法	—	GB 17378
		(2)滤膜法	—	GB 17378

序号	项目	分析方法	检出限 (毫克·升$^{-1}$)	依据标准
3	粪肠菌群	(1)发酵法	—	GB 17378
		(2)滤膜法	—	GB 17378
4	汞	(1)冷原子吸收 分光光度法	1.0×10^{-6}	GB 17378
		(2)金捕集冷原子 吸收分光光度法	2.7×10^{-6}	GB 17378
		(3)双硫腙分 光光度法	4.0×10^{-4}	GB 17378
5	镉	(1)双硫腙分光 光度法	3.6×10^{-3}	GB 17378
		(2)火焰原子吸收 分光光度法	9.0×10^{-5}	GB 17378
		(3)阳极溶出伏安法	9.0×10^{-5}	GB 17378
		(4)无火焰原子吸收 分光光度法	1.0×10^{-5}	GB 17378
6	铅	(1)双硫腙分 光光度法	1.4×10^{-3}	GB 17378
		(2)阳极溶出伏安法	3.0×10^{-4}	GB 17378
		(3)无火焰原子 吸收分光光度法	3.0×10^{-5}	GB 17378
		(4)火焰原子吸收 分光光度法	1.8×10^{-3}	GB 17378
7	六价铬	二苯碳酰二肼 分光光度法	4.0×10^{-3}	GB/T 7467
8	总铬	(1)二苯碳酰二肼 分光光度法	3.0×10^{-4}	GB 17378
		(2)无火焰原子 吸收分光光度法	4.0×10^{-4}	GB 17378

附 录

序号	项目	分析方法	检出限 （毫克·升$^{-1}$）	依据标准
9	砷	（1）砷化氢–硝酸银分光光度法	4.0×10^{-4}	GB 17378
		（2）氢化物发生原子吸收分光光度法	6.0×10^{-5}	GB 17378
		（3）催化极谱法	1.1×10^{-3}	GB 7485
10	铜	（1）二乙氨基二硫代甲酸钠分光光度法	8.0×10^{-5}	GB 17378
		（2）无火焰原子吸收分光光度法	2.0×10^{-4}	GB 17378
		（3）阳极溶出伏安法	6.0×10^{-4}	GB 17378
		（4）火焰原子吸收分光光度法	1.0×10^{-3}	GB 17378
11	锌	（1）双硫腙分光光度法	1.9×10^{-3}	GB 17378
		（2）阳极溶出伏安法	1.2×10^{-3}	GB 17378
		（3）火焰原子吸收分光光度法	3.1×10^{-3}	GB 17378
12	硒	（1）荧光分光光度法	2.0×10^{-4}	GB 17378
		（2）二氨基联苯胺分光光度法	4.0×10^{-4}	GB 17378
		（3）催化极谱法	1.0×10^{-4}	GB 17378
13	氰化物	（1）异烟酸–吡唑啉酮分光光度法	5.0×10^{-4}	GB 17378
		（2）吡啶–巴比士酸分光光度法	3.0×10^{-4}	GB 17378
14	挥发性酚	蒸馏后4–氨基安替比林分光光度法	1.1×10^{-3}	GB 17378

序号	项目	分析方法	检出限 （毫克·升$^{-1}$）	依据标准
15	石油类	（1）环己烷萃取荧光 分光光度法	6.5×10^{-3}	GB 17378
		（2）紫外分光光度法	3.5×10^{-3}	GB 17378
		（3）重量法	0.2	GB 17378
16	六六六	气相色谱法	1.0×10^{-6}	GB 17378
17	滴滴涕	气相色谱法	3.8×10^{-6}	GB 17378
18	马拉硫磷	气相色谱法	6.4×10^{-4}	GB/T 13192
19	甲基对硫磷	气相色谱法	4.2×10^{-4}	GB/T 13192
20	乐果	气相色谱法	5.7×10^{-4}	GB/T 13192
21	多氯联苯	气相色谱法	—	GB 17378

注:部分有多种测定方法的指标,当对测定结果出现争议时,方法(1)测定为仲裁结果。

5　检验规则

海水养殖用水水质监测样品的采集、贮存、运输和预处理按 GB/T 12763.4 和 GB l7378.3 的规定执行。

6　结果判定

本标准采用单项判定法,所列指标单项超标,判定为不合格。

五、无公害食品　淡水养殖产地环境条件
（NY 5361—2010）

前　言

本标准遵照 GB/T 1.1—2009 给出的规则起草。

本标准由中华人民共和国农业部渔业局提出并归口。

本标准起草单位:中国水产科学研究院长江水产研究所、农业部农产品质量安全中心。

本标准主要起草人:何力、郑蓓蓓、廖超子、朱祥云、郑卫东。

附
录

1 范围

本标准规定了淡水养殖产地选择、养殖水质和底质要求、样品采集、测定方法和结果判定。

本标准适用于无公害农产品(淡水养殖产品)产地环境的检测和评价。

2 规范性引用文件

下列文件对于本文件的应用是必不可少的。凡是注日期的引用文件,仅注日期的版本适用于本文件。凡是不注日期的引用文件,其最新版本(包括所有的修改单)适用于本文件。

GB/T 5750.4 生活饮用水标准检验方法 感官性状和物理指标

GB/T 5750.12 生活饮用水标准检验方法 微生物指标

GB/T 7466 水质 总铬的测定

GB/T 7468 水质 总汞的测定 冷原子吸收分光光度法

GB/T 7470 水质 铅的测定 双硫腙分光光度法

GB/T 7471 水质 镉的测定 双硫腙分光光度法

GB/T 7475 水质 铜、锌、铅、镉的测定 原子吸收分光光度法

GB/T 7485 水质 总砷的测定 二乙基二硫代氨基甲酸银分光光度法

GB/T 7490 水质 挥发酚的测定 蒸馏后4-氨基安替比林分光光度法

GB/T 7491 水质 挥发酚的测定 蒸馏后溴化容量法

GB/T 8538 饮用天然矿泉水检验方法

GB 11607 渔业水质标准

GB/T 12997 水质 采样方案设计技术规定

GB/T 12998 水质 采样技术指导

GB/T 12999 水质采样 样品的保存和管理技术规定

GB/T 13192 水质 有机磷农药的测定 气相色谱法

GB/T 16488 水质 石油类和动植物油的测定 红外光度法

GB/T 16489 水质 硫化物的测定 亚甲基蓝分光光度法

GB/T 17133 水质 硫化物的测定 直接显色分光光度法

GB 17378.3 海洋监测规范 第3部分 样品采集、贮存与运输

GB 17378.5 海洋监测规范 第5部分 沉积物分析

HJ/T 341 水质汞的测定冷原子荧光法(试行)

SC/T 9101 淡水池塘养殖水排放要求

3 要求

3.1 产地选择

3.1.1 养殖产地周边应无工业、农业、医疗及城市生活废弃物和废水等其他对渔业水质构成威胁的污染源。

3.1.2 水(电)源充足,交通便利,排灌方便。

3.1.3 有清除过量底泥的条件。

3.1.4 有防止突发外来水污染的设施或条件。

3.1.5 对缺水或循环水养殖地,需有过滤、沉淀和消毒的处理设施。

3.2 产地环境保护

3.2.1 应加强环境保护,并制定环保措施。

3.2.2 保证养殖废水排放满足 SC/T 9101 的要求。

3.2.3 应设置并明示产地标识牌,内容包括产地名称、面积、范嗣和防污染警示等。

3.3 养殖用水

3.3.1 淡水养殖水源应符合 GB 11607 的规定。

3.3.2 淡水养殖用水水质应符合表 1 的要求。

表1 淡水养殖用水水质要求

序　号	项　目	标　准　值
1	色、臭、味	无异色、异臭、异味
2	总大肠杆菌,MPN/L	≤5 000
3	汞,mg/L	≤0.0001
4	镉,mg/L	≤0.005
5	铅,mg/L	≤0.05
6	铬,mg/L	≤0.1
7	砷,mg/L	≤0.05
8	硫化物,mg/L	≤0.2
9	石油类,mg/L	≤0.05
10	挥发酚,mg/L	≤0.005
11	甲基对硫磷,mg/L	≤0.000 5
12	马拉硫磷,mg/L	≤0.005
13	乐果,mg/L	≤0.1

3.4 养殖产地底质

3.4.1 产地底质无工业废弃物和生活垃圾,无大型植物碎屑和动物尸体。

3.4.2 淡水贝类、蟹类养殖产地底质应符合表2的要求。

表2　淡水养殖产地底质要求

序　号	项　目	标准值
1	汞,mg/kg	≤0.2(干重)
2	镉,mg/kg	≤0.5(干重)
3	铜,mg/kg	≤35(干重)
4	铅,mg/kg	≤60(干重)
5	铬,mg/kg	≤80(干重)
6	砷,mg/kg	≤20(干重)
7	硫化物,mg/kg	≤300(干重)

4　样品采集、贮存、运输和处理

4.1　水质样品的采集、贮存、运输和处理按 GB/T 12997,GB/T 12998 和 GB/T 12999 的规定执行。

4.2　底质样品的采集、贮存、运输和处理按 GB 17378.3 的规定执行。

5　测定方法

5.1　水质测定方法见表3。

表3　淡水养殖产地水质测定方法

序　号	项　目	测定方法	检出限,mg/L	引用标准
1	色、臭、味	感官法	—	GB/T 5750.4
2	总大肠菌群	(1)多管发酵法 (2)滤膜法	—	GB/T 5750.12
3	汞	(1)冷原子吸收分光光度法	0.000 05	GB/T 7468
		(2)冷原子荧光法	0.000 01	HJ/T 341
4	镉	(1)原子吸收分光光度法	0.001	GB/T 7475
		(2)双硫腙分光光度法	0.001	GB/T 7471

序 号	项 目	测定方法	检出限,mg/L	引用标准
5	铅	(1)原子吸收分光光度法	0.01	GB/T 7475
		(2)双硫腙分光光度法	0.01	GB/T 7470
6	铬	二苯碳酰二肼分光光度法	0.004	GB/T 7466
7	砷	(1)二乙基二硫代胺基甲酸银分光光度法	0.007	GB/T 7485
		(2)原子荧光光度法	0.000 04	GB/T 8538
8	硫化物	(1)亚甲基蓝分光光度法	0.005	GB/T 16489
		(2)直接显色分光光度法	0.004	GB/T 17133
9	石油类	红外分光光度法	0.01	GB/T 16488
10	挥发酚	(1)蒸馏后4-氨基安替比林分光光度法	0.002	GB/T 7490
		(2)蒸馏后溴化容量法	—	GB/T 7491
11	马拉硫磷	气相色谱法	0.000 43	GB/T 13192
12	甲基对硫磷	气相色谱法	0.000 42	GB/T 13192
13	乐果	气相色谱法	0.000 57	GB/T 13192

注:部分有多种测定方法的指标,在测定结果出现争议时,以方法(1)为仲裁方法。

5.2 底质测定方法见表4。

表4 淡水养殖产地底质测定方法

序 号	项 目	测定方法	检出限,mg/L	引用标准
1	汞	(1)原子荧光法	2.0×10^{-3}	GB 17378.5
		(2)冷原子吸收分光光度法	2.0×10^{-3}	
2	镉	(1)无火焰原子吸收分光光度法	0.04	GB 17378.5
		(2)火焰原子吸收分光光度法	0.05	
3	铜	(1)无火焰原子吸收分光光度法	0.5	GB 17378.5
		(2)火焰原子吸收分光光度法	2.0	
4	铅	(1)无火焰原子吸收分光光度法	1.0	GB 17378.5
		(2)火焰原子吸收分光光度法	3.0	

附录

续表

序 号	项 目	测定方法	检出限,mg/L	引用标准
5	铬	(1)无火焰原子吸收分光光度法 (2)二苯碳酰二肼分光光度法	2.0	GB 17378.5
6	砷	(1)氢化物一原子吸收分光光度法 (2)砷钼酸一结晶紫外分光光度法 (3)催化极谱法	3.0 1.0 2.0	GB 17378.5
7	硫化物	(1)碘量法 (2)亚甲基蓝分光光度法 (3)离子选择电极法	4.0 0.3 0.2	GB 17378.5

注:部分有多种测定方法的指标,在测定结果出现争议时,以方法(1)为仲裁方法。

6 结果判定

产地选择、环境保护措施应符合要求。本标准的水质、底质采用单项判定法、所列指标单项超标,则判定为不合格。

六、无公害食品 海水养殖产地环境条件
(NY 5362—2010)

1 范围

本标准规定了海水养殖产地选择、养殖水质要求、养殖底质要求、采样方法、测定方法和判定规则。

本标准适用于无公害农产品(海水养殖产品)的产地环境检测与评价。

2 规范性引用文件

下列文件对于本文件的应用是必不可少的。凡是注日期的引用文件,仅注日期的版本适用于本文件。凡是不注日期的引用文件,其最新版本(包括所有的修改单)适用于本文件。

GB/T 12763.2 海洋调查规范 海洋水文观测

GB/T 13192 水质 有机磷农药的测定 气相色谱法

GB 17378.4 海洋监测规范第四部分:海水分析

GB 17378.5 海洋监测规范第五部分:沉积物分析

GB 17378.7 海洋监测规范第七部分:近海污染生态调查和生物监测

SC/T 9102.2 渔业生态监测规范第 2 部分:海洋

SC/T 9103 海水养殖水排放要求

3 要求

3.1 产地选择

3.1.1 养殖场应是不直接受工业"三废"及农业、城镇生活、医疗废弃物污染的水(地)域,具有可持续生产的能力。

3.1.2 产地周边没有对产地环境构成威胁的(包括工业"三废"、农业废弃物、医疗机构污水及废弃物、城市垃圾和生活污水等)污染源。

3.2 产地环境保护

3.2.1 产地在生产过程中应加强管理,注重环境保护,制定环保制度。

3.2.2 合理利用资源,提倡养殖用水循环使用,排放应符合 SC/T 9103 及其他相关规定。

3.2.3 产地在醒目位置应设置产地标识牌,内容包括产地名称、面积、范围和防污染警示等。

3.3 海水养殖水质要求

海水养殖用水应符合表 1 的规定。

表 1 海水养殖用水水质要求

序号	项目	限量值
1	色、臭、味	不得有异色、异臭、异味
2	粪大肠菌群,MPN/L	≤2 000(供人生食的贝类养殖水质≤140)
3	汞,mg/L	≤0.000 2
4	镉,mg/L	≤0.005
5	铅,mg/L	≤0.05
6	总铬,mg/L	≤0.1

序号	项目	限量值
7	砷,mg/L	≤0.03
8	氰化物,mg/L	≤0.005
9	挥发性酚,mg/L	≤0.005
10	石油类,mg/L	≤0.05
11	甲基对硫磷,mg/L	≤0.000 5
12	乐果,mg/L	≤0.1

3.4　海水养殖底质要求

3.4.1　无工业废弃物和生活垃圾,无大型植物碎屑和动物尸体。

3.4.2　无异色、异臭。

3.4.3　对于底播养殖的贝类、海参及池塘养殖海水蟹等,其底质应符合表2的规定。

表2　海水养殖底质要求

序号	项目	限量值
1	粪大肠菌群,MPN/g(湿重)	≤40(供人生食的贝类增养殖底质≤3)
2	汞,mg/kg(干重)	≤0.2
3	镉,mg/kg(干重)	≤0.5
4	铜,mg/kg(干重)	≤35
5	铅,mg/kg(干重)	≤60
6	铬,mg/kg(干重)	≤80
7	砷,mg/kg(干重)	≤20
8	石油类,mg/kg(干重)	≤500
9	多氯联苯(PCB 28、PCB 52、PCB 101、PCB 118、PCB 138、PCB 153、PCB 180 总量)mg/kg(干重)	≤0.02

4　采样方法

海水养殖用水水质、底质检测样品的采集、贮存和预处理按 SC/T 9102.2、GB/T 12763.4 和 GB 17378.3 的规定执行。

5 测定方法

5.1 海水养殖用水水质项目按表3规定的检验方法执行。

表3 海水养殖水质项目测定方法

序号	项目	测定方法	检出限,mg/L	依据标准
1	色、臭、味	(1)比色法	—	GB/T 12763.2
		(2)感官法	—	GB 17378.4
2	粪大肠菌群	(1)发酵法	—	GB 17378.7
		(2)滤膜法	—	
3	汞	(1)原子荧光法	$7.0×10^{-6}$	GB 17378.4
		(2)冷原子吸收分光光度法	$1.0×10^{-6}$	
		(3)金捕集冷原子吸收分光光度法	$2.7×10^{-6}$	
4	镉	(1)无火焰原子吸收分光光度法	$1.0×10^{-5}$	GB 17378.4
		(2)阳极溶出伏安法	$9.0×10^{-5}$	
		(3)火焰原子吸收分光光度法	$3.0×10^{-4}$	
5	铅	(1)无火焰原子吸收分光光度法	$3.0×10^{-5}$	GB 17378.4
		(2)阳极溶出伏安法	$3.0×10^{-4}$	
		(3)火焰原子吸收分光光度法	$1.8×10^{-3}$	
6	总铬	(1)无火焰原子吸收分光光度法	$4.0×10^{-4}$	GB 17378.4
		(2)二苯碳酰二肼分光光度法	$3.0×10^{-4}$	
7	砷	(1)原子荧光法	$5.0×10^{-4}$	GB 17378.4
		(2)砷化氢—硝酸银分光光度法	$4.0×10^{-4}$	
		(3)氢化物发生原子吸收分光光度法	$6.0×10^{-5}$	
		(4)催化极谱法	$1.1×10^{-3}$	
8	氰化物	(1)异烟酸—吡唑啉酮分光光度法	$5.0×10^{-4}$	GB 17378.4
		(2)吡啶—巴比士酸分光光度法	$3.0×10^{-4}$	
9	挥发性酚	4—氨基安替比林分光光度法	$1.1×10^{-3}$	GB 17378.4
10	石油类	(1)荧光分光光度法	$1.0×10^{-3}$	GB 17378.4
		(2)紫外分光光度法	$3.5×10^{-3}$	
11	甲基对硫磷	气相色谱法	$4.2×10^{-4}$	GB/T 13192
12	乐果	气相色谱法	$5.7×10^{-4}$	GB/T 13192

注:部分有多种测定方法的指标,在测定结果出哪争议时,以方法(1)为仲裁方法。

5.2 海水养殖底质按表4规定的检验方法执行。

表4 海水养殖底质项目测定方法

序号	项目	测定方法	检出限,mg/kg	依据标准
1	粪大肠菌群	(1)发酵法 (2)滤膜法	—	GB 17378.7
2	汞	(1)原子荧光法 (2)冷原子吸收分光光度法	2.0×10^{-3} 5.0×10^{-3}	GB 17378.5
3	镉	(1)无火焰原子吸收分光光度法 (2)火焰原子吸收分光光度法	0.04 0.05	GB 17378.5
4	铅	(1)无火焰原子吸收分光光度法 (2)火焰原子吸收分光光度法	1.0 3.0	GB 17378.5
5	铜	(1)无火焰原子吸收分光光度法 (2)火焰原子吸收分光光度法	0.5 2.0	GB 17378.5
6	铬	(1)无火焰原子吸收分光光度法 (2)二苯碳酰二肼分光光度法	2.0 2.0	GB 17378.5
8	砷	(1)原子荧光法 (2)砷铝酸—结晶紫外分光光度法 (3)氢化物—原子吸收分光光度法 (4)催化极谱法	0.06 3.0 1.0 2.0	GB 17378.5
9	石油类	(1)荧光分光光度法 (2)紫外分光光度法 (3)重量法	1.0 3.0 20	GB 17378.5

注:部分有多种测定方法的指标,在测定结果出现争议时,以方法(1)为仲裁方法。

6 判定规则

场址选择、环境保护措施符合要求,水质、底质按本标准采用单项判定法,所列指标单项超标,判定为不合格。

七、饲料卫生标准
（GB 13078—2001）

前　言

本标准所有技术内容均为强制性。

本标准是对 GB 13078—1991《饲料卫生标准》的修订和补充。

本标准与 GB 13078—1991 的主要技术内容差异是：

——根据饲料产品的客观需要,增加了铬在饲料、饲料添加剂中的允许量指标。

——补充规定了饲料添加剂及猪、禽添加剂预混合饲料和浓缩饲料,牛、羊精料补充料产品中的砷允许量指标,砷在磷酸盐产品中的允许量由每千克 10mg 修订为 20mg。

——补充规定了铅在鸭配合饲料,牛精料补充料,鸡、猪浓缩饲料,骨粉,肉骨粉,鸡、猪复合预混料中的允许量指标。

——氟在磷酸氢钙产品中的允许量由每千克 2 000mg 修订为 1 800mg;补充规定了氟在骨粉,肉骨粉,鸭配合饲料,牛精料补充料,猪、禽添加剂预混合饲料,产蛋鸡、猪、禽浓缩饲料产品中的允许量指标。

——补充规定了霉菌在豆饼(粕),菜籽饼(粕),鱼粉,肉骨粉,猪、鸡、鸭配合饲料,猪、鸡浓缩饲料,牛精料补充料产品中的允许量指标。

——黄曲霉毒素 B_1 卫生指标中,将肉用仔鸡配合饲料分为前期和后期料两种,其允许量指标分别修订为每千克饲料中 $10\mu g$ 和 $20\mu g$;补充规定了黄曲霉毒素 B_1 在棉籽饼(粕),菜籽饼(粕),豆粕,仔猪、种猪配合饲料及浓缩饲料,鸭配合饲料及浓缩饲料,鹌鹑配合饲料及浓缩饲料,牛精料补充料产品中的允许量指标。

——补充规定了各项卫生指标的试验方法。

本标准自实施之日起代替 GB 13078—1991。

本标准由全国饲料工业标准化技术委员会提出并归口。

本标准起草单位:国家饲料质量监督检验中心(武汉)、江西省饲料工业标准化技术委员会、国家饲料质量监督检验中心(北京)、华中农业大学、中国农业科学院畜牧研究所、无锡轻工业大学、中国兽药监察所、上海农业科学院畜牧兽医研究所、西北农业大学兽医系、全国饲料工业标准化技术委员会秘书处等。

本标准起草人如下:

"砷允许量"修订起草人:姚继承、艾地云、杨林。

"铅允许量"修订起草人:徐国茂、伦景良、涂建。

"氟允许量"修订起草人:李丽蓓、张辉、张瑜。

"霉菌允许量"修订起草人:陈必芳、许齐放。

"黄曲霉毒素 B_1 允许量"修订起草人:于炎湖、齐德生、黄炳堂、易俊东、刘耘。

"铬允许量"制订起草人:雷祖玉、秦昉。

本标准由郑喜梅负责汇总。

本标准委托全国饲料工业标准化技术委员会秘书处负责解释。

1 范围

本标准规定了饲料、饲料添加剂产品中有害物质及微生物的允许量及其试验方法。

本标准适用于表 1 中所列各种饲料和饲料添加剂产品。

2 引用标准

下列标准所包含的条文,通过在本标准中引用而构成为本标准的条文。本标准出版时,所示版本均为有效,所有标准都会被修订,使用本标准的各方应探讨使用下列标准最新版本的可能性。

GB/T 8381—1987 饲料中黄曲霉毒素 B_1 的测定方法(neq ISO 6651:1987)

GB/T 13079—1999 饲料中总砷的测定

GB/T 13080—1991 饲料中铅的测定方法

GB/T 13081—1991 饲料中汞的测定方法

GB/T 13082—1991 饲料中镉的测定方法

GB/T 13083—1991 饲料中氟的测定方法

GB/T 13084—1991 饲料中氰化物的测定方法

GB/T 13085—1991 饲料中亚硝酸盐的测定方法

GB/T 13086—1991 饲料中游离棉酚的测定方法

GB/T 13087—1991 饲料中异硫氰酸酯的测定方法

GB/T 13088—1991 饲料中铬的测定方法

GB/T 13089—1991 饲料中噁唑烷硫酮的测定方法

GB/T 13090—1991 饲料中六六六、滴滴涕的测定

GB/T 13091—1991 饲料中沙门氏菌的测定方法

GB/T 13092—1991 饲料中霉菌检验方法

GB/T 13093—1991 饲料中细菌总数的检验方法

GB/T 17480—1998 饲料中黄曲霉毒素 B$_1$ 的测定　酶联免疫吸附法(eqv AOAC 方法)

HG 2636—1994 饲料级磷酸氢钙

3 要求

饲料、饲料添加剂的卫生指标及试验方法见表1。

表1　饲料、饲料添加剂卫生指标

序号	卫生指标项目	产品名称	指标	试验方法	备注
1	砷(以总砷计)的允许量(每千克产品中)mg	石粉	≤2.0	GB/T 13079	不包括国家主管部门批准使用的有机砷制剂中的砷含量
		硫酸亚铁、硫酸镁			
		磷酸盐	≤20		
		沸石粉、膨润土、麦饭石	≤10		
		硫酸铜、硫酸锰、硫酸锌、碘化钾、碘酸钙、氯化钴	≤5.0		
		氧化锌	≤10.0		
		鱼粉、肉粉、肉骨粉	≤10.0		
		家禽、猪配合饲料	≤2.0		
		牛、羊精料补充料	≤10.0		以在配合饲料中20%的添加量计
		猪、家禽浓缩饲料			
		猪、家禽添加剂预混合饲料			以在配合饲料中1%的添加量计

393

序号	卫生指标项目	产品名称	指标	试验方法	备注
2	铅(以 Pb 计)的允许量(每千克产品中)mg	生长鸭、产蛋鸭、肉鸭配合饲料 鸡配合饲料、猪配合饲料	≤5	GB/T 13080	以在配合饲料中 20%的添加量计
		奶牛、肉牛精料补充料	≤8		
		产蛋鸡、肉用仔鸡浓缩饲料 仔猪、生长肥育猪浓缩饲料	≤13		
		骨粉、肉骨粉、鱼粉、石粉	≤10		
		磷酸盐	≤30		
		产蛋鸡、肉用仔鸡复合预混合饲料 仔猪、生长肥育猪复合预混合饲料	≤40		以在配合饲料中 1%的添加量计
3	氟(以 F 计)的允许量(每千克产品中)mg	鱼粉	≤500	GB/T 13083	高氟饲料用 HG 2636—1994 中 4.4 条
		石粉	≤2 000		
		磷酸盐	≤1 800	HG 2636	
		肉用仔鸡、生长鸡配合饲料	≤250	GB/T 13083	
		产蛋鸡配合饲料	≤350		
		猪配合饲料	≤100		
		骨粉、肉骨粉	≤1 800		
		生长鸭、肉鸭配合饲料	≤200		
		产蛋鸭配合饲料	≤250		
		牛(奶牛、肉牛)精料补充料	≤50		
		猪、禽添加剂预混合饲料	≤1 000		以在配合饲料中 1%的添加量计
		猪、禽浓缩饲料	按添加比例折算后,与相应猪、禽配合饲料规定值相同	GB/T 13083	

序号	卫生指标项目	产品名称	指标	试验方法	备注
4	霉菌的允许量(每克产品中)霉菌数×10³个	玉米	<40	GB/T 13092	限量饲用:40~100 禁用:>100
		小麦麸、米糠			限量饲用:40~80 禁用:>80
		豆饼(粕)、棉籽饼(粕)、菜籽饼(粕)	<50		限量饲用:50~100 禁用:>100
		鱼粉、肉骨粉	<20		限量饲用:20~50 禁用:>50
			<35		
		鸭配合饲料	<45		
		猪、鸡配合饲料			
		猪、鸡浓缩饲料			
		奶、肉牛精料补充料			
5	黄曲霉毒素B₁允许量(每千克产品中),μg	玉米 花生饼(粕)、棉籽饼(粕)、菜籽饼(粕)	≤50	GB/T 17480 或 GB/T 8381	
		豆粕	≤30		
		仔猪配合饲料及浓缩饲料	≤10		
		生长肥育猪、种猪配合饲料及浓缩饲料	≤20		
		肉用仔鸡前期、雏鸡配合饲料及浓缩饲料	≤10		
		肉用仔鸡后期、生长鸡、产蛋鸡配合饲料及浓缩饲料	≤20		
		肉用仔鸭前期、雏鸭配合饲料及浓缩饲料	≤10		
		肉用仔鸭后期、生长鸭、产蛋鸭配合饲料及浓缩饲料	≤15		
		鹌鹑配合饲料及浓缩饲料	≤20		
		奶牛精料补充料	≤10		
		肉牛精料补充料	≤50		

附录

序号	卫生指标项目	产品名称	指标	试验方法	备注
6	铬(以 Cr 计)的允许量(每千克产品中)mg	皮革蛋白粉	≤200	GB/T 13088	
		鸡、猪配合饲料	≤10		
7	汞(以 Hg 计)的允许量(每千克产品中)mg	鱼粉	≤0.5	GB/T 13081	
		石粉	≤0.1		
		鸡配合饲料,猪配合饲料			
8	镉(以 Cd 计)的允许量(每千克产品中)mg	米糠	≤1.0	GB/T 13082	
		鱼粉	≤2.0		
		石粉	≤0.75		
		鸡配合饲料,猪配合饲料	≤0.5		
9	氰化物(以 HCN 计)的允许量(每千克产品中)mg	木薯干	≤100	GB/T 13084	
		胡麻饼、粕	≤350		
		鸡配合饲料,猪配合饲料	≤50		
10	亚硝酸盐(以 NaNO$_2$ 计)的允许量(每千克产品中)mg	鱼粉	≤60	GB/T 13085	
		鸡配合饲料,猪配合饲料	≤15		
11	游离棉酚的允许量(每千克产品中)mg	棉籽饼、粕	≤1 200	GB/T 13086	
		肉用仔鸡、生长鸡配合饲料	≤100		
		产蛋鸡配合饲料	≤20		
		生长肥育猪配合饲料	≤60		
12	异硫氰酸酯(以丙烯基异硫氰酸酯计)的允许量(每千克产品中)mg	菜籽饼、粕	≤4 000		GB/T 13087
		鸡配合饲料 生长肥育猪配合饲料	≤500		

序号	卫生指标项目	产品名称	指标	试验方法	备注
13	恶唑烷硫酮的允许量(每千克产品中)mg	肉用仔鸡、生长鸡配合饲料	≤1 000	GB/T 13089	
		产蛋鸡配合饲料	≤500		
14	六六六的允许量(每千克产品中)mg	米糠 小麦麸 大豆饼、粕 鱼粉	≤0.05	GB/T 13090	
		肉用仔鸡、生长鸡配合饲料 产蛋鸡配合饲料	≤0.3		
		生长肥育猪配合饲料	≤0.4		
15	滴滴涕的允许量(每千克产品中)mg	米糠 小麦麸 大豆饼、粕 鱼粉	≤0.02	GB/T 13090	
		鸡配合饲料,猪配合饲料	≤0.2		
16	沙门氏杆菌	饲料	不得检出	GB/T 13091	
17	细菌总数的允许量(每克产品中)细菌总数×10^6个	鱼粉	<2	GB/T 13093	限量饲用:2~5 禁用:>5

注:1. 所列允许量均以干物质含量为88%的饲料为基础计算;

　2. 浓缩饲料、添加剂预混合饲料添加比例与本标准备注不同时,其卫生指标允许量可进行折算。

附录

附:GB 13078—2001《饲料卫生标准》第1号修改单

本修改单经国家标准化管理委员会于 2003 年 11 月 11 日以国标委农轻函〔2003〕97 号文批准,自 2004 年 11 月 1 日起实施。

1. 表 1 中序号"1(砷)"中的产品名称栏分为四种,其中"添加有机砷的饲料产品,"为新增补的一种,并对其总砷允许量指标作了规定。

2. 删除表 1 中序号"1(砷)"、"2(铅)"、"3(氟)"项的备注栏的内容。

3. 表 1 序号"3(氟)"中磷酸盐试验方法改为 GB/T 13083;猪禽浓缩饲料指标中的规定在表述上略作改动。

4. 将表 1 末栏的注 1.2 更改为:"系指国家主管部门批准允许使用的有机砷制剂,其用法与用量遵循相关文件的规定。添加有机砷制剂的饲料产品应在标签上标示出有机砷准确含量(按实际添加量计算)。

修改后的表 1 中序号 1(砷)、2(铅)、3(氟)项及末栏的注如下:

表1　饲料、饲料添加剂卫生指标

序号	项目	产品名称		指标	试验方法	备注
1	砷(以总砷计)的允许量(每千克产品中)mg	矿物饲料	石粉	≤2.0	GB/T 13079	
			磷酸盐	≤20.0		
			沸石粉、膨润土、麦饭石	≤10.0		
		饲料添加剂	硫酸亚铁、硫酸镁	≤2.0		
			硫酸铜、硫酸锰、硫酸锌、碘化钾、碘酸钙、氯化钴	≤5.0		
			氧化锌	≤10.0		
		饲料产品	鱼粉、肉粉、肉骨粉	≤10.0		
			猪、家禽配合饲料	≤2.0		
			牛、羊精料补充料	≤10.0		
			猪、家禽浓缩饲料			
			猪、家禽添加剂预混合饲料			
		添加有机砷的饲料产品[a]	猪、家禽配合饲料	不大于2mg与添加的有机砷制剂标示值计算得出的砷含量之和		
			猪、家禽浓缩饲料	按添加比例折算后,应不大于相应猪、家禽配合饲料的允许量		
			猪、家禽添加剂预混合饲料			
2	铅(以Pb计)的允许量(每千克产品中)mg	产蛋鸡、肉用仔鸡浓缩饲料		≤13	GB/T 13080	
		仔猪、生长肥育猪浓缩饲料				
		⋮		⋮		
		产蛋鸡、肉用仔鸡复合预混合饲料		≤40		
		仔猪、生长肥育猪复合预混合饲料				
3	氟(以F计)的允许量(每千克产品中)mg	鱼粉		≤500	GB/T 13080	
		石粉		≤2 000		
		磷酸盐		≤1 800		
		⋮		⋮		
		猪、禽浓缩饲料		按添加比例折算后,应不大于相应猪、禽配合饲料的允许量		

注:[a] 系指国家主管部门批准允许使用的有机砷制剂,其用法与用量遵循相关文件的规定。添加有机砷制剂的产品应在标签上标示出有机砷准确含量(按实际添加量计算)。

八、无公害食品　渔用配合饲料安全限量
（NY 5072—2002）

前　言

本标准是对 NY 5072—2001《无公害食品　渔用配合饲料安全限量》的修订,本次修订主要内容为:

——规范性引用文件中增加:NY 5071《无公害食品　渔用药物使用准则》、《饲料药物添加剂使用规范》[中华人民共和国农业部公告(2001)第[168]号]、《禁止在饲料和动物饮用水中使用的 药物品种目录》[中华人民共和国农业部(2002)公告第[176]号]、《食品动物禁用的兽药及其他化合物清单》[中华人民共和国农业部公告(2002)第[193]号];

——在3.2条中,铅限量改为≤5 毫克/千克;

——在3.2条中,镉(以 Cd 计)限量改为海水鱼类、虾类配合饲料镉≤3 毫克/千克,其他渔用配合饲料中镉≤0.5 毫克/千克;

——在3.2条中,取消对喹乙醇的规定。

本标准由中华人民共和国农业部提出。本标准由全国水产标准化技术委员会归口。

本标准起草单位:国家水产品质量监督检验中心。

本标准主要起草人:李晓川、王联珠、翟毓秀、李兆新、冷凯良、陈远惠。

本标准所代替标准的两次版本发布情况为:NY 5072—2001。

1　范围

本标准规定了渔用配合饲料安全限量的要求、试验方法、检验规则。本标准适用于渔用配合饲料的成品,其他形式的渔用饲料可参照执行。

2　规范性引用文件

下列文件中的条款通过本标准的引用而成为本标准的条款。凡是注日期的引用文件,其随后所有的 修改单(不包括勘误的内容)或修订版均不适用于本标准,然而,鼓励根据本标准达成协议的各方研究是 否可使用这些文件的最新版本。凡是不注日期的引用文件,其最新版本适用于本标准。

GB/T 5009.45—1996 水产品卫生标准的分析方法

GB/T 8381—1987 饲料中黄曲霉素 B_1 的测定

GB/T 9675—1988 海产食品中多氯联苯的测定方法

GB/T 13080—1991 饲料中铅的测定方法

GB/T 13081—1991 饲料中汞的测定方法

GB/T 13082—1991 饲料中镉的测定方法

GB/T 13083—1991 饲料中氟的测定方法

GB/T 13084—1991 饲料中氰化物的测定方法

GB/T 13086—1991 饲料中游离棉酚的测定方法

GB/T 13087—1991 饲料中异硫氰酸酯的测定方法

GB/T 13088—1991 饲料中铬的测定方法

GB/T 13089—1991 饲料中噁唑烷硫酮的测定方法

GB/T 13090—1999 饲料中六六六、滴滴涕的测定方法

GB/T 13091—1991 饲料中沙门氏菌的检验方法

GB/T 13092—1991 饲料中霉菌的检验方法

GB/T 14699.1—1993 饲料采样方法

GB/T 17480—1998 饲料中黄曲霉毒素 B_1 的测定　酶联免疫吸附法

NY 5071 无公害食品 渔用药物使用准则 SC 3501—1996 鱼粉。

SC/T 3502 鱼油

《饲料药物添加剂使用规范》[中华人民共和国农业部公告(2001)第[168]号]

《禁止在饲料和动物饮用水中使用的药物品种目录》[中华人民共和国农业部公告(2002)第[176]号]

《食品动物禁用的兽药及其他化合物清单》[中华人民共和国农业部公告(2002)第[193]号]

3 要求

3.1 原料要求

3.1.1 加工渔用饲料所用原料应符合各类原料标准的规定,不得使用受潮、发霉、生虫、腐败变质及受 NY 5072-2002 到石油、农药、有害金属等污染的原料。

3.1.2 皮革粉应经过脱铬、脱毒处理。

3.1.3 大豆原料应经过破坏蛋白酶抑制因子的处理。

3.1.4 鱼粉的质量应符合 SC 3501 的规定。

3.1.5 鱼油的质量应符合 SC/T 3502 中二级精制鱼油的要求。

3.1.6 使用的药物添加剂种类及用量应符合 NY 5071、《饲料药物添加剂使用规范》、《禁止在饲料和动 物饮用水中使用的药物品种目录》、《食品动物禁用的兽药及其他化合物清单》的规定;若有新的公告发 布,按新规定执行。

3.2 安全指标 渔用配合饲料的安全指标限量应符合表1规定。

表1 渔用配合饲料的安全指标限量

项目	限量	适用范围
铅(以 Pb 计)(毫克·千克⁻¹)	≤5.0	各类渔用配合饲料
汞(以 Hg 计)(毫克·千克⁻¹)	≤0.5	各类渔用配合饲料
无机砷(以 As 计)(毫克·千克⁻¹)	≤3	各类渔用配合饲料
镉(以 Cd 计)(毫克·千克⁻¹)	≤3	海水鱼类、虾类配合饲料
	≤0.5	其他渔用配合饲料
铬(以 Cr 计)(毫克·千克⁻¹)	≤10	各类渔用配合饲料
氟(以 F 计)(毫克·千克⁻¹)	≤350	各类渔用配合饲料
游离棉酚(毫克·千克⁻¹)	≤300	温水杂食性鱼类、虾类配合饲料
	≤150	冷水性鱼类、海水鱼类配合饲料
氰化物(毫克·千克⁻¹)	≤50	各类渔用配合饲料

项目	限量	适用范围
多氯联苯(毫克·千克$^{-1}$)	≤0.3	各类渔用配合饲料
异硫氰酸酯(毫克·千克$^{-1}$)	≤500	各类渔用配合饲料
唑烷硫酮(毫克·千克$^{-1}$)	≤500	各类渔用配合饲料
油脂酸价(KOH)(毫克·千克$^{-1}$)	≤2	渔用育苗配合饲料
	≤6	渔用育成配合饲料
	≤3	鳗鲡育成配合饲料
黄曲霉素 B$_1$(毫克·千克$^{-1}$)	≤0.01	各类渔用配合饲料
六六六(毫克·千克$^{-1}$)	≤0.3	各类渔用配合饲料
滴滴涕(毫克·千克$^{-1}$)	≤0.2	各类渔用配合饲料
沙门氏菌(cfu·25 克$^{-1}$)	不得检出	各类渔用配合饲料
霉菌(cfu·克$^{-1}$)	≤3×10^4	各类渔用配合饲料

4 检验方法

4.1 铅的测定 按 GB/T 13080－1991 规定进行。

4.2 汞的测定 按 GB/T 13081-1991 规定进行。NY 5072-2002

4.3 无机砷的测定 按 GB/T 5009.45-1 996 规定进行。

4.4 镉的测定 按 GB/T 13082-1991 规定进行。

4.5 铬的测定 按 GB/T 13088-1991 规定进行。

4.6 氟的测定 按 GB/T 13083-1991 规定进行。

4.7 游离棉酚的测定 按 GB/T 13086-1991 规定进行。

4.8 氰化物的测定 按 GB/T 13084-1991 规定进行。

4.9 多氯联苯的测定 按 GB/T 9675-1988 规定进行。

4.10 异硫氰酸酯的测定 按 GB/T 13087-1991 规定进行。

4.11 曙唑烷硫酮的测定 按 GB/T 13089-1991 规定进行。

4.12 油脂酸价的测定 按 SC 3501-1996 规定进行。

4.13 黄曲霉毒素 B1 的测定 按 GB/T 8381-1987、GB/T 17480-1998 规定进行,其中 GB/T 8381-1987 为仲裁方法。

4.14 六六六、滴滴涕的测定 按 GB/T 13090-1991 规定进行。

4.15 沙门氏菌的检验 按 GB/T 13091-1991 规定进行。

4.16 霉菌的检验 按 GB/T 13092-1991 规定进行,注意计数时不应计入酵母菌。

5 检验规则

5.1 组批 以生产企业中每天(班)生产的成品为一检验批,按批号抽样。在销售者或用户处按产品出厂包装的 标示批号抽样。

5.2 抽样 渔用配合饲料产品的抽样按 GB/T 14699.1-1993 规定执行。批量在 1 吨以下时,按其袋数的 1/4 抽取。批量在 1 吨以上时,抽样袋数不少于 10 袋。沿堆积立面以"×"形或"w"型对各袋抽取。产品未堆垛时应在各部位随机抽取,样品抽取时一般应用钢管或铜制管制成的槽形取样器。由各袋取出的样品应充分混匀后按四分法分别留样。每批饲料的检验用样品不少于 500 克。另有同样数量的样品作留样备查。作为抽样应有记录,内容包括:样品名称、型号、抽样时间、地点、产品批号、抽样数量、抽样人签字等。

5.3 判定

5.3.1 渔用配合饲料中所检的各项安全指标均应符合标准要求。NY 5072-2002

5.3.2 所检安全指标中有一项不符合标准规定时,允许加倍抽样将此项指标复验一次,按复验结果判 定本批产品是否合格。经复检后所检指标仍不合格的产品则判为不合格品。

九、水产养殖用药品名录

一、抗微生物药

（一）抗生素

<table>
<tr><td colspan="3" align="center">氨基糖苷类</td></tr>
<tr><td>序号</td><td>药品通用名称</td><td>出处</td></tr>
<tr><td>1</td><td>硫酸新霉素粉</td><td>农业部 1435 号公告</td></tr>
<tr><td colspan="3" align="center">四环素类</td></tr>
<tr><td>2</td><td>盐酸多西环素粉</td><td>农业部 1435 号公告</td></tr>
<tr><td colspan="3" align="center">酰胺醇类</td></tr>
<tr><td>3</td><td>甲砜霉素粉</td><td>农业部 1435 号公告
同：兽药典-兽药使用指南化学药品卷(2010 版)</td></tr>
<tr><td>4</td><td>氟苯尼考粉</td><td>农业部 1435 号公告</td></tr>
<tr><td>5</td><td>氟苯尼考预混剂(50%)</td><td>兽药典-兽药使用指南化学药品卷(2010 版)</td></tr>
<tr><td>6</td><td>氟苯尼考注射液</td><td>兽药典-兽药使用指南化学药品卷(2010 版)</td></tr>
</table>

（二）合成抗菌药

<table>
<tr><td colspan="3" align="center">磺胺类药物</td></tr>
<tr><td>7</td><td>复方磺胺嘧啶粉</td><td>农业部 1435 号公告</td></tr>
<tr><td>8</td><td>复方磺胺甲噁唑粉</td><td>农业部 1435 号公告</td></tr>
<tr><td>9</td><td>复方磺胺二甲嘧啶粉</td><td>农业部 1435 号公告</td></tr>
<tr><td>10</td><td>磺胺间甲氧嘧啶钠粉</td><td>农业部 1435 号公告</td></tr>
<tr><td>11</td><td>复方磺胺嘧啶混悬液</td><td>兽药典-兽药使用指南化学药品卷(2010 版)</td></tr>
<tr><td colspan="3" align="center">喹诺酮类药</td></tr>
<tr><td>12</td><td>恩诺沙星粉</td><td>农业部 1435 号公告</td></tr>
<tr><td>13</td><td>乳酸诺氟沙星可溶性粉</td><td>农业部 1435 号公告</td></tr>
<tr><td>14</td><td>诺氟沙星粉</td><td>农业部 1435 号公告</td></tr>
<tr><td>15</td><td>烟酸诺氟沙星预混剂</td><td>农业部 1435 号公告</td></tr>
<tr><td>16</td><td>诺氟沙星盐酸小檗碱预混剂</td><td>农业部 1435 号公告</td></tr>
<tr><td>17</td><td>噁喹酸</td><td>兽药典-兽药使用指南化学药品卷(2010 版)</td></tr>
<tr><td>18</td><td>噁喹酸散</td><td>兽药典-兽药使用指南化学药品卷(2010 版)</td></tr>
<tr><td>19</td><td>噁喹酸混悬溶液</td><td>兽药典-兽药使用指南化学药品卷(2010 版)</td></tr>
</table>

20	噁喹酸溶液	兽药典-兽药使用指南化学药品卷(2010版)
21	盐酸环丙沙星、盐酸小檗碱预混剂	兽药典-兽药使用指南化学药品卷(2010版)
22	维生素C磷酸酯镁、盐酸环丙沙星预混剂	兽药典-兽药使用指南化学药品卷(2010版)
23	氟甲喹粉	兽药典-兽药使用指南化学药品卷(2010版)

二、杀虫驱虫药

(一)抗原虫药

序号	药品通用名称	出处
24	硫酸锌粉	农业部1435号公告
25	硫酸锌、三氯异氰脲酸粉	农业部1435号公告
26	硫酸铜、硫酸亚铁粉	农业部1435号公告
27	盐酸氯苯胍粉	农业部1435号公告
28	地克珠利预混剂	农业部1435号公告

(二)驱杀蠕虫药

29	阿苯达唑粉	农业部1435号公告
30	吡喹酮预混剂	农业部1435号公告
31	甲苯咪唑溶液	农业部1435号公告
32	精制敌百虫粉	农业部1435号公告
33	敌百虫溶液	农业部1759号公告
34	复方甲苯咪唑粉	兽药典-兽药使用指南化学药品卷(2010版)

(三)杀寄生甲壳动物药

35	高效氯氰菊酯溶液	农业部1759号公告
36	氰戊菊酯溶液	农业部1759号公告
37	辛硫磷溶液	农业部1759号公告
38	溴氰菊酯溶液	农业部1759号公告

三、消毒制剂

(一)醛类

序号	药品通用名称	出处
39	浓戊二醛溶液	农业部1435号公告
40	稀戊二醛溶液	农业部1435号公告

（二）卤素类

序号	药品通用名称	出处
41	含氯石灰	农业部 1435 号公告
42	石灰	兽药典第二部(2010 版)
43	碘附（Ⅰ）	农业部 1759 号公告
44	高碘酸钠溶液	农业部 1435 号公告
45	聚维酮碘溶液	农业部 1435 号公告
46	三氯异氰脲酸粉	农业部 1435 号公告 同：兽药典-兽药使用指南化学药品卷(2010 版)
47	溴氯海因粉	农业部 1435 号公告
48	复合碘溶液	农业部 1435 号公告
49	次氯酸钠溶液	农业部 1435 号公告
50	蛋氨酸碘	兽药典-兽药使用指南化学药品卷(2010 版)
51	蛋氨酸碘粉	兽药典-兽药使用指南化学药品卷(2010 版)
52	蛋氨酸碘溶液	兽药典-兽药使用指南化学药品卷(2010 版)

（三）季铵盐类

53	苯扎溴铵溶液	农业部 1435 号公告

（四）其他

54	戊二醛、苯扎溴铵溶液	农业部 1759 号公告

四、中药

（一）药材和饮片

序号	药品通用名称	出处
55	十大功劳	兽药典第二部(2010 版)
56	大 黄	兽药典第二部(2010 版)
57	大 蒜	兽药典第二部(2010 版)
58	山银花	兽药典第二部(2010 版)
59	马齿苋	兽药典第二部(2010 版)
60	五倍子	兽药典第二部(2010 版)
61	筋骨草	兽药典第二部(2010 版)
62	石榴皮	兽药典第二部(2010 版)
63	白头翁	兽药典第二部(2010 版)
64	半边莲	兽药典第二部(2010 版)

附录

65	地锦草	兽药典第二部(2010 版)
66	关黄柏	兽药典第二部(2010 版)
67	苦 参	兽药典第二部(2010 版)
68	板蓝根	兽药典第二部(2010 版)
69	虎 杖	兽药典第二部(2010 版)
70	金银花	兽药典第二部(2010 版)
71	穿心莲	兽药典第二部(2010 版)
72	黄 芩	兽药典第二部(2010 版)
73	黄 连	兽药典第二部(2010 版)
74	黄 柏	兽药典第二部(2010 版)
75	绵马贯众	兽药典第二部(2010 版)
76	槟 榔	兽药典第二部(2010 版)
77	辣 蓼	兽药典第二部(2010 版)
78	墨旱莲	兽药典第二部(2010 版)

（二）成方制剂与单味制剂

序号	药品通用名称	出处
79	虾蟹脱壳促长散	兽药典第二部(2010 版)
80	蚌毒灵散	兽药典第二部(2010 版)
81	肝胆利康散	农业部 1435 号公告
82	山青五黄散	农业部 1435 号公告
83	双黄苦参散	农业部 1435 号公告
84	双黄白头翁散	农业部 1435 号公告
85	百部贯众散	农业部 1435 号公告
86	青板黄柏散	农业部 1435 号公告
87	板黄散	农业部 1435 号公告
88	六味黄龙散	农业部 1435 号公告
89	三黄散	农业部 1435 号公告
90	柴黄益肝散	农业部 1435 号公告
91	川楝陈皮散	农业部 1435 号公告
92	六味地黄散	农业部 1435 号公告
93	五倍子末	农业部 1435 号公告
94	芪参散	农业部 1435 号公告
95	龙胆泻肝散	农业部 1435 号公告

96	板蓝根末	农业部 1435 号公告
97	地锦草末	农业部 1435 号公告
98	虎黄合剂	农业部 1435 号公告
99	大黄末	农业部 1435 号公告 同：兽药典第二部(2010 版)
100	大黄芩鱼散	农业部 1435 号公告 同：兽药典第二部(2010 版)
101	苦参末	农业部 1435 号公告
102	雷丸槟榔散	农业部 1435 号公告
103	脱壳促长散	农业部 1435 号公告
104	利胃散	农业部 1435 号公告
105	根莲解毒散	农业部 1435 号公告
106	扶正解毒散	农业部 1435 号公告
107	黄连解毒散	农业部 1435 号公告
108	苍术香连散	农业部 1435 号公告
109	加减消黄散	农业部 1435 号公告
110	驱虫散	农业部 1435 号公告
111	清热散	农业部 1435 号公告
112	大黄五倍子散	农业部 1435 号公告
113	穿梅三黄散	农业部 1435 号公告 同：兽药典第二部(2010 版)
114	七味板蓝根散	农业部 1435 号公告
115	青连白贯散	农业部 1435 号公告
116	银翘板蓝根散	农业部 1435 号公告
117	大黄芩蓝散	农业部 1506 号公告
118	蒲甘散	农业部 1506 号公告
119	青莲散	农业部 1506 号公告
120	清健散	农业部 1506 号公告
121	板蓝根大黄散	农业部 1759 号公告
122	大黄解毒散	农业部 1759 号公告
123	地锦鹤草散	农业部 1759 号公告
124	连翘解毒散	农业部 1759 号公告

附
录

| 125 | 石知散 | 农业部 1759 号公告 |

五、调节水生动物代谢或生长的药物

（一）维生素

序号	药品通用名称	出处
126	维生素 C 钠粉	农业部 1435 号公告
127	亚硫酸氢钠甲萘醌粉	农业部 1435 号公告

（二）激素

128	注射用促黄体素释放激素 A_2	农业部 1759 号公告 同：兽药典–兽药使用指南化学药品卷(2010 版)
129	注射用促黄体素释放激素 A_3	农业部 1759 号公告 同：兽药典–兽药使用指南化学药品卷(2010 版)
130	注射用复方绒促性素 A 型	兽药典–兽药使用指南化学药品卷(2010 版)
131	注射用复方绒促性素 B 型	兽药典–兽药使用指南化学药品卷(2010 版)
132	注射用复方鲑鱼促性腺激素释放激素类似物	兽药典–兽药使用指南化学药品卷(2010 版)
133	注射用绒促性素（Ⅰ）	农业部 1759 号公告

（三）促生长剂

| 134 | 盐酸甜菜碱预混剂 | 农业部 1435 号公告 |

六、环境改良剂

序号	药品通用名称	出处
135	过硼酸钠粉	兽药典–兽药使用指南化学药品卷(2010 版)
136	过碳酸钠	兽药典–兽药使用指南化学药品卷(2010 版)
137	过氧化钙粉	兽药典–兽药使用指南化学药品卷(2010 版)
138	过氧化氢溶液	兽药典–兽药使用指南化学药品卷(2010 版)
139	硫代硫酸钠粉	兽药典–兽药使用指南化学药品卷(2010 版)
140	硫酸铝钾粉	兽药典–兽药使用指南化学药品卷(2010 版)
141	氯硝柳胺粉	兽药典–兽药使用指南化学药品卷(2010 版)

七、水产用疫苗

（一）国内制品

序号	药品通用名称	出处
142	草鱼出血病灭活疫苗	兽药典–兽药使用指南化学药品卷(2010 版)

143	牙鲆鱼溶藻弧菌、鳗弧菌、迟缓爱德华菌病多联抗独特型抗体疫苗	兽药典-兽药使用指南化学药品卷(2010版)
144	鱼嗜水气单胞菌败血症灭活疫苗	兽药典-兽药使用指南化学药品卷(2010版)
145	草鱼出血病活疫苗	农业部1525号公告
(二)进口制品		
146	鱼虹彩病毒病灭活疫苗	兽药典-兽药使用指南化学药品卷(2010版)
147	鲕鱼格氏乳球菌灭活疫苗(BY1株)	兽药典-兽药使用指南化学药品卷(2010版)

十、无公害食品　渔用药物使用准则
（NY 5071—2002）

前　言

本标准是对 NY 5071—2001《无公害食品　渔用药物使用准则》的修订。修订中,将原标准中的附录 A 和附录 B 合并为表 1,附录 C 改为表 2,直接放在标准正文中,并对其内容作了调整、修改与补充。同时也对部分章、条内容作了修改与补充。

本标准由中华人民共和国农业部提出。本标准由全国水产标准化技术委员会归口。

本标准起草单位:中国水产科学研究院珠江水产研究所、上海水产大学、广东出入境检验检疫局。

本标准主要起草人:邹为民、杨先乐、姜兰、吴淑勤、宜齐、吴建丽。

本标准所代替标准的历次版本发布情况为:NY 5071—2001。

1　范围

本标准规定了渔用药物使用的基本原则、渔用药物的使用方法以及禁用渔药。本标准适用于水产增养殖中的健康管理及病害控制过程中的渔药使用。

2 规范性引用文件

下列文件中的条款通过本标准的引用而成为本标准的条款。凡是注日期的引用文件,其随后所有的 修改单(不包括勘误的内容)或修订版均不适用于本标准,然而,鼓励根据本标准达成协议的各方研究是 否可使用这些文件的最新版本。凡是不注日期的引用文件,其最新版本适用于本标准。

NY 5070 无公害食品 水产品中渔药残留限量

NY 5072 无公害食品 渔用配合饲料安全限量

3 术语和定义

下列术语和定义适用于本标准。

3.1 渔用药物(fishery drugs)用以预防、控制和治疗水产动植物的病、虫、害,促进养殖品种健康生长,增强机体抗病能力以及改善养殖水体质量的一切物质,简称"渔药"。

3.2 生物源渔药(biogenic fishery medicines)直接利用生物活体或生物代谢过程中产生的具有生物活性的物质或从生物体提取的物质作为防治 水产动物病害的渔药。

3.3 渔用生物制品(fishery biopreparate)应用天然或人工改造的微生物、寄生虫、生物毒素或生物组织及其代谢产物为原材料,采用生物学、分子生物学或生物化学等相关技术制成的、用于预防、诊断和治疗水产动物传染病和其他有关疾病的生 物制剂。它的效价或安全性应采用生物学方法检定并有严格的可靠性。

3.4 休药期(withdrawal time)最后停止给药日至水产品作为食品上市出售的最短时间。

4 渔用药物使用基本原则

4.1 渔用药物的使用应以不危害人类健康和不破坏水域生态环境为基本原则。

4.2 水生动植物增养殖过程中对病虫害的防治,坚持"以防为主,防治结合"。

4.3 渔药的使用应严格遵循国家和有关部门的有关规定,严禁生产、销售和使用未经取得生产许可证、批准文号与没有生产执行标准的渔药。

4.4 积极鼓励研制、生产和使用"三效"(高效、速效、长效)、"三小"(毒性小、副作用小、用量小)的渔药,提倡使用水产专用渔药、生物源渔药和渔用生物制品。

4.5 病害发生时应对症用药,防止滥用渔药与盲目增大用药量或增加用药次数、延长用药时间。

4.6 食用鱼上市前,应有相应的休药期。休药期的长短,应确保上市水产品的药物残留限量符合 NY 5070 要求。

4.7 水产饲料中药物的添加应符合 NY 5072 要求,不得选用国家规定禁止使用的药物或添加剂,也不得在饲料中长期添加抗菌药物。

5 渔用药物使用方法

各类渔用药物的使用方法见表1。

表1 渔用药物使用方法

渔药名称	用　途	用法与用量	休药期/天	注意事项
氧化钙（生石灰）	改善池塘环境、清除敌害生物及预防部分细菌性疾病	带水清塘 200～250 毫克/升；全池泼洒 20 毫克/升		不能与漂白粉有机氯、重金属盐和有机络合物混用
漂白粉	清塘，改善池塘环境，防治细菌性皮肤病	带水清塘 20 毫克/升；全池泼洒 1.0 毫克/升	≥5	①勿用金属容器盛装；②勿与酸、铵盐、生石灰混用
二氯异氰脲酸钠	清塘及防治细菌性皮肤病	全池泼洒：0.3～0.6 毫克/升	≥10	勿用金属容器盛装
三氯异氰脲酸	清塘及防治细菌性皮肤病	全池泼洒：0.2～0.5 毫克/升	≥10	①勿用金属容盛装；②水体 pH 值不同时使用量应适当增减

续表

渔药名称	用　途	用法与用量	休药期/天	注意事项
二氧化氯	防治细菌性疾病	浸浴:20~40毫克/升,5-10分钟;全池泼洒:0.1~0.2毫克/升,严重时0.3~0.6毫克/升	≥10	①勿用金属容器盛装;②勿与其他消毒剂混用
二溴海因	防治细菌性和病毒性疾病	全池泼洒:0.2~0.3毫克/升		
氯化钠（食盐）	防治细菌性、真菌性或寄生虫性疾病	浸浴:1%~3%,10~15分钟		
高锰酸钾(锰酸钾、灰锰氧、锰强灰)	用于杀灭锚头鳋	浸浴:10~20毫克/升,15~30分钟;全池泼洒:4~7毫克/升		①水中有机物含量高时药效降低;②不宜在强烈阳光下使用
福尔马林（40%甲醛溶液）	用于治疗寄生虫病,如车轮虫病、小瓜虫病等	以10~30毫克/升的水体终浓度全池泼洒,隔天一次,直到病情控制为止	≥30	①禁止与漂白粉、高锰酸钾、强氯精合用;②使用时防止缺氧
四烷基季铵盐络合碘(季铵盐含量为50%)	对病毒、细菌、纤毛虫、藻类有杀灭作用	全池泼洒:0.3毫克/升		①勿与碱性物质同用;②勿与阴性离子表面活性剂混用;③使用后注意池塘增氧;④勿用金属容器盛装
聚维酮碘(聚乙烯吡咯烷酮碘、皮维碘、PVP－I、伏碘)(有效碘为1.0%)	用于防治细菌性、病毒性疾病	全池泼洒:0.5毫克/升;浸浴:30毫克/升,15~20分钟;		①勿与金属物品接触;②勿与季胺盐类消毒剂直接混合使用

渔药名称	用　途	用法与用量	休药期/天	注意事项
氟苯尼考	用于治疗细菌性疾病	拌饵投喂：每千克体重 10 毫克，连用 4~6 天	≥7	
土霉素	用于治疗肠炎病	拌饵投喂：每千克体重 50~80 毫克，连用 4~6 天	≥30	勿与铝、镁离子及卤素、碳酸氢钠、凝胶合用
磺胺嘧啶（磺胺哒嗪）	用于治疗肠炎病	拌饵投喂：每千克体重 100 毫克，连用 5 天		第一天药量加倍
磺胺甲噁唑（新诺明、新明磺）	用于治疗肠炎病	拌饵投喂：每千克体重 100 毫克，连用 5~7 天		①不能与酸性药物同用；②第一天药量加倍
大蒜	用于防治细菌性肠炎病	拌饵投喂：每千克体重 10~30 克，连用 4~6 天		
大蒜素粉（含大蒜素10%）	用于防治细菌性肠炎病	每千克体重 0.2 克，连用 4~6 天		
大黄	用于防治细菌性疾病	全池泼洒：2.5~4.0 毫克/升；拌饵投喂：每千克体重 5~10 克，连用 4~6 天		投喂时常与黄芩、黄柏合用，三者比例为5∶2∶3
黄芩	用于防治细菌性疾病	拌饵投喂：每千克体重 2~4 克，连用 4~6 天		投喂时常与大黄、黄柏合用，三者比例为2∶5∶3
黄柏	用于防治细菌性疾病	拌饵投喂：每千克体重 3~6 克，连用 4~6 天		投喂时常与大黄、黄芩合用，三者比例为3∶5∶2
五倍子	用于防治细菌性疾病	全池泼洒：2~4 毫克/升		

续表

渔药名称	用　途	用法与用量	休药期/天	注意事项
穿心莲	用于防治细菌性疾病	全池泼洒:15~20毫克/升;拌饵投喂:每千克体重10~20克,连用4~6天		
苦参	用于防治细菌性疾病	全池泼洒:1.0~1.5毫克/升;拌饵投喂:每千克体重1~2克,连用4~6天		

资料来源:中华人民共和国农业行业标准《无公害食品　渔用药物使用准则》(NY 5071—2002)。

6　禁用渔药

严禁使用高毒、高残留或具有三致毒性(致癌、致畸、致突变)的渔药。严禁使用对水域环境有严重破坏而又难以修复的渔药,严禁直接向养殖水域泼洒抗菌素,严禁将新近开发的人用新药作为渔药的主要或次要成分。禁用渔药见表2。

表 2　禁用渔药

药物名称	化学名称(组成)	别　名
地虫硫磷 Fonofos	O-乙基-S苯基二硫代磷酸乙酯	大风雷
六六六 BHC(HCH) benzem, bexachloridge	1,2,3,4,5,6-六氯环己烷	
林丹 lindanle, gammaxare, gamma-BHC, gamma-HCH	γ-1,2,3,4,5,6-六氯环己烷	丙体六六六
毒杀芬 camp hechlor(ISO)	八氯莰烯	氯化莰烯

药物名称	化学名称(组成)	别　名
滴滴涕 DDT	2,2-双(对氯苯基)-1,1,1-三氯乙烷	
甘汞 calomel	二氯化汞	
硝酸亚汞 mercurous nitrate	硝酸亚汞	
醋酸汞 mercuric acetate	醋酸汞	
呋喃丹 carbofuran	2,3-二氢-2,2-二甲基-7-苯并呋喃基-甲基氨基甲酸酯	克百威、 大扶农
杀虫脒 chlordimeform	N-(2-甲基-4-氯苯基)N′,N′-二甲基甲脒盐酸盐	克死螨
双甲脒 anitraz	1,5-双-(2,4-二甲基苯基)-3-甲基1,3,5-三氮戊二烯-1,4	二甲苯胺脒
氟氯氰菊酯 cyfluthrin	α-氰基-3-苯氧基-4-氟苄基(1R,3R)-3-(2,2-二氯乙烯基)-2,2-二甲基环丙烷羧酸酯	百树菊酯、百树得
五氯酚钠 PCP-Na	五氯酚钠	
氟氰戊菊酯 flucythrinate	(R,S)-α氰基-3-苯氧苄基-(R,S)-2-(4-二氯甲氧基)-3-甲基丁酸酯	保好江乌、 氟氰菊酯
孔雀石绿 malachite green	$C_{23}H_{25}ClN_2$	碱性绿、盐基块绿、孔雀绿
酒石酸锑钾 antimony1 potassium tartrate	酒石酸锑钾	
锥虫胂胺 tnyparsamide		

药物名称	化学名称(组成)	别　名
磺胺噻唑 sulfathiazolum ST, norsultazo	2-(对氨基苯磺酰胺)-噻唑	消治龙
磺胺脒 sulfaguanidine	N_1-脒基磺胺	磺胺胍
呋喃西林 furacillinum, nitrofurazone	5-硝基呋喃醛缩氨基脲	呋喃新
呋喃那斯 furanace, nifurpirinol	6-羟甲基-2-[-(5-硝基-2-呋喃基乙烯基)]吡啶	p-7138 (实验名)
氯霉素(包括其盐、酯及制剂) chloramp hennicol	由委内瑞拉链霉素生产或合成法制成	
红霉素 erythromycin	属微生物合成,是红霉素链球菌 *Streptomyces erythreus* 产生的抗生素	
杆菌肽锌 zinc bacitracin premin	由枯草杆菌 *Bacillus subtilis* 或 *B. leicheniformis* 所产生的抗生素,为一含有噻唑环的多肽化合物	枯草菌肽
泰乐菌素 tylosin	*S. fradiae* 所生产的抗生素	
环丙沙星 ciprofloxacin (CIP-RO)	为合成的第三代喹诺酮类抗菌药,常用盐酸盐水合物	环丙氟哌酸
阿伏帕星 avoparcin		阿伏霉素
喹乙醇 olaquindox	喹乙醇	喹酰胺醇、 羟乙喹氧
速达肥 fenbendazole	5-苯硫基-2-苯并咪唑	苯硫哒唑氨甲基甲酯

药物名称	化学名称(组成)	别　名
呋喃唑酮 furazolidonum, nifulidone	3-(5-硝基糠叉胺基)-2-噁唑烷酮	痢特灵
己烯雌酚(包括雌二醇等其他类似合成雌性激素) diethylstilbestrol, stilbestrol	人工合成的非甾体雌激素	己烯雌酚、人造求偶素
甲基睾丸酮(包括丙酸睾丸酮,去氢甲睾酮,以及同化物等雄性激素) methyltestosterone, metandren	睾丸素 C_{17} 的甲基衍生物	甲睾酮、甲基睾酮

资料来源:中华人民共和国农业行业标准 NY 5071—2002。

十一、绿色食品　渔药使用准则
（NY/T 755—2013）

前　言

本标准按照 GB/T 1.1—2009 给出的规则起草。

本标准代替 NY/T 755—2003《绿色食品　渔药使用规则》,与 NY/T 755—2003 相比,除编辑性修改外主要技术变化如下:

——修改了部分术语和定义;

——删除了允许使用药物的分类列表;

——重点修改了渔药使用的基本原则和规定;

——用列表将渔药划分为预防用渔药和治疗用渔药;

——本标准的附录 A 和附录 B 是规范性附录。

本标准由农业部农产品质量安全监管局提出。

本标准由中国绿色食品发展中心归口。

本标准起草单位：中国水产科学研究院黄海水产研究所、江苏溧阳市长荡湖水产良种科技有限公司、青岛卓越海洋科技有限公司、中国绿色食品发展中心。

本标准主要起草人：周德庆、朱兰兰、潘洪强、乔春楠、马卓、刘云峰、张瑞玲。

本标准的历次版本发布情况为：

——NY/T 755—2003。

引　言

绿色食品是指产自优良生态环境、按照绿色食品标准生产、实行全程质量控制并获得绿色食品标志使用权的安全、优质食用农产品及相关产品。绿色食品水产养殖用药坚持生态环保原则，渔药的选择和使用应保证水资源和相关生物不遭受损害，保护生物循环和生物多样性，保障生产水域质量稳定。

科学规范使用渔药是保证绿色食品水产品质量安全的重要手段，NY/T 755—2003《绿色食品　渔药使用准则》的发布实施规范了绿色食品水产品的渔药使用，促进了绿色食品水产品质量安全水平的提高。但是，随着水产养殖、加工等的不断发展，渔药种类、使用限量和管理等出现了新变化、新规定，原版标准已不能满足绿色食品水产品生产和管理新要求，急需对标准进行修订。

本次修订在遵循现有食品安全国家标准的基础上，立足绿色食品安全优质的要求，突出强调要建立良好养殖环境，并提倡健康养殖，尽量不用或者少用渔药，通过增强水产养殖动物自身的抗病力，减少疾病的发生。本次修订还将渔药预防药物和治疗药物分别制定使用规范，对绿色食品水产品的生产和管理更有指导意义。

1　范围

本标准规定了绿色食品水产养殖过程中渔药使用的术语和定

义、基本原则和使用规定。

本标准适用于绿色食品水产养殖过程中疾病的预防和治疗。

2　规范性引用文件

下列文件对于本文件的应用是必不可少的。凡是注日期的引用文件,仅注日期的版本适用于本文件。凡是不注日期的引用文件,其最新版本(包括所有的修改单)适用于本文件。

GB/T 19630.1　有机产品　第 1 部分:生产

中华人民共和国农业部　中华人民共和国兽药典

中华人民共和国农业部　兽药质量标准

中华人民共和国农业部　进口兽药质量标准

中华人民共和国农业部　兽用生物制品质量标准

NY/T 391 绿色食品　产地环境质量

中华人民共和国农业部公告　第 176 号　禁止在饲料和动物饮用水中使用的药物品种目录

中华人民共和国农业部公告　第 193 号　食品动物禁用的兽药及其他化合物清单

中华人民共和国农业部公告　第 235 号　动物性食品中兽药最高残留限量

中华人民共和国农业部公告　第 278 号　停药期规定

中华人民共和国农业部公告　第 560 号　兽药地方标准废止目录

中华人民共和国农业部公告　第 1435 号　兽药试行标准转正标准目录(第一批)

中华人民共和国农业部公告　第 1506 号　兽药试行标准转正标准目录(第二批)

中华人民共和国农业部公告　第 1510 号　禁止在饲料和动物饮水中使用的物质

中华人民共和国农业部公告　第 1759 号　兽药试行标准转正标准目录(第三批)

兽药国家标准化学药品　中药卷

3 术语和定义

下列术语和定义适用于本文件。

3.1 AA 级绿色食品 AA grade green rood

产地环境质量符合 NY/T 391 的要求,遵照绿色食品生产标准生产,生产过程中遵循自然规律和生态学原理,协调种植业和养殖业的平衡,不使用化学合成的肥料、农药、兽药、渔药、添加剂等物质,产品质量符合绿色食品产品标准,经专门机构许可使用绿色食品标志的产品。

3.2 A 级绿色食品 A grade green rood

产地环境质量符合 NY/T 391 的要求,遵照绿色食品生产标准生产,生产过程中遵循自然规律和生态学原理,协调种植业和养殖业的平衡,限量使用限定的化学合成生产资料,产品质量符合绿色食品产品标准,经专门机构许可使用绿色食品标志的产品。

3.3 渔药 fishery medicine

水产用兽药。指预防、治疗水产动植物疾病或有目地的调节动物生理机能的物质,包括化学药品、抗生素、中草药和生物制品等。

3.4 渔用抗微生物药 fishery antimicrobial agents

抑制或杀灭病原微生物的渔药。

3.5 渔用抗寄生虫药 fishery antiparasitc agents

杀灭或驱除水产养殖动物体内、外或养殖环境中寄生虫病原的渔药。

3.6 渔用消毒剂 fishery disinfectant

用于水产动物体表、渔具和养殖环境消毒的药物。

3.7 渔用环境改良剂 enviroument conditioner

改良水质环境的药物。

3.8 渔用疫苗 fishery vaccine

预防水产养殖动物传染性疾病的生物制品。

3.9 停药期 withdrawal

从停止给药到水产品捕捞上市的间隔时间。

4 渔药使用的基本原则

4.1 水产品生产环境质量应符合 NY/T 391 的要求,生产者应按农业部《水产养殖质量安全管理规定》实施健康养殖,采取各种措施避免应激,增强水产养殖动物自身的抗病力,减少疾病的发生。

4.2 按《中华人民共和国动物防疫法》的规定,加强水产养殖动物疾病的预防,在养殖生产过程中尽量不用或少用药物。确需使用渔药时,应选择高效、低毒、低残留渔药,应保证水资源和相关生物不遭受损害,保护生物循环和生物多样性,保障生产水域质量稳定。在水产动物病害控制过程中,应在水生动物类执业兽医的指导下用药。停药期应满足中华人民共和国农业部公告 278 号规定、《中国兽药典兽药使用指南化学药品卷》(2010 版)的规定。

4.3 所用渔药应符合中华人民共和国农业部公告第 1435 号、第 1506 号、第 1759 号,应来自取得生产许可证和产品批准文号的生产企业,或者取得《进口兽药登记许可证》的供应商。

4.4 用于预防或治疗疾病的渔药应符合中华人民共和国农业部《中华人民共和国兽药典》、《兽药质量标准》、《兽用生物制品质量标准》和《进口兽药质量标准》等有关规定。

5 生产 AA 级绿色食品水产品的渔药使用规定

按 GB/T 19630.1 的规定执行。

6 生产 A 级绿色食品水产品的渔药使用规定

6.1 优先选用 GB/T 19630.1 的规定执行。

6.2 预防用药见附录 A。

6.3 治疗用药见附录 B。

6.4 所有使用的渔药应来自有生产许可证和产品批准文号的生产企业,或者具有《进口兽药登记许可证》的供应商。

6.5 不应使用的药物种类。

6.5.1 不应使用中华人民共和国农业部公告第 176 号、193 号、235 号、560 号和 1519 号中规定的渔药。

6.5.2　不应使用药物饲料添加剂。

6.5.3　不应为了促进养殖水产动物生长而使用抗菌药物、激素或生长促进剂。

6.5.4　不应使用通过基因工程技术生产的渔药。

6.6　渔药的使用应建立用药记录。

6.6.1　应满足健康养殖的要求。

6.6.2　出入库记录；应建立渔药入库、出库登记制度，应记录药物的商品名称、通过名称、主要成分、批号、有效期、贮存条件等。

6.6.3　建立并保存消毒记录，包括消毒剂种类、批号、生产单位、剂量、消毒方式、消毒频率或时间等。建立并保存水产动物的免疫程序记录，包括疫苗种类、使用方法、剂量、批号、生产单位等。建立并保存患病水产动物治疗记录，包括水产动物标志、发病时间及症状、药物种类、使用方法及剂量、治疗时间、疗程、停药时间、所用药物的商品名称及主要成分、生产单位及批号等。

6.6.4　所有记录资料应在产品上市后保存两年以上。

附录 A
（规范性附录）
A 级绿色食品预防水产养殖动物疾病药物

A.1　国家兽药标准中列出的水产用中草药及其成制剂
　　　见《兽药国家标准化学药品（中药卷）》

A.2　生产 A 级绿色食品预防用化学药物及生物制品
　　　见表 A.1。

表 A.1 生产 A 级绿色食品预防用化学药物及生物制品

类别	制剂与主要成分	作用与用途	注意事项	不良反应
调节代谢或生长药物	维生素（钠粉）（Sodium Ascorbate Fowdem）	预防和治疗水生动物的维生素 C 缺乏症等	1. 维生素 B、维生素 K 使用。以免氧化失效 2. 勿与含铜、锌离子的药物混合使用	
疫苗	草鱼出血病灭活疫苗（Grass Carp Hemorrhage Vaccine, Inactivated）	预防草鱼出血病，免疫期 12 个月	1. 切忌冻结，冻结的疫苗严禁使用 2. 使用前，应先使疫苗恢复至室温并充分摇匀 3. 开瓶后，限 12 日内用完 4. 接种时，应作局部消毒处理 5. 使用过的疫苗瓶、器具和未用完的疫苗等应进行消毒处理	
	牙鲆鱼溶藻弧菌、鳗弧菌、迟缓爱德华病多联抗独特型抗体疫苗（Vibrio alginolyticus, Vibrio anguillarum, slow Edward disease multrple anti idiorypic antibody vaccine）	预防牙鲆鱼溶藻弧菌、鳗弧菌、迟缓爱德华病，免疫期为 5 个月	1. 本品仅用于接种健康鱼 2. 接种、浸泡前应停食至少 24 小时，浸泡时向海水充气 3. 注射型疫苗使用时应将疫苗与等量的弗氏不完全佐剂充分混合。浸泡型疫苗倒入海水后也要充分搅拌，使疫苗均匀分布于海水中 4. 弗氏不完全佐剂在 2~8℃储藏，疫苗开封后，应限当日用完 5. 注射接种时，应尽量避免操作对鱼造成的损伤 6. 接种疫苗时，应使用 1 毫升的一次性注射器，注射中应注意避免针孔堵塞 7. 浸泡的海水温度以 15~20℃为宜 8. 使用过疫苗瓶、器具和未用完的疫苗等应进行消毒处理	

水产品质量安全新技术

类别	制剂与主要成分	作用与用途	注意事项	不良反应
疫苗	鱼嗜水气单胞菌败血症灭活疫苗（Grass Carp Hemorrhage Vaccine, Inactivated）	预防淡水鱼类特别是鲤科鱼的嗜水气单胞菌败血症,免疫期为6个月	1. 切忌冻结,冻结的疫苗严禁使用,疫苗稀释后,限当日用完 2. 使用前,应先使疫苗恢复至室温,并充分摇匀 3. 接种时,应作局部消毒处理 4. 使用过的疫苗瓶、器具和未用完的疫苗等应进行消毒处理 仅用于接种健康鱼	
	鱼虹彩病毒灭活疫苗（Iridovirus Vaccine, Inactivated）	预防真鲷、鰤鱼属、拟鯵的虹彩病毒病	2. 本品不能与其他药物混合使用 3. 对真鲷接种时,不应使用麻醉剂 4. 使用麻醉剂时,应正确掌握方法和用量 5. 接种前应停食至少24小时 6. 接种本品时,应采用连续性注射,并采用适宜的注射深度,注射中应避免针孔堵塞 7. 应使用高压蒸汽消毒或者煮沸消毒过的注射器 8. 使用前充分摇匀 9. 一旦开瓶,一次性用完 10. 使用过的疫苗瓶、器具和未用完的疫苗等应进行消毒处理 11. 应避免冻结 12. 疫苗应储藏于冷暗处 13. 如意外将疫苗污染到达人的眼、鼻、嘴中或注射到人体内时,应及时对患部采取消毒等措施	

类别	制剂与主要成分	作用与用途	注意事项	不良反应
疫苗	鰤鱼格氏乳球菌灭活疫苗（BY1株）（Lactococcus Garviae Vaccine, Inactivated）（Strain BY1）	预防出口日本的三条鰤、杜氏鰤（高体鰤）格氏乳球菌病）	1. 营养不良、患病或疑似患病的靶动物不可注射；正在使用其他药物或停药4天内的靶动物不可注射 2. 靶动物需经7天驯化并停止喂食24小时以上，方能注射疫苗，注射7天内应避免运输 3. 本疫苗在20℃以上的水温中使用 4. 本品使用前和使用过程中注意摇匀 5. 注射器具应经高压蒸汽灭菌或煮沸等方法消毒后使用，推荐使用连续注射器 6. 使用麻醉剂时，遵守麻醉剂用量 7. 本品不与其他药物混合使用 8. 疫苗一旦开启，尽快使用 9. 妥善处理使用后的残留疫苗、空瓶和针头等 10. 避光、避热、避冻结 11. 使用过的疫苗瓶、器具和未用完的疫苗等应进行消毒处理	
消毒用药	溴氯海因粉（Bromochlorodi methylhydantonin Powder）	养殖水体消毒；预防鱼、虾、蟹、贝、等出弧菌、嗜水气单胞菌、爱德华菌等引起的出血、烂鳃、腐皮、肠炎等疾病	1. 勿用金属容器盛装 2. 缺氧水体禁用 3. 水质较清，透明度高于30厘米时，剂量酌减 4. 苗种剂量减半	

类别	制剂与主要成分	作用与用途	注意事项	不良反应
消毒用药	次氯酸钠溶液（Sodium Hypochlorite Solution	养殖水体、器械的消毒与杀菌；预防鱼、虾、蟹的出血、烂鳃、腹水、肠炎、疖疮、腐皮等细菌性疾病	1. 本品受环境因素影响较大，因此使用时应特别注意环境条件，在水温偏高、pH 值较低、施肥前使用效果更好 2. 本品有腐蚀性，勿用金属容器盛装，会伤害皮肤 3. 养殖水体水深超过 2 米时，按 2 米水深计算用药 4. 包装物用后集中销毁	
	复合碘溶液（Complex Iodine Solution）	防治水产养殖动物细菌性和病毒性疾病	1. 不得与强碱或还原剂混合使用 2. 冷水鱼慎用	
	蛋氨酸碘粉（Methionine Iodine Podwer）	消毒药，用于防治对虾白斑综合征	勿与维生素 C 类强还原剂同时使用	
	高碘酸钠（Sodium periodate Solution）	养殖水体的消毒，防治鱼、虾、蟹等水产养殖动物由弧菌、嗜水气单胞菌、爱德华氏菌等细菌引起的出血、烂鳃、腹水、肠炎、腐皮等细菌性疾病	1. 勿用金属容器盛装 2. 勿与强碱类物质及含汞类药物混用 3. 软体动物、鲑等冷水性鱼类慎用	
	苯扎溴铵溶液（Benzalkonium Bromide Solution）	养殖水体消毒，防治水产养殖动物由细菌性感染引起的出血、烂鳃、腹水、肠炎、疖疮、腐皮等细菌性疾病	1. 勿用金属容器盛装 2. 禁与阴离子表面活性剂、碘化物和过氧化物混用 3. 软体动物、鲑等冷水性鱼类填用 4. 水质较清的养殖水体填用 5. 使用后注意池塘缺氧 6. 包装物使用后集中销毁	

类别	制剂与主要成分	作用与用途	注意事项	不良反应
消毒用药	含氯石灰（Chlorinated Lime）	水体的消毒,防治水产养殖动物由弧菌、嗜水气单胞菌、爱德华氏菌等细菌引起的细菌性疾病	1. 不得使用金属盛装 2. 缺氧浮头前后严禁使用 3. 水质较瘦、透明度高于50厘米时,剂量减半 4. 苗种填用 5. 本品杀菌作用快而强,但不持久,且受有机物的影响,在实际使用时,本品需与被消毒物至少接触15~20分钟	
	石灰（Lime）	鱼池消毒,改良水质		
渔用环境改良剂	过硼酸钠（Sodium Perborate Power）	增加水中溶氧,改善水质	1. 本品为急救药品,根据缺氧程度适当增减用量,并配合充水,增加增氧机等措施改善水质 2. 产品有轻微结块,压碎使用 3. 包装物用后集中销毁	
	过碳酸钠（Sodium Percarborate）	水质改良剂,用于缓解和解除鱼、虾、蟹等水产养殖动物因缺氧引起的浮头和泛塘	1. 不得与金属、有机溶剂、还原剂接触 2. 按浮头处水体计算药品用量 3. 视浮头程度决定用药次数 4. 发生浮头时,表示水体严重缺氧,药品加入水体后,还应采取冲水、开增氧机等措施 5. 包装物使用后集中销毁	
	过氧化钙（Calcium Peroxide Powder）	池塘增氧,防治鱼类缺氧浮头	1. 对于一些无更换水源的养殖水体,应定期使用 2. 严禁与含氯制剂、消毒剂、还原剂等混放 3. 严禁与其他化学试剂混放 4. 长途运输时常使用增氧设备,观赏鱼长途运输禁用	
	过氧化氢溶液（Hydrogen Peroxide Solution）	增加水体溶氧	本品为强氧化剂,腐蚀剂,使用时顺风向泼洒,勿将药液接触皮肤,如接触皮肤应立即用清水冲洗	

附录

附录 B

（规范性附录）
A 级绿色食品治疗水生生物疾病药物

B.1 国家兽药标准中列出的水产用中草药及其成药制剂
见《兽药国家标准化学品 中药卷》

B.2 生产 A 级绿色食品治疗用化学药物见表 B.1。

表 B.1 生产 A 级绿色食品治疗用化学药物目录

类别	制剂与主要成分	作用与用途	注意事项	不良反应
抗微生物药物	盐酸西环素粉（Dexycycline Hylate Powder）	治疗鱼类由弧菌、嗜水气单胞菌、爱德华氏菌等细菌引起的细菌性疾病	1. 均匀拌饵投喂 2. 包装物用后集中销毁	长期应用可引起二重感染和肝脏损害
	氟苯尼考（Folenicol Powder）	防治淡、海水养殖鱼类由细菌引起的败血症、溃疡、肠道病、烂鳃病以及虾红体病、蟹腹水病	1. 混拌后的药饵不宜久置 2. 不宜高剂量长期使用	高剂量长期使用对造血系统具有可逆性抑制作用
	氟苯尼考粉预混剂（50%）（Folenicol Premix 50）	治疗嗜水气单胞菌、副溶血弧菌、溶藻弧菌、链球菌等引起的感染，如鱼类细菌性败血症、溶血性腹水病、肠炎、赤皮病等，也可治疗虾、蟹类弧菌病、罗非鱼链球菌病等	1. 预混剂需先用食用油混合之后再与饲料混合，为确保均匀，本品须先与少量饲料混匀，再与剩余饲料混匀 2. 使用后须用肥皂和清水彻底洗净饲料所用的设备	高剂量长期使用对造血系统具有可逆性抑制作用
	氟苯尼考粉注射液（Flofenicol Injection）	治疗鱼类敏感菌所致疾病		
	硫酸锌霉素（Neomycin Sulfate Powder）	用于治疗鱼、虾、蟹等水产动物由气单胞菌、爱德华氏菌及弧菌引起的肠道疾病		

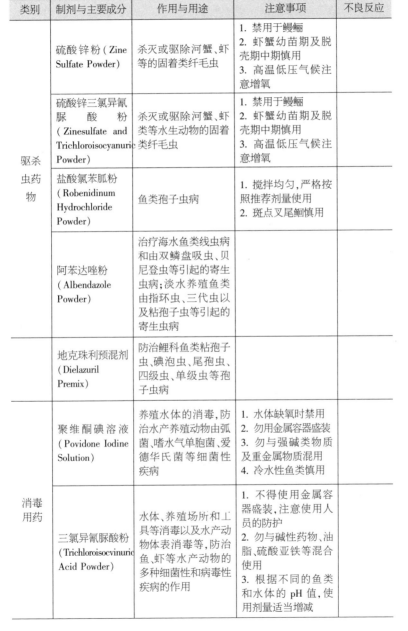

类别	制剂与主要成分	作用与用途	注意事项	不良反应
驱杀虫药物	硫酸锌粉（Zine Sulfate Powder）	杀灭或驱除河蟹、虾等的固着类纤毛虫	1. 禁用于鳗鲡 2. 虾蟹幼苗期及脱壳期中期慎用 3. 高温低压气候注意增氧	
	硫酸锌三氯异氰脲酸粉（Zinesulfate and Trichloroisocyanuric Powder）	杀灭或驱除河蟹、虾类等水生动物的固着类纤毛虫	1. 禁用于鳗鲡 2. 虾蟹幼苗期及脱壳期中期慎用 3. 高温低压气候注意增氧	
	盐酸氯苯胍粉（Robenidinum Hydrochloride Powder）	鱼类孢子虫病	1. 搅拌均匀，严格按照推荐剂量使用 2. 斑点叉尾鮰慎用	
	阿苯达唑粉（Albendazole Powder）	治疗海水鱼类线虫病和由双鳞盘吸虫、贝尼登虫等引起的寄生虫病；淡水养殖鱼类由指环虫、三代虫以及粘孢子虫等引起的寄生虫病		
	地克珠利预混剂（Dielazuril Premix）	防治鲤科鱼类粘孢子虫、碘泡虫、尾孢虫、四级虫、单级虫等孢子虫病		
消毒用药	聚维酮碘溶液（Povidone Iodine Solution）	养殖水体的消毒，防治水产养殖动物由弧菌、嗜水气单胞菌、爱德华氏菌等细菌性疾病	1. 水体缺氧时禁用 2. 勿用金属容器盛装 3. 勿与强碱类物质及重金属物质混用 4. 冷水性鱼类慎用	
	三氯异氰脲酸粉（Trichloroisocvinuric Acid Powder）	水体、养殖场所和工具等消毒以及水产动物体表消毒，防治鱼、虾等水产动物的多种细菌性和病毒性疾病的作用	1. 不得使用金属容器盛装，注意使用人员的防护 2. 勿与碱性药物、油脂、硫酸亚铁等混合使用 3. 根据不同的鱼类和水体的 pH 值，使用剂量适当增减	

附录

431

水产品质量安全新技术

类别	制剂与主要成分	作用与用途	注意事项	不良反应
	复合碘溶液（Complex Iodine Solution）	防治水产养殖动物细菌性和病毒性疾病	1. 不得与强碱或还原剂混合使用 2. 冷水鱼慎用	
	蛋氨酸碘粉（Methionine Iodine Powder）	消毒药, 用于防治对虾白斑综合征	勿与维生素 C 类强还原剂混合使用	
	高碘酸钠（Sodium Periodate Solution）	养殖水体的消毒, 防治鱼、虾蟹等水产养殖动物由弧菌、嗜水气单胞菌、爱德华氏菌等细菌引起的出血、烂鳃、腹水、肠炎、腐皮等细菌性疾病	1. 勿用金属容器盛装 2. 勿与强类物质及含汞类药物混用 3. 软体动物、鲑等冷水性鱼类慎用	
	苯扎溴铵溶液（Benzalkonium Bromide Solution）	养殖水体消毒, 防治水产养殖动物由细菌性感染引起的出血、烂鳃、腹水、肠炎、疖疮、腐皮等细菌性疾病	1. 勿用金属容器盛装 2. 禁与阴离子表面活性剂、碘化物和过氧化物等混用 3. 软体动物、鲑等冷水性鱼类慎用 4. 水质较清的养殖水体慎用 5. 使用后注意池塘增氧 6. 包装物使用后集中销毁	

十二、无公害食品　水产品中渔药残留限量
（NY 5070—2002）

前　言

　　本标准是对 NY 5070—2001《无公害食品 水产品中渔药残留限量》的修订。

　　本标准的修订主要参考了国际食品法典委员会（CAC）《食品中兽药残留》（"Residue of Veterinary Drugs in Foods"）第二版第三卷（1995修订）和《食品中兽药最大残留限量标准》（"Codex Maximum Residue Limit For Veterinary Drugs in Foods"），同时根据我国水产品贸易情况参考了欧盟法规（EEC Regulation 2377/90.），美国食品与药品管理局（FDA）法规［21CFR Ch.I（4-1-Ol Edition）Part 556-Tol-erance for Residue of New Animal Drugs in Food］以及日本、加拿大、韩国和我国香港地区的动物性食品中兽药最大残留限量标准（MRL），并结合我国水产品养殖生产过程中渔药的使用情况。

　　本标准保持了原标准的结构形式；在内容上保留了原标准中科学、合理的内容，删除了目前我国水产养殖中没有使用的药物，修订了氯霉素测定方法，增加了附录 A、附录 B，同时对部分内容作了修改和补充。

　　本标准的附录 A、附录 B 为规范性附录。

　　本标准由中华人民共和国农业部提出。

　　本标准由全国水产标准化技术委员会归口。

　　本标准起草单位：国家水产品质量监督检验中心、青岛出入境检验检疫局、广东出入境检验检疫局。

　　本标准主要起草人：周德庆、李晓川、李兆新、冷凯良、林黎明、宜齐、吴建丽。

　　本标准所代替标准的历次版本发布情况为：NY 5070—2001。

1 范围

本标准规定了无公害水产品中渔药及通过环境污染造成的药物残留的最高限量。

本标准适用于水产养殖品及初级加工水产品、冷冻水产品,其他水产加工品可以参照使用。

2 规范性引用文件

下列文件中的条款通过本标准的引用而成为本标准的条款。凡是注日期的引用文件,其随后所有的修改单(不包括勘误的内容)或修订版均不适用于本标准,然而,鼓励根据本标准达成协议的各方研究是否可使用这些文件的最新版本。凡是不注日期的引用文件,其最新版本适用于本标准。

NY 5029—2001 无公害食品 猪肉

NY 5071 无公害食品 渔用药物使用准则

SC/T 3303—1997 冻烤鳗

SN/T 0197—1993 出口肉中喹乙醇残留量检验方法

SN 0206—1993 出口活鳗鱼中噁喹酸残留量检验方法

SN 0208—1993 出口肉中十种磺胺残留量检验方法

SN 0530—1996 出口肉品中呋喃唑酮残留量的检验方法 液相色谱法

3 术语和定义

下列术语和定义适用于本标准。

3.1 渔用药物 fishery drugs

用以预防、控制和治疗水产动、植物的病、虫、害,促进养殖品种健康生长,增强机体抗病能力以及改善养殖水体质量的一切物质,简称"渔药"。

3.2 渔药残留 residues of fishery drugs

在水产品的任何食用部分中渔药的原型化合物或/和其代谢产物,并包括与药物本体有关杂质的残留。

3.3 最高残留限量 maximum residue Limit, MRL

允许存在于水产品表面或内部(主要指肉与皮或/和性腺)的该药(或

标志残留物)的最高量/浓度(以鲜重计,表示为:µg/kg 或 mg/kg)。

4 要求

4.1 渔药使用

水产养殖中禁止使用国家、行业颁布的禁用药物,渔药使用时按 NY 5071 的要求进行。

4.2 水产品中渔药残留限量要求

水产品中渔药残留限量要求见表 1。

表 1 水产品中渔药残留限量

药物类别		药物名称		指标(MRL)
		中文	英文	(微克/千克)
抗生素类	四环素类	金霉素	Chlortetracycline	100
		土霉素	Oxytetracycline	100
		四环素	Tetracycline	100
	氯霉素类	氯霉素	Chloramphenicol	不得检出
磺胺类及增效剂		磺胺嘧啶	Sulfadiazine	100 (以总量计)
		磺胺甲基嘧啶	Sulfamerazine	
		磺胺二甲基嘧啶	Sulfadimidine	
		磺胺甲噁唑	Sulfamethoxaozole	
		甲氧苄啶	Trimethoprim	50
喹诺酮类		噁喹酸	Oxilinic acid	300
硝基呋喃类		呋喃唑酮	Furazolidone	不得检出
其他		乙烯雌酚	Diethylstilbestrol	不得检出
		喹乙醇	Olaquindox	不得检出

5 检测方法

5.1 金霉素、土霉素、四环霉

金霉素测定按 NY 5029—2001 中附录 B 规定执行,土霉素、四环素按 SC/T 3303—1997 中附录 A 规定执行。

5.2 氯霉素

氯霉素残留量的筛选测定方法按本标准中附录 A 执行,测定按

NY 5029-2001 中附录 D(气相色谱法)的规定执行。

5.3 磺胺类

磺胺类中的磺胺甲基嘧啶、磺胺二甲基嘧啶的测定按 SC/T 3303 的规定执行,其他磺胺类按 SN/T 0208 的规定执行。

5.4 噁喹酸

噁喹酸的测定按 SN/T 0206 的规定执行。

5.5 呋喃唑酮

呋喃唑酮的测定按 SN/T 0530 的规定执行。

5.6 乙烯雌酚

乙烯雌酚残留量的筛选测定方法按本标准中附录 B 规定执行。

5.7 喹乙醇

喹乙醇的测定按 SN/T 0197 的规定执行。

6 检验规则

6.1 检验项目

按相应产品标准的规定项目进行。

6.2 抽样

6.2.1 组批规则

同一水产养殖场内,在品种、养殖时间、养殖方式基本相同的养殖水产品为一批(同一养殖池,或多个养殖池);水产加工品按批号抽样,在原料及生产条件基本相同下同一天或同一班组生产的产品为一批。

6.2.2 抽样方法

6.2.2.1 养殖水产品随机从各养殖池抽取有代表性的样品,取样量见表 2。

表 2 取样量

生物数量(尾、只)	取样量(尾、只)
500 以内	2
500~1 000	4
1 001~5 000	10
5 001~10 000	20
≥10 001	30

6.2.2.2　水产加工品

每批抽取样本以箱为单位,100 箱以内取 3 箱,以后每增加 100 箱(包括不足 100 箱)则抽 1 箱。

按所取样本从每箱内各抽取样品不少于 3 件,每批取样量不少于 10 件。

6.3　取样的样品的处理

采集的样品应分成两等份,其中一份作为留样。从样本中取有代表性的样品,装入适当容器,并保证每份样品都能满足分析的要求;样品的处理按规定的方法进行,通过细切、绞肉机绞碎、缩分,使其混合均匀;鱼、虾、贝、藻等各类样品量不少于 200 g。各类样品的处理方法如下:

a) 鱼类:先将鱼体表面杂质洗净,去掉鳞、内脏,取肉(包括脊背和腹部)肉和皮一起绞碎,特殊要求除外。

b) 龟鳖类:去头、放出血液,取其肌肉包括裙边,绞碎后进行测定。

c) 虾类:洗净后,去头、壳,取其肌肉进行测定。

d) 贝类:鲜的、冷冻的牡蛎、蛤蜊等要把肉和体液调制均匀后进行分析测定。

e) 蟹:取肉和性腺进行测定。

f) 混匀的样品,如不及时分析,应置于清洁、密闭的玻璃容器,冰冻保存。

6.4　判定规则

按不同产品的要求所检的渔药残留各指标均应符合本标准的要求,各项指标中的极限值采用修约值比较法。超过限量标准规定时,允许加倍抽样将此项指标复验一次,按复验结果判定本批产品是否合格。经复检后所检指标仍不合格的产品则判为不合格品。

十三、食品动物禁用的兽药及其化合物清单

（农业部公告第 193 号，2002 年 4 月 9 日发布）

为保证动物源性食品安全，维护人民身体健康，根据《兽药管理条例》的规定，我部制定了《食品动物禁用的兽药及其他化合物清单》（以下简称《禁用清单》），现公告如下：

一、《禁用清单》序号 1 至 18 所列品种的原料药及其单方、复方制剂产品停止生产，已在兽药国家标准、农业部专业标准及兽药地方标准中收载的品种，废止其质量标准，撤销其产品批准文号；已在我国注册登记的进口兽药，废止其进口兽药质量标准，注销其《进口兽药登记许可证》。

二、截止 2002 年 5 月 15 日，《禁用清单》序号 1 至 18 所列品种的原料药及其单方、复方制剂产品停止经营和使用。

三、《禁用清单》序号 19 至 21 所列品种的原料药及其单方、复方制剂产品不准以抗应激、提高饲料报酬、促进动物生长为目的在食品动物饲养过程中使用。

食品动物禁用的兽药及其他化合物清单

序号	兽药及其他化合物名称	禁止用途	禁用动物
1	β-兴奋剂类：克仑特罗 Clenbuterol、沙丁胺醇 Salbutamol、西马特罗 Cimaterol 及其盐、酯及制剂	所有用途	所有食品动物
2	性激素类：己烯雌酚 Diethylstilbestrol 及其盐、酯及制剂	所有用途	所有食品动物
3	具有雌激素样作用的物质：玉米赤霉醇 Zeranol、去甲雄三烯醇酮 Trenbolone、醋酸甲孕酮 Mengestrol，Acetate 及制剂	所有用途	所有食品动物
4	氯霉素 Chloramphenicol 及其盐、酯（包括：琥珀氯霉素 Chloramphenicol Succinate）及制剂	所有用途	所有食品动物
5	氨苯砜 Dapsone 及制剂	所有用途	所有食品动物

序号	兽药及其他化合物名称	禁止用途	禁用动物
]6	硝基呋喃类:呋喃唑酮 Furazolidone、呋喃它酮 Furaltadone、呋喃苯烯酸钠 Nifurstyrenate sodium 及制剂	所有用途	所有食品动物
7	硝基化合物:硝基酚钠 Sodiumnitrophenolate、硝呋烯腙 Nitrovin 及制剂	所有用途	所有食品动物
8	催眠、镇静类:安眠酮 Methaqualone 及制剂	所有用途	所有食品动物
9	林丹(丙体六六六)Lindane	杀虫剂	所有食品动物
10	毒杀芬(氯化烯)Camahechlor	杀虫剂、清塘剂	所有食品动物
11	呋喃丹(克百威)Carbofuran	杀虫剂	所有食品动物
12	杀虫脒(克死螨)Chlordimeform	杀虫剂	所有食品动物
13	双甲脒 Amitraz	杀虫剂	水生食品动物
14	酒石酸锑钾 Antimonypotassiumtartrate	杀虫剂	所有食品动物
15	锥虫肿胺 Tryparsamide	杀虫剂	所有食品动物
16	孔雀石绿 Malachitegreen	抗菌、杀虫剂	所有食品动物
17	五氯酚酸钠 Pentachlorophenolsodium	杀螺剂	所有食品动物
18	各种汞制剂包括:氯化亚汞(甘汞)Calomel,硝酸亚汞 Mercurous nitrate、醋酸汞 Mercurous acetate、吡啶基醋酸汞 Pyridyl mercurous acetate	杀虫剂	所有食品动物
19	性激素类:甲基睾丸酮 Methyltestosterone、丙酸睾酮 Testosterone Propionate、苯丙酸诺龙 Nandrolone Phenylpropionate、苯甲酸雌二醇 Estradiol Benzoate 及其盐,酯及制剂	促生长	所有食品动物
20	催眠、镇静类:氯丙嗪 Chlorpromazine、地西泮(安定)Diazepam 及其盐,酯及制剂、	促生长	所有食品动物
21	硝基咪唑类:甲硝唑 Metronidazole、地美硝唑 Dimetronidazole 及其盐,酯及制剂、	促生长	所有食品动物

注:食品动物是指各种供人食用或其产品供人食用的动物。

附
录

十四、动物性食品中兽药最高残留限量

（农业部公告第 235 号，2002 年 12 月 24 日发布）

为加强兽药残留监控工作，保证动物性食品卫生安全，根据《兽药管理条例》规定，我部组织修订了《动物性食品中兽药最高残留限量》，现予发布，请各地遵照执行。自发布之日起，原发布的《动物性食品中兽药最高残留限量》（农牧发〔1999〕17 号）同时废止。

附件：动物性食品中兽药最高残留限量

动物性食品中兽药最高残留限量由附录 1、附录 2、附录 3、附录 4组成。

1. 凡农业部批准使用的兽药，按质量标准、产品使用说明书规定用于食品动物，不需要制定最高残留限量的，见附录 1。

2. 凡农业部批准使用的兽药，按质量标准、产品使用说明书规定用于食品动物，需要制定最高残留限量的，见附录 2。

3. 凡农业部批准使用的兽药，按质量标准、产品使用说明书规定可以用于食品动物，但不得检出兽药残留的，见附录 3。

4. 农业部明文规定禁止用于所有食品动物的兽药，见附录 4。

（附件内容较多，只选取与水产有关的内容）

附录1 动物性食品允许使用，但不需要制定残留限量的药物
（水产有关部分）

药物名称	动物种类	其他规定
Aluminium hydroxide 氢氧化铝	所有食品动物	
Atropine 阿托品	所有食品动物	
Azamethiphos 甲基吡啶磷	鱼	
Betaine 甜菜碱	所有食品动物	
Bismuth subcarbonate 碱式碳酸铋	所有食品动物	仅作口服用
Bismuth subnitrate 碱式硝酸铋	所有食品动物	仅作口服用
Boric acid and borates 硼酸及其盐	所有食品动物	
Caffeine 咖啡因	所有食品动物	
Calcium borogluconate 硼葡萄糖酸钙	所有食品动物	
Calcium carbonate 碳酸钙 Calcium chloride 氯化钙 Calcium gluconate 葡萄糖酸钙 Calcium phosphate 磷酸钙 Calcium sulphate 硫酸钙 Calcium pantothenate 泛酸钙	所有食品动物 所有食品动物 所有食品动物 所有食品动物 所有食品动物 所有食品动物	
Camphor 樟脑	所有食品动物	仅作外用
Chlorhexidine 氯己定	所有食品动物	仅作外用
Choline 胆碱	所有食品动物	
Epinephrine 肾上腺素	所有食品动物	
Ethanol 乙醇	所有食品动物	仅作赋型剂用
Ferrous sulphate 硫酸亚铁	所有食品动物	
Folic acid 叶酸	所有食品动物	
Follicle stimulating hormone（natural FSH from all species and their synthetic analogues）促卵泡激素(各种动物天然 FSH 及其化学合成类似物)	所有食品动物	
Formaldehyde 甲醛	所有食品动物	
Glutaraldehyde 戊二醛	所有食品动物	
Gonadotrophin releasing hormone 垂体促性腺激素释放激素	所有食品动物	
Human chorion gonadotrophin 绒促性素	所有食品动物	
Hydrochloric acid 盐酸	所有食品动物	仅作赋型剂用

续表

药物名称	动物种类	其他规定
Hydrocortisone 氢化可的松	所有食品动物	仅作外用
Hydrogen peroxide 过氧化氢	所有食品动物	
Iodine and iodine inorganic compounds including: 碘和碘无机化合物包括:		
——Sodium and potassium-iodide 碘化钠和钾	所有食品动物	
——Sodium and potassium-iodate 碘酸钠和钾	所有食品动物	
Iodophors including: 碘附包括:		
——polyvinylpyrrolidone-iodine 聚乙烯吡咯烷酮碘	所有食品动物	
Iodine organic compounds: 碘有机化合物:		
——Iodoform 碘仿	所有食品动物	
Iron dextran 右旋糖酐铁	所有食品动物	
Ketamine 氯胺酮	所有食品动物	
Lactic acid 乳酸	所有食品动物	
Luteinising hormone (natural LH from all species and their synthetic analogues) 促黄体激素(各种动物天然 FSH 及其化学合成类似物)	所有食品动物	
Magnesium chloride 氯化镁	所有食品动物	
Mannitol 甘露醇	所有食品动物	
Menadione 甲萘醌	所有食品动物	
Neostigmine 新斯的明	所有食品动物	
Oxytocin 缩宫素	所有食品动物	
Pepsin 胃蛋白酶	所有食品动物	
Phenol 苯酚	所有食品动物	
Polyethylene glycols (molecular weight ranging from 200 to 10000) 聚乙二醇(分子量范围从 200 到 10000)	所有食品动物	

药物名称	动物种类	其他规定
Polysorbate 80 吐温-80	所有食品动物	
Procaine 普鲁卡因	所有食品动物	
Sodium chloride 氯化钠	所有食品动物	
Sodium pyrosulphite 焦亚硫酸钠	所有食品动物	
Sodium selenite 亚硒酸钠	所有食品动物	
Sodium stearate 硬脂酸钠	所有食品动物	
Sodium thiosulphate 硫代硫酸钠	所有食品动物	
Sorbitan trioleate 脱水山梨醇三油酸酯(司盘85)	所有食品动物	
Sulfogaiacol 愈创木酚磺酸钾	所有食品动物	
Tetracaine 丁卡因	所有食品动物	仅作麻醉剂用
Thiomersal 硫柳汞	所有食品动物	多剂量疫苗中作防腐剂使用,浓度最大不得超过 0.02%
Thiopental sodium 硫喷妥钠	所有食品动物	仅作静脉注射用
Vitamin A 维生素 A	所有食品动物	
Vitamin B_1 维生素 B_1	所有食品动物	
Vitamin B_{12} 维生素 B_{12}	所有食品动物	
Vitamin B_2 维生素 B_2	所有食品动物	
Vitamin B_6 维生素 B_6	所有食品动物	
Vitamin D 维生素 D	所有食品动物	
Vitamin E 维生素 E	所有食品动物	
Zinc oxide 氧化锌	所有食品动物	
Zinc sulphate 硫酸锌	所有食品动物	

附
录

附录 2　已批准的动物性食品中最高残留限量规定
（水产有关部分）

药物名	标志残留物	动物种类	靶组织	残留限量
阿莫西林 Amoxicillin	Amoxicillin	所有食品动物	肌肉 脂肪 肝 肾 奶	50 50 50 50 10
氨苄西林 Ampicillin	Ampicillin	所有食品动物	肌肉 脂肪 肝 肾 奶	50 50 50 50 10
苄星青霉素/普鲁卡因青霉素 Benzylpenicillin/ Procaine benzylpenicillin ADI:0-30 µg/人/天	Benzylpenicillin	所有食品动物	肌肉 脂肪 肝 肾 奶	50 50 50 50 4
氯唑西林 Cloxacillin	Cloxacillin	所有食品动物	肌肉 脂肪 肝 肾 奶	300 300 300 300 30
溴氰菊酯 Deltamethrin ADI:0-10	Deltamethrin	鱼	肌肉	30
地克珠利 Diclazuril ADI:0-30	Diclazuril	绵羊/禽/兔	肌肉 脂肪 肝 肾	500 1 000 3 000 2 000
二氟沙星 Difloxacin ADI:0-10	Difloxacin	其他动物（牛/羊、猪、家禽另有规定）	肌肉 脂肪 肝 肾	300 100 800 600

药物名	标志残留物	动物种类	靶组织	残留限量
恩诺沙星 Enrofloxacin ADI:0-2	Enrofloxacin + Ciprofloxacin	其他动物(牛/羊、猪/兔、禽另有规定)	肌肉 脂肪 肝 肾	100 100 200 200
红霉素 Erythromycin ADI:0-5	Erythromycin	所有食品动物	肌肉 脂肪 肝 肾	200 200 200 200
氟苯尼考 Florfenicol ADI:0-3	Florfenicol-amine	鱼 其他动物	肌肉+皮 肌肉 脂肪 肝 肾	1 000 100 200 2 000 300
氟甲喹 Flumequine ADI:0-30	Flumequine	鱼	肌肉+皮	500
苯唑西林 Oxacillin	Oxacillin	所有食品动物	肌肉 脂肪 肝 肾 奶	300 300 300 300 30
噁喹酸 Oxolinic acid ADI:0-2.5	Oxolinic acid	鱼	肌肉+皮	300
土霉素/金霉素/四环素 Oxytetracycline/Chlor-tetracycline/Tetracycline ADI:0-30	Parent drug,单个或复合物	所有食品动物 鱼/虾	肌肉 肝 肾 肉	100 300 600 100
沙拉沙星 Sarafloxacin ADI:0-0.3	Sarafloxacin	鱼	肌肉+皮	30

药物名	标志残留物	动物种类	靶组织	残留限量
磺胺类 Sulfonamides	Parent drug(总量)	所有食品 动物	肌肉 脂肪 肝 肾	100 100 100 100
甲砜霉素 Thiamphenicol ADI:0~5	Thiamphenicol	鱼	肌肉+皮	50
甲氧苄啶 Trimethoprim ADI:0~4.2	Trimethoprim	鱼	肌肉+皮	50

附录3 允许作治疗用,但不得在动物性食品中检出的药物
(水产有关部分)

药物名称	标志残留物	动物种类	靶组织
氯丙嗪 Chlorpromazine	Chlorpromazine	所有食品动物	所有可食组织
地西泮(安定) Diazepam	Diazepam	所有食品动物	所有可食组织
地美硝唑 Dimetridazole	Dimetridazole	所有食品动物	所有可食组织
苯甲酸雌二醇 Estradiol Benzoate	Estradiol	所有食品动物	所有可食组织
甲硝唑 Metronidazole	Metronidazole	所有食品动物	所有可食组织
苯丙酸诺龙 Nadrolone Phenylpropionate	Nadrolone	所有食品动物	所有可食组织
丙酸睾酮 Testosterone propinate	Testosterone	所有食品动物	所有可食组织

附录 4 禁止使用的药物,在动物性食品中不得检出

药物名称	禁用动物种类	靶组织
氯霉素 Chloramphenicol 及其盐、酯 (包括:琥珀氯霉素 Chloramphenico Succinate)	所有食品动物	所有可食组织
克伦特罗 Clenbuterol 及其盐、酯	所有食品动物	所有可食组织
沙丁胺醇 Salbutamol 及其盐、酯	所有食品动物	所有可食组织
西马特罗 Cimaterol 及其盐、酯	所有食品动物	所有可食组织
氨苯砜 Dapsone	所有食品动物	所有可食组织
己烯雌酚 Diethylstilbestrol 及其盐、酯	所有食品动物	所有可食组织
呋喃它酮 Furaltadone	所有食品动物	所有可食组织
呋喃唑酮 Furazolidone	所有食品动物	所有可食组织
林丹 Lindane	所有食品动物	所有可食组织
呋喃苯烯酸钠 Nifurstyrenate sodium	所有食品动物	所有可食组织
安眠酮 Methaqualone	所有食品动物	所有可食组织
洛硝达唑 Ronidazole	所有食品动物	所有可食组织
玉米赤霉醇 Zeranol	所有食品动物	所有可食组织
去甲雄三烯醇酮 Trenbolone	所有食品动物	所有可食组织

水产品质量安全新技术

药物名称	禁用动物种类	靶组织
醋酸甲孕酮 Mengestrol Acetate	所有食品动物	所有可食组织
硝基酚钠 Sodium nitrophenolate	所有食品动物	所有可食组织
硝呋烯腙 Nitrovin	所有食品动物	所有可食组织
毒杀芬(氯化烯) Camahechlor	所有食品动物	所有可食组织
呋喃丹(克百威) Carbofuran	所有食品动物	所有可食组织
杀虫脒(克死螨) Chlordimeform	所有食品动物	所有可食组织
双甲脒 Amitraz	水生食品动物	所有可食组织
酒石酸锑钾 Antimony potassium tartrate	所有食品动物	所有可食组织
锥虫砷胺 Tryparsamile	所有食品动物	所有可食组织
孔雀石绿 Malachite green	所有食品动物	所有可食组织
五氯酚酸钠 Pentachlorophenol sodium	所有食品动物	所有可食组织
氯化亚汞(甘汞) Calomel	所有食品动物	所有可食组织
硝酸亚汞 Mercurous nitrate	所有食品动物	所有可食组织
醋酸汞 Mercurous acetate	所有食品动物	所有可食组织

药物名称	禁用动物种类	靶组织
吡啶基醋酸汞 Pyridyl mercurous acetate	所有食品动物	所有可食组织
甲基睾丸酮 Methyltestosterone	所有食品动物	所有可食组织
群勃龙 Trenbolone	所有食品动物	所有可食组织

名词定义:

1.兽药残留[Residues of Veterinary Drugs]:指食品动物用药后,动物产品的任何食用部分中与所有药物有关的物质的残留,包括原型药物或/和其代谢产物。

2.总残留[Total Residue]:指对食品动物用药后,动物产品的任何食用部分中药物原型或/和其所有代谢产物的总和。

3.日允许摄入量[ADI:Acceptable Daily Intake]:是指人一生中每日从食物或饮水中摄取某种物质而对健康没有明显危害的量,以人体重为基础计算,单位:μg/kg 体重/天。

4.最高残留限量[MRL:Maximum Residue Limit]:对食品动物用药后产生的允许存在于食物表面或内部的该兽药残留的最高量/浓度(以鲜重计,表示为μg/kg)。

5.食品动物[Food-Producing Animal]:指各种供人食用或其产品供人食用的动物。

6.鱼[Fish]:指众所周知的任一种水生冷血动物。包括鱼纲(Pisces)、软骨鱼(Elasmobranchs)和圆口鱼(Cyclostomes),不包括水生哺乳动物、无脊椎动物和两栖动物。但应注意,此定义可适用于某些无脊椎动物,特别是头足动物(Cephalopods)。

7.家禽[Poultry]:指包括鸡、火鸡、鸭、鹅、珍珠鸡和鸽在内的家养的禽。

8.动物性食品[Animal Derived Food]:全部可食用的动物组织以及蛋和奶。

9. 可食组织［Edible Tissues］:全部可食用的动物组织,包括肌肉和脏器。

10. 皮+脂［Skin with fat］:是指带脂肪的可食皮肤。

11. 皮+肉［Muscle with skin］:一般是特指鱼的带皮肌肉组织。

12. 副产品［Byproducts］:除肌肉、脂肪以外的所有可食组织,包括肝、肾等。

13. 肌肉［Muscle］:仅指肌肉组织。

14. 蛋［Egg］:指家养母鸡的带壳蛋。

15. 奶［Milk］:指由正常乳房分泌而得,经一次或多次挤奶,既无加入也未经提取的奶。此术语也可用于处理过但未改变其组份的奶,或根据国家立法已将脂肪含量标准化处理过的奶。

十五、兽药停药期规定

（农业部公告第 278 号,2003 年 5 月 22 日发布）

为加强兽药使用管理,保证动物性产品质量安全,根据《兽药管理条例》规定,我部组织制订了兽药国家标准和专业标准中部分品种的停药期规定(附件 1),并确定了部分不需制订停药期规定的品种(附件 2),现予公告。

本公告自发布之日起执行。以前发布过的与本公告同品种兽药停药期不一致的,以本公告为准。

附件 1. 兽药停药期规定

附件 2. 不需制订停药期的兽药品种

(附件 1 内容较多,只选取与水产有关的内容)

附件 1　停药期规定 (水产有关部分)

	兽药名称	执行标准	停药期
11	甲砜霉素片	部颁标准	28 日,弃奶期 7 日
12	甲砜霉素散	部颁标准	28 日,弃奶期 7 日,鱼 500 度日
18	甲磺酸培氟沙星可溶性粉	部颁标准	28 日,产蛋鸡禁用
19	甲磺酸培氟沙星注射液	部颁标准	28 日,产蛋鸡禁用
20	甲磺酸培氟沙星颗粒	部颁标准	28 日,产蛋鸡禁用
23	亚硫酸氢钠甲萘醌注射液	兽药典 2000 版	0 日
27	地西泮注射液	兽药典 2000 版	28 日
40	阿司匹林片	兽药典 2000 版	0 日
51	注射用三氮脒	兽药典 2000 版	28 日,弃奶期 7 日
56	注射用青霉素钠	兽药典 2000 版	0 日,弃奶期 3 日
57	注射用青霉素钾	兽药典 2000 版	0 日,弃奶期 3 日
62	注射用喹嘧胺	兽药典 2000 版	28 日,弃奶期 7 日
65	注射用硫酸卡那霉素	兽药典 2000 版	28 日,弃奶期 7 日
68	苯丙酸诺龙注射液	兽药典 2000 版	28 日,弃奶期 7 日
69	苯甲酸雌二醇注射液	兽药典 2000 版	28 日,弃奶期 7 日
70	复方水杨酸钠注射液	兽药规范 78 版	28 日,弃奶期 7 日
71	复方甲苯咪唑粉	部颁标准	鳗 150 度日
75	复方氨基比林注射液	兽药典 2000 版	28 日,弃奶期 7 日
76	复方磺胺对甲氧嘧啶片	兽药典 2000 版	28 日,弃奶期 7 日
77	复方磺胺对甲氧嘧啶钠注射液	兽药典 2000 版	28 日,弃奶期 7 日
78	复方磺胺甲噁唑片	兽药典 2000 版	28 日,弃奶期 7 日
81	枸橼酸乙胺嗪片	兽药典 2000 版	28 日,弃奶期 7 日
86	氟胺氰菊酯条	部颁标准	流蜜期禁用
87	氢化可的松注射液	兽药典 2000 版	0 日
88	氢溴酸东莨菪碱注射液	兽药典 2000 版	28 日,弃奶期 7 日
95	氧氟沙星片 58	部颁标准	28 日,产蛋鸡禁用
96	氧氟沙可溶性粉	部颁标准	28 日,产蛋鸡禁用
97	氧氟沙星注射液	部颁标准	28 日,弃奶期 7 日,产蛋鸡禁用
98	氧氟沙星溶液(碱性)	部颁标准	28 日,产蛋鸡禁用
99	氧氟沙星溶液(酸性)	部颁标准	28 日,产蛋鸡禁用

附录

	兽药名称	执行标准	停药期
100	氨苯胂酸预混剂	部颁标准	5 日,产蛋鸡禁用
101	氨茶碱注射液	兽药典 2000 版	28 日,弃奶期 7 日
103	烟酸诺氟沙星可溶性粉	部颁标准	28 日,产蛋鸡禁用
104	烟酸诺氟沙星注射液	部颁标准	28 日
105	烟酸诺氟沙星溶液	部颁标准	28 日,产蛋鸡禁用
113	盐酸多西环素片	兽药典 2000 版	28 日
114	盐酸异丙嗪片	兽药典 2000 版	28 日
115	盐酸异丙嗪注射液	兽药典 2000 版	28 日,弃奶期 7 日
122	盐酸环丙沙星、盐酸小檗碱预混剂	部颁标准	500 度日
123	盐酸环丙沙星可溶性粉	部颁标准	28 日,产蛋鸡禁用
124	盐酸环丙沙星注射液	部颁标准	28 日,产蛋鸡禁用
125	盐酸苯海拉明注射液	兽药典 2000 版	28 日,弃奶期 7 日
126	盐酸洛美沙星片	部颁标准	28 日,弃奶期 7 日,产蛋鸡禁用
127	盐酸洛美沙星可溶性粉	部颁标准	28 日,产蛋鸡禁用
128	盐酸洛美沙星注射液	部颁标准	28 日,弃奶期 7 日
131	盐酸氯丙嗪片	兽药典 2000 版	28 日,弃奶期 7 日
132	盐酸氯丙嗪注射液	兽药典 2000 版	28 日,弃奶期 7 日
135	盐酸氯胺酮注射液	兽药典 2000 版	28 日,弃奶期 7 日
136	盐酸赛拉唑注射液	兽药典 2000 版	28 日,弃奶期 7 日
139	诺氟沙星、盐酸小檗碱预混剂	部颁标准	500 度日
142	维生素 B_{12} 注射液	兽药典 2000 版	0 日
143	维生素 B_1 片	兽药典 2000 版	0 日
144	维生素 B_1 注射液	兽药典 2000 版	0 日
145	维生素 B_2 片	兽药典 2000 版	0 日
146	维生素 B_2 注射液	兽药典 2000 版	0 日
147	维生素 B_6 片	兽药典 2000 版	0 日
148	维生素 B_6 注射液	兽药典 2000 版	0 日
149	维生素 C 片	兽药典 2000 版	0 日
150	维生素 C 注射液	兽药典 2000 版	0 日

	兽药名称	执行标准	停药期
151	维生素 C 磷酸酯镁、盐酸环丙沙星预混剂	部颁标准	500 度日
152	维生素 D$_3$ 注射液	兽药典 2000 版	28 日,弃奶期 7 日
154	维生素 K$_1$ 注射液	兽药典 2000 版	0 日
155	喹乙醇预混剂	兽药典 2000 版	猪 35 日,禁用于禽、鱼,35 千克以上的猪
159	氯氰碘柳胺钠注射液	部颁标准	28 日,弃奶期 28 日
161	氰戊菊酯溶液	部颁标准	28 日
162	硝氯酚片	兽药典 2000 版	28 日
165	硫酸卡那霉素注射液(单硫酸盐)	兽药典 2000 版	28 日
170	硫酸粘菌素可溶性粉	部颁标准	7 日,产蛋期禁用
171	硫酸粘菌素预混剂	部颁标准	7 日,产蛋期禁用
176	精制马拉硫磷溶液	部颁标准	28 日
177	精制敌百虫片	兽药规范 92 版	28 日
178	蝇毒磷溶液	部颁标准	28 日
180	醋酸泼尼松片	兽药典 2000 版	0 日
182	醋酸氢化可的松注射液	兽药典 2000 版	0 日
184	磺胺二甲嘧啶钠注射液	兽药典 2000 版	28 日
185	磺胺对甲氧嘧啶,二甲氧苄氨嘧啶片	兽药规范 92 版	28 日
186	磺胺对甲氧嘧啶、二甲氧苄氨嘧啶预混剂	兽药典 90 版	28 日,产蛋期禁用
187	磺胺对甲氧嘧啶片	兽药典 2000 版	28 日
188	磺胺甲噁唑片	兽药典 2000 版	28 日
189	磺胺间甲氧嘧啶片	兽药典 2000 版	28 日
190	磺胺间甲氧嘧啶钠注射液	兽药典 2000 版	28 日
191	磺胺脒片	兽药典 2000 版	28 日
197	磺胺噻唑片	兽药典 2000 版	28 日
198	磺胺噻唑钠注射液	兽药典 2000 版	28 日

附录

453

附件 2 不需要制订停药期的兽药品种

	兽药名称	标准来源
1	乙酰胺注射液	兽药典 2000 版
2	二甲硅油	兽药典 2000 版
3	二巯丙磺钠注射液	兽药典 2000 版
4	三氯异氰脲酸粉	部颁标准
5	大黄碳酸氢钠片	兽药规范 92 版
6	山梨醇注射液	兽药典 2000 版
7	马来酸麦角新碱注射液	兽药典 2000 版
8	马来酸氯苯那敏片	兽药典 2000 版
9	马来酸氯苯那敏注射液	兽药典 2000 版
10	双氢氯噻嗪片	兽药规范 78 版
11	月苄三甲氯铵溶液	部颁标准
12	止血敏注射液	兽药规范 78 版
13	水杨酸软膏	兽药规范 65 版
14	丙酸睾酮注射液	兽药典 2000 版
15	右旋糖酐铁钴注射液(铁钴针注射液)	兽药规范 78 版
16	右旋糖酐 40 氯化钠注射液	兽药典 2000 版
17	右旋糖酐 40 葡萄糖注射液	兽药典 2000 版
18	右旋糖酐 70 氯化钠注射液	兽药典 2000 版
19	叶酸片	兽药典 2000 版
20	四环素醋酸可的松眼膏	兽药规范 78 版
21	对乙酰氨基酚片	兽药典 2000 版
22	对乙酰氨基酚注射液	兽药典 2000 版
23	尼可刹米注射液	兽药典 2000 版
24	甘露醇注射液	兽药典 2000 版
25	甲基硫酸新斯的明注射液	兽药规范 65 版
26	亚硝酸钠注射液	兽药典 2000 版
28	安络血注射液	兽药规范 92 版
29	次硝酸铋(碱式硝酸铋)	兽药典 2000 版
30	次碳酸铋(碱式碳酸铋)	兽药典 2000 版
31	呋塞米片	兽药典 2000 版
32	呋塞米注射液	兽药典 2000 版

	兽药名称	标准来源
33	辛氨乙甘酸溶液	部颁标准
34	乳酸钠注射液	兽药典 2000 版
35	注射用异戊巴比妥钠	兽药典 2000 版
36	注射用血促性素	兽药规范 92 版
37	注射用抗血促性素血清	部颁标准
38	注射用垂体促黄体素	兽药规范 78 版
39	注射用促黄体素释放激素 A_2	部颁标准
40	注射用促黄体素释放激素 A_3	部颁标准
41	注射用绒促性素	兽药典 2000 版
42	注射用硫代硫酸钠	兽药规范 65 版
43	注射用解磷定	兽药规范 65 版
44	苯扎溴铵溶液	兽药典 2000 版
45	青蒿琥酯片	部颁标准
46	鱼石脂软膏	兽药规范 78 版
47	复方氯化钠注射液	兽药典 2000 版
48	复方氯胺酮注射液	部颁标准
49	复方磺胺噻唑软膏	兽药规范 78 版
50	复合维生素 B 注射液	兽药规范 78 版
51	宫炎清溶液	部颁标准
52	枸橼酸钠注射液	兽药规范 92 版
53	毒毛花苷 K 注射液	兽药典 2000 版
54	氢氯噻嗪片	兽药典 2000 版
55	洋地黄毒甙注射液	兽药规范 78 版
56	浓氯化钠注射液	兽药典 2000 版
57	重酒石酸去甲肾上腺素注射液	兽药典 2000 版
58	烟酰胺片	兽药典 2000 版
59	烟酰胺注射液	兽药典 2000 版
60	烟酸片	兽药典 2000 版
61	盐酸大观霉素、盐酸林可霉素可溶性粉	兽药典 2000 版
62	盐酸利多卡因注射液	兽药典 2000 版
63	盐酸肾上腺素注射液	兽药规范 78 版

附录

	兽药名称	标准来源
64	盐酸甜菜碱预混剂	部颁标准
65	盐酸麻黄碱注射液	兽药规范 78 版
66	萘普生注射液	兽药典 2000 版
67	酚磺乙胺注射液	兽药典 2000 版
68	黄体酮注射液	兽药典 2000 版
69	氯化胆碱溶液	部颁标准
70	氯化钙注射液	兽药典 2000 版
71	氯化钙葡萄糖注射液	兽药典 2000 版
72	氯化氨甲酰甲胆碱注射液	兽药典 2000 版
73	氯化钾注射液	兽药典 2000 版
74	氯化琥珀胆碱注射液	兽药典 2000 版
75	氯甲酚溶液	部颁标准
76	硫代硫酸钠注射液	兽药典 2000 版
77	硫酸新霉素软膏	兽药规范 78 版
78	硫酸镁注射液	兽药典 2000 版
79	葡萄糖酸钙注射液	兽药典 2000 版
80	溴化钙注射液	兽药规范 78 版
81	碘化钾片	兽药典 2000 版
82	碱式碳酸铋片	兽药典 2000 版
83	碳酸氢钠片	兽药典 2000 版
84	碳酸氢钠注射液	兽药典 2000 版
85	醋酸泼尼松眼膏	兽药典 2000 版
86	醋酸氟轻松软膏	兽药典 2000 版
87	硼葡萄糖酸钙注射液	部颁标准
88	输血用枸橼酸钠注射液	兽药规范 78 版
89	硝酸士的宁注射液	兽药典 2000 版
90	醋酸可的松注射液	兽药典 2000 版
91	碘解磷定注射液	兽药典 2000 版
92	中药及中药成分制剂、维生素类、微量元素类、兽用消毒剂、生物制品类等五类产品(产品质量标准中有除外)	

参考文献

联合国粮农组织渔业及水产养殖部.2014.世界渔业和水产养殖状况 2014
  [M].罗马:联合国粮食及农业组织.

联合国粮农组织渔业及水产养殖部.2012.世界渔业和水产养殖状况 2012
  [M].罗马:联合国粮食及农业组织.

联合国粮农组织渔业及水产养殖部.2010.世界渔业和水产养殖状况 2010
  [M].罗马:联合国粮食及农业组织.

农业部渔业渔政管理局.2014.2014 中国渔业年鉴[M].北京:中国农业出版
  社.

农业部渔业局.2013.2012 年全国水产品进出口贸易情况分析[J].中国水产,
  (4):29-30.

农业部渔业局.2013.2013 中国渔业年鉴[M].北京:中国农业出版社.

农业部渔业局.2012.2012 中国渔业年鉴[M].北京:中国农业出版社.

农业部渔业局.2011.2011 中国渔业年鉴[M].北京:中国农业出版社.

农业部渔业局.2010.2010 中国渔业年鉴[M].北京:中国农业出版社.

姚国成,关歆.2014.授人以渔(上卷)推广水产技术.广州:广东科技出
  版社.

姚国成,关歆.2014.授人以渔(中卷)现代渔业技术.广州:广东科技出
  版社.

姚国成,关歆.2014.授人以渔(下卷)健康养殖技术.广州:广东科技出
  版社.

姚国成,叶卫.2013.罗非鱼高效生态养殖新技术[M].北京:海洋出版社.

姚国成,关歆.2013.世界水产养殖 30 年发展分析(下)[J].科学养鱼,
  (2):1-3.

姚国成,关歆.2013.世界水产养殖 30 年发展分析(上)[J].科学养鱼,
  (1):1-2.

姚国成,蔡云川 陈智兵.2008.广东省多策并举 确保养殖水产品质量安全
  [J].中国水产,(2):17-18.

姚国成.2008.罗非鱼健康养殖技术手册[M].广州:海洋与渔业(专刊).

姚国成.2008.广东省罗非鱼养殖现状及健康养殖模式[J].海洋与渔业,(1):6-8.

姚国成.2007.中加渔业合作前景广阔[J].海洋与渔业,(4):27-29.

姚国成.2007.水产品质量安全与管理[J].海洋与渔业,(2):6-7,9.

姚国成,饶志新.2007.广东养虾业十年发展趋势、存在问题及发展对策[M].第五届世界华人虾蟹养殖研讨会论文集.北京:海洋出版社:15-24.

姚国成,夏思源,饶志新,等.2005.广东省海水网箱养殖的发展及抗风浪网箱的推广[M].深水抗风浪网箱技术研究.北京:海洋出版社:17-24.

姚国成.2003.广东鳗鱼业概况及应对措施[J].海洋与渔业,(7):52-53.

姚国成.2002.广盐性鱼类健康养殖新技术[J].渔业现代化,(3):10-13.

姚国成,饶志新.2002.广东鳗业现状及其发展探讨[J].海洋与渔业,(12):34-35.

姚国成,陈智兵.2002.凡纳滨对虾养殖[M].第四届全国海珍品养殖研讨会论文集:316-324.

关歆,姚国成.2013.世界渔业总产量发展分析[J].世界农业,(1):66-69.

关歆,姚国成.2012.加强水产品质量安全监管[J].广东水产,(4):21-24.

关歆.2007.欧盟水产品质量管理介绍[J].中国水产,(11):24-25.

关歆.2007.欧盟渔业产销概况[J].河北渔业,(11):18-21.

关歆.2007.欧盟水产品市场考察[J].海洋与渔业,(10):44-45.

关歆.2007.韩国的外向型渔业[J].中国水产,(5):24-25.

关歆.2007.我看韩国渔业[J].水产前沿,(4):64.

关歆.2007.韩国渔业见闻[J].海洋与渔业,(4):30-31.

刘辉,梁德沛,花铁果,等.2013.食品中硝基呋喃类药物及其代谢物残留检测技术的研究进展[J].食品安全质量检测学报,(2):383-388.

唐启升.2013.水产学学科发展现状及发展方向研究报告[M].北京:海洋出版社.

陈明明.2013.一种硝基呋喃类药物代谢物检测方法的研究[D].合肥:安

徽大学.

徐建飞,王伟,杜晓宁.2012.LC-MS/MS 在硝基呋喃类兽药残留检测中的应用概述[J].中国兽药杂志,(10):46-49.

翁齐彪.2012.液相色谱串联质谱测定鳗鱼中硝基呋喃的含量[J].福建分析测试,(1):29-33.

刘津,李志勇,刘青,等.2012.广东水产品出口面临的技术性贸易壁垒及对策[J].中国渔业经济,(1):170-175.

戈贤平.2012.大宗淡水鱼安全生产技术指南[M].北京:中国农业出版社.

王立新.2012.水产品安全知识讲座[M].北京:中国质检出版社.

万建业,陈小桥,汪银焰,等.2011.我国水产品质量安全存在的问题与对策[J].现代农业科技,(10):357-359.

戴欣,李改娟.2011.水产品中硝基呋喃类药物残留的危害、影响以及控制措施[J].吉林水利,(9):61-62.

邹龙,刘师文,许杨.2011.硝基呋喃类药物及其代谢产物残留检测技术研究进展[J].食品工业科技,(9):464-467,471.

潘葳,罗钦,刘文静,等.2011.水产品与水产饲料中药物残留问题的分析及对策[J].福建农业学报,26(6):1096-1100.

赵艳,张凤枰,刘耀敏.2011.超高效液相色谱-串联质谱法测定凡纳滨对虾中的硝基呋喃代谢物残留[J].南方水产科学,(4):55-60.

许玉艳,穆迎春,宋怿,等.2011.青岛市鲜活水产品流通领域的质量安全问题及建议[J].中国渔业质量与标准,1(3):32-37.

孙建富.2011.水产品安全问题的根源及防控对策[J].沈阳农业大学学报(社会科学版),13(2):182-184.

广东省海洋与渔业局.2011.广东省现代渔业发展"十二五"规划.

广东省海洋与渔业局.2006.广东省渔业发展"十一五"规划.

广东省海洋与渔业局质量安全监督处.加强质量安全管理构建广东和谐渔业——发展水产品质量安全对策探讨[J].海洋与渔业,2007(11):1-4.

广东省水产技术推广总站.2008.倡导健康养殖 促进行业持续发展——广东对虾健康养殖研讨会在湛江召开[J].海洋与渔业,(11):5-6.

杨琳,傅红,刘强.2010.水产品及其苗种中硝基呋喃代谢物的高效液相色谱-串联质谱法测定[J].食品科学,(12):206-211.

蓝天慧.提升山西省水产品质量安全水平对策探讨[J].山西水利,2010

（03）：44-45.

祝伟霞,刘亚风,梁炜.2010.动物性食品中硝基呋喃类药物残留检测研究进展[J].动物医学进展,31(2):99-102.

钱卓真,位绍红,余颖,等.2010.高效液相色谱-串联质谱法测定鲍鱼中硝基呋喃类代谢物残留量[J].福建水产,(2):43-49.

张林田,黄少玉,陈建伟,等.2009.高效液相色谱-串联质谱法测定水产品中硝基呋喃类代谢物[J].理化检验(化学分册),(11):1311-1314.

李耀平,林永辉,贾东芬,等.2008.超高效液相色谱串联质谱法快速检测烤鳗虾中硝基呋喃代谢物残留新技术[J].分析试验室,27(12):76-79.

王璟,杨楠,赵晶,等.2008.液相色谱-串联质谱法检测水产品中硝基呋喃类代谢物[J].中国卫生检验杂志,(6):978-980.

张健玲,高华鹏,沈维军,等.2008.超高效液相色谱-串联质谱法测定烤鳗中硝基呋喃类代谢物残留量[J].中国卫生检验杂志,(1):19-21.

江为民,肖光明.2008.关于我国水产品质量安全问题及应对措施[J].内陆水产,33(1):7-10.

于慧梅.2008.食品中硝基呋喃代谢物和孔雀石绿的分析方法研究[D].北京化工大学.

王习达,陈辉,左健忠,等.2007.水产品中硝基呋喃类药物残留的检测与控制[J].现代农业科技,(18):152-153.

尹江伟,刘红河,刘桂华.2007.HPLC-MS/MS法测定水产品中硝基呋喃类化合物代谢物[J].中国卫生检验杂志,(12):2141-2143.

梁希扬,张林田,罗惠明,等.2007.液相色谱-串联质谱测定水产品中残留硝基呋喃类药物含量[J].中国卫生检验杂志,(11):1986-1988.

张利民,王际英,李培玉,等.2007.抗生素在水产养殖上的安全性与应用问题[J].养殖与饲料,(11):26-29.

徐一平,胥传来.2007.动物源食品中硝基呋喃类物质及其代谢物残留的检测技术研究[J].食品科学,28(10):590-593.

李希国,路宁宁,张汉霞.2007.东莞水产品安全现状及控制对策[J].海洋与渔业,(9):47-48.

司红彬,梁军.2007.硝基呋喃类药物的残留检测(上)[J].兽医导刊,

（9）:48-49.

余孔捷,刘正才,黄杰,等.2007.高效液相色谱-串联质谱法快速检测鳗鱼及烤鳗中硝基呋喃类代谢物残留[J].食品与发酵工业,（7）:132-134.

渔歌子.2007.首届世界养殖水产品贸易大会举行[J].海洋与渔业,（6）:3.

唐雪莲,李桂峰.2007.水产品药残问题的对策[J].海洋与渔业,（4）:10-11.

陈瑞清.2007.液相色谱-电喷雾串联质谱联用检测鳗鱼肌肉组织中4种硝基呋喃类代谢物残留量[J].福建农业学报,22（1）:68-72.

生成选.2007.动物源性食品硝基呋喃类药物残留调查分析与综合预防控制技术研究[D].中国农业大学.

张毅,冯华.2007.我国农产品总体让人放心[EB/OL].人民网.07-26.

佚名.2007.美国对5种中国养殖水产品实施自动扣留措施[EB/OL].中华人民共和国商务部网站.07-09.

佚名.2001.广东省鳗业情况交流会会议纪要[J].海洋与渔业,（6）:8-9.

苏荣茂.2006.硝基呋喃类药物残留的危害及管理对策[J].福建农业,（12）:24.

蒋宏伟.2006.酶联免疫技术在动物产品中硝基呋喃类药物残留检测的应用[J].陕西农业科学,（5）:53-55.

罗非鱼良种生长性能表征项目组.2006.罗非鱼良种生长性能的表征项目报告[J].海洋与渔业,（5）:26-27.

黄国宏.2006.高效液相色谱技术在食品分析中的应用[J].食品工程,（4）:47-51.

生威,李季,许艇.2006.动物性产品中硝基呋喃类抗生素残留检测方法研究进展[J].农业环境科学学报,25（1）:429-434.

丘建华.2006.高效液相色谱—串连质谱法测定鳗鱼中硝基呋喃类代谢物残留研究[D].扬州大学.

杨蕾.2006.水产品:需要从池塘到餐桌全程标准化[N].中国质量报.11-24.

贺超.2006.上海市食药监局:多宝鱼检出致癌物 暂不叫停销售[EB/OL].TOM新闻网.11-18.

李清.2006.加强自身建设 提高管理水平 积极应对日本"肯定列表制度"[N].中国渔业报,10-24.

武朝东.2006.水产品中药物残留检测与控制[N].中国渔业报,01-22.

国门.2005.水产品出口面临哪些壁垒[J].海洋与渔业,(5):13.

肖尧.2005.广东活鳗出口大幅增加[J].海洋与渔业,(3):49.

陈俊玉 何建顺.2005.加强水产品药残控制 提高质量安全管理水平[J].中国水产,(2):66.

王福民.2003.硝基呋喃类药物呋喃唑酮的新极谱法测定[J].分析测试学报,(4):48-51.

廖峰,高庆军,林顺全.2003.分光光度法测定饲料中的呋喃唑酮[J].饲料研究,(1):29-30.

王清印.2003.海水健康养殖的理论与实践[M].北京海洋出版社:205-243.

刘树新.2002.美国提高进口水产品检测标准[N].农民日报,8-31.

李晓川,孔轶群,冷凯良,等.2002.水产品中氯霉素残留测定方法的比较分析[J].海洋水产研究,(4).

FAO Fisheries and Aquaculture Department. 2010. Fishery and Aquaculture Statistics.

FAO Fisheries Department. 1994. THE STATE OF WORLD FISHERIES AND AQUACULTURE [M].

Wang JR,Zhang LY. 2006. Simultaneous determination and identification of furazolidone, furaltadone, nitrofurazone, and nitrovin in feeds by HPLC and LC-MS [J]. J Liq Chromatogr Relat Technol,29(3): 377-390.

Conneely A,Nugent A,Keefe M O,et al. 2003. Isolation of bound residues of nitrofuran drugs from tissue by solid-phase extraction with determination by liquid chromatography with UV and tandem mass spectrometric detection[J]. Ana Chim Acta,483: 91-98.

McCracken R J, Kennedy D G. 1997. Determination of the furazolidone metabolite,3-amino-2-oxazolidinone, in porcine tissues using liquid chromatography-thermospray mass spectrometry an d the occurrence of residues in pigs produced in Northem Ireland[J]. J Chromat B,691:87-94.

Primavera J H, Lavilla-pitogp C R, Ladja J M, et al. 1993. A survey of chemical and biological products used intensive prawn farms in the Philippinest[J]. Marine Pollution Bulletin,26: 35-40.

海洋出版社水产养殖类图书书目

书　名	作　者
水产养殖新技术推广指导用书	
水产品质量安全新技术	关　歆 姚国成
鳜鱼高效生态养殖新技术	姚国成 梁旭方
卵形鲳鲹 花鲈 军曹鱼 黄鳍鲷 美国红鱼高效生态养殖新技术	区文君 李加儿 江世贵 麦贤杰 张建生
鲻鱼高效生态养殖新技术	李加儿 区文君 江世贵 麦贤杰 张建生
石斑鱼高效养殖实用新技术	王云新 张海发
罗非鱼高效生态养殖新技术	姚国成 叶　卫
水生动物疾病与安全用药手册	李　清
鳗鲡高效生态养殖新技术	王奇欣
淡水珍珠高效生态养殖新技术	李家乐 李应森
全国水产养殖主推技术	钱银龙
全国水产养殖主推品种	钱银龙
小水体养殖	赵　刚 周　剑 林　珏
扇贝高效生态养殖新技术	杨爱国 王春生 林建国
青虾高效生态养殖新技术	龚培培 邹宏海
河蟹高效生态养殖新技术	周　刚 周　军
淡水小龙虾高效生态养殖新技术	唐建清 周凤健
南美白对虾高效生态养殖新技术	李卓佳
黄鳝、泥鳅高效生态养殖新技术	马达文
咸淡水名优鱼类健康养殖实用技术	黄年华 庄世鹏 赵秋龙 翁　雄 许冠良
海水名特优鱼类健康养殖实用技术	庄世鹏 赵秋龙 黄年华 翁　雄 许冠良
鲟鱼高效生态养殖新技术	杨德国
乌鳢高效生态养殖新技术	肖光明
海水蟹类高效生态养殖新技术	归从时
翘嘴鲌高效生态养殖新技术	马达文
日本对虾高效生态养殖新技术	翁　雄 宋盛宪 何建国
斑点叉尾鮰高效生态养殖新技术	马达文
水产养殖系列丛书	
金鱼	刘雅丹 白　明
龙鱼	刘雅丹 白　明
锦鲤	刘雅丹 白　明
龙鱼	刘雅丹 白　明
锦鲤	刘雅丹 白　明
七彩神仙鱼	刘雅丹 白　明
海水观赏鱼	刘雅丹 白　明
七彩神仙鱼	刘雅丹 白　明
家养淡水观赏鱼	馨水族工作室
家庭水族箱	馨水族工作室
中国龟鳖产业核心技术图谱	章　剑
海参健康养殖技术（第2版）	于东祥
渔业技术与健康养殖	郑永允

书 名	作 者
小黄鱼种群生物学与渔业管理	林龙山 高天翔
大口黑鲈遗传育种	白俊杰 等
海水养殖科技创新与发展	王清印
南美白对虾高效养成新技术与实例	李 生 朱旺明 周 萌
水产学学科发展现状及发展方向研究报告	唐启升
斑节对虾种虾繁育技术	江世贵 杨丛海 周发林 黄建华
鱼类及其他水生动物细菌：实用鉴定指南	Nicky B. Buller
锦绣龙虾生物学和人工养殖技术研究	梁华芳 何建国
刺参养殖生物学新进展	王吉桥 田相利
龟鳖病害防治黄金手册（第 2 版）	章 剑
人工鱼礁关键技术研究与示范	贾晓平
水产经济动物增养殖学	李明云
水产养殖学专业生物学基础课程实验	石耀华
水生动物珍品暂养及保活运输技术	储张杰
河蟹高效生态养殖问答与图解	李应森 王 武
淡水小龙虾高效养殖技术图解与实例	陈昌福 陈 萱
对虾健康养殖问答（第 2 版）	徐实怀 宋盛宪
淡水养殖鱼类疾病与防治手册	陈昌福 陈 萱
海水养殖鱼类疾病与防治手册	战文斌 绳秀珍
龟鳖高效养殖技术图解与实例	章 剑
饲料用虫高效养殖新技术与高效应用实例	王太新
石蛙高效养殖新技术与实例	徐鹏飞 叶再圆
泥鳅高效养殖技术图解与实例	王太新
黄鳝高效养殖技术图解与实例	王太新
鲍健康养殖实用新技术	李 霞 王 琦
鲑鳟、鲟鱼健康养殖实用新技术	毛洪顺
淡水小龙虾（克氏原螯虾）健康养殖实用新技术	梁宗林 孙 骥
泥鳅养殖致富新技术与实例	王太新
对虾健康养殖实用新技术	宋盛宪 李色东 翁 雄陈 丹 黄年华
香鱼健康养殖实用新技术	李明云
淡水优良新品种健康养殖大全	付佩胜
常见水产品实用图谱	邹国华
河蟹健康养殖实用新技术	郑忠明 李晓东 陆开宏
罗非鱼健康养殖实用新技术	朱华平 卢迈新 黄樟翰
王太新黄鳝养殖 100 问	中国水产学会
黄鳝养殖致富新技术与实例	王太新
鱼粉加工技术与装备	郭建平 等
海水工厂化高效养殖体系构建工程技术	曲克明 杜守恩
渔业行政管理学	刘新山
斑节对虾养殖（第二版）	宗盛宪
名优水产品种疾病防治新技术	蔡焰值
抗风浪深水网箱养殖实用技术	杨星星 等
拉汉藻类名称	施 浒